麦の自然史

【人と自然が育んだムギ農耕】

佐藤洋一郎・加藤鎌司 編著

北海道大学出版会

ユフカと呼ばれる無発酵の薄いパンを庭先で焼く農家の主婦。トルコのデニツリ県にて，2006年6月，大田正次撮影。

開花期をむかえたクサビコムギ（近縁野生種 *Aegilops speltoides*）。トルコ南部にて，2002年6月，森直樹撮影。

扉：チベット族が主食とする六条・裸性オオムギ（青稞）。ブータンにて，1999年秋，加藤鎌司撮影。

ラサ近郊で春播き栽培されていた在来コムギの畑(手前)。中国チベット自治区にて,1995年夏,加藤鎌司撮影。

南仏のオオムギ畑。2005年6月,佐藤洋一郎撮影。

(A) 二倍性のコムギ，エギロプス，ライムギの穂。河原太八撮影。(B) 稔ると小穂が脱落する野生オオムギ (右) と栽培二条オオムギ (左)。岡山大学提供。(C) 在来コムギ (六倍性コムギ) の多様性。高知県檮原町にて，1987年初夏，加藤鎌司撮影。(D) いろいろな四倍性コムギの穂。穂型に大きな多様性がみられる。森直樹撮影。

はじめに

　狩猟採集で糧を得ていたころ，人はきわめて多様な生物を利用していた。しかししだいに都合のよい生物を重宝するようになり，栽培植物や家畜を生み出した。飼いならされた動植物はもはや自力で生活できなくなり，このとき人との共生が始まった。文明が発達し人の交流が盛んになるにつれ，さらに限定された動植物が選ばれ，大規模に栽培・飼育されるようになった。

　麦はこうした人の歴史のなかで人に好まれ選ばれてきた植物である。麦はさまざまな環境に適応できるという本来備えていた生物としての性質のほかに，種子が大きく，栄養豊富で，加工されて日持ちのよいさまざまな食品に姿を変えることができるという性質をもっている。また，酒，発酵食品，嗜好品，飼料，さらに薬品，糊などとして工業用にも利用できる。しかし，人は栽培の初めからこのような多様な利用法を知っていたわけではない。人は麦を「飼いならす」とともに，その利用法についても開発してきたのである。現在では，コムギ品種にパン用，麺用，菓子用があるように，またオオムギ品種に食用，ビール用，飼料用があるように，用途別に品種改良がなされ，それに合わせ利用法も開発されている。麦はまさに人の知恵が結集された植物である。

　麦の力を借りて，人類はメソポタミア文明，インダス文明，エジプト文明，地中海文明などを興した。文明は世界に広がり，人口が増えてさらに高度化した。しかし20世紀半ばに食料生産が人口増に追いつかなくなり食料不足が生じた。そのとき，メキシコにある国際トウモロコシ・コムギ改良センターで，背の低いコムギ品種がつくられた。これは，水や肥料を多く与えて栽培しても倒れることがなく，従来の品種より格段に高い収量を示し，これにより食料不足が解決した。この成果は「緑の革命」と呼ばれ賞賛された。しかし，人口はさらに増え，最近また食料不足が問題にされている。しかも，今は地球温暖化など環境問題も合わせて考えねばならない。21世紀の後半には人口が100億人に達するだろうと予想され，どのようにすれば，これらの人びとに食料を供給できるかが問題である。地球環境を考えると耕作地をさらに増やすことは難しく，水や肥料を節約し，持続的に生産できる農業体

系に移行しなければ，豊かな文明は続かない。

　遺伝子組換えや DNA 情報を用いて，効果的に品種改良する方法が開始されている。また，これまで人が利用しなかった変異，つまり未利用遺伝資源を昔の品種や野生種に求める動きもある。さらに，分子生物学の進歩により，植物の生理がかなり詳しく解明され，植物が環境にどのように応答しているかがわかってきた。これらの技術や知識を駆使すれば，これから直面する食料問題を再び解決できるであろうと信じている。しかし，このとき十分に考えておかねばならないことは，これまでの人と麦との関係のなかで，人は何を行い，何を経験してきたか，ということである。メソポタミア文明では，麦に特化した農業のため，過度な灌漑を行った。その結果，畑に塩が集積して，麦が栽培できなくなり文明が滅びた。世界に文明が広がった今，同じ轍を地球規模で踏んではならない。

　本書は，人が麦を栽培し始めてから現在までの人と麦の関係がテーマである。麦を通して，人の麦への思いと人の知恵の結集について著したが，突き詰めれば人について記したものである。本書が単に麦についての解説に留まらず，麦という人との共生体を通じて，現在直面している食料や環境など地球レベルでの問題や，人と自然の共存のありかたについて考えるときにヒントを与えるならば，執筆者一同非常に嬉しく感じるものである。

　　　2009 年 6 月 23 日　麦の遺伝資源調査のために滞在しているタジキスタン・
　　　　　　　　　　　　ドゥシャンベにて

　　　　　　　　　　　　　　　　　　　　　　　　執筆者を代表して　辻本　壽

目　次

口　絵　i
はじめに　iii

序章　麦の風土(佐藤 洋一郎)　1

1. 麦のいま　2
   世界におけるムギの生産　2／ヨーロッパにおけるムギの分布　2／ムギの分布と「風土」　3／気候区分とムギ　5
2. 麦の風土とその歴史性　5
   ムギの起源地　5／砂漠の風土の歴史　6／穀類と文明・風土　7／インディカのコメとパンコムギ　9／風土と食　10／食の骨組み　11／麦の風土と農業　12

第Ⅰ部　麦学入門

第1章　「ムギ」とは何だろう(河原 太八)　15

1. 栽培植物とその呼称　15
2. 麦(ムギ)　17
3. 雑穀　22

第2章　ムギを表す古漢字(渡部 武)　27

1. 作物名を表す古漢字の同定問題　27
2. 『説文』にみられるムギを表すふたつの漢字「來」と「麥」　28
3. 出土古文字資料からみたムギ　30
4. 外来作物としての中国のムギ　33

第II部　畑作農耕の始まりと麦の起源

第3章　染色体数の倍加により進化したコムギ（森　直樹）　37

1. 多様なコムギのゲノムと倍数性　37
コムギとその仲間について　37／染色体とDNA，遺伝情報　41／ゲノム説　43／コムギにみられる倍数性と4つのグループ　45／同祖ゲノムと同祖染色体　46
2. ヒトが関与したコムギの倍数性進化　47
コムギ属植物の進化の概要　47／人が関わってうまれた栽培種　50／ムギ農耕の拡大と普通系コムギの誕生　52／コムギはいつごろうまれたのか　52
3. 栽培コムギの起源をめぐって　53
一粒系コムギ　54／二粒系コムギ　57／DNAからみたエンマーコムギの起源　59／謎が多いチモフェービ系コムギ　62／普通系コムギのDゲノムについて　64／普通系コムギのふるさと　66

コラム①　ゲノム分析（辻本　壽）　69

第4章　考古学からみたムギの栽培化と農耕の始まり（丹野 研一）　71

1. 狩猟採集の時代——農耕以前　71
2. 農耕開始の地理的な背景——多様な環境　72
3. 農耕の開始と植物利用の変化　75
4. 植物の栽培化とは　76
5. 新石器時代PPNB期までには植物は栽培化されていた　77
6. 農耕起源は北レヴァントと断定していいのだろうか？　78
7. 遺跡出土ムギの栽培型と野生型　79
8. ムギのドメスティケーション研究　81
9. 栽培化にはどれくらいの時間がかかったのか　82
10. 遺跡から出土した穂軸によるコムギ栽培化のプロセスの解明　83

第5章　西アジア先史時代のムギ農耕と道具（有村　誠）　87

1. 時代背景　88

栽培植物の出現前夜―旧石器時代末期(紀元前12500〜10000年)　88／栽培植物の出現―新石器時代(紀元前10000〜6000年)　88
　2．ムギ農耕に関わる道具・設備　90
　　　耕起具　90／収穫具　92／脱穀・籾摺り　96／製粉具　101／調理の道具・設備　102
　3．西アジアにおけるムギ農耕の定着　103
コラム②　農耕／ヒト／コトバ(河原 太八)　107

第Ⅲ部　シルクロードを伝わった麦たち

第6章　コムギが日本に来た道(加藤 鎌司)　113
　1．日本におけるコムギの歴史　113
　　　コムギ栽培の現状　113／コムギ栽培の歴史　115／江戸時代までのコムギ品種　116／エゾコムギ――北海道の古代コムギ　118
　2．世界的にユニークな日本のコムギ　119
　　　春化――ムギ類の越冬戦略　119／日長反応性――もうひとつの越冬戦略　120／日本の栽培環境で選抜されたユニークなコムギたち　121
　3．東アジアのコムギのルーツ　123
　　　中国への伝播経路に関する諸説　123／ネクローシス遺伝子の地理的分布　123／鍵を握る東アジアのコムギ遺伝資源　126／伝播経路解明のための新たなアプローチ　126／東アジアへのコムギの伝播と適応　130
　4．中国雲南省のムギ類遺伝資源調査　132

第7章　シルクロードの古代コムギ――新疆小河墓遺跡のコムギ遺物(西田 英隆)　137
　1．新疆　137
　2．シルクロード　138
　3．小河墓遺跡　141
　4．遺物DNAの特徴と解析　145
　5．小河墓遺跡のコムギDNAの解析　147

第8章　オオムギの進化と多様性（武田 和義）　151

1. 多様性の成因　154
2. オオムギ属の野生種　155
3. ユーラシアの東と西で違うオオムギ　156
   脱粒性遺伝子の東と西　157／条性遺伝子の多様性　160／皮・裸性遺伝子　162／渦遺伝子の起源と分布　164／東アジアに特有のモチ性遺伝子　165／ダイアジノン感受性遺伝子の地理的分布　168／フェノール酸化酵素遺伝子　170
4. オオムギの適応に関わる遺伝子の多様性　172
   春・秋播型の遺伝的分化　172／休眠性遺伝子　173
5. おいしいビールづくりに適したオオムギ　174
   ビールとβ-アミラーゼ遺伝子　174／LOX 遺伝子，不老ビールの夢　176

第9章　コムギ畑の随伴雑草ライムギの進化（辻本 壽）　179

1. ライムギという植物　179
2. ライムギは雑草だった　181
3. ライムギの起源地　182
4. アルメニアのライムギの生態　187
5. 東アジアのライムギ　189
6. ライコムギ　193

第10章　エンバクの来た道（森川 利信）　197

1. エンバクとはどのような植物か？　197
2. エンバクの起源と栽培化　200
3. 東アジアには固有の栽培型エンバクがある　206
   ユーマイ（莜麦）とは　206／ユーマイの特徴であるエンバクの裸性とは　209／裸性エンバクの分類　210／裸性の遺伝様式　210／裸性エンバクの起源と欧米への導入　211
4. エンバク属植物の起源を辿る調査旅行　212
   モロッコのエンバク　212／エジプトのエンバク　216／チュニジア

のエンバク　218
　　5．おわりに　219

第11章　ムギと共に伝わったドクムギ（冨永　達）　221

　　1．ドクムギは雑草である　222
　　　　農業生態系における雑草　222／雑草の擬態　223
　　2．ドクムギの起源と伝播　225
　　　　ドクムギは「作物になれなかった雑草」　225／随伴の歴史　226／ドクムギの日本への渡来　227
　　3．世界のドクムギ——フィールド調査の記録から　229
　　　　ドクムギを求めて　229／ドクムギはどこで起源したのか　231／ドクムギの有芒型と無芒型——エチオピア・マロでの事例　233／イランのドクムギ　243

第Ⅳ部　現代人と麦

第12章　フィールドからみた世界のパン（長野　宏子）　253

　　1．コムギの利用と世界のパン　253
　　2．なぜ，ムギは粉食となったか？　255
　　3．パンとはなんだろう　258
　　4．世界の無発酵パンと発酵パン　261
　　5．パンの起こし種（スターター）と微生物　264
　　6．フィールド写真からみるパンの焼き方　269
　　7．現代のパン製造法と焼き窯　272
　　8．世界の多種多様なパン　273
　　9．ムギと人びとの暮らし　277

コラム③　日本での麺類の起源と歴史（加藤　鎌司）　279

第13章　日常の生活が育んだ在来コムギの品種多様性——難脱穀性コムギの遺存的栽培と伝統的利用をめぐって（大田　正次）　281

　　1．栽培一粒系コムギとエンマーコムギ　282
　　　　古いコムギとの出会い　282／名前を失くした「作物」——植物としての遺存　284／名前をもち「生きた作物」として栽培され続ける

287／一粒系コムギとの思わぬ出会いと麦わらの利用　290／スーパーマーケットに並んだ一粒系コムギ　290／食用としてのエンマーコムギの栽培　293
　2．スペルタコムギ　297
　　失われつつあるイランのスペルタコムギ　297／スペイン北部における栽培と利用　298／中央ヨーロッパのスペルタコムギ栽培　301
　3．日常の生活が育んだ品種の多様性　305
コラム④　エジプトビールの原風景（吉村　作治）　309

第Ⅴ部　消えゆく麦の多様性

第14章　麦の多様性と遺伝資源（河原　太八）　313

　1．栽培植物と遺伝資源　313
　　近代育種と遺伝的侵食　313／遺伝資源　314
　2．コムギの多様性と遺伝資源　316
　　コムギと近縁種　316／在来系統　320
　3．収集と保存，利用　323
　　遺伝資源の探索・収集　323／遺伝資源の保存　326／国際条約　328／植物の収集　330／日本に持ち込むとき　331
　4．イスラエルでの遺伝資源収集　331

第15章　自生地保全の試み（笹沼　恒男）　339

　1．ムギ類の系統保存　339
　2．シリアにおけるムギ類の多様性と自生地保全の取り組み　344
　3．シリアの在来品種　348
　4．日本における在来コムギ品種の保全　352
　5．日本に自生する野生ムギ類とその自生地保全　355

引用・参考文献　363
おわりに　383
事項索引　385
作物(植物)名索引　394
学名索引　397

麦の風土

序章

佐藤 洋一郎

　麦とはどんなものなのだろうか。ハトムギや蕎麦を別とすれば，麦とはふつう，「秋に播いて次の年の春に収穫する二年草のイネ科の穀物」を指していう（ただし気候のごく寒冷な地域では，春に播いてその秋に収穫する春播きの栽培法がとられることもある）。植物としてのムギについていうならば，河原太八さんが第1章で詳しく書いているように，ムギという種はない。ムギはイネ科のなかのいくつもの連や属にまたがる穀類の総称で，植物学的な観点からはひとつの分類群にくくられなければならない必然性はない。しかもヨーロッパの主要言語には「麦」に相当する語はない。あるのは，コムギ，オオムギ，ライムギなど異なる種に属する植物だけである。

　とはいえ，「麦」はまったく実体のない概念ではない。中国には，「麦」の字が古くからあったことが確かである。とすれば「麦」は，もともとが非ヨーロッパ的な概念であるともいえる。ムギを構成するさまざまな種の起源は，後述するように時間的にも空間的にも互いに似通っている。西アジアのいくつもの遺跡からはそれらの種子が一緒に出土している。ということは，ムギの地理的分布の違いは，それらが違った道筋を経て伝播したか，または一緒に伝わった後それぞれの土地で選抜を受けて特定の種だけが残された（あるいは排除された）か，というようなことが起きた結果であると考えられる。「麦」の理解には生物学ばかりではなく，風土，歴史や文化の研究をも含む分野横断型の追究が必要になるであろう。

　本書は，「麦」というものを，生物学の側面からだけでなく文化を含めたさまざまな面から検討し，その総合的な理解を深めるためのもので，全部で5部15章といくつかのコラムからなっている。第Ⅰ部は「麦とは何か」を

論ずるいわば序論である。第II部では西アジアにおける麦作の始まりを扱う。ここでは遺伝学から考古学まで，さまざまな学問分野の成果が紹介される。第III部では麦のアジアへの渡来について論じる。また第IV部は現代における麦の位置についての論文からなっている。そして最後の第V部では，「消えゆく麦の多様性」として，ほかの穀類同様多様性が失われつつある麦について解説する。

1. 麦のいま

世界におけるムギの生産

現代におけるムギの主生産地はどこだろうか。表1に示したように，ムギ全体(コムギ，オオムギ，ライムギ，エンバク)の主生産地はヨーロッパ(39.7%)とアジア(38.4%)で，全体の3/4余りをこの2州で占めている(FAOの統計による)。このうちコムギについては，最大産地はアジア(45.5%)であり，ヨーロッパ(32%)を大きく引き離している。アジアでの主産地は中国とインドで，それ以外のアジア，とくにモンスーンアジアでの生産は小さい。いっぽうそれ以外のムギ(オオムギ，ライムギ，エンバク)についてはいずれもヨーロッパが最大産地(63〜89%)であり，ほかは北米のエンバク(22.9%)，アジアのオオムギ(16.3%)を除けばそれぞれの総生産高の10%に満たない。こうしたことをみると，ムギはやはりヨーロッパの穀物であるということができよう。

ヨーロッパにおけるムギの分布

ムギごとにみると，ヨーロッパ内でもその生産の様相は地域によってずい

表1 世界におけるムギ類の生産。単位：全世界に対する百分率

	オオムギ	エンバク	ライムギ	コムギ	ムギ全体
アフリカ	4.5	0.9	0.3	4.2	4.1
北米	9.8	22.9	4.4	12.5	12.1
中南米	1.7	5.7	0.3	3.9	3.5
アジア	16.3	4.0	6.4	45.5	38.4
ヨーロッパ	64.5	63.1	88.5	32.0	39.7
オセアニア	3.3	3.4	0.2	1.9	2.1
全世界(1,000 t)	138,255	22,758	12,723	598,441	772,177

ぶん異なる。ここでは先の4種に加えて，四倍性コムギを加えて検討することにしよう。四倍性のマカロニコムギの分布域は地中海沿岸のシリア，キプロス，イタリア，スペイン，チュニジアなどである。そのほかインドと中国の新疆ウイグル自治区にもごく僅かの栽培が認められる。一粒系コムギは，今では経済栽培はないといわれてきたが，日本における赤米のように，健康食ブームに乗って，フランスの一部などでごく僅かの栽培がみられるという。エンバクは全ヨーロッパで栽培されるが，その分布は北に偏る。主要生産国はロシア(2006年で488万トン)，ポーランド(104万トン)，フィンランド(103万トン)，スペイン，ドイツ，イギリスと続く。ライムギはロシア(2006年で297万トン)，ベラルーシ(107万トン)，ウクライナ，トルコ，ドイツ，ポーランドとなり，北・東欧中心の分布を示していることが明らかである。オオムギは地域を問わず，他種に比べればまんべんなく分布する(統計数値はFAO year-bookまたはUSDAによる)。

　これらをまとめるとヨーロッパの各国は，ムギ類の生産状況によって以下のような4つのタイプに分かれるとみてよいであろう(図1)。第1グループはマカロニコムギ型とでもいうべき地域でそのウエイトは全麦類の30～50%近くにもなる。チュニジア，イタリア，アルジェリア，ギリシャなど地中海諸国の一部がこれに属する。第2グループはコムギ卓越型ともいえる国で，トルコとルーマニアがその典型である。第3グループはコムギ・オオムギ卓越型で，2種の割合が9割を超えている。フランス，イギリス，ドイツ，チェコ，デンマーク，ウクライナが該当する。それ以外が第4グループで，各種の麦が比較的似通ったウエイトで栽培されている。フィンランド，ベラルーシ，スウェーデン，スペイン，ポルトガル，モロッコ，オーストリア，ロシア，ポーランドなどおもに東欧，北欧の国々が該当する。

ムギの分布と「風土」
　ところでムギの分布域は，かつて和辻が主張した「牧場の風土」と一致する(佐藤，2008)。和辻(1935)は，その『風土—人間学的考察』のなかで，ユーラシアを3つの風土に分けた。「モンスーン」「砂漠」「牧場」がそれである(和辻は砂漠に対し「沙漠」の語を与えているが本章ではすべて「砂漠」の語を用いることとする)。これらのうち「牧場」が先に述べたムギの栽培地域にほぼ一致する地域と考えられる。

4 序章 麦の風土

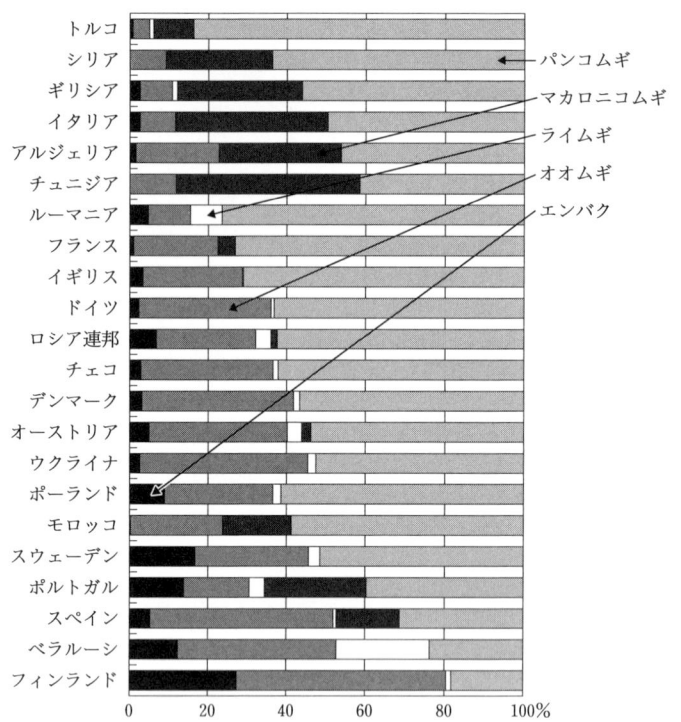

図1 ムギ類の生産からみたヨーロッパ各国の類型(各国がどの類型に属するかは本文参照)

　和辻の少し前,ドイツの気候学者ケッペン(Koppen)は世界各地の気温や降水量にもとづき,世界の陸地を31の気候区分に分けた。ケッペンの気候区分はその後も幾人かの研究者により改訂が加えられ,また区分も細分化されている。世界各地の気候データがデジタル化されたことで,気候区分図もデジタル化されている。

　気候区分によると,ヨーロッパは大きく3つの地域に分かれる。まず,東部ヨーロッパであるスカンジナビアの南部,ドイツの東半分,ポーランド,旧ソ連(ロシア,バルト三国,ウクライナ,ベラルーシ),チェコ,スロバキア,オーストリア,スイス,ハンガリー,ルーマニア,旧ユーゴスラビアの内陸部,ブルガリアがD区分(冷帯)に属するのに対し,それ以外の地域の多くはC区分(温帯)に属する。C区分はさらに,イベリア半島の大部分,南フランス,イタリア,ギリシアなどを包含するCs区分(地中海性気候)とそれ以

外の Cf 区分(フランス北部，イギリス，オランダ，ベルギー，イギリス，ドイツの西半分，デンマークの南部)とに分かれる。

気候区分とムギ

先に書いた麦の分布は，この気候区分とよく対応する。たとえばマカロニコムギ卓越型の地域は Cs 区分(地中海性気候)と一致する。例外はスペインだが，それはおそらくスペインが南部は Cs 区分に，また北半分のビスケー湾ぞいの地域は Cf 区分に属するからであろう。コムギ＋オオムギ卓越型の地域は Cf 区分(冬雨型の温帯)とおおむね一致する。ただし，チェコとウクライナは気候区分上は D 区分(冷帯)に属している。またこの地域はオオムギの比率が相対的に高いのが特徴で，チェコやデンマークではその割合は 20％近くに達する。ヨーロッパではオオムギは二条オオムギが醸造用に使われるほかは飼料が中心である。これらの国は家畜の生産量も多く(とくに牛，豚)，このことが関係している可能性がある。コムギ卓越型の地域はトルコ，ルーマニアという黒海に面した国々である。また，第 4 グループに属するのは，スペインを除けばいずれもが東欧，北欧の気候区分の D 区分(冷帯)に属する国々である。

このようにヨーロッパ，あるいは「牧場の風土」とはいっても，その地域によって生産されるムギの種類はさまざまである。

2. 麦の風土とその歴史性

ムギの起源地

「麦」の起源地は地図上，比較的近い場所に分布する。森直樹さん(第 3 章)によれば，最も原始的なコムギである一粒系コムギや二粒系コムギの起源地は，メソポタミア文明が栄えたチグリス・ユーフラテス川流域の北にあるザクロス山脈のふもとから地中海にそったレバント回廊の一帯，いわゆる「肥沃な三日月地帯」の西端付近にある。風土との関係でいえば，この土地はまさに「牧場」の風土と「砂漠」の風土との境界線上にある。

この地帯には，1 万年を刻む農業の遺跡が数多くあって，それらからは栽培化途上の穀類の種子がたくさん出土しているのが認められる。オオムギの起源地もおそらくはこの「三日月」のなかに入るだろうと思われる。六倍性

の普通コムギの起源地はそれより東方，カスピ海の南岸からアルメニアにかけての地域にあるといわれる。エンバクの起源地も，おおむねコムギとオオムギの起源地と類似しているが，それらとの大きな違いは，エンバクが雑草から出発していることである。野生のエンバクも，中近東の遺跡から多数出土している。ライムギについては，辻本壽さんが述べているように，エンバク同様，おそらくはコムギ畑に侵入した雑草性の近縁種がやがて栽培植物に「昇格」したものである(第9章参照；Kuster, 2000)。その起源地ははっきりしたことはわからないが，四倍性コムギやオオムギの起源地と重なると目される。なおライムギはコムギとはきわめて近縁で，ライコムギ Triticale という雑種をつくることもできる。このようにみると，これら「麦」たちの起源は，地理的にも，系統的にも近接しあっていることになる。

先にも書いたように，この地域は「牧場の風土」と「砂漠の風土」の境界線に当たる。ムギは，この境界線の上でうまれ，東と西へと伝播した。むろんムギがそれ自身で動いたわけではない。それは，人間が運んだのである。西へと向かった波は，1万年前にはトルコに到達し，8,500ないし8,000年前にはボスポラス海峡を越えてヨーロッパに入った。そしてイギリスに達したのは約6,000年前のことである(ベルウッド，2008)。いっぽう東への伝播についてはそれほどよくわかっていない。第6章で加藤鎌司さんが述べているように，ムギはいくつかの経路で中国に伝わったと考えられるが，中国の研究者のなかにはコムギの中国起源説をとるものや，あるいは海伝いに伝わったと主張するものもあるという(趙志軍，私信)。また，日本列島へのムギの渡来についても，系統的な研究はあまり行われてこなかった。これらの点は今後の重要な研究課題である。

砂漠の風土の歴史

和辻のいった「砂漠の風土」はこの数千年のあいだに大きな変貌をとげたと思われる。第7章で西田英隆さんが書くように，中国新疆ウイグル自治区小河墓遺跡(紀元前1,500～1,000年ころ)からはコムギの種子やウシの頭骨など農業や牧業の存在をうかがわせる遺物が多数出土している。小河墓遺跡は集合墓の遺跡で，これらの遺物は遺体に副葬される形で埋葬されているが，これら遺物が埋葬に際してどこか遠方から運んだものでないとするなら，当時のタクラマカン砂漠の一角には農耕・牧畜という生業が成り立っていたこと

になる。詳細はまだわからないが，おそらくはこの地域を「砂漠の風土」と呼ぶことは適当ではない。数千年の昔には緑の大地が広がっていた可能性が考えられる。つまり「砂漠の風土」は最近の数千年のあいだに急速に拡大したとも考えられるのである。

現在の「砂漠の風土」における砂漠化の進行は，おそらく各地で起きていることがわかってきた。ウズベキスタン南部のダルベルジン・テパでは玄奘三蔵がインドへ旅したころには今よりはるかに湿潤であったことを示す記述がみつかっている(玄奘, 1999)。

さらにヘディンはタリム川の流域には19世紀末まではベンガルトラが生息していたと書いているし，最近の発掘成果では，小河墓遺跡からはオオヤマネコのものと思われる動物の毛も出ている。タクラマカンの乾燥化，森の後退は，この1世紀のあいだにも進行したのである。現在のシルクロードの一帯は，今もなお乾燥化，砂漠化が進んでいるのかもしれない。

和辻のいう「砂漠の風土」のあらゆる地域でタクラマカンのようなことが起きていたと考えるだけの証拠はいまだない。また仮にそうだとしても，砂漠化の時期が同じであった証拠もない。しかし少なくともその一部の地域では，砂漠化は今なお進行中であったり，または過去のある時期には今のような砂漠の環境になかった可能性は高い。たとえば，旧ソ連の領内にあったアラル海とその周辺は，1960年代以降の農業開発の失敗によって砂漠化が進行したともいわれている(佐藤・渡邉, 2009)。

繰り返しになるが3,000年前には，「砂漠の風土」はまだなかったか，あってもごく狭いものであった可能性がある。ユーラシアの大半の土地は，「麦の風土」と「米の風土」のふたつに類型できる状態にあったのではないかと思われる。

穀類と文明・風土

ユーラシアで今盛んに栽培されている穀類は，イネ科に限ってもイネ(インディカとジャポニカ)，コムギ(パンコムギ，マカロニコムギなど)，オオムギ，トウモロコシ，アワ，キビ，ヒエ，コウリャン，エンバク，ライムギ，シコクビエなど多岐におよぶ。このうち，ユーラシア起源と思われるのは，イネ(インディカ，ジャポニカ)，コムギ，オオムギ，アワ，エンバク，ライムギくらいのもので，あとはアフリカか新大陸起源である。なお，インドには未知

のものまで含めれば相当数の「雑穀」があったものと推察されるが，それらの起源は明らかではない。

　これら穀類のうちおもなものは今では，その発祥地によらず世界中にあまねく分布する。イネ，コムギ，トウモロコシ，オオムギなどは今や南極を除くすべての大陸で重要な穀物として栽培されている。しかし品種レベルで考えると，栽培される品種は風土によって大きく異なる。たとえばオオムギ品種には「小穂脱落性」という性質に関する遺伝子型などで定義される「E型」，「W型」というふたつの品種のグループがあるが(Takahashi, 1955)，このうちE型を特徴づける「裸性」「モチ性」などを支配する遺伝子は「モンスーンの風土」にほぼ固有である。言い換えれば，オオムギのこれらの遺伝子の分布の境界は，「モンスーンと砂漠の風土」の境界に当たる(図2)。

　イネは，インディカ，ジャポニカともモンスーンの風土のうまれである。ジャポニカは，中国の長江流域のうまれであることはほぼ確かだが，その下流か中流かをいうことは簡単ではない。あるいはそれにはあまり意味がないのかもしれない。というのも，本書で丹野研一さん(第4章)や有村誠さん(第5章)が書いているように，ムギ農耕の進歩は従来いわれてきたよりはるかにゆるやかなプロセスをたどった可能性が高く，このことはイネについても当てはまるものと思われるからである。筆者はかつてこの問題について，梅原

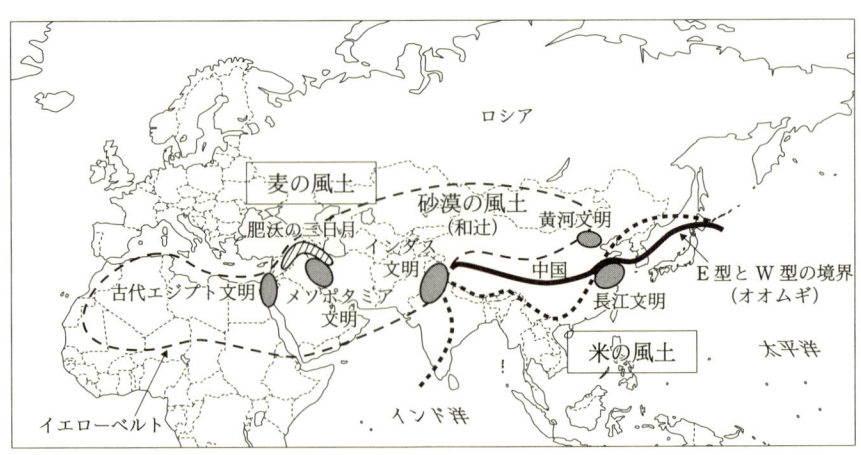

図2　風土と古代文明。和辻のいう「牧場」の風土と「砂漠」の風土は，歴史的には「麦」の風土というひとつの風土にくくられる。その対極にあったのが「モンスーン」の風土，つまり「米の風土」なのである。

猛氏や佐々木高明氏らと議論を重ねてきた(たとえば梅原猛ほか，2002；佐々木高明，2007)。

ジャポニカの起源地は長江文明の地域におおむね一致する。長江文明はジャポニカのイネによって支えられた文明であったといってよいのかもしれない。いっぽうインディカの起源地は明らかではない。今のところは「インドからインドシナにかけての熱帯平地のどこか」という以外ない。インディカとジャポニカの分布も，オオムギのE型とW型同様，地理的な固有性を今なお保ち続けている。そして，この5大文明のうち長江文明だけがイネに支えられた文明で，ほかはどれも大なり小なりコムギに支えられた文明である(Weber, 1991)。逆の言い方をすれば，従来の古代文明の枠組みは「麦の風土」のなかで形づくられたものということになる。

こうして考えてみれば，本書で取り上げたムギの仲間たちを麦と総称することには，文明的，風土的視点からそれなりの意味があることが改めて理解できる。

インディカのコメとパンコムギ

話が少しそれるが，イネのインディカの話題が登場したついでに，インディカとパンコムギについていえる，とある「共通項」について述べておきたい。第3章で森直樹さんが書いているように，パンコムギは，エンマーコムギとその畑に雑草として生えていたタルホコムギとの交雑によってできたと考えられている。

興味深いことに，インディカのイネも，似たような経過で成立してきたのではないかと考えられる。その起源が，ジャポニカ型の品種と，その田に雑草として侵入していた種名不明の野生イネとの自然交配によるとも考えられるのだ(佐藤，1996；Sato, 2002)。このことは，脱粒性，赤米，モチ性など，栽培化やそれに関連する形質を支配する遺伝子が，それぞれにつきインディカ，ジャポニカの違いを越え完全に同じ配列をもつこと(たとえばKonishi et al., 2006；Lin et al., 2007)から帰納的に導き出された仮説である。このプロセスについてはまたあらためて詳しく解説するが，いずれにしても，インディカ型の栽培イネが種間での自然交配により成立した可能性を強く示唆している。

インディカのイネとパンコムギの成立過程におけるこのイベントは，ある重要なメッセージを我々現代に生きる人類に残している。それは，雑草とい

うものの存在意義についてである。ふたつの仮説では，両者はともに雑草種のゲノムを獲得することで成立している。雑草は，今では作物生産を妨害する邪魔者としか認識されないが，歴史的な過程をみていくと現在の作物の成立に寄与したという意外な側面がみえてくる。同時に，こうした縁の遠い交雑を経たことで，インディカのイネやパンコムギが，プロトタイプにはない適応性を身につけ，あるいは種内の遺伝的多様性を飛躍的に高め，全世界に広まる能力を獲得できたと考えられる。

風土と食

　コムギなどの麦は，第12章の長野宏子さんの論考にあるように，基本的には種子を粉に挽いて水で練り，できた団子状の生地をパンに焼くか薄く延ばしてクレープのようにするか，または麺にして食べる。粒のまま食べる食べ方も，エンバクなどを中心に挽き割りにしてかゆ状に煮たり，あるいはコーンフレークのように食べるなどの方法がないわけではないが，主流は粉食である。なかには麩のように，デンプン質を洗い流して残ったタンパク質だけを使うという贅沢な食品もある。麩は，その製造過程で飲料にできるほどにきれいな水を大量に必要とする。その意味では，麩は，コムギという「麦の風土」でうまれた文化と，水というモンスーンの文化がつくった，風土複合的な食品である。

　コムギの生地をパンにするか麺にするかの違い，あるいは麺を炒麺にするか日本のラーメンのようなスープ・ヌードルにするかの違いは何によって生じたか。ひとつの可能な解釈は，水，しかもきれいな水がどれだけ使えるかという風土の違いによると思われる。いっぽう石毛直道さんは最も大きな要素は食器にあったとしている（石毛，2006）。つまり「どんぶり」の文化と「皿」の文化の差が，その違いを決めたというわけだ。しかし考えてみればどんぶりという器，皿という器の違い自身が利用可能なきれいな水の多寡によって規定されていたと考えることもできる。それなら，器の違いもまた水の違いに帰することができる。この問題は，「ニワトリが先か卵が先か」の議論に似てエンドレスである。

　風土と食の問題としてさらにおもしろいのはアルコール（酒）のつくり方の文化である。穀類はあまねく酒に加工されるが，その方法を風土に照らして考えると，「麦の風土」のビールと「モンスーンの風土」のカビの酒とが対

比的である(吉田, 1993；佐藤, 2003)。エジプトのビールについては，考古学者の吉村作治さんのコラム(309頁)にあるように，生焼けのパンを水に溶かして発酵させるもので，発酵のエネルギーとなる糖をつくる主体は，今のオオムギのビールと同じくムギの種子にあるアミラーゼという酵素である。いっぽうモンスーンの酒は，糖化に麹菌(カビの一種)を使う。カビの多い風土と，乾燥しカビの繁殖には適さない風土の違いが，糖化の方法を変えたものと思われる。

　酒に限らず，発酵の主体はその土地の風土に対応する。「砂漠の風土」の周辺部にある草原地帯では，乳酸菌が発酵の主体に使われる。チーズやヨーグルトはその好例である。ただしその一部はモンスーン地帯にもある。漬物の酸味や，今は日本では滋賀県一帯にしかない「ナレズシ」は魚とコメを乳酸発酵させてつくる保存食である。スシは，今ではコメに酢をあわせてつくるが，かつては乳酸発酵させた魚でつくる保存食であった。

食の骨組み

　上述のように，モンスーン地帯における食料の基本的な骨組みはコメと魚の組み合せにある。おそらくこの骨組みはモンスーン地帯では農業の開始以後ほとんど変わることのなかったものである。いっぽう「麦の風土」ではこうした基本的骨組みが一貫して存在したのだろうか。おそらくその答えはノーである。

　まず，「麦の風土」の西に位置するヨーロッパではデンプンの大きな部分をジャガイモが占めている。ジャガイモがヨーロッパに伝播したのは16世紀のことである(伊藤, 2008；山本, 2008)。ミレーの「晩鐘」は若い農民の夫婦が夕暮れどき畑で祈りをささげるシーンを描いた名画だが，夫婦の足元に置かれたかごに入れられているのはジャガイモである。つまりジャガイモは「晩鐘」が描かれた18世紀にはヨーロッパ中に広まっていた。また19世紀中ごろにはアイルランドで「ジャガイモ飢饉」といわれる大飢饉が起きているが(ザッカーマン, 2003)，この大飢饉はジャガイモの単作が招いた災害といわれている。

　「麦の風土」の東に位置するモンゴルなどに住む遊牧民たちは，そのエネルギーをデンプンからではなく家畜の乳に含まれる糖分(乳糖)から得ている。なおこの糖分を利用した酒(馬乳酒)が醸される。いっぽう麦はこの地域の食

の基本的な構成要素ではない。タンパク質だけでなく糖分をも含む乳が基本的な食物である。

このようにみると,「麦の風土」で,時間的にも空間的にも共通して存在してきたのは家畜であったといえるかもしれない。

なお乳は,文明史的な観点からは興味深い食料である。麦など穀類が農業以前からの食料であったのに対して乳は家畜を獲得して以後手に入るようになった食料である。むろん麦も,栽培化の前と後ではその遺伝的性質は多少異なる。しかし乳は,野生動物の狩りではコンスタントには得ることのできなかった食料である。というのもそれは幼い個体を群れから離していわば「人質」にとることによって成り立つ牧畜によって初めて手に入るものだからである。

麦の風土と農業

本書は,一義的には類書(たとえば田中正武の『栽培植物の起原』)から今までの30年もの「空白」を埋めるためのものである。しかも「麦」というキーワードのついた本は今までは不思議となかった。「イネ」がつく書籍が専門書から一般啓発書まで含めて多数に上るのに比べて,何という違いだろうか。

本書の執筆・編集を通して私が考えたことのもうひとつの意図は,「風土」という概念を持ち込むことで「麦」を理解しようという意図である。農業というと私たちはそれだけを考えがちだが,農業はつねに「風土」と一体となりながらその歴史を刻んできた。本書では「麦」の実態の解明を通して「麦の風土」における麦作の農業,あるいはそれとヒツジやヤギの牧畜を組み合わせた農業・牧畜の未来を考える基礎に資することができるのではないかと考えている。つまり「麦」というものをいくつかの種の単なる集合と考えるのではなく,互いに関係しあいながら形成してきた一体的なものとして捉えたいという試みでもある。筆者の力不足もあってその試みは必ずしも成功しているわけではないが,少なくとも単独のモノグラフにはないおもしろみを感じとって頂ければ幸いである。

なお,2009年7月には本書の兄弟版ともいえる「ユーラシア農耕史」第3巻の『麦の風土』が臨川書店から出版されている。執筆者も一部が重複しており,また扱っているテーマも類似ながら,異なる角度からムギをみた類書であるのでぜひ手にとっていただきたい。

第 I 部

麦学入門

西南アジアの肥沃な三日月地帯(Fertile Crescent)は，ギリシャ・ローマ文明の栄えた場所に近く，早くからヨーロッパの人たちが考古学的発掘を行ってきた。そのため，この地域で発祥したムギ農耕に関わるものがどこでいつごろからみつかるか，かなり詳細な記録が得られている。このあたりは高原やステップ・砂漠などが入り交じるところで，ムギ類の栽培ができそうな場所は限られており，ユーラシア東方への伝播は，おそらくカスピ海の南岸を通っただろうと考えられている。

　さて，ユーラシア大陸の東岸につらなる島国である日本列島には，ムギ類は対岸の，現在中国と呼ばれている地域から伝来した。幸いこの地域には，現在にまで続く漢字文化の長い伝統があり，中国の古漢字を読み解くことにより，そこでこの作物がどのように認識されていたかを知ることができる。その解読からは，ムギ類が外来の作物で非常に尊ばれていたこと，植物学的に異なるオオムギとコムギが当初は区別されていなかったこと，この作物が普及したのは漢代で粉食の普及もこれに平行していたこと，などが明らかである。現在の日本では，もっぱら「来る」の意味で使われる「来」の古い字体「來」(lai)は，ムギを表す本来の漢字であるが，このことはまた古代中国の殷王朝が，ムギとはまったく別の作物，つまりアワやキビを基盤に成立したことをも，はっきりと物語っている。

　では「來」(lai)の文字を当てられていた作物が，日本でなぜ「むぎ」と呼ばれたか。この点についてはまったくわからない。想像をたくましくすると，イネとムギの種子を植物体から外したとき，今の言い方では脱穀後であるが，ムギは一部のカワムギを除いて穀粒が裸になる。これに対してイネでは，穀粒が籾殻に包まれたままであり，食べるためにはさらにもう一段階，籾摺りという作業が必要となる。おそらくイネに親しんでいた古代の人びとは，穀粒が剝かれている状態を好ましいと思ったに違いない。ムギの語源として「剝き」が考えられるが，実証は難しいだろう。

　その語源は別として，日本に渡ってきたムギは中国での状況と同じで，外来でありしかも重要な作物であった。そのためもともとのムギ類（オオムギ・コムギ）だけでなく，同じように外から入ってきた穀類の名前の一部として盛んに利用されてきた。長いあいだ，農業が日本の主要産業であったが，そのときムギはイネとともに日本を支える作物だったのである。

第1章

「ムギ」とは何だろう

河原　太八

1. 栽培植物とその呼称

　栽培植物の呼び名(呼称)は，それぞれの国の言葉や文化に大きく左右されるため，ひとつの国でも，時代や地方によって異なることがある。とくに日本では，栽培植物のほとんどが外部から伝播したものであり，今までにある似た植物の名前に，もとの植物と区別するための形容詞をつけて使うことがよく行われる。もちろん，外から導入されたときに伝わった名前を使うこともあるがそれはごく最近のことで，いわゆる「西洋野菜」の普及より後である。たとえばトマトは江戸時代に日本に入り，「唐なすび」，「唐ガキ」，「蕃茄」と呼ばれていたが，それはあくまでも珍奇な植物としてであった(橘, 1999)。野菜として一般に栽培が広まったのは，明治末期から大正以後のことで，このとき外来語の「トマト」がそのまま使われた。またキャベツも「甘藍(カンラン)」や「球菜(タマナ)」(牧野, 1940)という名前があるが，それを知っている人も少ないだろう。

　より一般的な，形容詞を使う例として果実を食用とするウリ科の作物をみてみよう。日本に最も早く伝播したもののひとつが「ウリ」と呼ばれていた。その後，中国や東南アジアを経由して，世界各地から多くのウリ科作物が入ってきた。キュウリ(胡瓜あるいは黄瓜)，スイカ(西瓜)，カボチャ(南瓜)のほか，西日本の一部に栽培が限られていたトウガン(冬瓜)，ニガウリ(苦瓜，ゴーヤー)，ヘチマ(糸瓜)，ハヤトウリ(隼人瓜)などである。これらは植物学的にはすべてウリ科に属し「ウリ」に似たものであり，漢字で書くときは，

「瓜」の前に形容する漢字を入れる。

　これらのウリ科作物の原産地はさまざまである。トウガン，ニガウリ，ヘチマが東南アジアから熱帯アジア原産で，キュウリはインド西北部のヒマラヤ山麓のうまれ，スイカはアフリカ原産である。カボチャとハヤトウリは新大陸起源だが，カボチャが16世紀(戦国時代)に九州へ伝来したのに対して，ハヤトウリは大正時代に導入されたものである。ハヤトウリ(隼人瓜)と聞くといかにも南九州で古くからつくられていたように感じるが，実際は最初に導入された地が鹿児島であったからにほかならない。このほか最近では，ホームセンターなどでヘビウリの種子が売られているのをみることもある。この果実は細長いので「ヘビ」と形容されるが，カラスウリと同じ属の植物である。カラスウリは野原に生えるウリ科植物で，人は食べないが鳥が食べるのでこの名が付けられている。ところで，日本で古くから栽培されていた「ウリ」は，弥生時代の各地の遺跡から種子が大量に発掘されているほか，瀬戸内海の島々などで雑草メロンが生えていることなどから，現在のマクワウリやシロウリに当たるものと考えられている(青葉，2000)。さらに最近になって，滋賀県下之郷遺跡から約2,100年前の果実の遺物が発掘されたところである。

　次に，同じものが違う名前で呼ばれる例をみてみよう。秋の味覚として親しまれているサツマイモが日本，とくに関東地方に広まったのは，江戸時代の青木昆陽以来のことであるが，この植物は地方によってカライモ(唐芋)，リュウキュウイモ(琉球芋)とも呼ばれている。サツマイモと広く呼ばれるようになったのは，徳川吉宗が薩摩藩に種芋を提供させ普及を図ってからのことで，関東地方でよく使われていたこの名前が和名に採用された。筆者は愛媛の松山近郊の農村(現在の東温市)出身であるが，今から50年ほど前の呼び方は「リュウキイモ」(リュウキュウイモ)であった。これらは，外国から入った「唐芋」，琉球から来た「琉球芋」，薩摩藩の「薩摩芋」と，その伝播の道すじをよく表す名前になっている。また，この「イモ」も，「ウリ」と同じように総称であり，サツマイモ，サトイモ(タイモ)，ヤマイモ，ジャガイモはそれぞれ異なる科に属する作物である。また「ウリ」が，もともとはマクワウリやシロウリに当たるものだったように，「イモ」は，もともとは今でいう「サトイモ」を指していたと考えられている(佐々木，1971；坪井，1979)。これから，山にあるイモを「ヤマイモ」と呼んだのであろう。新大

陸起源で16世紀に日本に伝来したサツマイモとジャガイモは，外国起源を示す地名の「唐」や「ジャガタラ(ジャカルタ)」を冠して呼ばれるようになった。なおジャガイモの別名「馬鈴薯」は，その形が馬につける鈴に似ていることから名付けられたが，これは中国の文献に由来する名前であるとされている。ジャガイモは江戸時代には伝来していたが，その栽培が全国に広がったのはサツマイモより遅く，明治になってからである。

2. 麦(ムギ)

さて，本書の主題である「ムギ」に話を移そう。日本語で「ムギ」と呼ばれる植物にはどのようなものがあるだろうか。一般の人が思い浮かべるのは，オオムギとコムギだろう。このほかムギには，ハトムギ茶にされるハトムギやライムギ，カラスムギがある。また聖書に出てくるドクムギや，野生植物に詳しくイヌムギやネズミムギ，ホソムギ，エゾムギ，ハマムギ，コウボウムギを挙げる人もあるだろう。また農業関係者のなかには，ムギといえば小麦，大麦，裸麦，ビール麦の4つだという人もいるはずである。

ところで「ムギ」は日本語ではカナ2文字の言葉であるが，日本の伝統では身のまわりのなじみ深いものを短い言葉で表現してきた。ためしに，日本語で2文字以下で表される植物を集めてみると，表1のようになる。これらのなかには，古くは食用にされていたが，現在では利用されていないものもある。なおシソ(紫蘇)やハッカ(薄荷)，ミョウガ(茗荷)など，中国語由来とも考えられるものもあり，すべてが大和言葉とは限らない。この表をみると，昔の日本人がよく利用していた植物は短い呼称をもつことに改めて気がつく。このことは，樹木名でみてもマツ，スギ，クス(クスノキ)など，同様である。またエゴ(エゴノキ)のように，魚毒として重要だったものもあるし，クワのようにカイコが食べる植物も入っている。またカヤ，ササ，スゲ，タケ，ヨシなども，日常生活を送るための資材として貴重だったことがうかがえる。食用としない植物が非常に多いことに驚かれるかもしれないが，日本人が田(タ)や畑(ハタ)の植物に加え野(ノ)や原(ハラ)，薮(ヤブ)，森(モリ)など，身のまわりの生態系にある植物を最大限に利用して生活してきたことの現れだろう。これらのなかには池(イケ)や川(カワ)，沼(ヌマ)など，水辺に生える植物も数多くある。穀類のなかでのムギの位置をみると，アワ，イネ，キビ，ソ

表1 日本語で2文字(2音節)以下で呼ばれる植物(総称を含む)(牧野,1977, 2000;堀田ほか,1989;青葉,2000などを参考に作成)

穀物,芋,豆類	アワ,イネ(コメ),イモ,キビ,ソバ,ヒエ,マメ,ムギ
野菜類	ウド,ウリ,エ(エゴマ),カブ,キク,ゴマ,シソ,セリ,タデ,タラ(タラノキ),チサ(チシャ),ナ(菜),ナス,ニラ,ネギ(キ),ハカ(ハッカ),ハス,ヒシ,ヒユ(ヒユナ),ヒル(ノビル),フキ,メカ(ミョウガ),ユリ
果樹など	ウメ,カキ,クコ,グミ,クリ,チャ,ナシ,ビワ,モモ,ユズ(ユウ)
草本から低木	アイ,アサ,アシ(ヨシ),アマ,イ(イグサ),オギ,ガマ,カヤ(茅,萱),カジ(カジノキ),クサ,クズ,クワ,ケシ,コモ(マコモ),コケ,ササ,シバ(芝,柴),シダ,スゲ,スシ(スイバ),チ(チガヤ),ツタ,ツル,ツゲ,ノリ,ハギ,バラ,ヒマ,フジ,ヘゴ,ボケ,ホド(ホドイモ),ホヤ(ヤドリギ),マオ(マヲ,カラムシ),ミズ(ウワバミソウ),ムベ,メギ,モ(藻),ラン,ワタ
高木	エ(エノキ),エゴ(エゴノキ),カシ,カバ(カバノキ),カヤ(榧),キ(木),キリ,クス(クスノキ),シイ(シイノキ),シデ,シュロ,スギ,ズミ,セン(センノキ),タケ,タゴ(タモ,トネリコ),ツガ(トガ),トチ,ナギ,ナラ,ニレ,ネズ(ムロ,ネズミサシ),ハゼ,ヒバ(アスナロ),フウ,ブナ,マキ,マツ,ムク(ムクノキ),モミ(モミノキ),ヤシ

註:イネは日本ではとくに重要なので,植物あるいは作物としてのイネという語と食物としてのコメという語のふたつの呼称がある。また種子(タネ)は,ほかの植物と違いモミ(籾)と呼ばれる。

バ,ヒエと同列で,日本に早く伝播した重要な栽培植物であったことを表している。

では「ムギ」は外国語,とくによく使われる英語ではどう呼ばれているのだろうか。和英辞典を引くと「ムギ」に相当する単語はなく,wheat(コムギ),barley(オオムギ),rye(ライムギ),oats(エンバク,カラスムギ)の4つが挙げられ,それぞれがまったく違った作物として認識されていることがわかる。辞典のなかには,それらに加えてcorn(英,コムギ)を載せるものもあるが,これはイギリスではオオムギ,コムギ,トウモロコシなどの穀物を総称してcornと呼び,そのなかでも代表がコムギだからである。日本語の「ムギ」が違う単語で表されるのは,フランス語やドイツ語でも同じで,フランス語ではそれぞれ順番に,blé, orge, seigle, avoine,そしてドイツ語ではWeizen, Gerste, Roggen, Haferである。このため,日本語の文章にある「麦畑」を正確にこれらの言葉に翻訳しようとすると,いつの時代どの地方かを調べ,そこで多く栽培されていたであろう麦が何かを調べるという,

やっかいな作業が必要となる．ただしふつうは，オオムギ(barley)かコムギ(wheat)のどちらかで，ライムギやエンバクの可能性はまずない．このような呼び方の違いは，それぞれの地域での農耕文化体系の違いによるものであり，そのなかで重要なものには個別の名前が付けられるが，そうでないものは総称されることの具体的な例である．

　先ほどあげた小麦，大麦，裸麦，ビール麦の4つは，農林水産省の統計上での分類であり，小麦，六条大麦，裸麦，二条大麦と呼ぶこともある．これらは，作付面積や生産量において重要であるため独立して扱われてきたが，大麦，裸麦，ビール麦は植物としては同じ種(species)である．食用作物の教科書でイネが水稲(イネまたはスイトウ)と陸稲(オカボ)に分けられているのと似ている．また，ここでいう大麦は六条オオムギのうち皮性のもの，裸麦は同じ六条オオムギであるが裸性のもの，ビール麦はビールの醸造などに使われる二条オオムギである(第8章参照)．ビール麦は，醸造専用で一般に流通することがなく，また生産量もそれほど多くないので，大麦，小麦，裸麦を三麦(さんばく)と呼ぶこともある．なお農林統計の「麦類」は，先の4つにライ麦と燕麦(えんばく)を加えたものである．日本でライムギとエンバクの栽培が一般的になったのは，明治になりヨーロッパやアメリカから新しく導入された後のことであるが，それ以前にも九州の日向ではエンバクの栽培があり，「日向黒」のような品種名が残っている．ライムギとエンバクは，日本に昔からある「ムギ」と同じように秋に種をまく冬作の作物で，どれもイネ科で植物の形態も似ているため，「ムギ」グループとされたのだろう．ライムギは，英語の"rye"をそのまま形容詞として利用した．エンバクの野生型は麦作の雑草としてすでに日本に伝来しており，カラスムギと呼ばれていた．カラスムギの「カラス」とはカラスウリと同じで，人は食べない野原にあるムギという意味である．いっぽう，「エンバク」の「エン」は「ツバメ」にその端を発しているといわれる．ただし呼称についてはさまざまな解釈が可能であり，エンバクは開いた苞穎の形がツバメの飛ぶ姿に似ているから，そしてカラスについては穎が黒色だから，という説もある(写真1)．

　日本語と英語でカテゴリーが違うことがあるのは動物でも同じで，「牛を(1頭)飼っている」というごく簡単な文の翻訳も容易ではない．牛の総称はcattleであるが，そのなかには，bull, bullock, calf, cow, heifer, ox, steerなど多くの言葉があり，それぞれ，成熟した雄牛，若い雄，子牛(ま

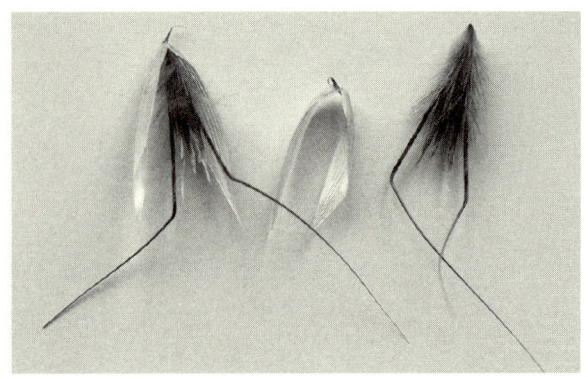

写真1　カラスムギの小穂。白い膜のような部分が苞穎

たは若い雌），成熟した雌，（子供を産んでいない）若い雌，労役用や食用に去勢した雄牛，成熟前（とくに早い時期）に去勢した雄，という意味をもつ。さらには牛肉にも，beefとveal（子牛の肉）の区別がある。"cattle" も総称でしかなく，単数と複数の区別がない。そのため「牛を飼っている」は，牛乳のために飼っているときは "I have a cow"，畑を耕すために飼っているときは "I have an ox" になるだろう。ちなみに，イタリアのモッツアレラチーズは水牛の乳からつくられるが，水牛は "water buffaro"（水にすむ野牛），イタリア語では "bufala campana"（英語でCampania's buffalo，カンパーニャ州の野牛，写真2）で，その呼び方からヨーロッパへは新しく入った家畜であると推定できる。ヨーロッパ諸言語で牛が多くのカテゴリーに分類されることは，西南アジアに起源をもつ「ムギ農耕」では，家畜が非常に重要な要素になっていることの反映である。いっぽう，東アジアの長江流域に起源をもつ「イネ農耕」では，おそらく動物性タンパク質をおもに魚類に依存していたため，家畜の果たす役割が補助的であった。その文化の流れのなかにある日本では，魚のボラやブリが，その成長段階によって呼び方が変わる出世魚としてよく知られている。

　同じようにカボチャと呼ぶ作物も，英語に訳しにくいもののひとつである。カボチャはムギやウシと違い新大陸起源なので，英語圏へ入ったのも日本語圏に入ったのもほぼ同時代であり，どちらにとっても新しい作物である。ふつうの和英辞書では "pumpkin" であるが，Vaughan and Geissler(1997)の "The New Oxford Book of Food Plants" では，"marrow"，"coutgette

写真2　イタリア・カンパーニャの水牛飼育

(zucchini)″, "squash" そして "pumpkin" の4つの単語があり，さらにこれに形容詞がついて全体では6つのカテゴリーに分類されている。さらにやっかいなのは，食用にされるカボチャが植物学的には4種(ニホンカボチャ，セイヨウカボチャ，ペポカボチャ，そしてニホンカボチャとセイヨウカボチャの雑種)あることで，日本ではそれら全体をカボチャと呼んでいる。いっぽう，英語では主として利用方法によって使い分けるので，あるときは種に関わらず同じ名前で呼ぶが，別の場合にはたまたま特定の種を指すというようなこともある。ただし日本でも，最近普及してきたズッキーニはカボチャとは別に扱われるが，これは成熟前の若い状態で利用される「カボチャ」(ペポカボチャ)である。また同じペポカボチャのなかに，完熟した果実を輪切りにしてゆでると，果肉がそうめん状に分かれてくる品種があるが，これは「そうめんカボチャ」，または果実が黄色で細長くウリに似るので「金糸瓜」と呼ばれる。カボチャのように，日本語と英語どちらにとっても新しい作物でありながら，名前の付け方のシステムが違うことは興味深い。

3. 雑　穀

　麦とは逆に日本語では個々の呼称があるのに英語では総称で呼ばれるものもある。その代表が"millet"で，日本語でこれに相当するのは「雑穀」である。麦類と雑穀類のうち，比較的よく知られているものについてその呼称を表2にまとめてある。アワ，キビ，ヒエは日本語では独立した名称をもっているが，英語では foxtail millet のように総称である millet に形容詞の foxtail をつけて呼び習わす。これは日本語の「オオ＋ムギ」や「コ＋ムギ」と同じ構造である。おそらく最もふつうに栽培されていたのが，日本でキビと呼ぶ植物で，その他の植物はこの"millet"（フランス語で millet, ドイツ語で Hirse）の仲間であると認識されたのだろう。ただし雑穀全体をみると話は複雑で，日本語で独自の呼称をもっているのはアワ，キビ，ヒエの3つだけで，

表2　ムギ類，雑穀類の呼称と学名

日本語	英語	学名
ムギ類		
オオムギ	barley	*Hordeum vulgare* L.
コムギ（パンコムギ）	wheat[*1]	*Triticum aestivum* L.
ライムギ	rye	*Secale cereale* L.
エンバク（カラスムギ，オート）	oats	*Avena sativa* L.
雑穀類		
アワ	foxtail millet, Itarian millet, German millet	*Setaria italica* (L.) Beauv.
キビ	millet, common millet, proso millet	*Panicum miliaceum* L.
ヒエ	Japanese millet, barnyard millet	*Echinochloa crus-gali* (L.) Beauv.
モロコシ（ソルガム，タカキビ，モロコシキビ）	sorghum, Indian millet	*Sorgham bicolor* Moench
トウモロコシ（トウキビ，ナンバンキビ，トウムギ）[*2]	maize（英），corn（米），Indian corn[*3]	*Zea mays* L.
シコクビエ	finger millet	*Eleusine coracana* Gaertn.
ハトムギ	Job's tears, tear grass	*Coix lachrima-yobi* L.

[*1] 日本語のコムギは wheat であるが，これは複数の種を含む。詳しくは第3章を参照。
[*2] トウモロコシは穀類で最も生産量が多く，独立に扱われて雑穀には入らないが，呼称がキビ，モロコシ由来なのでここに挙げた。
[*3] （英）では，オオムギ，コムギ，トウモロコシなどの穀物を corn と呼ぶ。

そのほかのものは外国由来の植物を指す「モロコシ(唐あるいは唐土)キビ」，あるいはさらに「唐」がついた「トウモロコシ」や「唐キビ」，「南蛮キビ」のような呼称になる。筆者の子供のころのトウモロコシの呼び名は，「トーキビ」または「トキビ」であった。関西などの方言でトウモロコシを「ナンバ」と呼ぶのは，南蛮キビの省略である。また表には入れていないが，モロコシのほうを「トウキビ」と呼ぶこともある。実際にある種子屋さんから手に入れた「赤種とうきび」は，モロコシであった。モロコシ(ソルガム)はアフリカ原産の作物で，日本へは中国経由で伝来したはずであるが，その時期については確かな情報がない。中国の東北部では広く栽培され，いわゆる高粱(コーリャン)品種群が成立するのであるが，後魏(6世紀)に書かれた中国最古の農書である『斉民要術』にはモロコシは記載されていないので，そのころはまだ入っていないか，広く普及していなかったと考えられ，日本への伝播もそれ以降のことと思われる。なお牧野(2000)の『牧野日本植物図鑑』は，天正年間(1573～93)としている。ちなみに『斉民要術』の本文に入っている穀類は，アワ，ヒエ，キビ，オオムギ，コムギ，カラスムギ，そしてイネであり，このほかにもハトムギと推定される穀物がある。ソバ，ライムギは後世になって書き加えられている。トウモロコシは中央アメリカ起源の植物で，日本へ入ったのは16世紀である。また，シコクビエ(四国ビエ，コウボウビエ)はアフリカ原産で，日本各地の山村で古くから小規模に栽培されてきたものと考えられるが，伝播についての詳細は不明である。これらの呼称をみると，アワ，キビ，ヒエは古くから日本にあったが，それ以外の雑穀は比較的新しく入ったものであり，それらが○○キビや○○ヒエと呼ばれるようになったことがよくわかる。トウモロコシになると，「唐」を表す形容詞として使われていた「モロコシ」が作物の名前として定着し，さらに本来は同じ意味の形容詞が付くという変わった状態になっている。また種子を利用する雑穀ではないが，サトウキビ(砂糖キビ)も重要な栽培植物である。これはおそらく茎や葉などの植物体が大きくなるという点が，モロコシ(モロコシキビ，タカキビ)やトウモロコシ(トウキビ，ナンバンキビ)と似ているからであろう。なお本来のキビは，草丈がモロコシやトウモロコシに比べてずっと低いうえ茎葉も細く，サトウキビに似ているとはいえない。

　ところで表1ではソバを2文字で呼ばれるとしたが，長友(1984)は承平年間(931～37)に書かれた『和名類聚抄』や建長6年(1254)の『古今著聞集』

から，古い名称はソバムギまたはクロムギであると述べている。「ソバ」は，その実が4つの三角形をした面からなる四面体をしていること，「クロ」は実の黒褐色に由来する。つまり先ほどのモロコシと同じように，形容詞の「ソバ」が呼びやすい2文字の作物名として定着しただけで，実際はムギの仲間とされていたのである。漢字表現でもソバは「蕎麦」で，ムギの仲間にされていたことがわかる。中国でもソバが「ムギ」に含まれていたことについて，長友は中国の『天工開物』を引用し，「粉にして麦と変わるところなく，利用上，似ている」からではないか，と考えている。では，ハトムギはどうだろうか。漢字は「薏苡」であり，「ムギ」の意味はない。ムギの仲間とされるのは日本でのことである。ハトムギの野生型であるジュズダマの別名として「トウムギ」があるので，これがムギの仲間とみられていたのは確かである。なお，ハトムギの呼称の由来は不明で，先の『牧野日本植物図鑑』でも「ハト麦は近代の称呼で，古くはこの名ではなく，多分鳩の食う麦の意味であろう」とされているが，さまざまな文献からはハットムギ，シコクムギ，トウムギ，チョウセンムギと呼ばれていたらしいことがわかる。「ハット」は収量の八斗，シコクは地名の四国と考えられる。戸刈・菅(1971)によると，明治11(1878)～昭和29(1954)年までのキビの反当収量(10アール当たりの収量)は，5年ごとの平均で，当初の0.7石から昭和4(1929)年ごろには1石(18リットル)に達したがその後減少した。また，ソルガムの平均反収は昭和26～29年の平均で0.9石である。ハトムギもこれらと同じ程度の収量であるとすると，八斗(反当たり0.8石)という数字は妥当なものになる。ただ「八」という数字には，滋賀の「近江八景」や横浜の「金沢八景」と同じように「多い」という意味もあるので，「八斗」は「たくさん収穫できる」くらいの意味であったかもしれない。いずれにしても，ハトムギが「ムギ」と考えられていたのは事実である。ところで，堀田ほか(1989)の『世界有用植物事典』には，トウモロコシの別名として先の「トウムギ」が採用されている。では，これらはなぜムギとみなされたのだろうか。先にも述べたように，ムギ(オオムギ，コムギ)は日本では普通，冬作物で，秋に種を播き次の年の晩春から初夏に収穫する。いっぽう，ソバ，ハトムギ，トウモロコシは，春あるいは夏に種を播いて秋に収穫するから，栽培時期とは関係ないようである。そこでイネとムギの穀粒を比較すると，ムギのほうがイネよりやや大きく，これらに比べるとアワ，キビ，ヒエは，はるかに小さいこ

写真3 イネ，ムギ，雑穀の種子。上段左より，オオムギ，コムギ，ソバムギ(ソバ)，ハトムギ，トウムギ(トウモロコシ)。下段左より，イネ(下はモミ)，アワ，ヒエ，キビ，モロコシ(モロコシキビ)

とがわかる(写真3)。そうすると，イネが基準となり，次に重要であったムギも穀粒が大きかったため，粒の大きいイネ科の穀物や，イネ科でなくても穀粒を同じように利用するものという意味でタデ科のソバがムギに分類された，と考えるのがよいのかもしれない。なおソルガムの穀粒はやや大きいが形が丸くキビに似るので，これが「キビ」の仲間とされたのはうなずける。またトウモロコシの「トウムギ」が定着しなかったのは，植物が大型でモロコシに似た形をしていることのほうが，より印象的だったのだろうか。イネ科のほかにも，タデ科のソバが「ムギ」の仲間とされたのと同様に，海岸に生えるカヤツリグサ科の植物にも，コウボウムギという名前が与えられているが，これも植物全体の形が似ているからだろう。ところで，作物としては形態の類似性や夏作か冬作かのほかに，水分をどの程度必要とするかも重要である。陸稲(オカボ)という例外はあるが，日本ではイネはつねに水のある田(水田)で栽培する。ヒエ，ハトムギは水田でも栽培できるが，普通は畑でつくり水分をそれほど要求しない。ムギ，アワ，キビは畑の作物で湛水状態でつくることはなく，とくにムギは多湿な条件では栽培が難しい。ソバ，ハ

トムギ，トウモロコシがムギに入れられたのは，穀粒のサイズのほかに畑の作物であるということも関係しているかもしれない。

　日本語の「ムギ」の語源については，次章で詳しくみていただくことにし，これまでにわかったことをまとめてみたい。
　ムギは日本へは古く伝わり，アワ，イネ，イモ，キビ，ヒエ，マメなどと並ぶ重要な栽培植物であった。なおこれらはもともと，それぞれひとつの作物を指していると考えられる。先にも述べたように，イモは現在のサトイモである。マメはダイズで，日本で伝統的に利用されてきたアズキとダイスのうち，「小豆」はアズキと訓読みするが「大豆」はダイズと音読みすることからも，マメは総称であるいっぽうで，ふつうはダイズを指していたことがうかがえる。旧暦の8月15日は芋名月，9月13日は豆名月と呼ばれるが，それぞれサトイモとダイズである。また節分の「豆まき」でまくのも，ダイズである。
　問題の「ムギ」であるが，古く伝播したのが六条オオムギ(皮性または裸性，あるいはその両方)とコムギ，つまり農業関係者が大麦，小麦，裸麦と呼ぶものであるのは確実で，しかもソバムギの語からわかるように，明治になって燕麦やライ麦が普及するよりはるかに早い時期から，総称的に使われていたようである。つまりムギ(オオムギとコムギ)は，イネの次に大切な作物でその利用方法が互いによく似ており，イネより少し粒が大きく，畑でつくる作物であった。確かなことは，ムギが日本人にとっては古くからイネと同じくらい重要な作物であり，馴れ親しんできたことで，このため比較的穀粒の大きいソバムギ(ソバ)，ハトムギ，トウムギ(トウモロコシ)が，その形から仲間に入れられたと考えられる。また食用ではなくても，茎葉や穂の形の似た多くの野生のイネ科植物の名前に，イヌムギやカラスムギなど，「ムギ」が採用された。現在の日本で麦畑を身近にみられる地域は少なくなっているが，麦秋という言葉が示すように「ムギ」は我々にとってごく親しい植物だったのである。

第2章 ムギを表す古漢字

渡部　武

1. 作物名を表す古漢字の同定問題

　周知のように，中国の漢字は殷王朝の晩期の甲骨文字に起源する。文献学的にもまた考古学的にも中国最古の王朝と確認された殷王朝は，都を転々と遷しながら最終的に黄河支流の洹水(えんすい)のほとりに落ち着き，武丁という王の時代から占卜に漢字が使用されるようになっていった。ちょうど今から3,000年ほど前のことである。甲骨文字は正式には「亀甲獣骨文字」と称し，読んで字のごとく牛などの大形動物の肩甲骨や亀の腹甲に人工的にひび割れを加え，その形によって日常諸般の細々としたことから国家の重大事に至るまで占い，その内容を刻字した記録である。甲骨文字は現在使用されている漢字に連続するものも多くあるが，特殊な祭祀儀礼に関する文字については連続性をもたず死語となったものもある。

　清末の劉鶚(りゅうがく)(1857～1909)や羅振玉(らしんぎょく)(1866～1940)以来，多くの研究者たちによって甲骨文字の解読が試みられてきた。わが国でも貝塚茂樹，白川静，あるいはごく最近では落合淳思といった研究者によって，中国最古の漢字の意味とその社会的背景が一般の人びとにもわかりやすく説かれるに至っている。

　中国における古文字学の出発点は，2世紀初頭の後漢の古典学者許慎(きょしん)が著した字書『説文解字(せつもんかいじ)』(単に『説文』とも称する)にある。この字書は当時の正式な字体である小篆(しょうてん)にもとづき，漢字の字義と字形とを解説しており，漢字の構成要素を540の部首に分け，約1万字を収録している。また当時，許慎がみることができた「古文」(たぶん戦国期ころの書体)も収録しているが，彼は

最古の漢字である甲骨文字を直接みた形跡はない。許慎に比べてはるか後の時代の我々のほうが古い漢字，たとえば甲骨文字はもとより西周や春秋戦国時代の金文（青銅器の銘文），戦国時代の帛書（はくしょ）（白い絹地に記した文書）や簡牘（かんとく）文書（木や竹の札に記した文書）に接することができて，漢字の体系的な発達史をたどるうえで優位な立場にある。

漢字で表記された栽培作物がいかなる作物であるかの同定作業は，もちろん許慎の『説文』における説明も重視しなければならないが，それよりもはるかに古い甲骨文字などの出土資料の文例のなかから，各種の栽培作物を検討してみる必要がある。古漢字に表記された栽培作物の同定は，基本的にはその作物の外見的，植物学的特色，あるいは人びとの栽培管理技術が漢字の構成にどのように反映しているのか，その象形の成り立ちを見破ることにある。したがって，このような同定作業には，古文字学の素養とそれにプラスして農学の知識をそなえていることが望ましい。私自身は古文字学および農学の専門家ではないが，ほかの執筆者の方々に比べて多少なりとも漢籍や中国考古学になじんできたので，ムギを表す古漢字について調べやすい立場にある。ムギに関して，中国の字書類および出土資料から，どのようなことがいえるのか若干の意見を述べてみたい。

2.『説文』にみられるムギを表すふたつの漢字「來」と「麥」

許慎の『説文』によると，ムギを表す代表的な漢字として「來」と「麥」を挙げている。來について以下のように説明している。

　　　來とは，周が授かった所の瑞麥（ずいばく）・來麰（らいぼう）のことである。二麥一夆で，その芒束の形に象（かたど）る。天が來たした所のものなので，それ故に行來の來に作るのである。『詩経』（周頌・思文の詩）に「我に來麰を詒（おく）る」とあり，凡そ來の属は皆な來に从（したが）う。

これによると，周王朝下で栽培されていたムギは歓迎されるべき外来作物であり，その証拠として『詩経』中の伝承の一節を引用している。またその植物学的特色は二麥一夆で芒束の特徴を象っているとしている。わたしが依拠した『説文』のテキストは，尾崎雄二郎編『訓読説文解字注』（絲冊，東海大学出版会，1989年）であるが，この「二麥一夆」の語句を「一つの麥の穂に二つのノギ（芒）がある」と注記している。じつは異なるテキストや後世の引用

文によっては，二麥一夆，一來一夆，一來二夆，一來二縫，一來二麰，一麥二夆などと記され，表記に混乱がみられる。夆を縫につくる場合もあるが，清代の『説文』学者段玉裁は，夆は矛先の尖端を意味する「鋒」の省略形で，束(のぎ)のことであり，「二麥一夆を瑞麥(めでたいムギの意)と為すのは，二米一桴を瑞黍(ずいしょ)とみなすようなことだ」と述べている。二米一桴とはひとつのサヤのなかにふたつの実がある嘉穀(かこく)のことである。この特色から二麥一夆の形状を説明してみると，穎果の背面に縦溝があって一粒の穀粒がふたつに分かれているようにみえ，穎花には長い直芒があるオオムギの特色を形容しているのではなかろうか。二麥一夆の表記上の混乱を解決するには，農学の専門家からのコメントが必要である。

　つぎに麥については，許慎は以下のように説明している。

　　麥とは，芒(のぎ)のある穀である。秋に種まき厚く埋める。それ故にこれを麥(埋と麥は mai と発音し音通)という。麥は(五行の)金である。かくして金王(秋)のときに生じ，火王(夏)のときに死す。來に从い，穂を有するものである。夊に从う。凡そ麥の属は皆な麥に从う。

この麥という文字は，來の下に足形を示す「夂」(ちかんむり。もしくは「夊」(すいにょう))を加えた形である。古文字研究者のなかにはこの足形に着目し，來の外来伝説に関連付けて，外部から将来された作物だから「夊」が加えられたと解釈している。しかし，段玉裁は「行くこと遅く曳きて夊夊たるなり。夊に从うのは，その行來するの状に象る」と，ゆっくりと足を引きずるように往来することであると解釈しており，外来伝説とは直接に結び付けていない。來の下部に夊を付け加えるのは，たぶんムギを栽培するうえでの農作業と関係しているのであろう。古漢字研究の第一人者白川静は，「夊はおそらく麦ふみ，踏藉を示す」(『字統』692 頁の麥の解説)と述べている。私も白川説に賛成である。

　『説文』には，來部に 2 文字，麥部に 13 文字を登録しており，後者の麥部中にもうひとつムギを意味する「麰」なる文字を収録している。許慎はこの文字について

　　麰とは，來麰，麥なり。麥に从(したが)い，牟の声(ボウと発音するの意)。

と解説している。この麰は，通常「來麰」(あるいは來牟につくる)という熟語でみることができ，前述の『詩経』周頌・思文の詩がその古い事例であろう。この來麰をオオムギと同定することもあるが，先秦時代の文献をみる限り，

ムギ類をオオムギとコムギに区分する知識は普及しておらず，本来この來麰はムギ類全般を指していたのではあるまいか。もしコムギの伝来以前のことであるならば，必然的にこの語彙はオオムギを指すことになる。中国におけるコムギ栽培の普及時期を推し量るには，考古学的には石磨(石臼)の形態とその変遷を跡付け，文献的には粉食の食習慣がいつごろから定着していったかを検証してみる必要がある。わたし自身が調べたところでは，六分画あるいは八分画の石磨の普及は紀元前2世紀の漢代以降である。また粉食の普及もそれに並行しており，魏晋時代に北方に五胡十六国が興亡するころになると，粉食は完全に中国内に定着する。つまり中国におけるコムギの栽培普及は漢代であり，大小のムギの区分が明確に立てられるようになったのは，この時期であったと考えられる。ちなみに中国の字書で大小のムギの区分が初めて立てられたのは，三国魏(3世紀)の張揖の『広雅』(ちょうゆう)においてで，本書の巻十上釈草の条に

　　大麥は麰なり，小麥は䴢なり。

と記されている。䴢はムギに関係するので往來の來と区別するため，漢代あたりに麥偏を添えて造字されたのであろう。したがって䴢は來と通用する。本来は來麰と熟する語彙が，張揖によって䴢(=來)はコムギ，麰はオオムギにそれぞれ同定されたのである。張揖が䴢・麰の文字に対して，意図的に大小のムギを振り当てた印象を受ける。なお漢代に大小のムギが栽培されていた事実は，後漢時代(2世紀)の農書『四民月令』(しみんがつりょう)(崔寔 撰)(さいしょく)の6月の条中に，大小のムギと穬(ハダカムギ)の投機的買い付け記事がみられるので，前述の推定を裏付けることができる。また前漢時代には秋種夏収の冬コムギを「宿麥」(『淮南子』(えなんじ)および『漢書』食貨志)と，春種秋収の春コムギを「旋麥」(『氾勝之書』(はんしょうし))とそれぞれ称し，王朝政府は気候風土に応じてこれらのムギの作付けを奨励した。

3. 出土古文字資料からみたムギ

　ムギ類を表す古漢字を調べていくと，予想もしなかった厄介な問題に逢着する。それは古文字研究者たちによって比定された個々の作物を表す古漢字が，必ずしも同様の同定結果に至るとは限らないことである。したがって穀類全般にわたって古文字を綿密に分析してみる必要がある。近年では古文字

研究の研究成果も増加し，専門外の私にとっては，それらの成果を十分に消化できないのが現状である。それでも少しばかり整理しかかった途中経過を以下記しておこう。

　中国では穀物全般を総称して「五穀」という表現があるが，これは戦国時代の五行思想が流行してからの言い方であり，それ以前の文献には「百穀」とか「九穀」という熟語がよく使われている。戦国時代ごろに成立した『周礼(しゅらい)』という書物には，五穀として麻，黍，稷，麥，豆が挙げられている。もちろん稲を加えた五穀の組み合せもある。図1に掲げた筆者作成の「ムギなどの穀類を表す古漢字一覧表」には，來(ムギ)，麥(ムギ)，黍(キビあるいはモチキビ)，禾(アワもしくは穀物一般)，梁(アワあるいは優良品種のアワ)，稲(イネ)の6種の文字について整理してある。これ以外にアワを表す「稷」についても整理しかかったが，同定者の意見に大きな混乱がみられるので除外した。また稲の文字については，殷時代の字形と以後の周時代の字形とでは研究者のあいだで意見が大きく分かれ，表中の殷の甲骨文字は稲ではなく「豆」あるいは「尗」(ダイズ)の初文，酒壺を意味する「酋」に同定する説もある。

　これらの穀類を表現した古文字中には，それぞれの作物の外見の姿ばかりでなく，育苗管理および収穫後の調製作業のようすまで描写したものがある。たとえば黍の文字であるが，これは「禾」+「入」+「水」の三要素から構成され，キビ畑に人工的に澆水(灌漑)することを表している。また梁の文字には，アワ畑において耒耜(らいし)(一種の踏鋤)を使って耕す人物と澆水するようすが組み込まれている。さらに稲の文字には，水利灌漑ばかりでなく臼を使って籾摺り(あるいは精白)作業のような場面まで表現されている。したがって麥の文字の下部の足形を示す「夊」を，麦踏み作業と断定しても何ら支障はない。

　ところで，ムギを表す來と麥の古文字には，黍の古文字に比べて3つの特徴がみられる。第一は茎が直立していること，第二は葉が折れていること，そして第三は上部末端に横向きの小穂，つまり茎の先端に穀穂を付けていることである。これら3つの特徴はムギの外見の姿をよく表している。しかしながら，李裕の研究(「《説文》來・麥之釈及其学術与文献価値」『武漢大学学報(哲学社会科学版)』1995年第2期)によると，この甲骨文(卜辞(ぼくじ))にみられる來と麥の文字には，作物のムギを含めて以下の5つの意味があることを指摘している。①行来，来至，往来の意，②未来の意，③来貢，来献の意，④ムギの意，⑤地名。つまり殷時代に來と麥という文字は，すでに多義性を有していたのであ

	殷時代	西周時代	春秋戦国時代
來			
麥			
黍			
禾			
粱			
稻			

図1 ムギなどの穀類を表す古漢字一覧表(徐，1980；白川，1984；何，1998；古文字詁林編纂委員会，1999-2004 などを参考に作成)

る。そして興味深いことに，殷の卜辞には

　　　月一正曰食麥(正月のことを食麥と称するの意)。

とあって，正月にはムギを食べることになっており，正月の代名詞を「食麥」と称していた。この卜辞の釈読については異説もあるが，その食習慣は後世の『礼記(らいき)』月令篇にみられる，孟春の月に天子が麥と羊を食べる習俗を髣髴(ほうふつ)とさせる。

　ともかくも殷代の晩期には，甲骨文の卜辞が示すように，ムギは中原地方(黄河中流域：河南省の大部分，山東省西部，河北省・山西省の南部を含む)ですでに栽培されていたのである。

4. 外来作物としての中国のムギ

　一般的にいって，華北での新石器時代初期の農耕においてはアワやキビ栽培が主流であったと思われる。中国においてムギ類がいつごろから栽培されたかについては，今後解明しなければならない重要課題である。オオムギについては，1996 年に盧良恕(ろりょうじょ)が中心となって編纂したオオムギの総合的な研究書『中国大麦学』に，以下のように記されている(121 頁)。

　　　考古学方面からみるならば，中国で近年出土した古代のオオムギには，比較的初期のものに青海省諾木洪遺跡(前 2000〜前 1000 年)出土の青稞(チンコウ)粒と新疆哈密(ハミ)県五堡郷墓葬(前 1200 年)出土の青稞穂殻がある。……最近(1987 年)，李璠は甘粛省民楽県東灰山遺跡から約 5,000 年前のオオムギの炭化粒を発見した。それは青稞にきわめてよく似ていた。

　ここに言及されている青稞とは，オオムギの品種群であるハダカムギのことである。以前，私は青蔵高原地方のチベット族の村で生産工具を調査した際，コムギの秋播き栽培が不可能な標高 3,000 m を超えた高地で，この青稞が盛んに栽培されているのを目撃したことがある。その食べ方は穀粒ごと大釜で炒って，それを水磨(横型水車)で製粉し，バター茶を加えて，右手で握りながら成形し，いわゆるツァンパとして食べるのである。この青稞は，チベット，青海，四川，甘粛地方のチベット族のあいだで古くより栽培されてきた品種群で，この地域にオオムギの起源を求める説もあった。

　コムギについては，中国考古学の専門家宮本一夫(2005)は，もともと華北地方にはコムギの野生種は存在しないので，「中国でのコムギの出現もユー

ラシアステップ地帯を媒介として西北地域から流入してきた」(『中国の歴史①神話から歴史へ』232 頁)という見解を示している。

　ともかくも中国におけるムギ類は，辺境あるいはさらに遠方のユーラシアステップ地帯経由で将来された可能性が高い。古代の周の人びとは『詩経』中でムギを外地からもたらされた嘉穀と賛美している。周王朝の始祖は農業神の后稷で，后稷の「稷」の文字はアワを表しており，このような始祖神話を有する周民族にとって，ムギは外来作物として強く意識されていたのである。この外来という点に焦点を当てるならば，ムギを表す「來」の文字を lai と発音することに関して，じつに興味深い事実を指摘できる。それは甲骨文中の科技資料を研究した袁庭棟(1983)の著作『殷墟卜辞研究―科技篇』中に，現在のチベット族は青稞を lai と称しており，漢語とチベット語のムギの呼称は同源ではないかというのである。これはとても興味深い指摘である。

　以上が私の古漢字からみたムギに関する覚書である。

第II部

畑作農耕の始まりと麦の起源

コムギにはじつにさまざまなものがある。染色体を数えてみると，二倍性コムギや四倍性コムギ，さらに六倍性コムギに分けることができる。このように多様なコムギがいつ，どこで，どのようにしてうまれたのか。そして「ムギ農耕」の黎明期を過ごした私たちの祖先はこれらをいかに利用したのか。第II部ではコムギとムギ農耕の起源について遺伝学や考古学の最近の研究成果より概観する。

　西南アジアのいわゆる肥沃な三日月地帯は多様な環境と植生を示し，コムギの「倍数性進化」と「栽培化」を考えるうえで重要な地域である。栽培化されたムギ類や家畜をともなったムギ農耕は今から約1万年前にこの地に発祥し，世界各地へと伝播した。

　作物としてのコムギが誕生する契機となった栽培化にはどのくらいの時間がかかったのだろうか。最近，年代が違う遺跡から出土する植物の遺物が詳しく調査され，野生のコムギが栽培コムギに完全に置き換わるのに数千年かかっていたことがわかった。

　ムギ農耕の誕生によってそれまでの人びとの生活にも大きな変化が現れた。このことは西アジアの遺跡で発見されるムギの利用に関する道具や設備の研究から明らかになりつつある。最近の研究成果によると，新石器時代の後半（紀元前7500〜6000年）ごろにはムギ農耕が人びとの生業として定着していたと推定されている。

　このような考古学的研究の成果がもたらされるいっぽう，現存するコムギのDNAに刻まれた生物としての歴史をひもとくことによって野生種から栽培コムギに至る遺伝的系譜を明らかにしようとする遺伝学的研究も進展してきた。

　「ムギ農耕」の背景には自然現象である「倍数性進化」と人類の活動である「栽培化」が相互に関与している。人と麦の辿った道を解明するには広い視野にたった学際的なアプローチが求められる。

第3章 染色体数の倍加により進化したコムギ

森　直樹

1. 多様なコムギのゲノムと倍数性

コムギとその仲間について

コムギというとどのような植物を思い浮かべられるだろうか。一般に生物としての「小麦」はカタカナで「コムギ」と書かれるが，じつはコムギは単一の生物種ではなく複数の種の総称である。

生物学的には，コムギはイネ科(Poaceae)のなかのイチゴツナギ亜科(Pooideae)，コムギ連(Triticeae)に属するコムギ属(*Triticum*)に含まれている一群の植物ということになる。ちなみにコムギ連にはほかにもオオムギ属(*Hordeum*)やライムギ属(*Secale*)などの，温帯地域で秋から翌年の夏にかけて栽培される重要な作物が含まれる。このようにコムギ連に属する植物には人類にとって重要な栽培種が数多く含まれているため，とくに20世紀に入って分類学，遺伝学，考古学，民族植物学などの幅広い分野で研究が行われてきた。ただし，多くの研究者がコムギの分類に取り組んできたため，今日でも種名をめぐって議論がある。また，コムギ属に含まれている植物の起源には，これらに近縁なエギロプス属(*Aegilops*)のいくつかの種が深く関わっており，コムギの進化の道筋をより複雑なものにしている。

表1に，コムギ属の伝統的な分類と最近の分類のなかから，それぞれ代表的なものをひとつずつ示した。伝統的な分類では，コムギ属には21の種が含まれていたが，最近の分類では7種にまとめられている。このような分類

表 1 コムギ属 (*Triticum*) 植物の分類

倍数性	系	和名	野生型/栽培型	脱穀性	Jakubziner(1958)による分類	Mac Key (1988)による分類	本文中の図・写真番号
二倍性 (2n=14)	一粒系コムギ (AAゲノム)						
		野生一粒系コムギ	野生	難	*T. boeoticum* Boiss.	*T. monococcum* L. subsp. *boeoticum* (Boiss.) Á. Löve & D. Löve	
		ウラルツコムギ*1	野生	難	*T. urartu* Tumanian ex Gandilyan	*T. urartu* Tumanian ex Gandilyan	
		栽培一粒系コムギ	栽培	難	*T. monococcum* L.	*T. monococcum* L. subsp. *monococcum*	写真 2A
四倍性 (2n=28)	二粒系コムギ (AABBゲノム)						
		パレスチナコムギ	野生	難	*T. dicoccoides* (Körn. Ex Asch. & Graebner) Schweinf.	*T. turgidum* L. subsp. *dicoccoides* (Körn. ex Asch. & Graebner) Thel.	写真 3, 図 2
		エンマーコムギ	栽培	難	*T. dicoccum* Schübler	subsp. *dicoccum* (Schrank ex Schübler) Thell.	写真 1-1001, 1019, 図 2
		グルジアコムギ	栽培	難	*T. paleocolchicum* Menabde	subsp. *georgicum* (Dekapr. & Menabde) MacKey	写真 1-1003
		ペルシアコムギ	栽培	易	*T. carthlicum* Nevski	subsp. *carthlicum* (Nevski in Kom.) Á. Löve & D. Löve.	写真 1-1021
		リベットコムギ	栽培	易	*T. turgidum* L.	subsp. *turgidum* conv. *turgidum*	写真 1-1011, 1014
		ポーランドコムギ	栽培	易	*T. polonicum* L.	conv. *polonicum* (L.) MacKey	写真 1-1015
		マカロニコムギ	栽培	易	*T. durum* Desf.	conv. *durum* (Desf.) MacKey	写真 1-1006, 写真 2B
		オリエントコムギ	栽培	易	*T. turanicum* Jakubz.	conv. *turanicum* (Jakubz.) MacKey	写真 1-1013
		アビシニアコムギ	栽培	易	*T. aethiopicum* Jakubz.	―	写真 1-1023

倍数性　系　和名	野生型/栽培型	脱穀性	Jakubziner(1958)による分類	Mac Key (1988)による分類	本文中の図・写真番号
チモフェービ系コムギ(AAGGゲノム)					
アルメニアコムギ	野生	難	*T. araraticum* Jakubz.	*T. timopheevi* (Zhuk.) Zhuk. subsp. *armeniacum* (Jakubz.) MacKey	
チモフェービコムギ	栽培	難	*T. timopheevi* (Zhuk.) Zhuk.	subsp. *timopheevi*	写真1-1025, 写真2C
六倍性 (2n=42) 普通系コムギ(AABBDDゲノム)					
スペルタコムギ	栽培	難	*T. spelta* L.	*T. aestivum* L. subsp. *spelta* (L.) Thell.	図2
マッハコムギ	栽培	難	*T. macha* Dekapr. & Menabde	subsp. *macha* (Dekapr. & Menabde) MacKey	
バビロフコムギ	栽培	難	*T. vavilovii* Jakubz.	—	
パンコムギ	栽培	易	*T. aestivum* L.	subsp. *aestivum*	写真2D
クラブコムギ	栽培	易	*T. compactum* Host	subsp. *compactum* (Host) MacKey	
インド矮性コムギ	栽培	易	*T. sphaerococcum* Percival	subsp. *sphaerococcum* (Percival) MacKey	
ジュコフスキーコムギ*² (AAAAGGゲノム)	栽培	難	*T. zhukovskyi* Menabde & Ericzjan	*T. zhukovskyi* Menabde & Ericzjan	

*¹ この *T. urartu* もAゲノムをもつが，*T. monococcum* とは遺伝的に分化していると考えられるため，本表ではウラルツコムギとして区別して示した

*² ジュコフスキーコムギはグルジア西部で発見された特殊なコムギでAAAAGGゲノムを持つため，本章では便宜上チモフェービ系コムギに含め た。この種をジュコフスキー系として分類する研究者もある

上の違いがうまれた背景にはコムギ遺伝学の発展の歴史がある。伝統的な分類は主に形態的な違いにもとづいている。しかし，遺伝学的な研究が発展するにつれて，形態上に違いがあっても生物学的には同じ種と考えた方が合理的である場合が出てきた。このようなことを考慮に入れ，伝統的分類によるいくつかの種を統合してひとつの種の亜種(表1ではsubsp.＝subspeciesと表記している)や変種(conv.＝convariety)として分類し直した結果，最近の分類では種数が減少したのである。では，最近の分類でひとつの種に属するコムギのグループに形態上の違いがどれくらいあるか一例をみてみよう。写真1は四倍性コムギ(四倍性については後述)の穂の形態の変異を示す。これらのうち右端のチモフェービコムギ以外はすべて二粒系コムギと呼ばれる栽培コムギの穂である。同じ「四倍性」とはいえ，穂の形だけをみてもさまざまな違いがあることがわかる。このような違いは，おそらく人びとが古くからコムギの形態などの変異に高い関心を示してきたことによると考えられる。これらのコムギのあいだで交配してみるとその子孫は親と変わらない稔性を示し，同じ種に分類できることが明らかになった。こうした遺伝学的な研究の進歩がコムギ属の分類を単純化した。また，歴史的には，先に栽培コムギが分類されてからその祖先型の野生コムギが見出されたという事情を反映しており，そのために分類体系が必ずしも統一されてこなかった。本書では，上記のような事情をふまえて，表1の和名を用いることにする。

写真1 いろいろな四倍性(2n＝28)コムギの穂。右端のチモフェービコムギ(AAGG)以外はすべてAABBゲノムをもつ二粒系コムギである。

コムギ属の植物は一粒系コムギ，二粒系コムギ，チモフェービ系コムギ，普通系コムギの4群に分けることができる[*1]。なお，それぞれのグループの代表的なコムギの穂を写真2に掲載した。これらのグループのあいだでの最も大きな違いは後述の「染色体」の種類と数である。では，染色体とはどのようなものなのか，次にみてみよう。染色体についてすでにご存知の読者は次の項を飛ばしていただいてかまわない。

染色体とDNA，遺伝情報

　生物の体は細胞という単位で構成されており，大人のヒトの身体は約60兆個の細胞からできている。植物でも多数の細胞からなるという基本的な構造は同じである。細胞の構造を詳しくみてみよう。コムギなど高等植物の細胞は大きく核と細胞質に分けることができる。核のなかには染色体と呼ばれる構造がみえる。染色体をさらに拡大していくとDNA(デオキシリボ核酸)と呼ばれる長い鎖状の分子からできていることがわかる。DNAには生物が生きていくうえで必要な情報(遺伝情報)が記録されており，その記録の仕方は，身近なものにたとえると物語や音楽の表記法に似ている(図1)。オーケストラの音楽の場合を思い浮かべてみると，「音符」がある規則に従って並べられることによってひとつの「旋律」となり，旋律が集められることによって各楽器がうけもつパートとなり，さらに集まってひとつの曲がつくられる。DNAでは音符の代わりに4つの化学物質(塩基と呼ばれ，A，T，G，Cで表される)が使われる。このわずか4文字を組み合せることよって複雑な情報を記録することができる。ひとつの遺伝子に記録された遺伝情報は，ある楽器のパートに相当し，多くの場合，タンパク質を生合成する際の青写真となっている。DNAの情報にもとづいてつくり出されたさまざまなタンパク質は，生物の体をつくり生命を維持するためのシステムを実際に動かす担い手となっている。つまりDNAが遺伝情報の保存・伝達・発信役を，タンパク質は実働部隊の役割をそれぞれ担っているのである。

　生物種によって違いがあるが，ヒトの卵子や精子の場合，全部で約30,000個の遺伝子があるといわれているので，細胞内ではさまざまな楽器

[*1] ジュコブスキーコムギはグルジア西部で発見された特殊なコムギでAAAAGGゲノムを持つ。本章では便宜上このコムギをチモフェービ系(後述)に含めている。

42 第II部 畑作農耕の始まりと麦の起源

写真2 コムギ属4群の代表的な栽培種の穂(A)栽培一粒系コムギ(2n=14), (B)栽培二粒系コムギ(マカロニコムギ, 2n=28), (C)栽培チモフェービ系コムギ(チモフェービコムギ, 2n=28), (D)普通系コムギ(パンコムギ, 2n=42)

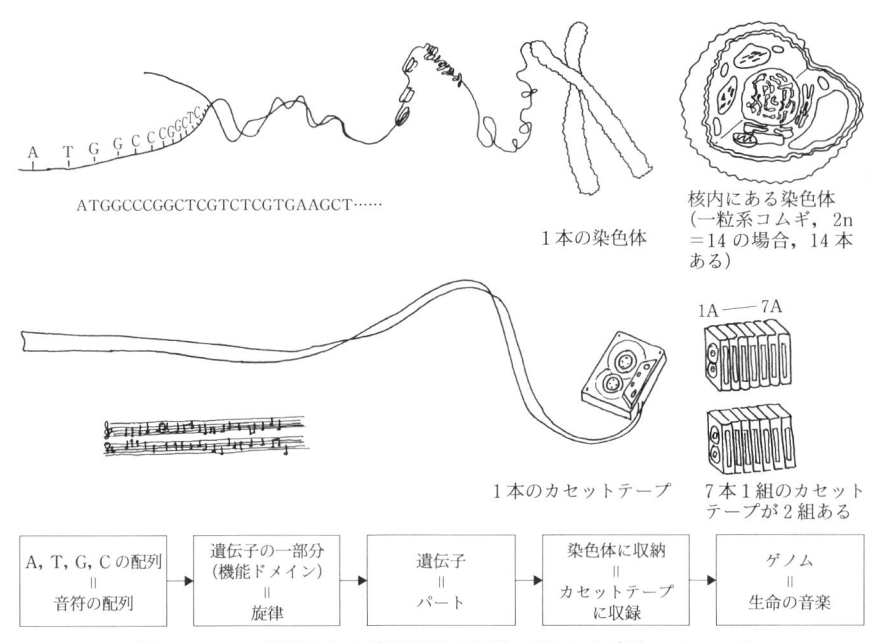

第3章 染色体数の倍加により進化したコムギ　43

図1　DNAに記録された遺伝情報と楽譜に記された音楽のイメージ

がうけもつ約30,000のパートが織りなす壮大な生命の音楽が奏でられているようなものである。ヒトの場合，これらの遺伝子は23本の染色体に乗っているのでひとつの染色体を構成するDNA分子には1,000個から2,000個ぐらいの遺伝子が記録されていることになる。ひとつの染色体を生命の音楽を収録したカセットテープにたとえると1本のテープに1,000〜2,000のパートが収録されていることになる。最近の研究の結果，遺伝子の総数はヒトでもイネでもおおむね同じくらいかむしろイネの方が多いことがわかってきた。これまで「ヒトはほかの生物よりも優れているので働いている遺伝子の数も多いに違いない」と思われていたので，このことが公表されたときは社会に衝撃をもたらした。コムギの遺伝子の数はまだ正確に決定されていないが，ゲノム(後述)あたりの遺伝子数はイネと大きくは変わらないと考えられている。

ゲノム説

上では1本の染色体に含まれるDNAに記録された遺伝情報を，1本のカ

セットテープに収録された音楽にたとえた。表1の一粒系コムギではひとつの核に14本の染色体が入っているので、ひとつの細胞に14本のカセットテープが入っていることになる。じつはこの14本のテープは2本ずつほとんど同じ音楽(遺伝情報)が記録された7組のテープのペアで構成されている(図1)。ペアとなる2本のテープにはほぼ同じパートが同じ順序で入っているので、細胞内で奏でられている音楽をひととおり聴くには7組のペアからそれぞれ1本ずつ合計7本を聴けばよい。

　コムギの遺伝学的研究で20世紀の初頭に先駆的な研究を行った木原均は、染色体数が異なるコムギ同士をかけ合わせ、その子孫における染色体の数やその動向、種子の稔り具合などの生物としての性質や安定性を丹念に調査した。そして、その7本の染色体セットが完全な形で揃っているときに、最も安定した性質を示すことを発見した。このように生物が生きていくうえで最低限必要な染色体の1組(上記の例では7本のカセットテープに当たる)に対して、木原はウィンクラー(H. Winkler)のつくった用語を当ててゲノム(genome)と名づけた。ゲノムは最低限必要な遺伝子のセットなので、それを構成する染色体の1本あるいは一部分が欠けるとその生物が生きていくうえで重大な障害を起こす。言い換えると、「生物が生きていくうえで、遺伝的な性質を決める最小単位である個々の遺伝子が相互に作用しながら働くことが必要」とするのがゲノム説である。これはあたかもオーケストラによる演奏でひとつの音符やパートが飛ばされただけでも不協和音が響くようなものといえるだろう。生命現象の分子遺伝学的解析が進む今日、このような遺伝子間のネットワークによる働きをゲノムの本質的な機能としてとらえる考え方はますます重要になってきており、木原の先見性に改めて驚かされる。木原によって確立されたゲノム分析法を応用して、コムギやその近縁野生植物のゲノム構成が研究され、コムギの進化や種の起源に関する多くの謎が明らかにされた。ゲノム分析法については本書の辻本壽さんによるコラムに詳しく解説されているので参照されたい(69頁)。

　高等植物では花が咲き、父親の花粉で母親の胚のうが受精することによって子供の世代(種子)がうまれる。花粉と胚のう(配偶子)にはそれぞれ最低限の染色体セット(一粒系コムギの場合、7本の染色体)が入っている。音楽の例でいうならば、花粉や胚のうができるとき2本ずつ組になっているテープ(相同染色体のペア)がいったん対になって並び(染色体対合)、次にこれらのうちの1本

ずつが配偶子に配分される。これを減数分裂という。そして受精によってこれらが子供に伝えられる。

　少し専門的な言葉を使うと，花粉や胚のう，動物では精子や卵子の細胞は生殖細胞と呼ばれ，上で述べた1セットの染色体を持っている。これら生殖細胞に対して通常の細胞は体細胞と呼ばれ，2セットの染色体が入っている。ひとつのセットの染色体数をnで表すと，体細胞の染色体数は2nである。一粒系コムギではn＝7なので，その体細胞は2n＝14と表現でき，生殖細胞はn＝7と表される。ちなみに私たちヒトの場合は体細胞に46本の染色体があるので，2n＝46，精子や卵子はn＝23となる。

コムギにみられる倍数性と4つのグループ

　改めて表1をみてみよう。コムギ属には一粒系コムギ，二粒系コムギ，チモフェービ系コムギ，そして普通系コムギの4つのグループが存在している。しかし最初からこのように分けられたのではなかった。歴史的には，1913年にドイツのシュルツ(Schulz)が形態的特徴にもとづいて一粒系，二粒系，普通系の3グループに分けたのが始まりである。その後，多くの遺伝学的研究によって，コムギ属の植物はAAゲノムをもつ一粒系コムギ(体細胞の染色体数は2n＝14)，AABBゲノムをもつ二粒系コムギ(2n＝28)，AAGGゲノムをもつチモフェービ系コムギ(2n＝28)，そしてAABBDDゲノムをもつ普通系コムギ(2n＝42)の4群に分けられたのである(総説：Lilienfeld, 1951)。この4群の植物がもつ染色体の数に着目すると，一粒系は7の2倍で14本，二粒系とチモフェービ系は4倍の28本，普通系は6倍の42本となっている。そこで7を基本数とし，一粒系コムギは二倍性，二粒系コムギやチモフェービ系コムギは四倍性，普通系コムギは六倍性となる。このように染色体数が基本数の倍数になっていることを倍数性と呼ぶ。また，三倍性以上のものは倍数体といっている。

　ここで，「ゲノム」という用語についてもうひとつ心に留めておかなければならないことがある。ゲノムは，木原の定義に従えば，それぞれの種がもつ基本染色体数(コムギの場合7本)を構成する染色体のセットをいうが，いっぽうではそれは配偶子に含まれている染色体全部を指す用語として用いられることもある。ゲノムという言葉の使い方の違いは，とくに倍数体の場合どちらの定義を使うかによって意味合いが異なるので，注意が必要である。た

とえばパンコムギは木原の定義によるとA，B，Dの3ゲノムをもつことになるが，後者の用法によるとA，B，Dをひとまとめにしてひとつのゲノムということになる。コムギの遺伝学のように倍数種を扱う遺伝学では木原が定義したゲノムという用語が世界で広く用いられている。それに対して，倍数種を扱うことが少ない動物などの研究者の間や一般の科学記事などでは，後者の用法に従ってゲノムが語られることが多いので，どちらの用法で用いられているのかは文脈から判断する必要がある。

同祖ゲノムと同祖染色体

コムギの二倍種(表1)はもともとひとつの祖先種(すでに絶滅)から進化してきたと考えられるので，二倍種がもつA，S，Dなどのゲノムは「同祖ゲノム」(homoeologous genome)と呼ばれている。二粒系コムギや普通系コムギのような倍数種がもつA，B，Dなどのゲノムもこれら二倍種に由来しているので，やはり同祖ゲノムと呼ばれる。A，B，Dの3ゲノムをもつパンコムギを例にとると，各ゲノムを構成する7本の染色体にそれぞれ番号がつけられていて，Aゲノムの7本であれば1A，2A，3A，4A，5A，6A，7Aとなっている。BやDゲノムの染色体も同様に番号がつけられている(表2)。表2に示したようにパンコムギの細胞には21種類の染色体があり，同じ数字が付されている染色体(たとえば，1A，1B，1D染色体)は互いに共通の祖先染色体に由来すると考えられるので，同祖染色体(homoeologous chromosome)と呼ばれる。1A，1B，1Dの3染色体は第1番目の同祖グループに属するので第1同祖群染色体という。同祖染色体はお互いによく似ており，それぞれに存在が知られている遺伝子の種類や並び方はほとんど同じである。しかし，

表2　コムギの7つの同祖群に属する染色体

所属同祖群	所属ゲノム A	B	D
1	1A	1B	1D
2	2A	2B	2D
3	3A	3B	3D
4	4A	4B	4D
5	5A	5B	5D
6	6A	6B	6D
7	7A	7B	7D

進化の長い歴史のなかで少しずつ変化したため，ところどころで違いもみられる。これを楽譜やカセットテープ(図1)にたとえると，1A染色体のカセットと1B，1D染色体のカセットではそれぞれにおさめられているパート(遺伝子)や，その順番に大きな違いはないが，ところどころ編曲されていて同じパートでも旋律が変わっていたり(遺伝子突然変異)，あるパートが抜け落ちていたり，逆に新たに加えられていたりする。このことは，たとえば1A染色体に座乗する遺伝子と同じあるいはよく似た働きをする遺伝子が1B染色体や1D染色体にも座乗することを意味している。したがって，ある染色体が1本欠けても，それと同祖の染色体が欠けた染色体の機能をある程度は補うことができる。このような特色を利用した染色体工学的手法を駆使して，ある染色体が1本欠失したコムギやある染色体のペアが別の同祖染色体のペアと入れ替わったコムギなどが作出されており，コムギ遺伝学の発展に大きく貢献してきた(Sears, 1954)。京都大学の遠藤らは，これをさらに発展させて，染色体の一部分だけを欠失したパンコムギのシリーズを作成した(Endo and Gill, 1996)。このシリーズを用いると，調べたい遺伝子の染色体上の位置をきわめて正確に決定することができるため，コムギのゲノム研究に不可欠な研究材料として世界で広く用いられるようになってきた。このように典型的な倍数性を示すコムギでは，基本的に二倍性の生物では考えられないユニークな材料を駆使した実験・研究が可能なのである。

2. ヒトが関与したコムギの倍数性進化

コムギ属植物の進化の概要

　コムギの進化についてはゲノム分析をはじめ考古学や民族植物学などさまざまな角度から研究が行われてきた。膨大な研究成果をすべて紹介することは，紙面の都合上かなわないので，ここではごく簡単に概要を述べよう。図2をご覧いただきたい。この図はコムギ属植物におけるゲノムの進化を示している。まず近縁のエギロプス属のSSゲノムをもつ野生種とAAゲノムをもつ一粒系コムギ(野生種)のあいだで自然交雑が起こり，二種類のゲノムを併せもつ野生二粒系コムギ(AABB)ができた。厳密な話は省略するがSゲノムはBゲノムや後述するGゲノムにきわめてよく似ており，ここではSS≒BB，SS≒GGと考えていただきたい。その後，人類が野生二粒系コム

クサビコムギ　　　　　ウラルツコムギ　　　　　　　タルホコムギ
(2n=14, SS)　　　　　(2n=14, AA)　　　　　　　　(2n=14, DD)

野生二粒系コムギ
(2n=28, AABB)

↓ 栽培化

栽培二粒系コムギ
(2n=28, AABB)

普通系コムギ
(2n=42, AABBDD)

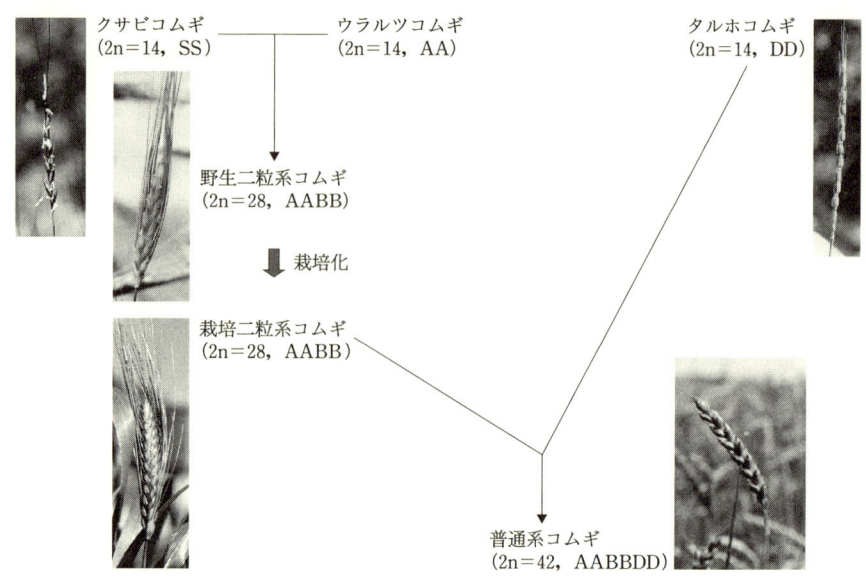

図2　コムギの倍数性進化と栽培化(簡略図)

ギを栽培化することによって成立した栽培二粒系コムギがタルホコムギ(DD)と交雑して，普通系コムギ(AABBDD)が成立したと考えられている。したがって，コムギ属植物の進化の第一の特徴は，まず異なるゲノムをもつ二倍性の種(2n=14)のあいだで交雑が起こり，2種類のゲノムをもつ四倍種(2n=28)ができ，さらにこの四倍種に新たなゲノムをもつ二倍種が交雑して3種類のゲノムをもつ六倍種(2n=42)が誕生したということである(図3)。このように染色体数がゲノムを単位に増加する進化のしかたを倍数性進化と呼び，植物ではコムギ以外にも多くの例がみられるが動物では珍しい。第二の特徴はコムギが重要な作物になったことと深い関係がある。コムギの進化には野生のコムギを「改変」して，人間にとって都合がよい「栽培植物」に仕立て上げたという人間の行為が関係している。したがって，コムギ進化の物語には自然だけでなく西南アジア[*2]における農耕の起源やその後の民族の興亡，移動などといった人類の活動が深く関わっている。コムギの辿ってきた道と

[*2] 西南アジアとはイランやイラク，トルコのアナトリア高原，カスピ海と黒海のあいだに当たるトランスコーカサス，地中海東岸，中央アジア西部からアラビア半島を含む地域を指す。

二倍種
(2n=14)

一粒系コムギ(AA, 2n=14)

四倍種
(2n=28)

マカロニコムギ
(AABBゲノム, 2n=28)

六倍種
(2n=42)

パンコムギ(AABBDDゲノム, 2n=42)

AA ─── SS(≒BB)　　DD

AABB ───────┘

AABBDD

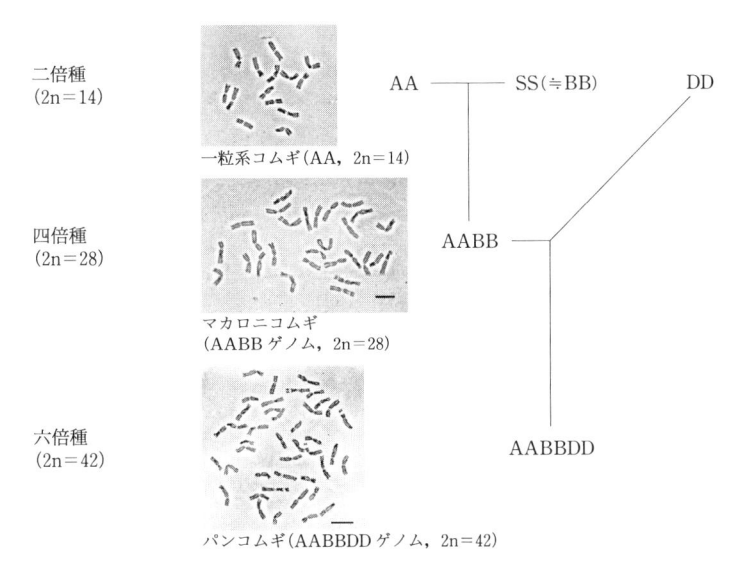

図3　倍数性進化により数が増えたコムギ属植物の染色体(体細胞分裂中期における染色体の顕微鏡写真。京都大学・遠藤隆教授提供。ナショナルバイオリソースプロジェクト http://www.shigen.nig.ac.jp/wheat/komugi/top/top.jsp)

人類の歴史との接点にロマンを感じるのは筆者だけではあるまい。

　さまざまな倍数性のコムギの進化と栽培化の過程をもう少し詳しく示したのが図4である。まず，第一の特徴である倍数性進化についてみてみよう。この図にはゲノム記号が異なる3つの二倍種が登場している。これらのうちのAAゲノムをもつ二倍種(ウラルツコムギ T. urartu と推定される)とおそらくクサビコムギ(Aegilops speltoides, SSゲノム)が自然に交雑したのがコムギの倍数性進化の始まりである。これら2種のあいだの雑種植物(AS, 2n=14)は体細胞においてAとSというゲノムをそれぞれひとつしかもたないため，減数分裂で二価染色体を形成することができない。その結果，胚のうや花粉といった配偶子(n=7)をつくる際に各ゲノムのセットが正しく配偶子に分配されず，種子が稔らない。ところが自然界ではありとあらゆる可能性が試されるもので，まれにAとSの両方をもつ非還元性(染色体数が半減していない)配偶子，すなわちn=14(AS)の配偶子ができることがある。このような配偶子同士が受精すると染色体数が倍加した四倍体(AASS, 2n=28)が生じる。こうしてうまれたのがパレスチナコムギ(AABB, 2n=28)やアルメニアコムギ(AAGG, 2n=28)である。前述のように，SゲノムはBやGによく似ており，

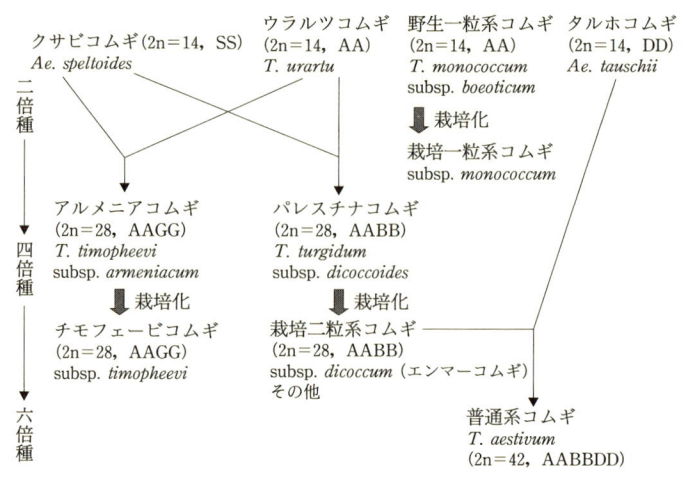

```
                クサビコムギ(2n=14, SS)    ウラルツコムギ   野生一粒系コムギ   タルホコムギ
                Ae. speltoides            (2n=14, AA)    (2n=14, AA)       (2n=14, DD)
  二                                      T. urartu      T. monococcum     Ae. tauschii
  倍                                                     subsp. boeoticum
  種                                                        ⬇ 栽培化
                                                         栽培一粒系コムギ
                                                         subsp. monococcum

         アルメニアコムギ        パレスチナコムギ
         (2n=28, AAGG)          (2n=28, AABB)
  四     T. timopheevi          T. turgidum
  倍     subsp. armeniacum      subsp. dicoccoides
  種        ⬇ 栽培化               ⬇ 栽培化
         チモフェービコムギ      栽培二粒系コムギ
         (2n=28, AAGG)          (2n=28, AABB)
         subsp. timopheevi      subsp. dicoccum (エンマーコムギ)
                                その他
                                                         普通系コムギ
  六                                                     T. aestivum
  倍                                                     (2n=42, AABBDD)
  種
```

図4　コムギの倍数性進化と栽培種の成立

ここではS≒B, S≒Gと考えていただきたい。Sゲノムに近いゲノムをもつエギロプス属植物は多様性に富み、いくつかの種がシトプシス(Sitopsis)節というクラスターをつくっている。これらのうちのどの種がBやGゲノムの提供親だったかについてはたくさんの研究が行われており、いろいろな意見が提案されている。これまでの研究成果を総合すると、パレスチナコムギやアルメニアコムギが誕生した際に母親になったのはクサビコムギ(2n=14, SSゲノム)であるという説が研究者のあいだで広く支持されている。パレスチナコムギやアルメニアコムギの起源については後でもう少し詳しく述べる。

人が関わってうまれた栽培種

　四倍体成立までのプロセスはすべて自然界で起こったものであるが、それ以降のコムギの進化には人類の活動が密接に関係している(図4)。そのうちの最も重要なものが「栽培化」である。人類は誕生以来長いあいだ狩猟採集中心の生活を送ってきたが、今から約1万年前の新石器時代に入って、動物や植物を自らの管理下において食料を生産する農耕・牧畜を始め、さらにそれに依存する生活様式をとるようになった。このような生活様式の転換は、人びとの生活をより定着的なものへと導き、村落共同体などの新しいシステムや文字、農具などをもたらし、ひいてはメソポタミア文明などのすぐれた文明を発祥させる原動力となった。植物の栽培化はまったくの自然条件下で

勝手に起こったものではなく，人間が何らかの形で植物を管理する状況下で起こった。また，この変化はコムギでは比較的ゆっくりと進行したことが明らかになってきた(Tanno and Willcox, 2006, 第4章参照)。このような特殊な条件でうまれた栽培植物は，人間にとって不可欠な存在となったが，栽培植物も人間の手助けなしには生存できない特殊な植物へと進化した。この点からみると，野生種と栽培種の大きな違いは，生物種として自立して生存できるか否かということになるだろう。自分自身で種を維持できるのが野生種であり，その能力を大幅に低下させてしまったのが栽培種である。そして農耕の黎明期に人間が積極的に関与してつくり始めた生態系はやがて「里」という形になり，人びとの暮らしと一体化していったと思われる。

コムギの場合，栽培化によって最も大きく変化した性質は小穂の脱落性である。写真3に示したように，野生コムギでは種子が成熟すると小穂という単位で自然にバラバラと落ちるが，栽培コムギでは人間が収穫するまでその種子を落とすことはない。言い換えれば，野生コムギは成熟種子を地面に落とすことによって次の世代の種子を自ら播いているが，栽培種は人の手にゆだねなければならないのである。ほかにもいろいろな違いがあり，たとえば

写真3 (左)トルコ中南部に自生するパレスチナコムギ，(右)パレスチナコムギ(野生種)の穂は熟すると小穂の単位でバラバラになる。

野生コムギでは株によって成熟期にばらつきがあったり，種子が成熟した後であっても一定期間発芽しないという休眠性(第8章参照)をもっていたりする。これらの性質は種を維持するメカニズムとして重要であり，環境条件が突然変化して大部分の株が枯死あるいは不稔になったとしても，いくばくかの植物はその後好転した環境のもとで稔ったり，発芽したりすることによって種の全滅を回避することができる。

ムギ農耕の拡大と普通系コムギの誕生

さて，次のステップに話を移そう。倍数性進化によってコムギ属に登場した野生種のパレスチナコムギを人びとが食料として利用し始め，徐々に「栽培化」された結果としてうまれたのがエンマーコムギ(AABB, 2n=28)である(図4)。エンマーコムギは一粒系コムギやオオムギと同じころに栽培化され，ムギ農耕の黎明期に主要な作物として広く栽培されるようになったと考えられる。またチモフェービ系コムギも野生種アルメニアコムギの栽培化によってうまれたと考えられるが，その起源についてはいまだに謎が多い(後述)。

コムギやオオムギなどの栽培植物とヒツジなどの家畜をともなったムギ農耕が広がるにつれて，エンマーコムギの栽培地域もイラン北部にまで拡大し，ここでコムギの進化に関わった第三の二倍種であるタルホコムギと出会ったと考えられる。エンマーコムギの畑もしくはその近傍に雑草として自生していたタルホコムギ(*Aegilops tauschii*, DD, 2n=14)とのあいだで自然交雑が起こり，ちょうど四倍性コムギができたときと同じように雑種の染色体倍加によって普通系コムギ(AABBDD, 2n=42)がうまれたと考えられている(図4)。栽培型のエンマーコムギが片親になったとされる最大の根拠は，普通系コムギに野生種がないことである(表1)。後に世界を席巻することになる普通系コムギが，じつは栽培二粒系コムギの畑で二次的な作物としてうまれたという説は広く受け入れられているが，人間の管理下において，人間が知らないあいだに，画期的な進化が起こったということであり，それ自身たいへん興味深い現象である。

コムギはいつごろうまれたのか

コムギの二倍性や倍数性の野生種がうまれたのはいつごろなのだろうか。興味深いところではあるが，詳細についてはよくわかっていない。阪本によ

ると，コムギ連に属する植物が分化し始めたのは地質年代でいう第三紀後期の中新世から鮮新世にかけての時代であり，それは西アジアを中心とした地域で起こった(Sakamoto, 1973)。コムギ属やエギロプス属が含まれるグループはその後の第四期に出現したとされる地中海性気候の形成にともなって分化したと推定されているので，100〜200万年くらい前のことと考えればよいのかもしれない。また，倍数性進化が起きたのは二倍種が分化した後であるが，詳細は不明である。

　コムギの栽培化については，西アジアにおける考古学的調査の結果により，今から1万年ほど前に起こったとされているので(第4章参照)，コムギ属全体の進化の時間的スケールからするとほんのひと昔前に栽培コムギができたということになる。世界で最も多くの人びとが利用しているパンコムギの歴史はさらに新しく，栽培型二粒系コムギが成立した後なので，コムギの仲間うちでは一番の新参者なのである。

3. 栽培コムギの起源をめぐって

　栽培コムギはいつ，どこで，どのように栽培化されたのだろうか。また，その後どのような道を辿って現在に至ったのだろうか。栽培コムギの進化は西南アジアにおける農耕の起源やその後の民族の興亡，移動など人類の歴史と深く関わっており(前述)，現存するコムギの系譜を解明することは容易ではない。まだまだ解明されていない事柄もたくさんあり，今後の民族植物学，考古学あるいは遺伝学といった広い領域にわたる学際的研究が期待されるところである。ここでは，野生種の地理的分布や栽培コムギの起源に関する遺伝学的研究の成果を中心にみてみることにしよう。なお，考古学的研究の成果については第4章と第5章に詳しく解説されているので参照されたい。

　コムギの栽培化は野生コムギを人間の管理下におくことによって始められたので，栽培化が行われた地域にはもともと野生コムギが自生していたと考えられる。そこで，コムギの祖先野生種の地理的分布をみてみると(図5)，いずれも西南アジアに分布していることがわかる。この地域には高い山や低地などさまざまな地形がみられ，また気候も半砂漠地帯や高原地帯，穏やかな地中海性気候から厳しい内陸性の気候まで多様である。このような環境の多様性を反映して，湿度の高い森林地帯から疎林，草原，半砂漠に至るまで，

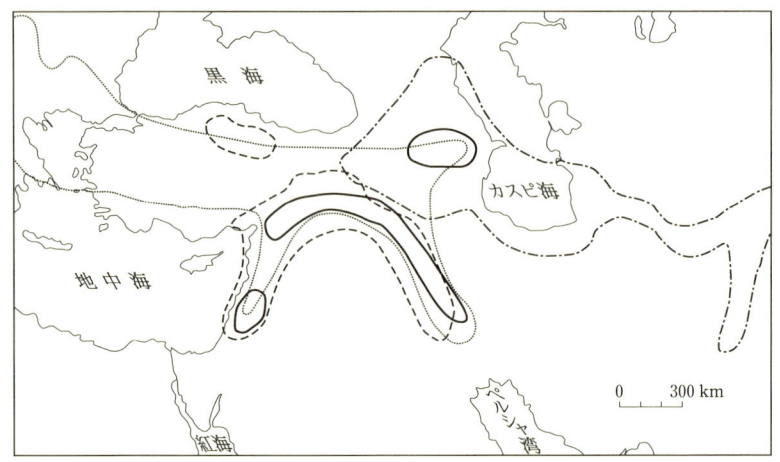

······· 野生一粒系コムギ，──野生四倍性コムギ(エンマーコムギとアルメニアコムギを含む)，
--- クサビコムギ，──── タルホコムギ

図5 コムギ祖先野生種の地理的分布(西川・長尾，1977；Tanaka, 1983；van Slageren, 1994 などをもとに作成)。タルホコムギ以外は肥沃な三日月地帯で重なり合っている。

植物相も非常に多様である(第4章参照)。この図に示した5つの祖先野生種のうち，タルホコムギ以外の4種は，地中海東岸からレバノン山脈にそって北上しトルコのトロス山脈，イラクのザグロス山脈を通りイラン西南部のクルディスタン高原に至るいわゆる「肥沃な三日月地帯」(Fertile Crescent；図6，7参照)と呼ばれる地域で分布が重なり合っている(図5)。このことからもこの地域がコムギの倍数性進化と栽培化にとって重要な役割を果たしたことが窺える。以下にそれぞれのコムギごとに少し詳しく紹介する。

一粒系コムギ

野生一粒系コムギ(*T. monococcum* subsp. *boeoticum*, AA, 2n=14)はバルカン半島，ギリシャ，トランスコーカサス，トルコ東部からイラク北部に至る地域，シリア，ヨルダンに分布している(図5)。考古学的な調査によると，野生一粒系コムギはおよそ1万年前のシリア北部のアブ・フレイラ遺跡(図6)から発見されているので，このころには人類が野生コムギを利用していたと考えられる。これに対して，栽培一粒系コムギは約9,000年前のイラン，トルコ，シリア，ヨルダンなどの遺跡から出土しているので，この時期にはコムギの栽培化が始まっていたものと推測される(Zohary and Hopf, 2000)。また，これ

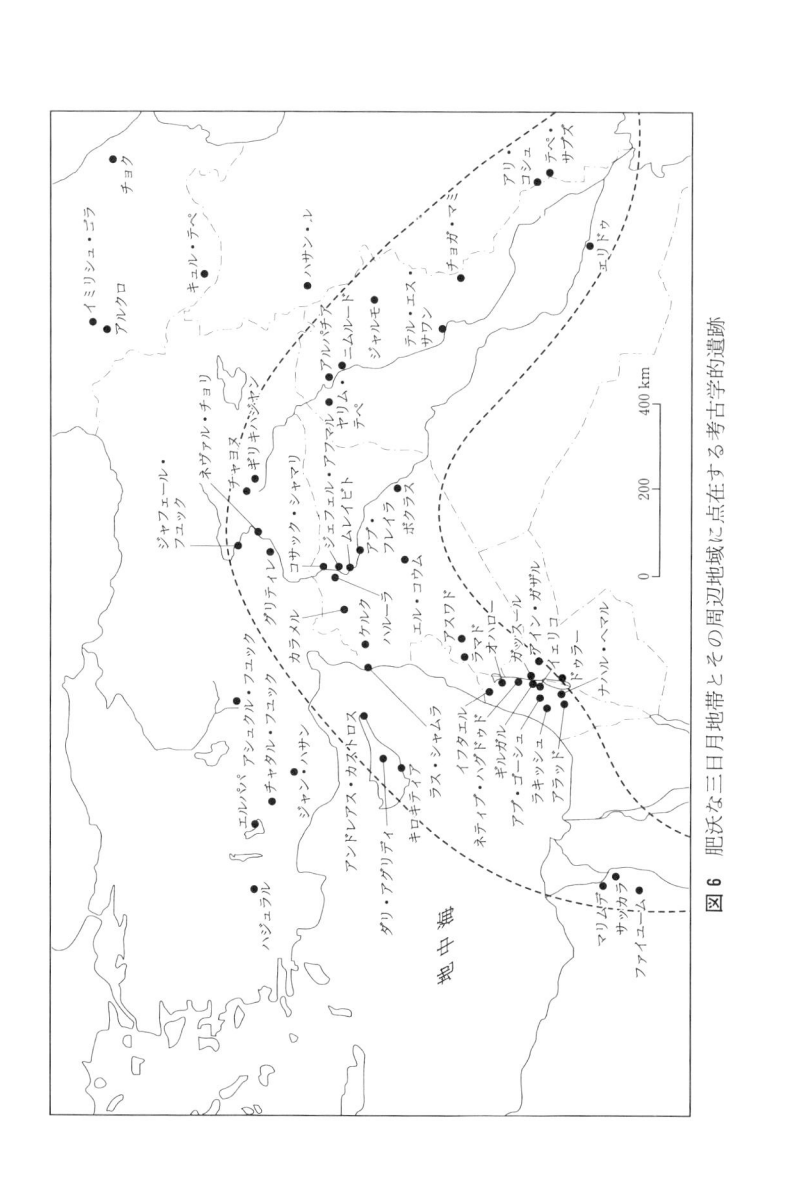

図 6　肥沃な三日月地帯とその周辺地域に点在する考古学的遺跡

らの遺跡が広い地域にわたって分布していることから，コムギの栽培化が肥沃な三日月地帯のいくつかの地域で同時並行的に起きたとする説が一般的である．栽培一粒系コムギはエンマーコムギと並んで最も初期に栽培化されたコムギのひとつであり，ムギ農耕の初期には重要な作物であったと考えられる．しかし，その後はより新しいコムギに取って代わられ，ローマ時代以降はおもに家畜の飼料として利用されたと考えられている．現在でも西南アジアやヨーロッパにおいてごくわずかつくられているが，近年の健康食品ブームにより新たに導入されたものを除くと伝統的な栽培は激減していると思われる．

　筆者は，1997年にヨーロッパにおけるコムギの現地調査(GSEM97，隊長：古田喜彦 岐阜大学教授)に参加した際，フランス中部で栽培一粒系コムギの伝統的栽培を目にすることができた．このコムギは一人の老人によって細々と，しかし大切につくられていた．調査チームの大田正次教授(福井県立大学)とともに，老人のお宅でおいしいビスケットをごちそうになりながら話を聞くことができた．通訳がなかったので英語や片言のフランス語と筆談でのコミュニケーションであったが，老人によると，このコムギでつくったパンやビスケットはパンコムギにはない味わい深いものだということであった．最後に老人とともに暮らしている孫の少年に「あなたもおじいさんから引き継いでこのコムギをつくっていきますか」とたずねたところ，「とんでもない」といった身振りで「面倒なのでつくらないよ」という素っ気ない返事が返ってきた．今思うと少年のこの言葉は，ムギ農耕の黎明期からつくられてきた古いコムギの辿る運命を象徴しているかのようである．古くからそれぞれの地方で大切に栽培されてきたコムギについては第13章に大田正次さんによる詳しい解説があるので参照されたい．

　近年，一粒系コムギの栽培化についてDNAを手がかりに調べる試みがなされたので，ごく簡単に紹介しよう．ドイツのケルンにあるマックスプランク研究所の Heun et al.(1997)は，現在の栽培一粒系コムギ(*T. monococcum* subsp. *monococcum*)に最もよく似たDNAをもつ野生コムギが栽培コムギの直接の祖先となった可能性が高いと考えた．そこで，世界各地で採集された栽培一粒系コムギと肥沃な三日月地帯やバルカン半島などの自生地から採集された野生一粒系コムギ(*T. monococcum* subsp. *boeoticum*，これらは世界各国の研究機関などで大切に保存されている)からそれぞれDNAを抽出し，AFLP法とい

う方法を使って DNA 分析を行った。この方法は制限酵素という特殊な酵素を使って，DNA を構成する 4 種類の塩基 A，T，G，C の並び方の違いを大ざっぱに読みとる方法である。たとえば，コムギの葉から抽出した DNA を制限酵素で切断し，いくつかの処理を経て最後に電気泳動という方法により解析すると，各個体に特有のバーコードのようなパターンが現れる。バーコードパターンを系統間で比較すると，共通してみられるバンドもあるが，バンドの有無という違い(多型)がみられるものもある。後者は 2 系統のあいだで塩基配列の違いがあることを示しており，異なるバンドを数えると 2 系統の DNA がどれくらい違うのか(あるいは似ているのか)といった類縁関係をみることができる。分析の結果，トルコ南部のカラジャダーという山の周辺で採集された野生一粒系コムギの DNA タイプが栽培一粒系コムギに最もよく似ていることが明らかになった。この結果は，カラジャダーのあたりで一粒系コムギが栽培化された可能性が高いということを示すものとも考えられ，栽培一粒系コムギのふるさとが発見されたとして大きな話題を呼んだ。

二粒系コムギ

　AABB ゲノムをもつ二粒系コムギの場合はどうだろうか。これまでの遺伝学的研究や形態学的研究から，野生種であるパレスチナコムギ(*T. turgidum* subsp. *dicoccoides*, AABB, 2n=28)が栽培化されて栽培型の二粒系コムギがうまれたとされている(図 4)。二粒系コムギの栽培種は写真 1 に示したように形態的に多様である。これらのうちでおそらく最初にうまれた栽培種としてエンマーコムギ(*T. turgidum* subsp. *dicoccum*)が知られている。エンマーコムギと野生種のパレスチナコムギとの最も大きな違いは，後者では成熟したときに穂軸が 1 節ずつに折れて穂がバラバラになり，小穂と呼ばれる単位で地面に落ちる(写真 3，オオムギでは小穂脱落性という。第 8 章参照)のに対して，エンマーコムギでは人間が収穫するまで脱落することはない。ただし，エンマーコムギは栽培種としては原始的な「難脱穀性」という性質を残している。一般に，コムギは収穫した後で脱穀という操作によって穂のなかから種子を取り出す。エンマーコムギのような古いタイプのコムギでは，脱穀操作によって穂はバラバラになるが，種子が穎に硬く包まれているため小穂のまま残ってしまう(写真 4 左)。小穂から種子を取り出すためにはさらに石臼などを用いなければならない。このような硬い穎をもつ性質を「難脱穀性」と呼

エンマーコムギ(難脱穀性)　　　マカロニコムギ(易脱穀性)

写真4 エンマーコムギ(難脱穀性)とマカロニコムギ(易脱穀性)の穂と脱穀後。エンマーコムギでは穂軸が折れて小穂ごとに分かれ，種子は小穂の堅い穎に包まれたままであるのに対して，マカロニコムギでは穂軸が折れずに残り小穂がバラバラになるため種子を容易に取り出すことができる。

ぶ。野生コムギはすべて難脱穀性なので，栽培化によってうまれた初期のコムギ(エンマーコムギなど)もこの性質を失っていなかったのである。ちなみに，前述の栽培一粒系コムギや後述のスペルタコムギも難脱穀性という「古くからの性質」をもっている。栽培二粒系コムギには，穎が柔らかく脱穀によって種子を簡単に取り出せるマカロニコムギやリベットコムギのような「易脱穀性」のコムギも知られている(写真4右，表1)。これらの易脱穀性のコムギは難脱穀性のエンマーコムギから突然変異によって生じたと考えられ，おそらく古代の人びとがこのような「変わりもの」を積極的に利用したものと考えられる。易脱穀性のコムギは人間にとってより都合がよいものに進化した形なのである。

Zohary and Hopf (2000)によると，ムギ農耕が始まった新石器時代から約5,000年前の青銅器時代までの数千年にわたって，エンマーコムギは西南アジアにおいて最も重要な作物のひとつであった。また，肥沃な三日月地帯に起こったムギ農耕が西は地中海沿岸部やヨーロッパ，北はトランスコーカサ

ス地方，さらに東の中央アジアからインド亜大陸，南はアフリカ大陸へと伝播した際の主要な作物であった。エンマーコムギは人びとの主食としてのみならず，地域によってはビールの醸造にも用いられたと考えられている。古代エジプトでもエンマーコムギが重要な作物であったようであり，ほかの地域より長期間にわたって(約2,000年前のヘレニズム期ごろまで)利用されていたとされている。ビールの醸造にも利用されていたが，これについては本書の吉村作治さんによるコラムを参照されたい(309頁)。

　青銅器時代以降，エンマーコムギはより新しいタイプである易脱穀性のマカロニコムギやパンコムギなどに徐々に置き換わっていった。また，一説によると，メソポタミア南部では灌漑農業の普及にともなって地中の塩が地表に集積して農作物の生長を阻害する「塩害」が発生するようになり，より塩害に強いとされるオオムギなどに置き換わったともいわれている(Maekawa, 1984; Harlan, 1992)。ともかく，エンマーコムギは今日では西南アジアやヨーロッパあるいは北アフリカのエチオピア，インドなどのごく限られた地域でそれぞれの地域の人びとの生活と密着してわずかに残っているにすぎない。これらの遺存的な栽培と伝統的な利用については第13章を参照されたい。筆者は1996年に岐阜大学によるムギ類遺伝資源の調査(GSEM96，隊長：古田喜彦 岐阜大学教授)に参加する機会に恵まれ，エジプトのナイルデルタからナイル川にそってスーダン国境近くまで遡って調査したが，エンマーコムギの栽培をみることはなかった。

DNAからみたエンマーコムギの起源

　肥沃な三日月地帯では，新石器時代の遺跡において栽培型であるエンマーコムギの小穂が出土しており，約9,000年前には栽培化が始まっていたと考えられている(Zohary and Hopf, 2000；第4章参照)。

　野生種のパレスチナコムギは地中海の東岸に当たるイスラエル，ヨルダン，レバノン，シリア南西部にかけての地域にたくさん分布していることがわかった。ところが，肥沃な三日月地帯の最北部(トルコ)から東のイラク，イランにかけての北部地域ではその頻度は低く，野生チモフェービ系コムギであるアルメニアコムギ(AAGG, 2n=28)の方が多くなる。また，パレスチナコムギの自然分布域は野生一粒系コムギ(*T. monococcum* subsp. *boeoticum*)などに比べるとより限定的であり，肥沃な三日月地帯ときれいにオーバーラップし

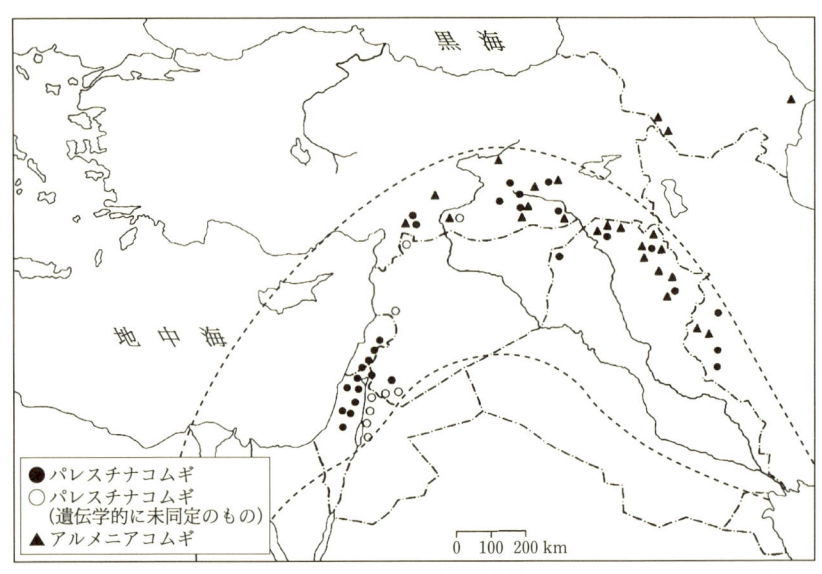

図7 パレスチナコムギとアルメニアコムギの自然分布域（Zohary and Hopf, 2000をもとに作成）。点線は肥沃な三日月地帯を示す。

ている（図7）。トルコ南部などにおいてフィールド調査を行った筆者自身の印象からも，パレスチナコムギの分布域は限定的であり，どのような環境要因が関与しているのか詳細は不明であるが，火山性の玄武岩などが風化してできた肥沃な土壌（バザルト土壌と呼ばれる）をとくに好んで分布しているように思われる。このような地理的分布の特徴やイスラエルなどにおいて盛んに行われた考古学的な研究により，一粒系コムギと同じように肥沃な三日月地帯の各地で並行的に栽培化されたと考えられている。とりわけ最初のエンマーコムギのうまれ故郷は地中海東岸部であるとする説が有力であった。しかし，後述のように最近のDNA研究からは少し違ったシナリオが考えられてきており，現在エンマーコムギのふるさとをめぐって議論が交わされているところである。

　最近，二粒系コムギの起源をめぐるDNA解析がいくつかの研究グループによって進められている。ドイツのマックスプランク研究所のグループは祖先野生種であるパレスチナコムギと栽培型であるエンマーコムギについてAFLP法という分析手法により解析を行った（Özkan et al., 2002, 2005）。肥沃な三日月地帯のあちこちで採集された系統を分析した結果，トルコ南東部のカ

ラジャダーという山の周辺で採集されたパレスチナコムギ(野生種)がエンマーコムギ(栽培種)と最も近縁なことがわかったのである。また，アメリカ合衆国カリフォルニア大学のグループは別の方法で核DNAを詳しく分析し，ドイツのグループと同じようにトルコ南東部のカラジャダー周辺がエンマーコムギのふるさととして最も有力であると考えた(Luo et al., 2007)。興味深いことに，同地域は一粒系コムギのふるさととしても注目されている(前述)。

コムギの起源について少し違った角度からの研究もある。細胞の構造をもう一度考えてみよう。核には染色体があり，そのDNAにはたくさんの遺伝情報が書き込まれており，生物が生きていくうえで重要な働きのほとんどをコントロールしている。しかし，じつは核以外の細胞質にもDNAが存在している。動物ではミトコンドリアと呼ばれる器官にDNAが入っており，植物ではミトコンドリアのほかに葉緑体と呼ばれる器官にもDNAが入っている。これらのDNAにもやはり遺伝情報が保存されているが，核DNAとは異なり母親のDNAだけが次の世代に伝わる。このような遺伝のしかたを母性遺伝といい，両親から遺伝する両性遺伝と区別している。イネ科植物の葉緑体DNAは，祖祖母，祖母，母親と母性遺伝するので，代々母方から受け継がれてきた進化の歴史が葉緑体DNAに刻み込まれている。したがって，コムギの葉緑体DNAを詳しく調べることにより，その進化の歴史を母系から明らかにすることができる。

コムギ属とエギロプス属植物の細胞質の遺伝的な多様性と進化については，わが国の研究グループが世界をリードしてきた(Kihara, 1951; Tsunewaki, 1980, 1996)。近年，134,540塩基対からなるパンコムギの葉緑体DNAや452,528塩基対をもつミトコンドリアDNAの全塩基配列(A，T，G，Cの並び)もわが国の研究グループによって明らかにされた(Ogihara et al., 2000, 2002, 2005; Wang et al., 1997)。筆者らがコムギの葉緑体DNAの構造を詳しく分析したところ，同じ文字がいくつも繰り返して並んでいる反復配列(マイクロサテライト配列)がみつかった(Ishii et al., 2001)。マイクロサテライト配列はヒトの核DNAにもたくさん存在することが知られている。このようなDNA領域では配列の反復回数が人によって少しずつ違うことが知られていて，犯罪捜査などでいわゆる「DNA指紋」として個人識別などに用いられている。

私たちは葉緑体DNAのマイクロサテライト配列を分析し，エンマーコムギの起源を母系から調べてみることにした。京都大学などの調査隊によって

肥沃な三日月地帯の各地域で採集されたパレスチナコムギ(祖先野生種)と世界各地で採集されたエンマーコムギを分析した結果，まず第一に，世界のエンマーコムギの葉緑体 DNA がふたつのグループに分かれることがわかった(Mori et al., 2003; Mori et al., 準備中)。そして各グループに特徴的な葉緑体 DNA 型がともにパレスチナコムギにもみつかったので，野生種から栽培種につながる母系がふたつあると結論することができた。このことは，二粒系コムギの栽培化が少なくとも 2 回行われたことを暗示している。次に，ふたつの母系のうちのひとつについては，エンマーコムギとまったく同じ DNA 型のパレスチナコムギがトルコ南部の丘陵地帯(カルタル山脈から北東の地域)でみつかったことから，本タイプのエンマーコムギが同地域で栽培化されて誕生した可能性がうかがわれた。ただし，この地域はドイツやアメリカ合衆国のグループが指摘した場所から西に約 200 km ずれており，核 DNA と葉緑体 DNA の分析結果は完全には一致しなかった。父親と母親の両方から伝わる核 DNA と母方からのみ伝わる葉緑体 DNA ではその系譜に違いがあっても不思議ではないが，真相はまだ謎である。また，第二の母系がどこで起源したかについてはいまだ決め手となる証拠が得られていない。

ところで，上で述べたように三日月地帯の南部に位置するイスラエル，ヨルダンなどにまたがる地中海東岸地域は，従来，エンマーコムギのふるさとと考えられてきたが，同地域で採集されたパレスチナコムギの DNA 解析の結果からは，野生種から栽培種へと直接つながる系譜はみつからなかった。では，エンマーコムギの栽培化が肥沃な三日月地帯のあちこちで並行的に行われたという従来の説は間違っているのだろうか。この点については議論があるところだが，考古学的研究と遺伝学的研究の成果からみると，約 1 万年前にコムギの栽培化が並行的に行われ，いろいろな DNA 型のエンマーコムギが成立したが，その後ほとんどの系譜がなんらかの理由で失われてしまい，肥沃な三日月地帯の北部に由来する系譜だけが現存のコムギにつながっているのではないかと思われる。

謎が多いチモフェービ系コムギ

四倍性のチモフェービ系コムギ(AAGG)には，野生種のアルメニアコムギと栽培種のチモフェービコムギの 2 種が知られており，AABB ゲノムをもつ二粒系コムギと区別されている(表 1)。チモフェービ系コムギと二粒系コ

ムギの雑種は高い不稔性を示すので，両グループ間での遺伝子交流はほとんど行われない。では，同じく28本の染色体をもつ両グループのコムギは共通の起源をもつのだろうか。図8(A)に示した従来の説では，今は絶滅して存在しない祖先型四倍種(AASS)のSSゲノムがある集団ではBBに，また別の集団ではGGに分化したことによってAABBやAAGGをもつふたつのグループが誕生したと考えられていた。しかし，細胞質にある葉緑体やミトコンドリアのDNAを分析した結果，むしろAAゲノムをもつ一粒系コムギとSSゲノムをもつ二倍種のあいだで自然交雑と倍数化が2回起こったと考えた方が妥当であるということが明らかになってきた(図8(B)，Tsunewaki, 1996)。つまり，各グループ内の野生種や栽培種では葉緑体DNAのタイプがお互いによく似ているのに対して，ふたつのグループ間では明瞭に違っていることがわかった。したがって，両グループが別々の母系と考えた方がすっきりと説明がつくのである。また，筆者は両グループの野生種の核DNAを調べ，アルメニアコムギ(AAGG)がパレスチナコムギ(AABB)よりもずっと後に誕生したのではないかと考えている(Mori et al., 1995)。この考えはクサビコムギの一部の系統とアルメニアコムギは非常によく似た葉緑体とミトコンドリアのゲノムをもつが，パレスチナコムギとは少し違っているこ

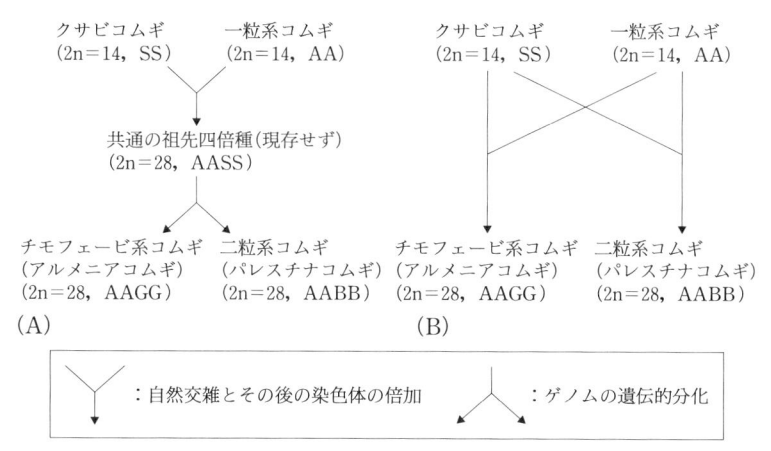

図8 二粒系コムギとチモフェービ系コムギの起源に関するふたつの仮説。(A)チモフェービ系コムギと二粒系コムギは共通の祖先型四倍種(現存しない)から起源したとする説，(B)チモフェービ系コムギと二粒系コムギはそれぞれ別々の倍数性進化によって起源したとする説

とからも支持される(Terachi and Tsunewaki, 1992; Miyashita et al., 1994, Wang et al., 1997)。

　遺伝学的研究の結果，アルメニアコムギが栽培化されてチモフェービコムギが誕生したことが明らかにされている。チモフェービコムギは，形態的にはAABBゲノムをもつエンマーコムギとたいへんよく似ていて(写真1, 2)，やはり難脱穀性である。祖先野生種のアルメニアコムギも，二粒系コムギの祖先野生種であるパレスチナコムギと形態的にたいへんよく似ていて，穂の形だけでは区別がつかないほどである。エンマーコムギがかつて広く栽培されていたのに対して，チモフェービコムギは黒海とカスピ海のあいだに位置するグルジア西部の村でつくられていたことが知られているだけである。いっぽう，アルメニアコムギはトルコ南部のトロス山脈山麓からイラク，イランにまたがるザグロス山麓，そしてトランスコーカサスに広く分布している(図7)。ただし，チモフェービコムギが栽培されていたグルジア西部にはアルメニアコムギが分布していないので，どこか離れた場所で栽培化された後この地に辿り着いたのであろう。また，なぜエンマーコムギのように広く栽培されなかったのだろうか。興味はつきないが，詳しいことがよくわからない謎の多いコムギである。

　トランスコーカサスには，チモフェービコムギのほかにもグルジアコムギ，ペルシアコムギ，マッハコムギ，バビロフコムギ，ジュコブスキーコムギなど，ほかの地域にはみられない独特のコムギが栽培されていたことが知られている。また，この地方はムギ類のみならず，ブドウ，リンゴなど多くの栽培植物の起源を考えるうえでもたいへん興味深い地域である。京都大学コーカサス地方植物調査隊(京都大学山下孝介隊長)が1966年に行った調査の成果やこの地の風物については，阪本寧男(京都大学名誉教授)の著書『ムギの民族植物誌』や『雑穀博士ユーラシアを行く』にリアルな筆致で紹介されているので，興味をお持ちの読者は参照されたい。筆者はこの地方を訪れたことがない。阪本が旅をした40年前とはずいぶん変わってしまっているかも知れないが，一度は訪れてみたい土地のひとつである。

普通系コムギのDゲノムについて

　普通系コムギには，スペルタコムギのような難脱穀性のものとパンコムギに代表される易脱穀性のものが知られているが(表1)，現在世界中で最も多

くの人びとが利用しているのがパンコムギである。普通系コムギはすべてAABBDDゲノムをもっていて，前述のように栽培エンマーコムギ(AABB)に野生種のタルホコムギ(DD)が交雑したことによってうまれた。タルホコムギはトランスコーカサスから北西イランを経てアフガニスタン・中国北西部にかけて分布しているが，地中海から西にはみられない(図5)。この点で地中海周辺を中心として分布しているほかのコムギ・エギロプス属植物と比べるとユニークな植物であり，内陸性の気候に適応しているといえるだろう。このようなタルホコムギのDゲノムを取り込んだことによって，パンコムギは温暖な地中海地域から気候のより厳しい内陸性の地域まで幅広い適応能力を獲得したのである。パンコムギはこの広域適応性以外にも製パン特性や収量性などに優れた性質をもっており，このために世界中で広く栽培されるようになったと考えられる。

　普通系コムギの起源については数多くの研究があり，そのすべてを紹介することはできないので，以下では歴史的に重要な研究から最近の話題までごく簡単にふれてみたい。歴史的な研究のひとつはDゲノム提供種の発見であろう。じつは，タルホコムギが第三のゲノム(DD)を提供したことは，第二次世界大戦さなかの激動の時代に日本とアメリカ合衆国でほぼ同時に発見されたのである。当時，ゲノム分析を進めていた木原はツツホコムギ(*Aegilops cylindrica*)がCCDDゲノムをもつことを突きとめていた。そして，ツツホコムギはCCゲノムをもつヤリホコムギ(*Aegilops caudata*)とDDゲノムをもつ未知の種(後でタルホコムギと判明)のあいだでの交雑によりうまれたと考えた。いっぽう，普通系コムギはAABBDDゲノムをもっており，そのうちAABBゲノムはエンマーコムギからきていることもわかっていた。そうすると，普通系コムギ(AABBDD)とエンマーコムギ(AABB)，あるいはヤリホコムギ(CC)とツツホコムギ(CCDD)のあいだでの性質の違いはDDゲノムによるものと考えられる。そこで，木原は形態形質の詳細な比較にもとづき，DDゲノムをもつ種は穂が樽型に折れるはずだという見当をつけ，エギロプス属の二倍性植物を調べた。その結果，Dゲノムの提供種はタルホコムギであるという結論に達したのである(木原，1944)。いっぽう，アメリカ合衆国のMcFaadenとSearsはAABBゲノムをもつパレスチナコムギとタルホコムギを交雑して染色体を人為的に倍加させると，六倍性で種つきもよく普通系コムギにそっくりの植物になることを発見した。さらに，この合

成六倍種とパンコムギの雑種は減数分裂も稔性も正常であることを確かめた。この結果よりタルホコムギがDゲノムの提供種であると推定したのである(McFaaden and Sears, 1944, 1946)。木原の業績は，戦後間もなく占領軍とともに来日し，京都大学を訪問して木原に面会したアメリカ合衆国農務省の調査官 Salmon によって世界に伝えられた。Salmon が，直前までの敵国であり敗戦国であった日本の科学者の業績を高く評価して本国に持ち帰り報告したことは科学の世界における美談のひとつであろう。

普通系コムギのふるさと

普通系コムギのふるさとはどこなのか。西川浩三(岐阜大学名誉教授)は1970年代に先駆的な一連の研究を行った。西川らは，コムギ種子の胚乳からα-アミラーゼという酵素を抽出し，電気泳動法により個体間での違いを検出する手法を開発した。さらに，京都大学カラコルム・ヒンズークシ探検によって1955年に採集された57系統のタルホコムギを詳しく分析し，普通系コムギのDゲノムと同じタイプのα-アミラーゼをもつタルホコムギがカスピ海の南東岸に分布していることを明らかにした。この結果にもとづいて，西川らは，普通系コムギのうまれ故郷はカスピ海南東岸の可能性があると指摘したのである(Nishikawa et al., 1980)。

その後，DNA塩基配列の違いを直接かつ大規模に調査することが可能となり，アメリカ合衆国のDvorakらはトランスコーカサスやカスピ海の南西岸部，トルクメニスタンや中国などから採集されたタルホコムギの核DNAを調べた(Dvorak et al., 1998)。その結果，ひとくちにタルホコムギといっても遺伝的には多様であり，地域によってタイプが違うことがわかった。いっぽう，同じ方法で調べた普通系コムギのDゲノムでは地域間や品種間での変異が小さく，お互いによく似ていることがわかった。そこで，普通系コムギのDゲノムをタルホコムギと比較したところ，普通系コムギのDゲノムにはいくつかの違う地域のタルホコムギに由来する特徴がモザイク状に入り混じってみられるが，どちらかというとトランスコーカサスやカスピ海南西岸近辺のタルホコムギと最もよく似ていることがわかった。この結果にもとづいて，Dvorakらは次のようなふたつの仮説を提案している。①タルホコムギの自生地においてエンマーコムギとタルホコムギのあいだでの交雑が何回か起こり，普通系コムギが成立した。多元的に起源した普通系コムギのあ

いだで交雑などが起こり，現在のようなDゲノムができあがった。あるいは②パンコムギは単元的に起源したが，おそらく同時期にはエンマーコムギも栽培されており，このコムギを加えてタルホコムギを含む3者間で交雑が繰り返された結果，現在のようなモザイク状のDゲノムができた。しかしいずれの場合もその後，ほとんどの系譜が何らかの理由で絶えてしまったため，トランスコーカサスからカスピ海南西岸に至る地域のタルホコムギに由来する系譜だけが現存しているという仮定も必要になる。

　タルホコムギのDゲノムに注目したDvorakに対し，私たちは母性遺伝する葉緑体DNAに注目して普通系コムギの起源を解明しようとしている。前述のように，エンマーコムギ(栽培二粒系コムギの一亜種)には少なくともふたつの母系があることが判明したので，ふたつの母系がともに普通系コムギに伝わったかどうか調べてみた。その結果，世界各地の普通系コムギの約68％がまったく同じ葉緑体DNA型をもつことがわかり，しかもエンマーコムギにみられるふたつの母系のうちのひとつに属していることがわかった(図9)。例外はヨーロッパ中部のスペルタコムギ(普通系コムギの一亜種)であり，エンマーコムギの第二の母系をもつものが約30％の頻度でみられた。詳細は省くが，核DNAの解析結果によると，どうやらこのスペルタコムギはヨーロッパに伝わった普通系コムギ(第一の母系をもっていた)が第二の母系をもつエンマーコムギと交雑して二次的にうまれた可能性が高いと考えられた(Hirosawa et al., 2004, 図9)。この結果は常脇恒一郎(京都大学名誉教授)が比較遺伝子分析という遺伝学的研究から提唱した結果(Tsunewaki, 1968, 1971)と一致していた。これらの結果をまとめると図9のようになる。つまり，パレスチナコムギ(野生二粒系コムギ)が栽培化されて成立したエンマーコムギには少なくともふたつの母系があったが，このうちのいっぽうの母系だけが現在の普通系コムギに直接伝わった可能性が高いということになった。このような研究結果にはまだ説明が必要な部分がたくさんあり，提示した仮説を説明するためにはまだまだいくつもの仮定が必要である。今後さらに研究を進めてこれらの事柄をひとつずつ検証する必要があると思う。

　最近，さまざまな作物の栽培化に関与した遺伝子そのものについても分子レベルでの研究が進んできた(Salamini et al., 2002; Doebley et al., 2006)。コムギでも「難脱穀性/易脱穀性」など栽培植物としての重要な形質を多面的に支配している Q という遺伝子(Simons et al., 2006)や同祖染色体の対合という倍

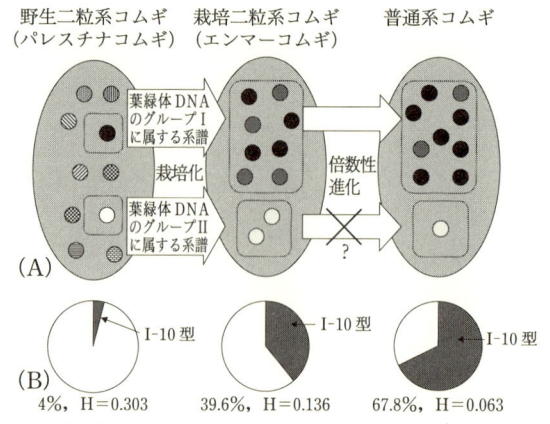

図9 葉緑体DNAの解析から明らかになった野生二粒系コムギ(パレスチナコムギ)から栽培二粒系コムギ(エンマーコムギ)を経て普通系コムギに至る母系。白の矢印はそれぞれ葉緑体DNAのグループⅠとグループⅡに属する母系を示す。(A)野生二粒系コムギから栽培二粒系コムギが栽培化されたときには少なくともふたつの母系があったが、普通系コムギに直接伝わったのはおそらくそのうちのいっぽうだけ(グループⅠ)だと考えられる(詳しくは本文参照)。また、野生二粒系コムギには多くの異なる葉緑体DNA型が存在しており、多様性が非常に高いことを示している。いっぽうで栽培二粒系コムギや普通系コムギでは特定のDNA型の頻度が高くなり、全体としての多様性は小さくなっている。栽培二粒系コムギにおいて灰色で示したDNA型はそれぞれの種内で新たに派生したDNA型。(B)遺伝的多様性の変遷を示す。野生種二粒系コムギでは低い頻度(4%)であった葉緑体DNAI型(I-10型, (A)の図では黒丸で示したもの)は栽培二粒系コムギ(39.6%)、普通系コムギ(67.8%)へといくにつれてその頻度が高くなっていることがわかる。これにともなって遺伝的多様性を表す指標(H)は減少していく。なお、野生二粒系コムギと栽培二粒系コムギのグループⅡのDNA型(白丸)はともによく似ているがまったく同一のタイプではないため、円グラフ化していない。

数性進化の根本的な機構をコントロールしている Ph 遺伝子(Griffiths et al., 2006)など、重要な遺伝子の正体が明らかになりつつあり、今後この方面の展開が楽しみである。

　これまでコムギの倍数性進化についておもに遺伝学の立場から紹介してきた。コムギの例をみても明らかなように栽培植物の起源や進化は自然の現象と人類の営みの両方が複雑に関与した過程であるといえる。この全貌を明らかにするためには、自然科学のみならず考古学や民族植物学、文献学など広い視野に立った学際的なアプローチが必要であろう。

コラム① ゲノム分析

辻本 壽

　1918 年，坂村徹博士は世界で初めてコムギの正常な染色体数を決定した。当時の 16 本という定説を覆し，一粒系コムギは 7 対 14 本，二粒系コムギは 14 対 28 本，普通系コムギは 21 対 42 本と正しく報告したのである。これらの数は 7 を基本とする倍数関係であることは　目瞭然である。この 7 本の染色体には，生活するために必要不可欠な全遺伝子が過不足なく含まれており，専門用語では，この染色体セットをゲノムと呼ぶ。したがって，ゲノムという単位を用いると，一粒系コムギは 2 ゲノム，二粒系コムギは 4 ゲノム，普通系コムギは 6 ゲノムと表すことができる。いま，一粒系コムギのゲノムを A とすると，この植物の 14 本の染色体は AA と表記できる。それでは，二粒系コムギはどうだろうか。単純に AAAA なのだろうか。

　木原均博士は，これを知るために，ゲノム分析という方法を考案した。博士は，普通系コムギと二粒系コムギを交配し，それぞれの親から 21 本および 14 本の染色体を受け取った染色体数 35 本の雑種コムギを研究に用いた。博士は，この雑種の減数分裂での染色体対合を観察し，細胞のなかに対合する 14 本の二価染色体と，対合しない 7 本の一価染色体があることを見出した。対合しているということは，相同であるということ，つまり，雑種の親である二粒系コムギと普通系コムギは共通の 14 種類の染色体をもつということである。ゲノムでいえば，普通系コムギの 6 ゲノムのうち 4 ゲノムは二粒系コムギと共通，ということである。そこで，博士はまず対合できないゲノムを D と呼ぶことにした。D はドイツ語で普通系コムギを意味する Dinkel の頭文字であり，普通系コムギのみにみられるゲノムとして用いたのである。同様の実験で，二粒系コムギは AABB ゲノムをもっており，この A ゲノムは一粒系コムギに由来することがわかった。すなわち，普通系コムギのゲノムは，AABBDD と表すことができるのである。さらに詳しい研究で，一粒系コムギと野生のクサビコムギの一種が交雑し野生二粒系コムギが現れ，さらに栽培化された二粒系コムギに DD ゲノムをもつ雑草，タルホコムギの花粉が受粉して，普通系コムギがうまれたことがわかった。

　植物には普通系コムギのように複数ゲノムをもつ種が普通にみられ，倍数体と呼ばれている。日常私たちが利用している作物のなかにも，ジャガイモ，サツマイモ，バナナ，タバコ，エンバク，ナタネのように，多くのものが倍数体である。ゲノム分析や，最近では DNA を用いた分子遺伝学の研究によって，これらの進化が詳しく研究されている。

　現在地球上には多種多様な生き物たちが繁栄しているが，これらの生物の進化の歴史はすべて，ゲノムに記述されているということができる。今からおよそ 35 億年前の太古の海のなかでうまれた原始生命体から地球上すべての生き物が始まったのであるが，木原博士は，それを，次のように言い表している。

　「地球の歴史は地層に，生物の歴史は染色体に記されてある」

　ここでいう染色体とは染色体のセットのことであり，ゲノムを意味する。現

在ではゲノム解読プロジェクトによって，ヒト，イネ，大腸菌など，いくつもの生物でゲノムに潜む暗号，つまり，A, G, C, T と記されるDNAの4種類の塩基配列が完全に解読され，生物の歴史が明らかになってきた．

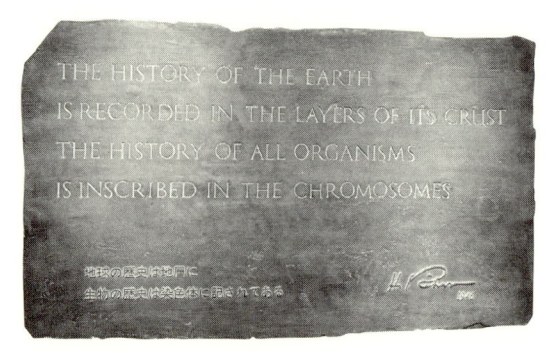

写真1 木原生物学研究所玄関のプレート（川浦香奈子氏撮影）

考古学からみたムギの栽培化と農耕の始まり

第4章

丹野 研一

　西アジアの初期農耕遺跡としては，ジャルモ遺跡やイェリコ遺跡が有名だが，これらが1950年前後に発掘されて以来，50年以上の時間がたった。当然この間，西アジアではたくさんの遺跡発掘が行われて，農耕の起源についても多くの情報が更新された。本章では，約1万年前に野生のムギ類が栽培化された背景を，考古植物学的な視点からみていこう。ムギはいつ，どのようにして作物になったのだろうか？

1. 狩猟採集の時代——農耕以前

　西アジアで農耕が始まったのは約1万年前の新石器時代といわれるが，人間による野生ムギの利用はそれよりももっと古い狩猟採集の時代から行われてきた。

　イスラエルのガリラヤ湖畔にあるオハローⅡ遺跡は，今からおよそ2万1,000年前の遺跡である。この湖畔遺跡では，図1の復元図のように木の枝に草葺きをしたとみられる住居が燃えた状態でみつかっている(Nadel and Werker, 1999)。そこからは多数の魚骨とともに，野生のオオムギ，二粒系コムギ，ピスタチオ，オリーブその他イネ科を含む無数の小粒の種子などが発見されている。これらの種子は食べられるものが多く，食料として利用されていたと考えられている。

　さらに興味深いことに擦り石がみつかっているが，この石からはイネ科植物の種子などの付着澱粉粒が検出された(Piperno et al., 2004)。つまり当時ム

図1 狩猟採集時代の住居(約2万年前,イスラエルのオハローII遺跡)(Nadel and Werker, 1999: Fig. 8 より)。焼け残った炭化植物の種類と位置から復元された図

ギを含むイネ科植物の種子を擦りつぶして,食用にしていたらしいようすがうかがえる。

オハローII遺跡の約2万年前ころは,最終氷期の最寒冷期で,平均気温が現在よりも4ないし6℃以上低かった。このような時代にすでにムギが利用されていたという事実は,人類とムギの関係がいかに深いかを物語るものであろう。

2. 農耕開始の地理的な背景——多様な環境

野生のムギ類は,半乾燥地域である西アジアにおもな自生地がみられる。とくに「肥沃な三日月地帯」と呼ばれる地域[*1]には,最古の栽培植物といわれる一粒系コムギ(アインコルンコムギ),二粒系コムギ(エンマーコムギ),オオムギなどが野生状態で分布している(Harlan and Zohary, 1966; Willcox, 2005)[*2]。この地域はまた,農耕が起源したとされる約1万年前に栄えた新石器時代の遺跡がたくさん存在しており,農耕はそこから始まったと考えられ

[*1] 地中海東岸のレヴァント地方(シリア,レバノン,ヨルダン,パレスチナ,イスラエル)から北メソポタミア地方(東南トルコ,イラク,イラン)にかけての地域。
[*2] 考古学では一粒系,二粒系という呼び名よりも,アインコルン,エンマーという呼び名が使われるほうが多い。考古学では一粒系コムギの *T. monococcum* と *T. urartu* を,出土遺存体の形態からは区別できないのであえて区別せずにアインコルンコムギと呼ぶ。また二粒系コムギについても,エンマーコムギ *T. turgidum* subsp. *dicoccum* とその野生種パレスチナコムギ subsp. *dicoccoides*,およびチモフェビーコムギ *T. timopheevi* subsp. *timopheevi* とその野生種アルメニアコムギ subsp. *armeniacum* (= *T. araraticum*)について,やはり出土遺存体の形態では区別できないためにすべてエンマーコムギと呼んでいる。

ている。

　西アジアでは，基本的に雨は冬に降り，夏には晴天の日が数か月続く。乾燥地帯というイメージが先行しがちだが，この地域にはじつに多彩な気候がみられる。アラビア半島のつけ根を地中海沿岸からペルシャ湾まで眺めてみると，地理と植生はダイナミックに変化する。西部の地中海沿岸には標高3,000 m のレバノン山脈がそびえ，年間降水量は 1,000 mm を超える。この地域は冬雨型で冬季温暖な地中海性気候に属し，森林が発達している。このレバノン山脈の稜線を越えて東進するにつれ高度は徐々に下がり，降水量も減じ，植生も疎林からステップへと緑が少なくなっていく。東部は降水量がほとんどゼロに近い砂漠の植生になり，そのままペルシャ湾に至る。

　この地域では，このように東西方向には標高・降水量のダイナミックな変化がみられ，また南北には緯度による気温の変化がみられる。標高・降水量・気温のダイナミックなグラジェントだけでなく，各地に石灰岩，玄武岩，沖積土といったさまざまな土壌環境の違いが認められる。さらにレバノン山脈の東には，アンチレバノン山脈とそれら山脈に挟まれた，いわゆるレヴァント回廊と呼ばれる地溝帯が南北に走り，とくに南部では，海抜－400 m の死海湖面のように，世界で最も標高の低いところがある。

　このような環境の違いに応じてさまざまな植物が適応しているので，植物の多様性は高く，また固有種もたいへん多い。多様な環境背景にめぐまれた西アジアには，まさに最古の農耕を始めるに絶好の環境が整っていたといえる。

　西アジアの植生を大きく森林 - 疎林 - 草原(ステップ) - 砂漠と分けるなら，ムギを中心とした農耕は，降水量およそ 800～300 mm の疎林 - 草原にかけての地域でうまれたようだ。疎林から草原にかけての環境を具体的に説明すると，疎林(写真 1A)は多くが石灰岩や玄武岩の岩山にみられ，カシの木，ピスタチオ，アーモンド，サンザシなど，建材としてあるいは食用として有用な樹種が多い。水分競合のために樹が密生できずに疎らに生え，そのため下草としてムギ類など日当たりを好む植物が生えるのが特徴である。いっぽう草原(写真 1B)では，冬に雨が降る地中海性気候によって，二年生の草本植物が大地を覆い，冬から春にかけては豊かな緑に覆われる。この草原は夏には枯れて，広大な土茶けた世界に早変わりする。地中海沿岸地域の草原をとくにガリーグ garigue などといい，疎林をマキー maquis という。

写真1 疎林(A)と草原(B)の植生の例。ともに南東トルコ。(B)では一粒系および二粒系野生コムギの群生が写っている。

　このような疎林からステップにかけての植生地帯には，河川や泉が多くみられ，遺跡が集中している。このような地形は狩猟にも適しており，また家を建てたり植物を管理するなど，人間活動にとっても非常に利用しやすい環境であった。河川や泉のある場所にはまた，肥沃な沖積土壌も溜まりやすいので，農耕起源の舞台としては最高のお膳立てがそろっていた。

3. 農耕の開始と植物利用の変化

旧石器時代の終末期であるナトゥーフ期(紀元前12000〜10000年ごろ)から新石器時代の始まり(PPNA期：紀元前9500〜8600年ごろ)にかけては[*3]，季節によって住み処を替える遊動生活から，一年中同じ所に住む定住生活へと，生活様式が大きく変化した。この時期は農耕の始まる直前であり，このような生活様式の変化が，利用する植物の種類を大きく変化させ，農耕の開始へと至ったとみられている。

農耕開始の直前の時代には，現在でいうところの「雑草」と呼ばれるような野生植物の小さな種子などが，主として利用されていたようである(Savard et al., 2006)。小さな種子のほかにも，手つかずの森林がまだあったこの時代には，ピスタチオ属植物，野生アーモンドなどのナッツ類も重要な食料だったようである(丹野，2007)。

このようにさまざまな植物が利用されていたのであるが，いくつかの遺跡では，野生ムギ類も積極的に利用されており，なおかつ栽培行為が試みられていた可能性が指摘されている。たとえばナトゥーフ期のアブ・フレイラ遺跡(シリア・ユーフラテス中流域)では，大きく充実したライムギ種子が発見されている(Hillman, 2000)。この地域は現在の年間降水量が約200 mmしかなく，気候地理を考えると野生ライムギが自生していたと考えるのは少々難しい。そのため発見された充実した種子は，栽培行為を反映したものではないかと指摘されている(Tanno and Willcox, 2006a; Weiss et al., 2006)。

またヨルダン渓谷のギルガル遺跡(新石器時代PPNA期)では，26万粒のオオムギ種子が12万粒のエンバク種子と共に発見されているが，このような大量の種子を野生状態で採集することもやはり容易ではない。

これらの例は栽培化(ドメスティケーション domestication)以前の野生種であるにもかかわらず，その野生種をおそらく栽培(カルティベーション cultivation)

[*3] ナトゥーフ(もしくはナトゥーフィアン)という呼び名は，この遺跡文化層のみつかったワジ(枯れ川)Wadi al-Natufからつけられた。狩猟採集生活をしつつも定住性が徐々に高まるなど，明らかに新石器時代につながる変化のみられる時代である。新石器時代PPNA期とは，先土器新石器時代A期 Pre-Pottery-Neolithic Aの略であり，B期(PPNB期)および土器新石器期(Pottery Neolithic：PN期)が続く。

していた結果ではなかろうか，と学術誌上で論議されている(Tanno and Willcox, 2006a; Weiss et al., 2006)。植物の栽培化が行われる以前の栽培行為を，pre-domestication cultivation あるいはもっと積極的に pre-domestication agriculture という。適当な訳語はまだないようだが，前者は「栽培化前栽培」，後者は「栽培化前農耕」といったところだろうか。

　ナトゥーフ期から新石器時代 PPNA 期にかけては，鎌刃や搗き臼などのような，植物を効率的に採集して加工するのに適した道具が多く出土するようになる(第5章参照)。PPNA 期の集落の規模は，それ以前に比べてはるかに大きくなり，定住化がかなり進んで，より農耕に適した生活様式にシフトしていたことが知られている。栽培化前農耕の議論の高まりとともに，推定上の農耕の始まりをこの時期に置いてはどうか，という議論が今後おそらく活発になると思われる。

4. 植物の栽培化とは

　栽培化の具体的な話に進む前に，ここでまず日本語では混乱しやすい「栽培化」と「栽培」の違いについて述べておく必要があるだろう。

　植物の栽培化に至るプロセスは，①野生植物を採集する，②野生植物を栽培する，③栽培化された植物を栽培する，という3つの段階に分けて考えられるだろう。第①段階は純粋な狩猟採集の生活であるが，やがて第②段階に入ると，野生植物は人間による栽培管理を受けるようになる。そして長い年月をかけて種子の「脱粒性」や「休眠性」といった野生の性質を喪失する。たとえば種子の「脱粒性」を喪失した植物では，種子が成熟してもバラバラにならず地面に落ちないので，自然界では急速にその姿を消していく。しかし人間にとっては，種子が地面に落ちないために，その種子を容易に収穫・播種することができるので好都合である。第③段階の「栽培化された植物」とはそのような植物である。

　このように人間が植物を栽培管理した結果，それに呼応して植物の遺伝的な性質が変わることがある。この変化そのものや変化に至る過程・行為を栽培化(ドメスティケーション)といっている。

　なお動物に対しても植物と同様にドメスティケーションという言葉は使われており，「家畜化」と訳されている。野生動物を人間の管理下に置いて，

体高が小さくなるなど管理しやすくなる変化などを指している。

5. 新石器時代 PPNB 期までには植物は栽培化されていた

さて新石器時代の中期である PPNB 期(紀元前 18600〜7000 年ごろ)には，ムギ類をはじめ多くの植物が栽培化された。ムギ類としては一粒系コムギ，二粒系コムギ，オオムギが挙げられ，そのほかの植物ではレンズマメ，エンドウマメ，ヒヨコマメ，ビターベッチ，アマなどが栽培化されたと考えられている。ここに挙げた 8 種はとくにファウンダー・クロップ(創始者作物)と呼ばれ，西アジアの新石器時代の遺跡からよく出土し，ほかの栽培植物に先駆けてよく利用されるようになった作物種である(Zohary, 1996)。ただしアマなどは出土例がそれほど多くなく，むしろ近年はソラマメが多く発見されているので，ソラマメをファウンダー・クロップに含めたほうがよいという意見もある(Tanno and Willcox, 2006b)。

植物が栽培化され，ファウンダー・クロップがとりわけ好んで利用されるようになると，それまで利用されていたイネ科，マメ科などの小粒の野生植物は徐々に遺跡から姿を消す。そしてヤエムグラ属 *Galium* sp. やドクムギ属 *Lolium* sp.，カラクサケマン属 *Fumaria* sp. など畑雑草として知られる植物が増加する傾向がある。野生ピスタチオや野生アーモンドも，ナトゥーフ期や PPNA 期ほどは利用されなくなる。出土植物のこのような変化は，定住化，栽培化というステップを経て，農耕に依存した社会へと徐々に変化していった証であろう。

新石器時代の PPNA 期と比べて PPNB 期の文化では，方形住居が好まれるようになり，集落規模がいっそう大型化する。またナヴィフォーム型という特徴的な石核を用いた石器製作技法が普及するなど，いくつもの変化が起こった(新石器時代の文化の概要については大津ほか，1997；藤井，2001；ベルウッド，2008 を参照)。PPNA 期はどちらかというと南レヴァントが文化の中心地であったが，PPNB 文化は北レヴァントのトルコ東南部と北シリアにかけてのユーフラテス川中流域に起源を発し，その後，南レヴァントなど周辺地域に急速に広まったと考えられている(Cauvin, 2000; Bellwood, 2004)[*4]。この文化と地理の組み合せは，農耕技術の伝播を考えるにあたってきわめて興味深い相違である。

農耕の起源も，北レヴァントに由来をもつと考える研究者は多い。この地域にはファウンダー・クロップの祖先とみられる野生種のすべてが，折り重なるように分布している(Lev-Yadun et al., 2000)。そのなかでもとくにヒヨコマメの祖先野生種 *Cicer reticulatum* は，分布が東南トルコに局限されており，ほかの地域ではみることができない(Berger et al., 2003)。そのため，もしファウンダー・クロップを用いた農耕が特定の地域で発祥したとするならば，それは東南トルコから北シリアにかけての，遺跡が多数分布する地域ではないかと考えられている。

　DNA 分析の結果からも，一粒系コムギ(Heum et al., 1997; Kilian et al., 2007)と二粒系コムギ(Mori et al., 2003; Ozkan et al., 2005)の栽培種に遺伝的に最も近縁な野生種の系統が，北レヴァント(東南トルコ)に分布するというデータが示されており矛盾がない(第3章参照)。なお動物の家畜化も，新石器時代の家畜種であるヒツジ，ヤギ，ウシ，ブタのうち，少なくともヒツジとウシについては北レヴァントで家畜化の証拠がみつかっている。

　なお考古学的には，栽培型と判断されたムギの最古のものは，北レヴァントのネヴァル・チョリ遺跡(東南トルコ，新石器時代 PPNB 前期：紀元前8500年ごろ)のコムギであるとされている(Pasternak, 1998; Nesbitt, 2002; Tanno and Willcox, 2006a; Balter, 2007)。一粒系コムギと二粒系コムギの種子および穂軸の形態はオーバーラップするので，二者の判別はやや困難ではあるが，ネヴァル・チョリのコムギの大部分は一粒系コムギだとみられている。

6. 農耕起源は北レヴァントと断定していいのだろうか？

　以上のように PPNB 期には農耕が成立していたといってほぼ問題ない。その起源は北レヴァントであると考えられている。しかし，ファウンダー・クロップの野生種の分布が北レヴァントに重なる(Lev-Yadun et al., 2000)からといって，個々の植物の栽培起源をすべて北レヴァントに求めてよいのだろ

[*4] 東南トルコはレヴァントに含まないとする考えもあるが，考古学ではシリア北部とともに北レヴァントと呼ぶことが多いので，本章でも北レヴァントに含めた。レヴァントとは，東部地中海沿岸地方の歴史的な名称であり，狭義にはシリア，レバノン，ヨルダン，イスラエルおよびパレスチナを，広義にはこれらにトルコ，エジプトなどを含んだ地域を指す。

うか？　ファウンダー・クロップは8種まとめて同時に北レヴァントで栽培化されたというのだろうか？

　先に述べたように，新石器時代が始まったPPNA期には，(栽培化された植物はまだ出現していなかったものの)大量のオオムギとエンバクの種子が，南レヴァントのギルガル遺跡でみつかっている。また北レヴァントでも，本来の分布域をおそらく越えるとみられるライムギ種子が，丸々と充実した状態でアブ・フレイラ遺跡(ナトゥーフ期)から発見されている。したがって栽培行為自体は，南北両レヴァントで始まっていた可能性があるのではないだろうか。

　実際，現時点の考古植物のデータからは，一粒系コムギを除いては，栽培起源地を北レヴァントに限定できない。たとえば二粒系コムギは南北両レヴァントからよく出土するが，栽培型と判別されうる最も古いものはおそらく南レヴァント(シリア)のテル・アスワド遺跡(紀元前8500〜8000年ごろ)のものであろう(G. Willcox，私信)。オオムギもまたテル・アスワド遺跡を挙げることができるが(van Zeist and Bakker-Heeres, 1985)，PPNA期として年代づけられていた層がPPNB期であるらしいことが最近の再調査からわかっており，現在再検討がなされている。これらのムギの栽培起源は未解決であるものの，南レヴァントに起源する可能性あるいは南北両レヴァントの広い地域で多元的に起源した可能性も十分に残されている。

7. 遺跡出土ムギの栽培型と野生型

　ムギ類の野生種と栽培種の判別は，おもに小穂の脱落性・非脱落性という性質(第3章参照)によってなされる。栽培種の非脱落性という性質は突然変異によって生じたものであり，遺伝的にコントロールされている(第8章参照；Takahashi and Hayashi, 1964; Nalam et al., 2006)。野生種では種子散布するために「離層」という組織が形成され，種子が成熟したときに小穂が脱落する。栽培種ではおそらくこの機構の一部が突然変異のためにうまく機能せず，小穂が脱落しなくなっていると考えられる。

　写真2に一粒系コムギの栽培型および野生型の穂軸を示す。離層がみられるものを野生型(C)，離層があるべき部位に上段の穂軸の一部が折れ残っているものを栽培型(D)として判別する。後者すなわち栽培型では，種子が成熟しても固着したままの非脱落性の小穂を，人間が脱穀して無理やり壊した

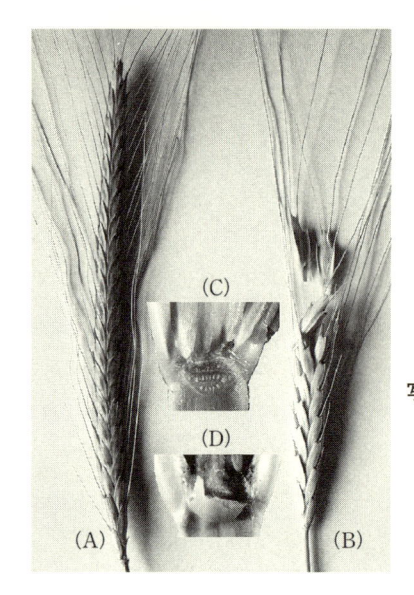

写真2 現生の一粒系コムギの栽培型と野生型の穂(Tanno and Willcox, 2006aを一部改変)。栽培種の穂(A)と野生種の穂(B)、栽培型の穂軸(D)と野生型の穂軸(C)。穂軸に離層がみられるものは野生型、上段穂軸の一部が付着し人工的に壊された痕のみられるものは栽培型と判別される。

傷跡が残るのである。

　しかし、実際に遺跡から出土する穂軸を同定するのは、かなり難しい。というのも穂軸という部位はたいていの場合、脱穀によって破壊されたあとの残渣であり、そもそも完全な形を保ったものはない。また西アジアの遺跡から出土する植物に一般的なことだが、植物遺存体のほとんどは火を受けて炭化したものである(そのため炭化種子、炭化材、炭化植物などとよばれる)。生の植物体はバクテリアに分解されてしまうが、炭化して腐敗をのがれたものが、土中に遺存する。最も、地下水位の高い日本やヨーロッパ北部などの遺跡では、未炭化のままの植物が嫌気的状態で分解されずに遺存することがよくある。しかし西アジアに限っては、そのような出土はほとんど知られていない。したがって脱穀による破壊を受け、しかも焼けて残った穂軸を観察して、栽培型・野生型の判別を行うことになる。

　野生種と栽培種の生物学的な違いは、ほかにも種子の休眠性など、いくつかの形質がある。しかし休眠性のように形態に現れない形質については、今のところ判別の指標とはされていない。種子のサイズが大きいものを栽培型とみる研究者もいるが、種子サイズの大小は生育環境に大きく影響を受け、また野生種のなかにも大きな種子をつけるものがあるので、栽培型・野生型

を判別する決定的な証拠とはいえない*5。

　マメ類の場合には，莢が裂けて種子が散布される野生種の性質を裂莢性といい，成熟しても莢が裂けず収穫しやすい栽培種の性質を非裂莢性という。マメの種子は遺跡からよく出土するが，栽培種・野生種の判別対象になる莢については出土例がない。これはおそらく炭化するときに莢が完全燃焼してしまうためとみられるが，ともかく出土がないので，マメ類の栽培種・野生種の確実な判別はできない。結局，穂軸を観察できるムギ以外では，栽培化の具体的証拠が挙げられていないのが現状である。

8. ムギのドメスティケーション研究

　さて栽培型のムギはいつ出現したのだろうか。答えは前述したように新石器時代PPNB前期（紀元前8600〜8200年ごろ）と考えられている。しかしこの結論に至るまでには，さまざまな議論がなされ紆余曲折があった。

　かつては新石器時代初頭のPPNA期が，ムギの栽培化の時期として最も可能性が高いといわれていた。その根拠のおもなものは，先行するナトゥーフ時代（およびキアミアン時代）から新石器時代PPNA期になって遊動生活から定住生活へと生活様式が変化したこと，鎌刃や石臼など農具とみられる遺物が増加すること，そして，ナトゥーフ後期の気候変動（いわゆるヤンガードリアス期の寒の戻り）が食料ストレスに働き，その後農耕が始まったという説が唱えられたことなどによる。もしこの気候変動説に従うとすると，ヤンガードリアス期の寒冷期が終了した紀元前9500年ごろから栽培型のムギ類が出現する紀元前8500年ごろまで，約1,000年ものタイムラグが生じてしまうことから，現在ではこの説はあまり受け入れられていない。

　PPNA期が農耕開始の時期として注目されていたちょうどそのころに，南レヴァントのネティブ・ハグドゥド遺跡（イスラエル）から穂軸の離層部位

---

*5 栽培化関連形質の遺伝子が単離されていないので，遺存体のDNA分析による栽培型・野生型の判別例はない。また比較的分析しやすい葉緑体DNAについても，世界の数グループで分析されたものの，西アジアの遺跡出土植物については困難との認識がなされている。筆者も幾度かDNA分析を行ってみたが，たまに塩基配列が読めることはあるものの，再現性を確保できていない。西アジアの遺存体DNA分析は，将来的に分析技術が向上したときの研究課題と思われる。

に上段穂軸の基部が付いているもの，すなわち栽培型が発見され，これが栽培種と結論づけられた。しかしその後，この研究を行った同じ研究者によって，この遺跡からみつかったオオムギは野生種であったとの訂正がなされた。野生オオムギでは穂の先端から小穂が順次脱落するが，最下段の小穂は脱落せずにとどまる。それを折り取ると穂軸の一部が壊れるのでみかけ上は「栽培型」にみえ，その頻度は10％ほどであるということが観察された。ネティブ・ハグドゥド遺跡から出土した穂軸では，「栽培型」の傷跡をもった穂軸の割合が10％ほどであり，その程度ならば野生種であろうという判断である(Kislev, 1989)。この調査を行ったKislevは，ムギの栽培化はPPNA期ではなく，もっと遅れて紀元前7000年(土器新石器時代)になるまで始まらなかったのではないかと述べている。

　ムギの栽培化が紀元前7000年からというキスレフの言は，出土植物を年代順に目で確認して導き出した結論ではなく，当時の出土状況を達観した印象にもとづくものであった。そこで，この点を明らかにすべくNesbitt (2002)は，旧石器時代終末期から新石器時代半ばの遺跡の報告書を網羅的に調べ，報告書に書かれている「栽培」「野生」という記載をもとに，栽培型がいつ出現したのかを論じた。彼によると栽培型の穂軸が報告され始めるのは，いくつかのPPNA期遺跡とPPNB前期遺跡からであった。しかしPPNA期の遺跡については，上層からのコンタミネーションの可能性や年代推定の正確性などについて，何らかの問題があるとみられていた。そこで問題のあるデータを排除していったところ，栽培種が出現するようになったのはPPNB前期からであることが浮き彫りとなった。栽培型ムギ類があると記載されたPPNB前期の遺跡としては，ネヴァル・チョリ，チャヨヌ，ジャフェール・フユックなどが挙げられる。トルコのネヴァル・チョリ遺跡は出土した穂軸の数も多く，また古いとみなされており，現時点での世界最古の栽培型コムギはネヴァル・チョリ遺跡出土のものと考えられている。

9. 栽培化にはどれくらいの時間がかかったのか

　栽培行為が始まってから植物に非脱落性という変化が起き，さらにそれが意識的であろうと無意識的であろうと選抜を受け，定着するまでに，どれくらいの年月がかかったのだろうか。これまで考古学者たちは，栽培行為を開

始するとすぐに栽培型，すなわち非脱落性のムギが出現し，定着したと考える傾向が強かった。それはおもに Hillman and Davies(1990)によるコンピュータ・シミュレーションの研究で，栽培化のプロセスに要する時間はごく短いという結論が出されていたからである。

そのシミュレーション研究では，良好な畑に毎年ムギを播くとして，その作物がほぼ成熟したときに鎌で刈り取るか引き抜くかし，収穫した種子の一部を次の年に播くという条件が仮定された。この条件のもとで，非脱落性(栽培型)のムギが1個体出現したときに，この非脱落性ムギは何年で脱落性(野生型)ムギと入れ替わるかをコンピュータ・シミュレーションした。解析の結果，栽培型ムギは 20〜30 年あるいは長くとも 200〜300 年で畑に定着するという結果が導かれ，栽培化の進行はとても短い時間で達成されるであろう，と結論された。栽培種は成熟したときに小穂が脱落しないので，収穫しやすい。このような穂がひとたび現れると，その収穫のしやすさのためにすぐに野生種から栽培種に置き換わっただろう，というのがその解釈である。しかし，この解析には突然変異によって生じた最初の1個体が出現するまでの時間は考慮されておらず，また仮定に仮定を重ねてコンピュータで試算したものである。急速な栽培化という結果が，過去に本当に起こったという証拠はどこにもなかった。

10. 遺跡から出土した穂軸によるコムギ栽培化のプロセスの解明

Hillman and Davies(1990)のシミュレーション研究に対して，Tanno and Willcox(2006a)は，実際に遺跡から出土したコムギの穂軸を調べた。この研究では，農耕開始期かその前後の時期に位置づけられる4遺跡(カラメル遺跡，ネヴァル・チョリ遺跡，テル・エル・ケルク遺跡，コサック・シャマリ遺跡)から出土したコムギについて，穂軸にみられる傷痕が調べられた。これらの遺跡は，全体で約 4,000 年続いた新石器時代の始まりから終わり，さらにその次の銅石器時代までカバーしており，地域的には北シリアから東南トルコといった農耕の起源地と目される地域に立地している。つまり農耕が起源したと考えられている年代と地域の両方がおさえられている点が特筆される。

図2に示した結果のように，新石器時代が始まったころ(PPNA 期)のカラメル遺跡では野生型の穂軸だけがみられて栽培型の穂軸はなかった。続く新

[コムギ]
9750 B.C.(テル・カラメル遺跡)
| 14 | 4 | 0 |

8500 B.C.(ネヴァル・チョリ遺跡)
| 243 | 73 | 39 |

6500 B.C.(テル・エル・ケルク遺跡)
| 9 | 5 | 8 |

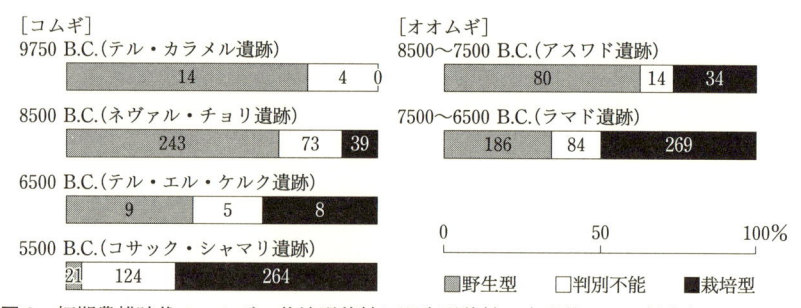

5500 B.C.(コサック・シャマリ遺跡)
| 21 | 124 | 264 |

[オオムギ]
8500〜7500 B.C.(アスワド遺跡)
| 80 | 14 | 34 |

7500〜6500 B.C.(ラマド遺跡)
| 186 | 84 | 269 |

0 50 100%

■野生型　□判別不能　■栽培型

図2 初期農耕時代のコムギの栽培型穂軸と野生型穂軸の出現数とその頻度(Tanno and Willcox, 2006a を一部改変)。時代が進むとともに野生型と栽培型は置き換わる。アスワド遺跡とラマド遺跡はオオムギのデータであるが，ほぼ同じような推移がみられる。

写真3 テル・エル・ケルク遺跡(シリア北西部)の発掘のようす。発掘は常木晃教授率いる筑波大学・シリア考古局合同隊

石器時代 PPNB 前期(ネヴァル・チョリ遺跡)に栽培型の傷痕のある穂軸が初めてみられるようになったが，まだ大多数は野生型であった。新石器時代後半(土器新石器期，テル・エル・ケルク遺跡：写真3)ころから，栽培型の穂軸が野生型のそれを上回るようになり，新石器時代が終わって銅石器時代(コサック・シャマリ遺跡)に入ってようやく栽培型が優占的になることが示された。つまり栽培型のコムギは，3,000年以上の長い年月をかけてゆっくりと増加し野生型コムギと置き換わったことが遺跡出土コムギの証拠から明らかになった。また栽培型が出現してから定着するまでに3,000年以上の長い時間がかかったということは，ひるがえすと最初の栽培型の突然変異体が出現するまでに

も，数千年オーダーの長い年月のあいだ栽培行為(栽培化前栽培)が行われていたことが想定される。

　では，栽培型と野生型の両者が長いあいだ混在していた時期，どのような栽培管理が行われていたのだろうか。まず収穫方法については，まだ完全に熟していない時期，すなわち野生型の小穂が脱落する直前に，鎌で収穫していた可能性が指摘できる。このような収穫方法であれば，野生型ムギの小穂は多少は脱落するものの容易に収穫できるし，非脱落型すなわち栽培型に対する選抜圧はそれほど強くかからない。原始的な農耕では，現代のような農薬などはもちろんなく，農地を整備し，植物を管理することは非常に骨の折れる仕事だった。降水が足りないなどの不作の年には，翌年播くための種子を自生地まで取りに行って補充したであろう。また今日でも野生のコムギやオオムギは畑の境界などに雑草として生えているが，このような雑草的なムギが栽培種と交雑したり，一緒に刈り取られて結果として脱落性の小穂が多くみられるということもある。実際，現代の西アジアの農村を歩くと，栽培種の畑のなかに野生種がかなりの頻度で混じっているのがみかけられる。

　このように栽培化の初期のころに，野生種がたくさん共存していたということは，育種という面からみてもたいへん望ましいことだった。というのも，非脱落性は突然変異によって生じたものであり，もとを正すとそれは1個体であった[*6]。もしその1個体が遺伝的にたとえば病気に弱いなどの問題があったなら，それを畑一面に植えたときに病気で全滅する恐れがある。いっぽう，栽培している集団が遺伝的に多様であれば，全滅のリスクは低くなる。栽培化の初期に，数千年にわたって栽培種と野生種が混合されていたという状況は，祖先野生種のもっている多様性を栽培種に取り込むよいチャンスであった。

[*6] ただしオオムギの小穂非脱落性の場合は，少なくとも2つの独立した起源があることが知られており，突然変異は少なくとも2回(2か所)あったと考えられている。

第5章 西アジア先史時代のムギ農耕と道具

有村　誠

　世界には，植物の栽培化が起きたセンターがいくつか知られている。そして，それぞれの地域の植生を反映して，栽培化された植物は異なる。そのうち西アジアでは，ムギ（コムギ・オオムギ）が栽培化された。この西アジア起源のコムギとオオムギは，今日，世界の穀物総生産量の1位と4位を占めており，人びとの暮らしを支える大切な穀物となっている。また，ムギが西アジアで栽培化されたのは1万年以上前のことで，最も古い栽培植物のひとつでもある。以上のような点から，西アジアは農耕の起源を解明するうえできわめて重要なフィールドといえる。そしてこのことが，この地域が政治的にきわめて不安定であるにもかかわらず，農耕の始まりや初期農耕社会を研究するさまざまな国の考古学者を魅了し続けてきた理由であろう。現地での発掘調査は，これまで長い間，地元の調査隊だけでなく，日本や欧米諸国からやって来た外国の調査隊によっても行われてきた。こうした多彩な顔ぶれによる発掘調査は，まさに発掘オリンピックというべき状況を呈し，西アジア考古学の特色のひとつになっている。本章で扱うデータも，さまざまな国の調査隊による発掘や資料の分析によって得られたものである。

　西アジアの初期農耕遺跡からは，ムギの栽培や加工に関連すると思われる道具（遺物）や設備（遺構）が発見されている。本章の目的は，そうした遺物や遺構を当時の農耕文化の枠組みのなかで系統立てて理解し，その発達を概観することである（重要な先行研究として，藤井，1981；Anderson, 1998 などがある）。それによって，西アジアにおいて，ムギ農耕がいつ，どのように当時の主要な生業に組み込まれていったのかを解明する一助になると考える。本章はおもに考古学の立場からムギ農耕の起源に迫ろうとするものであり，遺跡から

出土する植物遺存体そのものの研究成果と比較することで，ムギ農耕の定着プロセスの実像に，より詳しく迫ることができるであろう。

なお，本章で言及する遺跡の位置については，第3章の図6を参照されたい。

1. 時代背景

ムギ農耕の定着プロセスを考えるうえで検討すべき時代は，栽培ムギが出現する前後およそ6,000年間，旧石器時代末期から新石器時代(紀元前12500～6000年，本章で言及した年代は較正年代である)である。

栽培植物の出現前夜――旧石器時代末期(紀元前12500～10000年)

この時代は，一時的な寒の戻り(ヤンガードリアス)はあるものの，最終氷期が終わり，気候は温暖・湿潤化する。この気候変動を受けて，以前から集落が多く存在していた地中海沿岸地域だけではなく，内陸のステップ・砂漠地帯においても集落が営まれるようになった。このころにレヴァント地域で栄えた文化をナトゥーフ文化と呼ぶ。この文化の人びとは，植物の採集，動物の狩猟，そして水産資源の利用によって暮らしを立てていた。一般に彼らは，それ以前の狩猟採集民よりも定住的な生活をしていたと理解されている。それは，この文化にみられる定住性を示す考古学的な証拠，たとえば，礎石を用いた堅固な住居，食料を貯蔵する穴，住居に備え付けの重石器類などから類推されてきた。この時代の遺跡規模は，小規模なキャンプサイトから，長期間居住されたベースキャンプまでさまざまであるが，カシ，ピスタチオからなる地中海沿岸の森林地帯において前時代に比べてはるかに大きな規模の集落跡(1,000 m²を超える)が発見されている。

栽培植物の出現――新石器時代(紀元前10000～6000年)

西アジア考古学では，紀元前10000年ごろから新石器時代と呼ばれる時代に入る。西アジアの新石器文化は土器をもたない文化として発生した。土器製作が普及したのは，新石器時代が始まり数千年経った，およそ紀元前7000年ごろのことである。一般に西アジアの新石器時代は，土器の有無を基準にして，先土器新石器時代(Pre-Pottery Neolithic(PPN)：紀元前10000～7000

```
|          新石器時代前半          | 新石器時代後半        |
|      （紀元前 10000〜7500）      | （紀元前 7500〜6000）  |
```

紀元前 10000   紀元前 7000 紀元前 6000

旧石器時代末期   先土器新石器時代   土器
Epipaleolithic   Pre-Pottery Neolithic   新石器時代
                                      Pottery Neolithic

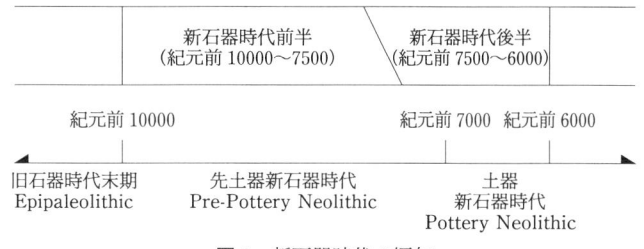

図1　新石器時代の編年

年）と土器新石器時代（Pottery Neolithic（PN）：紀元前 7000〜6000 年）とに区分されるが，本章では種々の考古学資料の変化をふまえて，新石器時代を前半（紀元前 10000〜7500 年）と後半（紀元前 7500〜6000 年）に分けて話を進めたい（図1）。

　かつて，石器時代は石器の種類によって新・旧に二分された（旧石器時代と新石器時代）。今日ではこのふたつの石器時代の違いは，食料の獲得方式の違いとされる。すなわち，狩猟と採集で食料を獲得した旧石器時代と，農耕牧畜を生業にして食料生産を始めた新石器時代である。しかしながら，第4章にあるように，新石器時代初頭の栽培型ムギの出土例は疑問視されており，西アジアにおいては新石器時代の始まり＝農耕の開始というわけではないようである。ムギ類の栽培化が新石器時代に始まったのは確実であるが，それが本格的に定着したのはいつごろかという問題については，これからの課題である。いっぽう，動物飼育に関しては，新石器時代の後半以降（紀元前 7500 年以降），ヤギ，ヒツジ，ウシ，ブタの飼育が本格化したことが明らかになってきた。

　新石器時代の遺跡の多くは高い定住性をもった集落からなる。その住居は，練り土または日干し煉瓦を使ってつくられた。新石器時代の後半になると，広場や街路，共同施設などをそなえた集落が現れ始める。集落の設営に当たって，ある程度町割りが行われた可能性がある。ほとんどの遺跡は，旧石器時代の遺跡よりはるかに大きい。なかでも 10 ha を超える大型集落は，後代の遺跡と比べても際だって大きい。仮に遺跡全体に集落が広がり，人びとが居住していたとすると，新石器時代の大型集落は町というべき規模のものであったであろう。こうした遺跡規模の大型化は，人口増加のあらわれと考えることができよう。またこの時代には，祭祀・儀礼，工芸，交易など，社会の多岐にわたる活動において，それまでとは異なった展開がみられる。こ

れらの考古学情報から，新石器時代に社会の複雑化が進んだことが窺われる。

2. ムギ農耕に関わる道具・設備

　西アジア諸国を訪れると，あちこちで遺丘(現地の言葉で，テル，テペ，タペ，ホユックなどという)と呼ばれる丘状の遺跡(写真1)に出会う。古代の集落跡で，練り土や煉瓦でつくられた建物が風化し，生活廃棄物が堆積した結果，丘になったものである。遺丘を発掘すると，じつにさまざまな遺物が出土する。そのいくつかは，私たちにもなじみのある形をしていて，その用途を簡単に推測できる。用途が明らかでない遺物については，形態，構造，材質など，遺物そのものから得られた情報をもとに歴史・民族誌資料と比較するか，実際に複製を用いて使用実験を行うかして，機能を推定する。以下においても，同様の方法で遺物や遺構の用途が推測されている。

耕 起 具
　植物栽培の開始とともに，耕作が必要になったであろう。土を耕す道具と考えられるものが実際に遺跡から発見されているかみてみよう。

写真1　古代の集落跡，遺丘(北西シリア，テル・デニート遺跡)

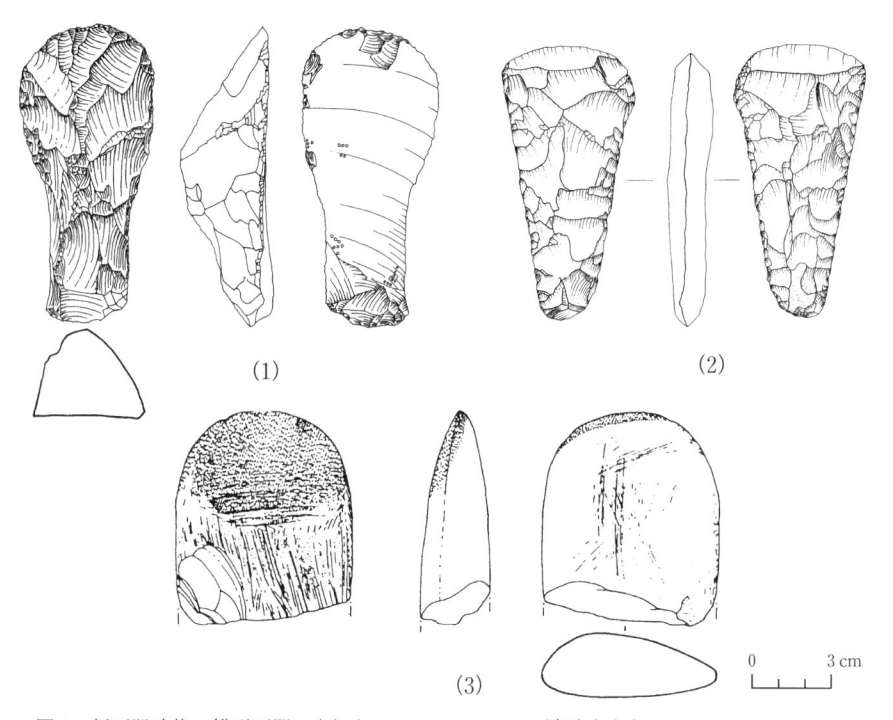

図2 新石器時代の鍬形石器。(1)ジェフェル・アフマル遺跡出土(Brenet et al., 2001: Fig. 35 より), (2)ネティブ・ハグドゥド遺跡出土(Nadel, 1997: Fig. 4.14 より), (3)ハルーラ遺跡出土(Ibáñez et al., 1998: Fig. 4 より)

　耕起具として扱われる遺物を図2に挙げる(藤井, 2001)。これは，長さ10 cm 程度の一端に刃をもつ鍬形のフリント製石器で，北シリアやパレスチナの新石器時代初頭の遺跡(紀元前10000〜9000年ごろ)から多く出土する(図2の1, 2)。しかし，これらの石器の刃部に残された使用痕の分析によると(Coqueugniot, 1983; Brenet et al., 2001; Yerkes et al., 2003)，そのほとんどが木材や柔らかい石材(石灰岩など)の加工に使われたものであった。おそらくは，定住化にともない重要になってきた建築材の獲得やその加工に用いられた手斧であろう。これらの石器は形態こそ鍬形であるが，土地の耕作に使われたものではないようだ。いっぽう，時代が少し下った紀元前7800年ごろのハルーラ遺跡(シリア，ユーフラテス河流域)からは，鍬とされる磨製石器が出土している(Ibáñez et al., 1998, 図2の3)。比較的柔らかい石灰岩製で，一端に丸い刃部をもつ。そのなかに，石器の表面に天然の炭化水素化合物であるビチュメン

(代表的なものに天然アスファルトがあり，シリア，イラク，トルコで産地がいくつか知られている)がコーティングされている事例があり，耕作の際に土との摩擦から石器を保護するための手段と解釈されている。刃部に残された使用の痕跡や石材が柔らかい石灰岩でつくられていることから，土地を耕すのに使われた道具だと推定されている。今のところこのハルーラ遺跡の例を除いて，西アジアの初期農耕遺跡から耕起具とみなせる遺物の発見はほとんどないようである。

収穫具

近現代に世界各地で行われてきた民族学的な調査によると，ムギの収穫法は，道具を使う方法と手だけで収穫する方法に大別できる。収穫具の代表は，鎌である。現在，穀類の収穫には世界各地で鉄製の鎌が使われている(写真2)。鎌以外の収穫方法としては，収穫棒を使って収穫する方法がユーラシアの各地でみられる(阪本，1996；Ibáñez et al., 2001, 第13章写真7B)。それぞれの一端をひもで縛った2本の棒で穂先を挟み，しごきあげて，小穂をかごなどに落として集める。いっぽう，手で収穫する事例は，スペインやシリアなどで報告されている。穂首を折り取る，穂を茎ごと引き抜くなどがその代表的

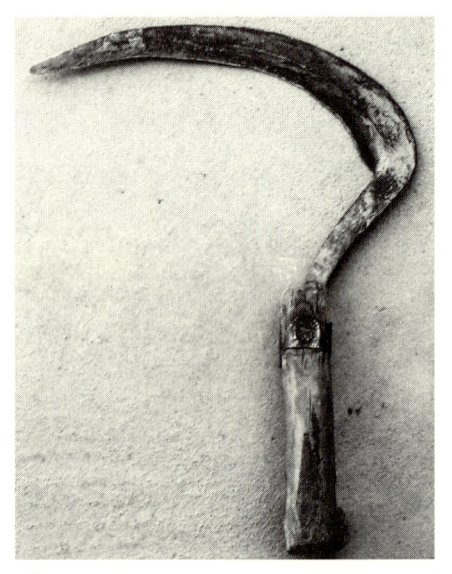

写真2 鉄製鎌(アフガニスタン，バーミヤーン)

な方法で(Ibáñez et al., 2001; Anderson, 1991)，道具を使わなくともムギを収穫できる好例である。鎌を使わないこのような収穫の事例は，遠い昔，先史時代に行われていた収穫方法を考えるときに示唆的である。というのも西アジアの先史時代を例にとってみても，鎌として使われた遺物の出現頻度は，時代や地域によってさまざまであり，おそらくはムギの種類，収穫時期，耕作規模などに応じて，鎌を使用しない収穫方法がとられていたか，または併用されていた可能性が高い。収穫方法を推定するには，植物遺存体の種類や残存状態など，いろいろな情報を総合して吟味しなければならない。

　西アジアの先史時代においても収穫には鎌が使われていた。先史時代の鎌は，鎌刃(sickle blade)と呼ばれるするどい石器を柄に装着し鎌としたもので，現代の鉄製鎌の祖形というべきものである。鎌刃には，イネ科植物などを切った際につく珪素成分による光沢がみられる。柄は木や骨などでつくられ，鎌刃の装着にはビチュメンや樹液などが接着剤として使われた。

　鎌刃は，旧石器時代末期のナトゥーフ文化で増加する。しかし，一般にナトゥーフ文化の遺跡では，鎌刃は道具として使われた石器のうち数％以下で，続く新石器時代に比べるとかなり少ない。鎌刃の多くは，長さ2〜3 cm程度の小さな石片で，動物の骨や角を利用した柄に複数，1列まれに2列に並べて装着された(図3の1)。ナトゥーフ文化の遺跡からは，鎌の柄が比較的多く出土しており，その大半は長さ30 cmほどの直線鎌である。旧石器時代末期の遺跡からはまだムギの栽培種は出土しないので，これらの鎌は野生穀種の収穫に用いられたのであろう。これは，鎌刃に残された使用痕の分析からも認められている(Unger-Hamilton, 1991)。

　新石器時代には，鎌刃はより一般的な道具となった。新石器時代の前半に使われた収穫具は，大きくふたつに分けられる。ひとつは，鎌刃を複数装着した鎌である。ここでは，長さ5 cm前後の薄手の石片(石刃)が鎌刃に用いられた。鎌刃に残された光沢が刃と平行してみられることや，ナハル・ヘマル遺跡(パレスチナ)から出土した鎌の例からみて，旧石器時代末期と同じく直線鎌が使われていたことが窺える。もうひとつは，大型石刃を単体で用いた収穫ナイフである。石器をそのまま手で握るか，または，石器に握り柄を付けるかして使用したようだ。まれな例だが，ユーフラテス河畔のムレイベト遺跡からは，収穫ナイフの柄と考えられる石灰岩製の遺物が出土している(Anderson-Gerfaud et al., 1991, 図3の3)。

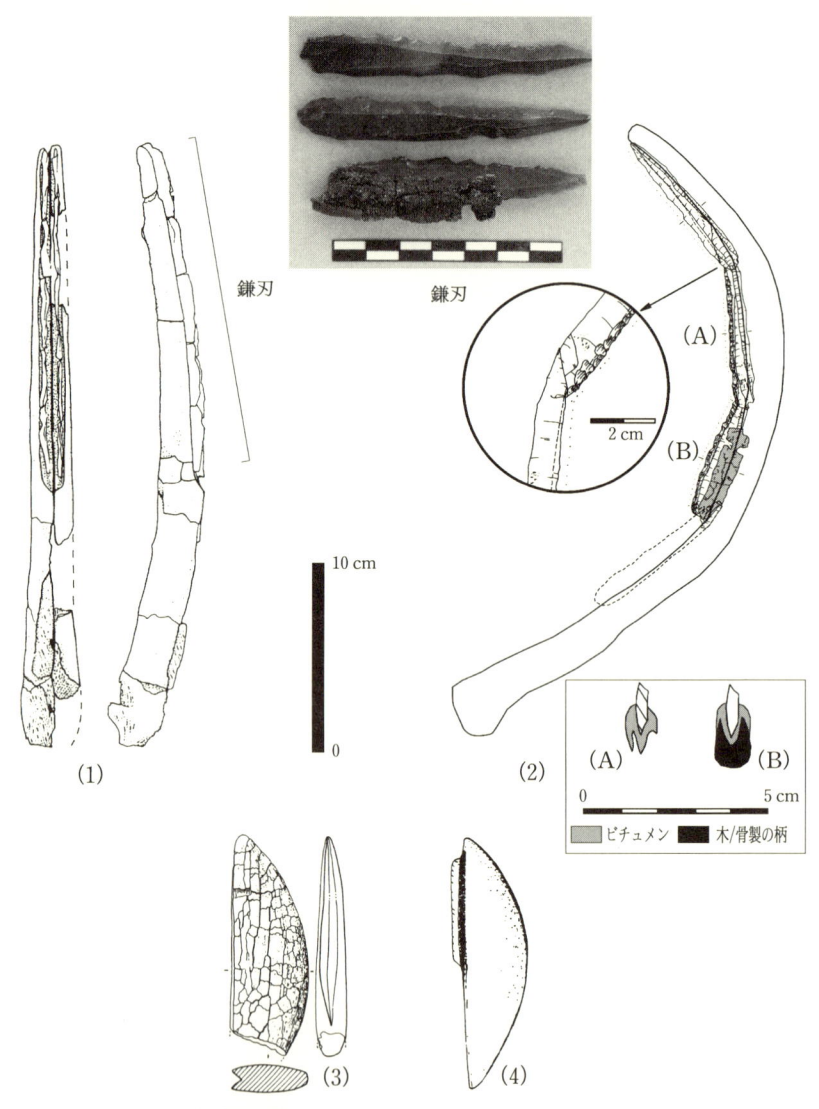

94　第II部　畑作農耕の始まりと麦の起源

図3　西アジアの先史時代の鎌。(1)ワディ・ハメ27号遺跡出土(Edwards, 1991: Fig. 12による)，(2)ハルーラ遺跡出土(Borrell and Molist, 2006: Fig. 4による)，(3)ムレイベト遺跡出土(Anderson-Gefaud et al., 1991: Fig. 6による)，(4)複製されたフリント製鎌刃を装着した石灰岩製の柄(Anderson-Gefaud et al., 1991: Fig. 6による)

ムギ農耕の定着過程を考えるとき，新石器時代前半の終わりごろにおける湾曲鎌の出現は重要である(図3の2)。なぜなら直線鎌から湾曲鎌への形態の変化は，収穫作業の効率化につながったと考えられるからである。直線鎌は，片手で穂を集め，穂束を擦り切るか，または鎌を当て具にして折り取る，というように使用する。いっぽう，湾曲鎌は，穂を集めて刈り取ることができ，直線鎌に比べて収穫の効率がよく，短時間でより多く収穫できる。現代の鉄製鎌をみてもわかるように(写真2)，湾曲した鎌は刈り取る作業にさわめて適した形態である。また，湾曲鎌が出現した背景に，当時の石器製作技術の発達があったこともみのがせない。新石器時代に入り，原石から長さ10 cmほどの石刃を連続して剝離する技術が発達した。こうして製作された大きさや形が相同な石刃を並べて装着することで，より簡単に刃渡りの長い湾曲鎌をつくることが可能になったのである。筆者が発掘に参加した新石器時代後半のテル・アイン・エル・ケルク遺跡(北西シリア)からも，大量の鎌刃が出土した(写真3)。発掘をすると土のなかから鎌刃ばかりがざくざくと出てくるように思えるほどであった。実際にケルク遺跡では，鎌刃は道具として使用された石器全体のおよそ25％を占め，最も多くつくられた道具であった。ケルク遺跡の鎌刃は幅1.5 cm，厚さ0.5 cm程度の矩形の石器で，

写真3　新石器時代の鎌刃(北西シリア，テル・アイン・エル・ケルク遺跡出土)

形状やサイズが整った規格性の高い製品といえる。こうした規格的な鎌刃の大量生産は，新石器時代の後半になって，ムギの収穫が重要な活動になってきたことと関係がありそうである。

脱穀・籾摺り

収穫した穂から種子を得るには，「難脱穀性」コムギ(第3章参照)の場合，穂から小穂を分離する「脱穀(threshing)」，そして，それぞれの小穂から穎(殻)を取り去り種子を得る「籾摺り(dehusking)」といった作業が必要である。歴史資料や民族誌によると，これらの作業を行うにあたってじつにさまざまな方法がある(Ibáñez et al., 2001; Nesbitt and Samuel, 1996)。脱穀の方法としては，たとえば，穂を木や石に打ちつける，家畜に踏ませる，脱穀橇(そり)を使うなどがある。いっぽう，籾摺りの作業には，小穂を木の棒でたたく，臼を使う(木や石製の可動臼，地面を掘りくぼめたものなど)などが知られている。そのいずれも，西アジアの先史時代に実施されていても不思議でない。

西アジアの初期農耕遺跡から出土した遺物のなかで，明らかに脱穀に使用したと考えられる道具は決して多くはない。その理由に，民族誌にみられるような道具を使わない脱穀方法が行われていた可能性が挙げられる。動物の飼育が普及する新石器時代後半以降ならば，家畜に穂を踏ませる脱穀が行われていたことも考えられるが，このようなケースでは証拠としての遺物が残らない。また，収穫が穂先だけをつみとる穂首刈りであった場合，独立した脱穀作業を経ずに，臼と杵による脱穀と籾摺りを兼ねた作業から始められていたかもしれない。とくに，旧石器時代末期や新石器時代前半など，後代に比べてムギ藁がそれほど積極的に利用されていなかった時代には，穂首刈りが主流で独立した脱穀作業がまだ確立していなかった可能性が考えられる。

脱穀作業に使われたとされる新石器時代の道具には次のようなものがある。ひとつは，ヤギやヒツジの肩甲骨を利用した道具である(Stordeur and Anderson-Gerfaud, 1985; Anderson, 1998，図4)。肩甲骨の薄く平らな部分を削って二股に加工し，その内側にいくつか刻みが施されている。束ねた穂を二股の間に通すと，小穂が刻みに引っかかり脱穀されるという仕組みである。この刻みやその周辺に，光沢や線状痕など，穂束を通した際についたと考えられる痕跡が観察された。ただし，今のところ類例は少なく，紀元前8000年の遺跡ガンジダレ(イラン)とチャヨヌ(トルコ)で確認されているにすぎない。

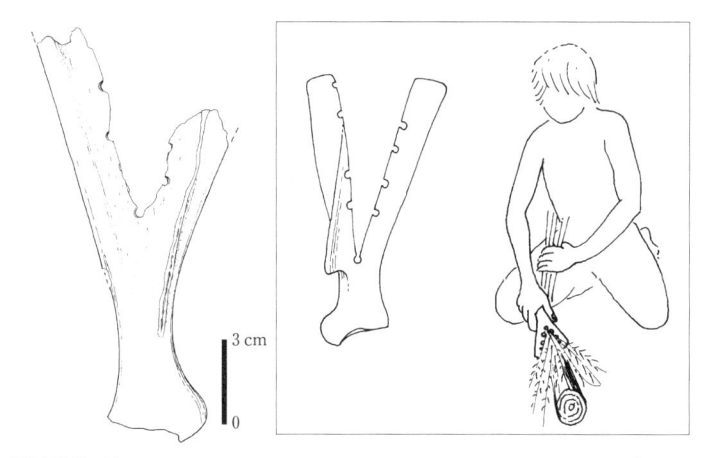

図4 骨製脱穀具(Stordeur and Anderson-Gerfaud, 1985: Fig. 2, 4, 8 より)。ガンジ・ダレ遺跡出土遺物(左)と，推定されるその使用方法(右)

　もうひとつは脱穀橇という道具である。脱穀橇は，今日でも地中海世界の各地で使用されている。通常，長さ1.5m前後の木製の橇で，橇の裏面に石や鉄製の刃が埋め込まれているのが特徴である(写真4)。この橇を，収穫したムギを敷きつめた床の上で動物に曳かせると，橇の重み(橇の上に人や重しを乗せる)も加わって相当な摩擦が橇と穂の間に起こり，脱穀できる。また，この方法では，脱穀だけでなく同時に家畜の餌や建築材料に使われるムギ藁を大量につくることができるという点も特筆される。同じような道具は，古代西アジアにおいても使われていた。アンダーソン(P. Anderson)の一連の研究によると，脱穀橇の利用は確実に青銅器時代前期(紀元前3000年)まで遡れるようだ(Anderson, 2000; Chabot, 2002)。脱穀橇に装着した石器，橇刃(藤井，1986の訳による。threshing blades)が遺跡からしばしば出土する。脱穀橇が青銅器時代前期に製作されるようになった理由として，まず穀物生産の増大にともない脱穀作業を大規模に行う必要があったことが挙げられる。さらに，土器，土壁，煉瓦などへの混ぜ物，家畜の飼料など，当時ムギ藁がさまざまな用途で大量に利用されるようになったこともみのがせない。これらふたつの経済的な変化の背景には，ムギ農業に強く依存する都市国家の出現があったのであろう。さて，アンダーソンは，シリアのハルーラやエル・コウムといった新石器時代の遺跡(紀元前8000年後半から7000年前半の遺跡)からも橇刃を発見しており，脱穀橇の使用がこの時代にまで遡ると主張している(Ander-

98　第II部　畑作農耕の始まりと麦の起源

写真4　現代のチュニジアで使用されている脱穀橇(Patricia Anderson氏提供)。2005年の北西チュニジアにおける民族考古学調査(GDR2527, CNRS)の際に撮影された。

son, 2000)。これは今後検討すべき課題としてきわめて興味深い。というのも新石器時代の後半以降，建築材や土器の胎土につなぎ材として混ぜるという，ムギ藁の積極的な利用が始まっており，脱穀梃が新石器時代にすでに登場していたとしても不思議ではないからである。しかし，新石器時代の脱穀梃関連の資料は十分に研究されておらず，石器そのものの分析や出土するムギ藁の形状など，検討すべき課題は多い。

　籾摺りに使われたと考えられる道具は，石臼と石杵からなる搗き臼である(図5の1，2)。脱穀した「難脱穀性」コムギ小穂を下石(石臼)の窪みに入れ，縦長の上石(石杵)を上下に搗き動かすことで籾摺りする。ただし，この搗き臼は，堅果類の加工や顔料の製作などさまざまな製粉作業にも使われており，必ずしも脱穀専用の道具とはいえない。しかし，西アジア先史時代の石臼がしばしば柔らかい石材である石灰岩で製作されていることは注目に値する。歴史資料や民族誌にみられる籾摺り用の搗き臼は，通常，木や石灰岩といった柔らかい材料で製作されている。それは，杵で搗いたときに種子を壊さずに殻だけを取り去ることができるからであり，同じく柔らかい石灰岩でつくられた先史時代の搗き臼も籾摺りに適した道具といえよう。

　搗き臼は，前述の鎌刃と同じく，旧石器時代末期(ナトゥーフ文化)に多くつくられるようになった(図5の1，2)。この時代につくられた磨製石器のうち，搗き臼が占める割合はきわめて高い(Wright, 1991)。ナトゥーフ文化では，大型の石臼がつくられた。大型集落から深さ数十cmもの巨大な石臼がしばしば出土している。

　多くの研究者が指摘するように(藤本，1983；Wright, 1993など)，新石器時代に入ると搗き臼は減少し，代わりに挽き臼(石皿・磨石)が増える(図5の3，4)。新石器時代に栽培型のムギが現れてからも，西アジアで長く利用された栽培コムギは「難脱穀性」なので，籾摺りはムギ加工の過程で不可欠な作業であったはずである。それにもかかわらず新石器時代以降，石製の搗き臼が減少していくのには，ほかの籾摺りの方法，たとえば，遺物として残りにくい木製臼(Wright, 1994)や地面の窪みを利用したものに代わっていった可能性があるのかもしれない。ただし，出土量は減ったが，石製搗き臼は消滅したわけではない。新石器時代後半になっても依然として使われているし(Wright, 1993)，先史時代以降も古代(Nesbitt and Samuel, 1996)，そして現代に至るまで，籾摺りの道具として使われ続けている(第13章参照)。

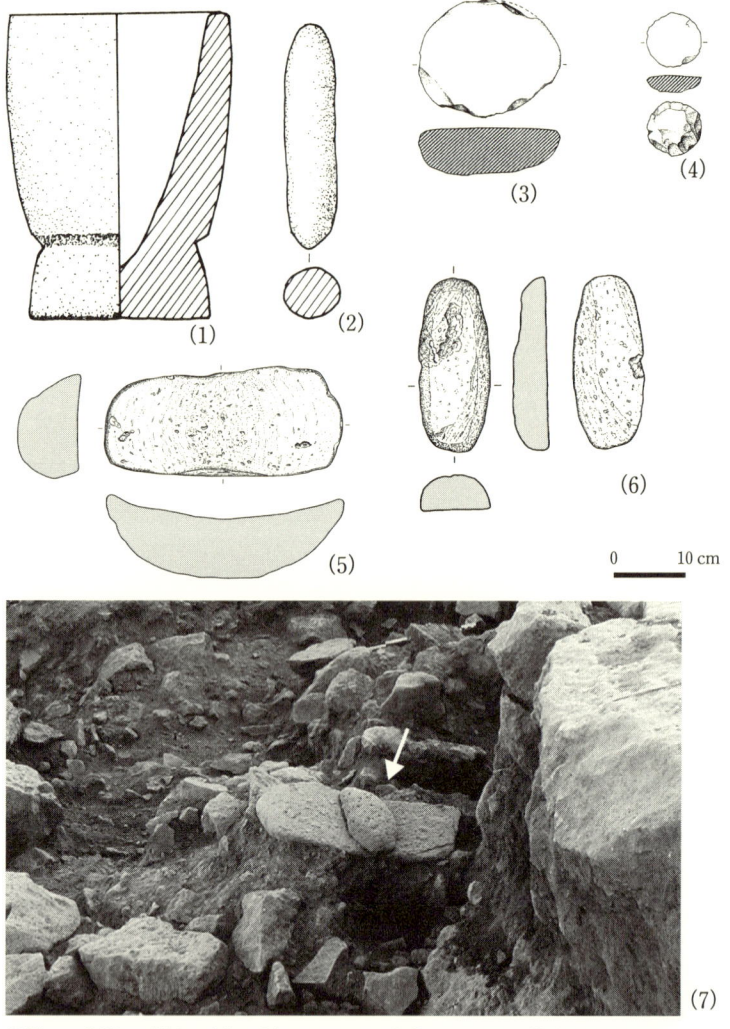

100　第II部　畑作農耕の始まりと麦の起源

図5　籾摺りと製粉の道具。(1)・(2)ナトゥーフ文化の石臼と石杵(Bar-Yosef, 1983: Fig. 5 より)，(3)・(4)新石器文化の石皿と磨石(アブ・ゴーシュ遺跡出土，Khalaily and Marder, 2003: Fig. 6.1 による)，(5)・(6)新石器文化のサドルカーンと磨石(ケルク遺跡出土，Yoshizawa, 2003: Fig. 43 による)，(7)シリアのワディ・トゥンバク遺跡(PPNA期)出土のサドルカーンと磨石(写真矢印。Frédéric Abbès 氏提供)

製粉具

　一般にコムギは粉にして食す。その理由は，ムギ種子(穎果)の構造にあるという(舟田，1998)。ムギの種子は剝がすことの困難な外皮(ふすま)に覆われている。ふすまは硬くて消化しにくいので除去しなくてはならない。ふすまをこすり取るために搗くと，種子はどうしても粉々になる。このため，ムギは粉食になったのだという。この理由の当否はともかくとして，ムギ利用の始まった西アジアにおいても，ムギは最初から粉にして利用されていたようである。それは，旧石器時代末期に製粉具が存在していたことからも窺える。

　前述のように，旧石器時代末期，主流の磨製石器は搗き臼(石臼・石杵)である。搗き臼は製粉にも使えるが，この場合でも少量の製粉にしか適しておらず(三輪，1978)，使用実験の結果からも搗き臼のメリットは製粉作業よりも籾摺りであることが指摘されている(Nesbit and Samuel, 1996)。製粉作業により適した道具は，挽き臼(石皿・磨石)である(図5の3，4)。下石(石皿)の上で，上石(磨石)を前後に動かし，製粉を行う。ムギ利用の始まった旧石器時代末期に，数は決して多くないが，挽き臼がすでに存在していたことは重要である(須藤，2006。ユーフラテス河中流域のアブ・フレイラ遺跡では，むしろ石皿・磨石の方が多い(Moore et al., 2000))。挽き臼は必ずしもムギの製粉にだけ使用されたわけではないようだが(マメ類をはじめほかの植物の製粉，そして顔料の製作にしばしば使われたことは間違いない(Dubreuil, 2004; Willcox, 2002))，使用痕や残滓の分析結果によると，少なくとも旧石器時代末期までには，挽き臼を使ったムギの製粉が始まっており，その後，新石器時代に向かうにつれてしだいに重要な作業になっていたことがわかる(Piperno et al., 2004; Dubreuil, 2004)。旧石器時代末期にすでにムギの籾摺りと製粉の作業が，搗き臼と挽き臼というように，道具の上で分化していたことを窺わせる。

　新石器時代に入ると，挽き臼は穀物加工具のなかで主流となる。新石器時代初頭(紀元前9000年ごろ)のジェフェル・アフマル遺跡からは，製粉が行われていたのを窺わせるような状態でムギと石皿が発見された(Willcox, 2002, 写真5)。ただし，依然として顔料の製作に使われた石皿も多くみられるので，新石器時代前半までの挽き臼には，多目的の製粉具として利用されたものが多いのであろう。

　サドルカーン(鞍型石臼)の出現は，ムギの製粉に特化した道具の始まりとして重要である(図5の5～7)。下石は，石皿に比べて大型で作業面が湾曲し

写真5 ジェフェル・アフマル遺跡の焼失部屋(Willcox, 2002: Fig.2 より)

(写真内ラベル: 円盤形磨製石器、石皿)

ている。この下石の上面で，細長い上石(磨石)を両手で持ち体重をかけて前後に動かすことで，効率よく製粉を行える。その最古のものは，旧石器時代末期にみられる。そして，新石器時代後半までには，多くの遺跡で一般的になる。この後，サドルカーンはロータリーカーン(回転石臼)が出現するまでの長い間，製粉具の主役であった(三輪，1978)。新石器時代に普及したサドルカーンが，製粉具としていかに完成度が高かったかがわかる。

調理の道具・設備

西アジアの初期農耕遺跡から，ムギがどのような形で食料とされていたのか直接知ることのできる証拠が発見されることは少ない。しかし前述のように，製粉具が存在していたことから，粉にして利用されていたことは間違いないであろう。そして，歴史時代や現在の事例からみても，先史時代にパンがつくられていた可能性は高いだろう。現在の西アジアで食されているような，薄い無発酵パンを想定できるかもしれない。パン以外の食べ方として，

炒りムギや粥として食されていた可能性も否定できないが(舟田, 1998)，西アジアでは証拠に乏しい。

　先史時代の遺跡からはパンそのものの出土例がほとんどない。そこでパンを焼く設備に注目して，パン焼き文化の起源を探る試みがなされてきた(舟田, 1998；藤本, 2007)。パン焼き竈とみなせる遺構が現れるのは新石器時代の半ばであり(先土器新石器文化)，類例が増えるのはさらに遅い(土器新石器時代：紀元前 7000〜6000 年)。これらの大半はドーム状の上部構造をもつ竈で，現代の西アジアで使われているものに類似しており，おそらく今と同じように竈の内壁にパンを張り付けて焼いたのであろう。また，そのほかにパンを焼く方法として，熾火を利用した地床炉が使われていた可能性が指摘されている(舟田, 1988；藤井, 2006)。こうした地床炉は，旧石器時代末期にまで遡るという意見もある(藤井, 2006)。パンを食すという文化は，古くムギ利用の開始とともに始まったのかもしれない。

　きわめてまれな例だが，前出のジェフェル・アフマル遺跡(新石器時代初頭)からは台所と思われるような部屋が発見された(Willcox, 2002；写真 5)。この部屋は火事で焼けていたために，当時の使用の状況をよく保存していた。そこでは，石皿(またはサドルカーン)や各種の加工具，石灰岩製の大型のたらいや小型の鉢，炉などが，穀物やほかの植物とともに発見された。動物骨がほとんど出土していないことから，穀物やさまざまな植物の加工に使われた部屋と考えられる。製粉具，水を溜められる石製容器，加熱に使える炉など，この部屋で発見された道具や設備を使ってパンがつくられていたとしても不思議ではない。加えて，ふたつの円盤形磨製石器(直径 60 cm)の発見も興味深い。穀物の加工に使われた道具だとすると，調理台としてパン生地を広げるのに使われたのかもしれない。

3. 西アジアにおけるムギ農耕の定着

　旧石器時代末期から新石器時代にかけて，ムギ農耕に関連すると思われる遺物や遺構を概観してきた。以下に重要な点をまとめつつ，考古植物学の情報を加味しながらムギ農耕の定着について考えてみたい(図 6)。

　旧石器時代末期は，ムギ農耕や穀物加工に使用されたと考えられる道具が初めて出現した時期として重要である。ムギの収穫を示す鎌刃，籾摺りや製

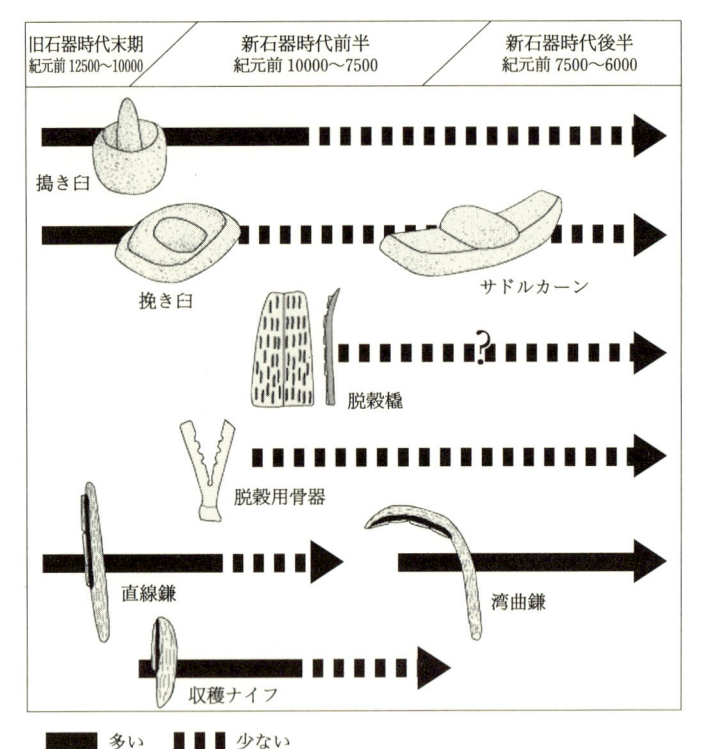

図6 農耕関連の道具の変遷

粉に使われた石臼や石皿などの出土は，この時期にそれまでと比べてはるかにムギ利用が盛んになってきたことを示しているようである。このことは，続く新石器時代にムギ農耕が始まることを考えると，ムギ農耕開始直前のごく自然な状況に思える。しかしながら，植物遺存体の分析結果によれば，旧石器時代末期から新石器時代初頭にかけて，ムギ利用が活発になったという証拠はないという(Savard et al., 2006)。むしろ，ムギはこの時期のほとんどの遺跡において限られた量しか出土せず，マメ類や堅果類など多様な植物を利用する生業が一貫して続いているようである。このような植物遺存体の情報を考えると，ムギは旧石器時代末期に食物の一翼を担うようにはなっていたが，まだ重要な食料ではなかった，という評価が適当であろう。

新石器時代に入ると，ムギ農耕関連の遺物に変化がみられたり，あらたな道具が現れたりする。とくに，ムギ類の収穫を示す鎌刃の増加は，際だった

変化である。収穫具として，新石器時代前半までは直線鎌や収穫ナイフが用いられ，新石器時代後半になると湾曲鎌が取って代わるようになる。より効率的に収穫できる湾曲鎌の出現は，このころにムギの収穫作業が重要になってきたあらわれであろう。脱穀作業は，小穂非脱落性の栽培型が出現するにつれて必要不可欠な作業となる。前述したように，脱穀具として我々が認識できる遺物は決して多くないが，動物骨製の脱穀具や脱穀橇(橇刃)が新石器時代後半につくられるようになった可能性はある。籾摺りには，主に搗き臼(石臼・石杵)が使われたと思われる。新石器時代に入ると，搗き臼(石臼・石杵)は挽き臼(石皿・磨石)に比べて減少していくが，旧石器時代末期から新石器時代に利用されたコムギは，野生型・栽培型のいずれも「難脱穀性」なので，搗き臼(石臼・石杵)を使った籾摺り作業は重要な作業であり続けたであろう。製粉作業には，上石を上下に動かす搗き臼よりも，前後に動かす挽き臼のほうが適している。石皿は少ないながらも旧石器時代末期には存在しており，新石器時代になると，数多くつくられる道具となる。そして，新石器時代の後半までには，より製粉に適した形であるサドルカーンが多数を占めるようになるのである。

　旧石器時代末期から新石器時代にかけて，ムギ農耕関連の道具や設備の変遷を追ってきた。種々の道具・設備が出現または発達することを重視すると，新石器時代後半(紀元前7500〜6000年)をムギ農耕が定着した時期とみなすことができよう。いっぽう，植物遺存体の分析によると，コムギが野生型から栽培型に置き換わるのに数千年の時がかかったという(第4章参照)。つまり，栽培型コムギが主流になるのは新石器時代の後半以降ということになる。道具からみたムギ農耕定着の時期は，この分析結果とおおまかに一致している。

コラム② 農耕／ヒト／コトバ

河原太八

　日本で普通に生活をするためには必要のないはずの，「英会話教室」のコマーシャルが相変わらず盛んである。また2006年度から，英語のリスニングが大学入試センター試験に採用されたり，小学校の授業への導入が議論されるなど，英語の必要性が盛んにいわれている。では世界全体では，どのくらいの人が英語を使っているのだろうか。Comrie et al.(1999)によると，母語としての話し手の数からみた上位の10言語は，次のようになっている。中国語10億，英語3億5,000万，スペイン語2億5,000万，ヒンディー語2億，アラビア語・ベンガル語・ロシア語がそれぞれ1億5,000万，ポルトガル語1億3,500万，次が日本語の1億2,000万で，10位はドイツ語の1億である。これらに次ぐのが，それぞれ7,000万人が話すフランス語とパンジャーブ語となっている。話者の数では中国語が群を抜いて一番で，また日本の隣の国でもあり文化的な伝統からいっても，これが外国語の代表でもよいはずである。しかし，英語がビジネスや科学の分野で重要なため，外国語といえばまず英語ということになっている。大学の「専門外書講義」の内容はじつは「科学英語」で，専門外書講義で中国語やフランス語・ドイツ語の本を取り上げても，受講者はまずいないだろう。最もこの場合，じっさいは教員の能力のほうがより切実な問題なのであるが。英語は北米をはじめとして全世界に広がっており，文化面でも影響が大きいが，このほかに，中央および南米諸国で使われているスペイン語・ポルトガル語，アフリカ諸国に多いフランス語それにドイツ語など，インド・ヨーロッパ語族の諸言語も大きな勢力をもっている。これらの言葉は植民地政策の拡大とともに広がったものであり，現在の日本人のように学習することによって話すようになった人も多いはずである。では，人類史上ごく最近のできごとであるヨーロッパ諸国による植民地の拡大以前は，どのようにして言語が伝わったのだろうか。あるいは逆に，世界各地で起源したコトバはそのまま起源地に留まっていたのだろうか。

　これについて，農耕の伝播と言語の伝播が相ともなって生じたとする仮説(Farming/language dispersal hypothesis)が，Bellwoodら(Bellwood and Renfrew, 2002; Bellwood, 2005)によって提唱されている。つまり，ある農耕技術をもった人びとが移住し定着した結果，現在の言語分布ができあがったという，いわれてみればごく当然の説である。これは日本人にとっては当たり前で，なぜ今になってこんなことが強調されるのか不思議に思えるかもしれない。日本列島にイネが伝播したのも，稲作農耕をしていた人たちが渡って来たからであり，日本古代文化の理解には，朝鮮半島からやって来た多くの帰化人をぬきにすることはできない。ところが，ヨーロッパとくにイギリスの研究者たちのあいだで主流であったのは，農耕や言語などの文化的要素が人の移動なしに伝播する，という説であった。たとえば，オックスフォード大学の植物学者であるDarlington(1973)は，旧大陸の農耕は西南アジアの肥沃な三日月地帯(Fertile Crescent)で起源し，栽培者が新しい地域に移動にするにつれ，次々と新しい

作物を栽培化したという説を唱えた。彼は生物学者でもあり人の移動そのものは否定していないが，農耕というアイデア自体は一元的に起源したという立場で，中国や東南アジアの農耕もその源流を辿ると肥沃な三日月地帯に由来する，とした。これに対して農耕と言語の伝播が相ともなうとする説は，Heine-Geldern (1932) が，東南アジアに分布するオーストロアジア語族と，東南アジア島嶼部と太平洋諸島のオーストロネシア語族が，東南アジアの新石器文化に由来することを提唱したのが，最初である。しかし盛んに議論されるようになったのは，およそ50年経った1980年代後半からで，これにはいくつもの要因が関係している。おもなものは3つで，まずユーラシア大陸に広がるインド・ヨーロッパ語族・オーストロネシア語族・アフリカのバンツー語族など，主要語族の先史時代の様相が考古学者と言語学者によって再構築されたことがある。次に，人口の移動 (demic diffusion) が遺伝学的手法で確実に追跡できるようになり，とくに組換えのない遺伝領域，母系で遺伝するミトコンドリアと，父系で伝えられるY染色体を使った解析により，精度が格段に上がったことがある。さらに，考古学で使われるさまざまな手法が改良されたことにより，たとえば年代決定ではごく少量の試料で年代がわかるようになり，また植生の推定など環境変化の再構成が精度よくできるようにもなった。Cavalli-Sforzaらが，ヨーロッパにおける農耕の伝播は，それを行う人びとが移住し定着した結果であるという説を提唱し (Ammerman and Cavalli-Sforza, 1973, 1984; Cavalli-Sforza and Cavalli-Sforza, 1995)，その後Renfrew (1987) が，これと言語の伝播を結びつけ，盛んに議論されるようになったのである。このため，最もよく研究されてきたのはインド・ヨーロッパ語族であるが，その拡大を支えたのが地中海東岸で起源したムギ農耕である。

　農耕は，中尾 (1966) によると「種から胃袋まで」を含む文化・技術体系であり，個々の要素が狩猟採集民に伝えられるというより，それをもった人びとが狩猟採集民のテリトリーのなかで，農耕に適した土地を利用し始めることにより，順次拡大していったと考える方がよさそうである。また農耕のほうが単位面積当たりより多くの人口を支えることができるので，人類が農耕を開始した約1万年前以降の世界の人口増加は，農耕民が新しい土地へ広がっていった結果であると考えてよく，当然言葉は自分たちのものをそのままもっていっただろう。たとえば，南太平洋を中心としたポリネシアへのオーストロネシア語を話す人たちの進出は，人類の地球開拓の最終章ともいえるできごとで，多くの人びとによって移住の経路と文化や言語との相互関係が明らかにされてきている。ポリネシアは，北はハワイ諸島，南西はニュージーランド，東はイースター島を頂点とする大三角形の領域で，このうちハワイ諸島とイースター島へは紀元3，4世紀，最後のニュージーランドへは紀元10世紀ごろ人類が到着したと推定されている。その祖先を逆に辿っていくと，紀元前4000年から紀元前3500年ごろに中国大陸から台湾に渡った人たちで，この子孫が台湾の先住民と考えられている (大塚，1995；片山，2002；後藤，2003)。なお，人類史における食料生産や移動の意義については，Diamond (1997) が詳しくまとめている。

　では，ヨーロッパとくにイギリスの研究者たちが主張していた，農耕や言語などの文化的要素が人の移動なしに伝播する，という主張にはどのような背景があるのだろうか。おそらくそれは，彼らの文化的伝統によるのであろう。司

馬遼太郎の『愛蘭土紀行』や塩野七生の『ローマ人の物語』など，多くの人たちによってすでにいい尽くされているが，北ヨーロッパやイギリスの文化はギリシャ・ローマ文明由来であるにも関わらず，彼らはギリシャ人でもローマ人でもなく，ほんの2,000年前には「蛮族」と呼ばれていた人たちである。なかでもイギリスは国の成立が大陸の諸国より遅かったが，世界に先駆けて産業革命を達成し近代国家の先頭に立った。このような歴史をもった人びとにとって，文化的要素を学習し自分の身につけるということは自明の事実で，ほかの説明など思いもよらなかった，ということなのではないだろうか。

第III部

シルクロードを伝わった麦たち

地中海性気候に育まれて進化・多様化し，西南アジアで栽培化されたコムギやオオムギは，種子と栽培技術がセットで伝えられて世界各地に広まった。アジア東部への伝播には，シルクロードを中心に古くから繰り広げられてきた人や文化の東西交流が重要な役割を果たしたのであろう。ただし，その伝播の道のりは平坦ではなかった。持ち込まれた土地の環境がムギ栽培にむかない場合には，何年かの試行錯誤的栽培の後に放棄されてしまうことが多く，なかなか定着できなかったであろう。たとえば，降雨が少なく乾燥した中国黄土高原では，日本のコムギを持ち込んで日本の慣行法で栽培してもまともには育たず，深まき栽培という技術的改良と地中で子葉鞘・第1節間を長く伸ばせるムギの存在が，安定的なムギ栽培を可能にしたのである。栽培不適地への定着・栽培地域の拡大には，ムギが持っている多様性と人が情熱を傾けて改良した栽培技術が不可欠なのである。このようなムギ類の栽培化や東アジア・日本への伝播，そして多様性の実態が，近年の研究により明らかになりつつある。その概要を紹介するのが，第6章(コムギ)と第8章(オオムギ)である。

　中国西域にムギ類が伝播したのはいつごろのことで，どんなムギが，どこから持ち込まれたのだろうか。2000年にタクラマカン砂漠で再発見された小河墓遺跡は4,000〜3,000年前のものであり，大量のコムギ種子が副葬されていた。その分析により明らかになったことを第7章で紹介する。

　コムギがうまく育たない土地では，コムギ種子に混じって一緒に持ち込まれた随伴雑草が作物として利用されるようになった例もある。コムギの播種・収穫という農作業の繰り返しのなかで，小穂非脱落性などの栽培適性を獲得し，ヨーロッパの東部や北部においてコムギに代わって栽培されるようになったのがライムギ(第9章)やエンバク(第10章)である。第11章では，作物にならなかったドクムギとコムギとの興味深い関係を紹介する。

第6章 コムギが日本に来た道

加藤　鎌司

1. 日本におけるコムギの歴史

コムギ栽培の現状

　春になると水田のあちこちでレンゲの花が咲き乱れ，花摘みをした記憶をおもちの読者も少なくないと思う。西日本の春を彩る代表的な花のひとつであったが，最近はすっかりみかけなくなった。水田で稲の後に栽培される冬作物も少なくなり，冬から春にかけての水田を実に殺風景なものにしてしまった。数年前の冬に顔斉教授(中国四川農業大学小麦研究所)と列車で日本国内を旅行したときのこと，車窓の風景を眺めながら「日本では麦をつくらないのですか」と尋ねられ，コムギ研究に携わる者として少し返答に困ったことがある。2005年の資料によると，水稲の作付面積が約171万ha(東京都の全面積の7.8倍)あるのに対して，コムギ(本章ではとくに断りのない限り，パンコムギをコムギと略す)のそれは約21万ha(東京都の全面積程度)と水稲の約1/8にすぎない。北海道を除く本州以南の地域では，その割合は僅か6％であり，顔氏の質問も至極当然といえる。

　麦の栽培は昔から少なかったのだろうか。じつは，第2次世界大戦後1963年まではコムギの作付面積が60万ha前後であり(図1)，自給率も20％台を保っていた。また，コムギ・オオムギの合計では160万ha前後と最近の水稲作付面積に匹敵するものであった。このような麦栽培が減少した直接的なきっかけは1963年の異常気象であった。「三八豪雪」といわれる記録的な降雪による枯死と初夏の多雨による穂発芽・品質低下(写真1，後述)により

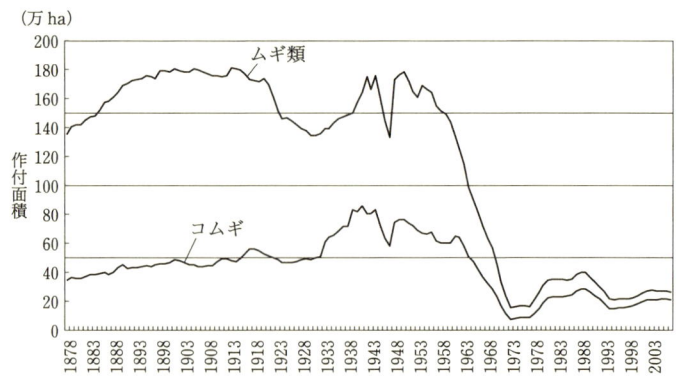

図1 日本におけるコムギとムギ類(コムギ，オオムギ)の作付面積の推移(農林水産省生産局農産振興課，2006と農林水産省大臣官房統計部発表の農林水産統計にもとづき石川直幸氏が作成)

写真1 コムギの穂発芽。休眠の浅い品種は穂発芽しやすく，多くの種子が発芽，発根している(左)。休眠の深い品種は発芽しない(右)

麦生産が壊滅的な打撃を受けた．1993年に北海道と東北地方で発生した大冷害を記憶しておられる読者も多いと思うが，異常気象や不安定な気候と闘いながら作物を安定的に生産することの難しさ，大切さを再認識させられたできごとである．「三八豪雪」という直接的な要因に加え，1960年代の高度経済成長も麦作の減少に拍車をかけ，1973年には7.5万haと明治時代初期の1/5以下にまで減少し，約550万トンにのぼる国内消費量の大部分(96%)をアメリカ合衆国，カナダ，オーストラリアなどからの輸入に依存することとなった．長期間にわたる輸入依存の結果として不思議な現象が起こった．「さぬきうどん」は日本を代表するうどんであり，筆者も高知に住んでいたときには香川のうどん屋まで足繁く通ったものである．和食の典型のような「うどん」であるが，コシがあって白く輝くうどんの秘密はオーストラリア産のASW(Australian standards white)というコムギにあり，残念ながら日本のコムギはASWに追いつくように改良が重ねられているところである．蛇足ながら，オーストラリアでは日本のうどん用コムギをターゲットとした品質育種が精力的に行われている．

「風前の灯火」となった国産麦を再生させたのは，皮肉にも1970年に始められたイネの減反政策であった．食の欧米化，多様化を反映して成人一人当たりの米の年間消費量が減少した(1962年118 kg, 2004年62 kg)ために，イネの代替作物として麦や大豆を栽培すれば補助金を支給するというものである．その結果，コムギの作付面積は約21万haに回復し，自給率も依然として低いながらも14%(2005年)にまで回復した．国産麦の生産拡大に品種改良が大きく貢献したことはいうまでもなく，わが国のコムギ生産の約6割(2006年)を占める北海道では「ホクシン」(2003年には全作付面積の46.5%)や「春よ恋」がそれぞれ麺用，パン用品種として栽培が拡大しているところである．九州においても「ニシノカオリ」や「ミナミノカオリ」などの暖地むけ製パン用品種が育成されており，食の安全に対する関心の高まりや投機マネーによる世界的なコムギ価格の高騰などを背景として，国産麦への期待が高まっている．

コムギ栽培の歴史

コムギが日本に導入されたのはいつごろのことなのだろうか．オオムギは西北九州地方に分布する縄文時代後期の複数の遺跡から出土しているが，こ

の時代のコムギの出土例は1粒しかない。コムギの存在が確実になるのは弥生時代になってからであり(小畑, 2005)、愛媛県の鶴ヶ峠遺跡から発掘された70粒のコムギ種子は、年代測定により紀元前200年とされている(安達, 1982)。

奈良時代になると古文書にも麦の記述が登場する。『日本書紀』(720)には「欽明天皇12年麦種1,000石を百済王に賜う」という記述があり、551年ごろには麦が大規模に栽培されていたと考えられる(鋳方, 1977)。このころには朝鮮半島を経由して移民が渡来していることから、彼らが麦の種子を持ち込んで麦作をしていたと想像される。さらに、和銅4年(711)には、「詔して曰はく、去年霖雨して、麦穂既に傷ね」と記されており、当時から収穫期の降雨による穂発芽(写真1、後述)に苦しめられていたことが明記されている(鋳方, 1977)。コムギとオオムギを区別した記述は、養老律令(718)の賦役令義倉の条にみられ(鋳方, 1977)、さらに養老6年(722)の「救荒のために大小麦を栽培し、貯蔵しなさい」という詔勅がある(安達, 1982)。したがって、8世紀にはコムギ・オオムギがともに栽培されており、しかも農民に対して麦作を奨励していたことが明らかである。

少し時代が新しくなるが、平安時代の延喜式(927)に朝廷への献上物に関する記述があり、コムギ・オオムギも記載されていることから、麦作が定着していることが読み取れる(鋳方, 1977)。しかし、コムギ・オオムギの記述があるのは畿内五国(山城、大和、河内、和泉、摂津)と阿波国だけであり、渡来人の多い畿内を中心に麦作が発展したようである。ただし、農民の麦栽培意欲は必ずしも高くなかったようであり、元正天皇(715～723)の在位期間に三度にわたって麦作奨励を命じている。農民が熱心でなかった理由として、コムギが粒食にむかないこと、そして当時の製粉技術が未熟なために製粉に多大な労力を必要としたこと(石毛, 1995)、さらには定期的に遭遇する寒冷年や梅雨の長雨による収量の激減、などが考えられるが定かではない。

現代のように夏に水稲、冬に麦という二毛作が開始されたのは平安時代末である。1264年(鎌倉時代)には水田裏作の麦の年貢徴収を禁止するなどの措置が取られ、水田二毛作が西日本を中心に飛躍的に広がった。

江戸時代までのコムギ品種

当時の農民はどんなコムギ品種を栽培していたのであろうか。残念ながら、

写真2 いろいろなタイプのコムギが混在する畑が数十年前でも実在した。高知県高岡郡檮原町のコムギ畑に混在していた5タイプの穂(1986年に撮影)

「ニシノカオリ」や「春よ恋」のような気の利いた品種名はなかった。むしろ，1枚の畑のなかにさまざまなタイプのコムギが混じっていて，遺伝的に雑多な集団であったと考えられている(写真2)。草丈や穂の形なども不揃いで生産性も低かったと考えられるが，じつは不揃いであるがゆえのメリットもある。病虫害や環境ストレス(低温，乾燥，多雨など)に弱い個体もあれば強い個体も混じっていた。すると，弱い個体が生育虚弱になったり枯死するが，強い個体は光や養分を占有でき逆に旺盛に生育する。また，病気や害虫が発生しても大発生には至らないので，集団全体が全滅することはなく，一定の収量が安定的に確保される(松尾，1978)。

コムギの品種名が初めて農書に登場するのは，伊予の『清良記』(1629)であり，相伴，丸小麦，長小麦，白法師，鳥の舌，鷹の羽など12品種が紹介されている(後藤，1996)。また，『会津農書』(1684)には穂長，六角，早小麦などの品種名が登場する(後藤，1996)。さらに，『諸国産物帳』(1735)には，赤小麦，白小麦，坊主小麦，ほそがら，穂長，わせこ，早小麦，おそこむぎ，ぜんこうじ，土佐麦，さつま小麦，上州，伊賀小麦など多数の品種名が記載されている(盛永・安田，1986)。これらのコムギ品種は，篤農家と呼ばれる熱心な農民によって不揃いなコムギのなかから選抜されたものであり，おもに芒

の有無，穂の色などの形態(坊主小麦，赤小麦，穂長)，早生・晩生などの成熟期(前記のわせこ〜おそこむぎ)や品種の由来を示す地域名(上記のぜんこうじ〜伊賀小麦)などに関連した名前が付けられている。穂(正確には稃と呼ばれる籾殻のこと)の色が赤褐色もしくは黄白色であれば赤小麦もしくは白小麦，芒がなければ坊主小麦といったぐあいである。これら3品種は全国各地で記載されているが，おそらく大部分は同名異種(名前は同じだが，実際には違う品種)である。

エゾコムギ——北海道の古代コムギ

　西日本を中心に定着したムギであるが，吉崎昌一が発掘調査した北海道大学構内のサクシュコトニ川遺跡(9世紀中ごろ〜10世紀)において，オオムギ2万粒以上，コムギ5,000粒以上の炭化種子が出土し，北海道においてもすでに8〜9世紀には麦作が始められていたことが明らかにされた。弥生時代に関東まで広がったムギが，この時代までに津軽海峡を越えたのであろうか。残念ながら，この疑問は未解決である。しかも，不思議なことに，発掘されたコムギ種子は長さが2.8〜4.0 mm(平均3.4 mm)程度であり，現代のコムギ(おおむね5〜7 mm)や本州の遺跡から発掘された炭化種子(3.6〜5.5 mm)よりも明らかに小さいことが判明した(Crawford and Yoshizaki, 1987)。オオムギにおいても短粒の種子が発掘されており(通称「擦文オオムギ」)，本州で発掘されたオオムギとは異なると考えられている(山田，2005)。

　コムギの短粒種は，いまも現存するのだろうか？　世界のコムギはじつに多様であり，インド周辺地域の固有種であるインド矮性コムギ(*Triticum sphaerococcum*)の種子は短粒(パキスタンの1系統では3.2〜5.3 mm，平均4.6 mm)である。これらの結果は，短粒のコムギやオオムギが本州のコムギやオオムギとは別ルートで導入されたことを示しているのかもしれない。北海道の西に位置するロシア沿海州において紀元前6世紀以降の遺跡から短粒のオオムギが出土していることから，北海道のムギとの関連が窺われるが(山田，2005)，中国地方の遺跡から出土した炭化コムギのなかにも短粒種子の混入が報告されており(写真3；小西，2005)，その起源をめぐる謎は深まるばかりである。

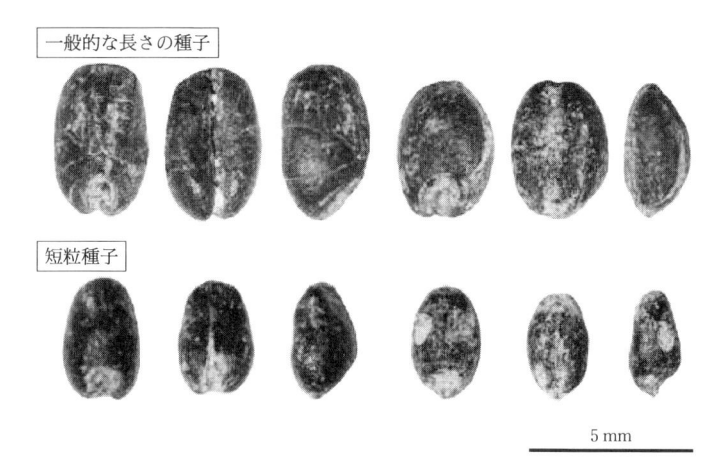

写真3　中尾城跡(兵庫県三田市, 16世紀前半)から出土した炭化コムギ(小西, 2005より)

2. 世界的にユニークな日本のコムギ

春化——ムギ類の越冬戦略

　コムギは二年生作物であり，一般に，秋に播種，春に出穂・開花，初夏に収穫する。冬の寒さが厳しく生長点が凍結してしまうと，植物体が枯死する。冬の寒さに対する適応戦略として，ムギ類は，ほかの二年生作物と同様に幼苗期に一定期間の低温に遭遇しないと花芽を分化しないという性質をそなえている。この性質は1837年にニューヨークの農民によって発見され，その後ロシアにおいて精力的に研究され，Lysenkoにより〝vernalization(春化)〟と命名された。ムギ類では花芽分化(幼穂形成)すると茎の伸長が始まり，地中で地温により保護されていた生長点(幼穂)が地表面より上に押し上げられてしまう。したがって，晩秋あるいは冬のあいだに花芽を分化してしまうと地表面の低温により生長点が凍死してしまう。「麦踏み」という言葉を聞いたことのある読者も多いと思う。降霜の厳しい地域では，地表面の凍結・融解の繰り返しによって植物体が徐々に浮き上がり，花芽分化前でも生長点が地上に出てしまう。「麦踏み」の目的のひとつは生長点を地中に戻すことである。

　では，どのくらいの長さの低温によって春化されるのだろうか。じつは春

化に必要な低温の日数(春化要求度)は品種によって多様に異なる。柿崎・鈴木(1937)は，春化要求度を「播性」として評価し，日本のコムギ品種を播性Ⅰ(要求度小)〜Ⅶ(要求度大)の7クラスに分級した。そして播性Ⅳ〜Ⅶの品種は低温に遭遇しないと出穂しないのに対して，播性Ⅰ〜Ⅲの品種は必ずしも低温を必要としないことから，前者を秋播型，後者を春播型と呼んだ。播性Ⅶの品種は65日間の低温処理によって春化されるのに対して，播性Ⅰの品種はまったく低温を必要としない「変わりもの」である。

　秋播型と春播型，最初のコムギはどちらだったのだろうか。コムギでは春播型が優性形質，秋播型が劣性形質であるということを根拠に，進化の過程で突然変異により春播型から秋播型が出現したという説があった。しかしながら，コムギの野生種はほとんどが秋播型であることから，その逆の説を唱えるグループもあり，長年にわたって議論の的になってきた。この論争が終結したのは2003年のことであった。アメリカ合衆国のDubcovskyのグループが春播性遺伝子(*Vrn-1*)を特定し，さらに春播型では遺伝子の発現を調節する領域において20塩基の欠失もしくは140塩基の挿入があること，そしてこれらの自然突然変異により秋播型から春播型が出現したことを明らかにした(Yan et al., 2003)。

日長反応性——もうひとつの越冬戦略

　ムギ類は一般に長日植物であり，冬至から春分・夏至へと日長が長くなるときに幼穂形成，出穂・開花する。この性質により短日条件下での花芽分化が抑制されるので，播性と同様に安全に越冬するための適応形質である。ただし，コムギのなかには不感光性の「変わりもの」もある。遺伝研究の結果，コムギでは*Ppd-1*遺伝子が日長反応性を決定すること，不感光性が優性形質であり，短日条件でも花芽分化できるので早生になること，などが明らかにされてきた。最近，イギリスのLaurieのグループが日長反応性遺伝子*Ppd-D1*(コムギはA，B，Dの3ゲノムをもつ六倍体なので*Ppd-1*遺伝子が3つあり，これらを区別して*Ppd-A1*，*Ppd-B1*，*Ppd-D1*と命名している)を特定し，さらに不感光性品種では遺伝子の発現を調節する領域において大きな欠失があること，そしてこれらの自然突然変異により感光性から不感光性が出現したことが明らかにされた(Beales et al., 2007)。

日本の栽培環境で選抜されたユニークなコムギたち

　日本は南北に長く(北緯23〜45.5°)，1月の平均気温も−8.5〜16.0℃と地域によって大きく異なる。わが国では，コムギは一般に秋播き栽培されるが，北海道・東北などの寒冷地では「ホクシン」などの播性Ⅳ〜Ⅶの秋播型品種が，また関東以西の西南暖地では「農林61号」などの春播型品種(播性Ⅰ〜Ⅲ，春播性遺伝子として Vrn-$D1$ をもつ)が栽培されており，地域によってコムギ品種の播性が異なる(冬季気温の変動が激しい最近では，西南暖地において「イワイノダイチ」のような秋播型品種(播性Ⅳ，春播性遺伝子をもたない)も普及している)。いっぽう，北海道の網走地域は数少ない春播き栽培地域であり，播性Ⅰ(春播性遺伝子として Vrn-$A1$ をもつ)の「春よ恋」が主要品種である。

　わが国のコムギ栽培を制限しているもうひとつの要因が，収穫期(6〜7月)と重なる梅雨である。冬雨夏乾燥型の地中海性気候に育まれて進化したコムギにとって，梅雨は強烈なストレスとなった。収穫期に長雨が続くと，穂で成熟した種子がそのまま発芽してしまい(前述の穂発芽，写真1)，商品価値を失ってしまう。発芽に至らなくても小麦粉品質が低下することがある。発芽準備のために種子内部で活性化した α-アミラーゼという酵素がデンプンを分解してしまい，小麦粉を練ってつくる生地の粘弾性が低下するのである。このようなコムギを低アミロ小麦と呼んでいる。種子の外観が正常なだけにやっかいな問題である。穂発芽は種子の休眠性と密接に関係しており(第8章参照)，さらに種皮色が褐色のコムギは白色のコムギよりも穂発芽しにくいという傾向がある。わが国の在来コムギ品種はすべて褐色粒であり，一般に穂発芽抵抗性をもつ。「ゼンコウジコムギ」の穂発芽抵抗性はとくに強く，品種改良のための育種素材としてよく利用されている。

　梅雨への適応の結果として獲得した性質はほかにもある。早生性と半矮性である。穂発芽などの雨害を軽減するには，休眠性を少し高めるだけでなく，収穫時期を早めて雨害を回避することも有効な戦略となる。6〜7月の梅雨の前に収穫できる早生品種ならば雨害の軽減が可能であり，長年にわたり農民が無意識に行ってきた選抜(穂発芽していない健全な種子を翌年播くこと)の結果として世界的に最も早熟な品種群が確立された。現在も早生品種の育成が続けられており，関東以西の西南暖地で広く栽培されている「農林61号」(2003年の全作付面積の23.9%，6月初旬に成熟)よりも早熟な「アブクマワセ」や「フクワセコムギ」などの極早生品種が育成されている。筆者らが行った遺

伝解析の結果，3品種とも不感光性遺伝子をもつが，「農林61号」が *Ppd-D1* だけをもつのに対して，極早生の2品種は *Ppd-D1* と *Ppd-B1* をもつことが明らかになった(Kato, 2006)。したがって，わが国コムギ品種の極早生化に *Ppd-B1* が重要な役割を果たしたといえる。

　生長が旺盛なコムギは草丈が高く，痩せた土地でもそこそこの生長量と収穫量を期待できる。ところが，水や肥料が十分に与えられる集約栽培では草丈が十分に伸び，降雨や風によって倒伏しやすくなる。さらに，倒伏により穂発芽や品質低下が助長される。中世ヨーロッパの農村風景を描いた絵画をよくみると，自分より背が高いコムギを刈り取る農夫が描かれていて，当時のコムギが長稈であったことがわかる。日本においても，在来品種の大部分は稈長が100～160 cm であった。いっぽう，現在，世界で栽培されているコムギ品種はいずれも稈長90 cm 以下であり，肥料を多用しても倒伏しないため，イギリスでは8 t/ha という収穫量(日本の水稲平均収量の1.6倍)が可能になっている。

　このような短稈化を可能にしたのは *Rht-B1*(旧称 *Rht1*)，*Rht-D1*(旧称 *Rht2*)というふたつの半矮性遺伝子であり，両遺伝子は日本のコムギ品種「農林10号」に由来する。本品種は1935年に岩手県立農事試験場で育成されたが，草丈が60 cm 程度と低すぎたためかあまり普及することはなかった。ところが，第2次世界大戦の終了後，思わぬことで世界から注目されることになった。GHQ に随行して来日したアメリカ合衆国農務省の Salmon が「農林10号」の種子をアメリカに持ち帰り，品種改良に利用したのである。その結果，国際トウモロコシ・コムギ改良センター(CIMMYT)において半矮性コムギが育成され，さらにほかの地域でも同様の育種が展開され，コムギの増産に大きく貢献した。これがコムギ版「緑の革命」であり，この功績により CIMMYT の Norman Borlaug にノーベル平和賞が授与された。なお，詳細は藤巻・鵜飼(1985)およびヘッサー(2009)を参照されたい。また，地中海沿岸諸国においては，日本の「赤小麦」に由来する *Rht8* 遺伝子を利用して，半矮性育種が行われた。したがって，わが国において梅雨との戦いのなかで選ばれた日本のコムギが，世界のコムギ生産を大きく変革したといえる。

3. 東アジアのコムギのルーツ

中国への伝播経路に関する諸説

世界の各地域にコムギが伝播したのは過去のできごとであるが，それぞれの地域において長年にわたって栽培されてきた在来品種を詳しく分析すると，その伝播ルートが明らかになる。「コムギが中央アジア・西南アジアに起源した」ことが木原均により提唱された後，共同研究者である細野重雄が世界各地におけるコムギ変種(おもに穂の形態にもとづいて分類される)の分布を調査し，コムギの伝播経路を検討した(細野, 1954)。古くからある東西の交易路は伝播ルートの有力候補であり，以下の4ルートが知られていた。①シルクロード：トルキスタンから新疆ウイグル自治区，内モンゴル自治区などを通じて華北に通ずる経路，②ミャンマー・雲南ルート：カイバル峠を通ってパキスタンの平野に出，インドを横切ってミャンマーに入り，雲南省・四川省を経て現在の華中に出る経路，③チベットルート：インドからパミール，あるいはネパールを通ってチベットに出て，陝西省または四川省に出る経路，および④海路：インドからマレー半島の南端をめぐって広東省に出る海路。そして，コムギ変種の地理的分布の解析により，中国への伝播ルートとして①シルクロードおよび②ミャンマー・雲南ルートが重要な役割を果たしたと指摘した(図2)。さらにその後，③ロシア・モンゴル高原から中国東北部へ通じるシベリアルートや，④ネパール・ブータンからチベット高原を経由し中国へ至るチベットルートも提唱されている(中尾, 1983；Zeven, 1980)。

ネクローシス遺伝子の地理的分布

作物の伝播ルートを解明する研究手法はほかにもある。田中(1975)は，形態分析のほかに遺伝学的方法，考古学的方法，文化史的方法などの解析手法が有効であると指摘している。遺伝学的手法として注目されてきたのが，適応的に中立な遺伝子の地理的分布の解析である。図3に模式的に示したように，適応的に重要な遺伝子A(たとえば，耐乾性遺伝子)の場合には，甲地域から隣接する乾燥地域(乙地域)への伝播に際してA遺伝子をもつ株だけが選抜される。その結果，両地域間でA遺伝子の頻度がまったく異なり，甲から乙への伝播を証明することは困難である。これに対して，適応的に中立な遺

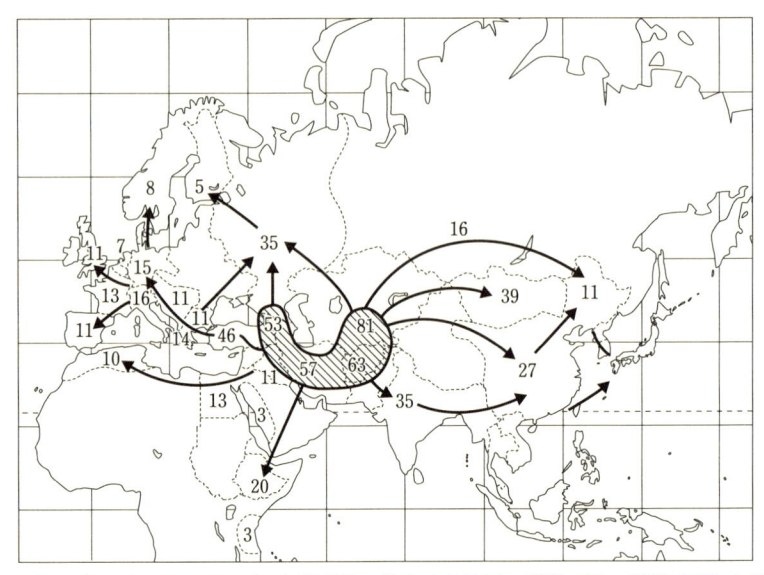

図2 細野(1954)によるコムギの伝播経路。数字は各地域の変種の数。斜線で示した地域はコムギの起源地(現在の説ではこのうちの西側半分が有力とされている)

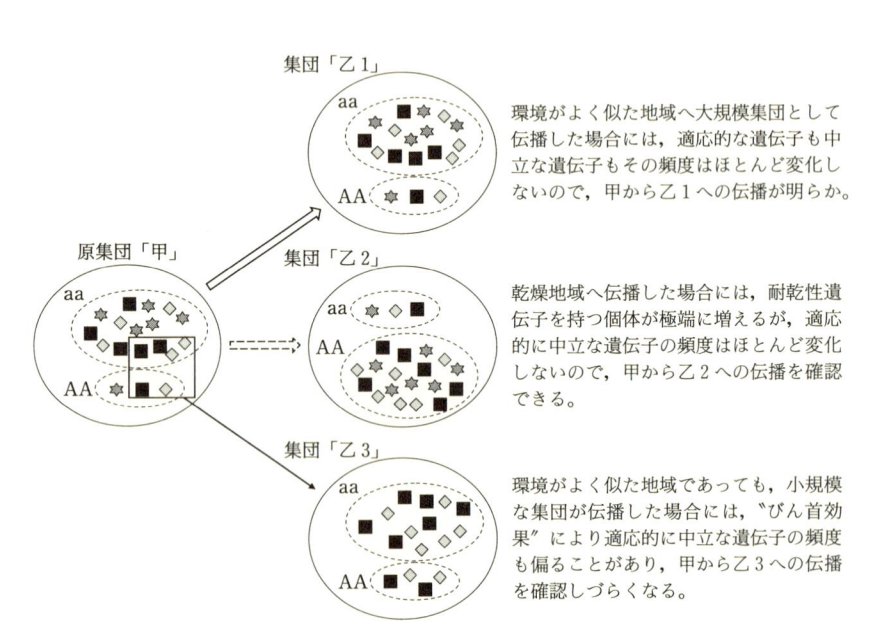

図3 適応的に中立な遺伝子の頻度にもとづく伝播経路の解析原理

集団「乙1」: 環境がよく似た地域へ大規模集団として伝播した場合には，適応的な遺伝子も中立な遺伝子もその頻度はほとんど変化しないので，甲から乙1への伝播が明らか。

集団「乙2」: 乾燥地域へ伝播した場合には，耐乾性遺伝子を持つ個体が極端に増えるが，適応的に中立な遺伝子の頻度はほとんど変化しないので，甲から乙2への伝播を確認できる。

集団「乙3」: 環境がよく似た地域であっても，小規模な集団が伝播した場合には，"びん首効果"により適応的に中立な遺伝子の頻度も偏ることがあり，甲から乙3への伝播を確認しづらくなる。

伝子の場合には,人為選抜や自然淘汰により遺伝子頻度が変化しにくいので,甲・乙集団間での密接な関係,つまり甲から乙への伝播を明らかにすることができる。

適応的に中立な遺伝子として,ネクローシスの原因となる補足遺伝子(*Ne1*, *Ne2*)が解析された。ネクローシスとはコムギの葉が黄化して枯死する現象であり(写真4),2種類の優性遺伝子 *Ne1*,*Ne2* を共にもつ(*Ne1ne1 Ne2ne2*)と発現する。ふつうのコムギ品種はもちろん正常なので,どちらかいっぽうもしくは両者を劣性ホモでもっている(*Ne1Ne1 ne2ne2*, *ne1ne1 Ne2Ne2*, *ne1ne1 ne2ne2*)。これら3種類の遺伝子型はいずれも正常であり,適応力も異ならないことから,適応的に中立な遺伝子といえる。そこで,Tsunewaki(1970)が世界各地のコムギ品種の *Ne* 遺伝子型を決定し,アジアには *Ne1* が,そしてヨーロッパには *Ne2* が多いことを明らかにし,両地域のコムギが遺伝的に異なることが明らかにされた。日本のコムギについては,関東以西の地域ではみられない *Ne2* が東北日本に多く分布するという興味深い結果が示されたが,東北地方では明治以降に欧米から導入された品種が育種に利用され,その結果として *Ne2* が高頻度になったと考察されている(Tsun-

写真4 コムギ品種間の F₁ 雑種でみられるネクローシス(森直樹氏撮影)。下位葉から枯れ上がっている。

ewaki and Nakai, 1967)。いっぽう，$Ne1$ の複対立遺伝子 $Ne1^w$, $Ne1^m$ の地理的分布を解析した Zeven(1980) も日本国内での地域間差異を認め，起源地から東アジアへのコムギの伝播ルートとして以下の2ルートを提案した。① $Ne1^w$ 型のルート：アフガニスタンからインド，そしてヒマラヤ南麓を経て，中国南部・日本西南部へと至るルート，② $Ne1^m$ 型のルート：中央アジアからシルクロードを経て，中国北部・日本東北部へと至るルート。この結果により，日本へのコムギの伝播が単純なものではなく，さまざまなタイプのコムギがいろいろな時期に導入されたことが示唆された。

鍵を握る東アジアのコムギ遺伝資源

1980年代後半に入ると，ムギ類においても DNA 分析による多様性・進化研究が可能となり，中国や日本へのコムギの伝播ルート解明も時間の問題と期待された。ところが，重要な鍵を握る中国各地の在来コムギ品種を入手できないという現実が立ちはだかった。じつは，Tsunewaki(1970)，Zeven(1980) の研究では，中国西域のコムギはほとんど含まれていなかった。いっぽう，細野(1934) が分析した在来コムギ品種は合計408品種であり，中国17省をカバーする超一流のコレクションであった。細野コレクションがきちんと維持されていれば，解析手法が進化するたびに，数々の新知見がもたらされたはずであるが，残念ながら，当時は遺伝資源の重要性が現在のようには認識されておらず，維持されることはなかった。

その後，1993年に発効した生物多様性条約を背景として遺伝資源ナショナリズムが台頭し，自国の遺伝資源を他国に解放しないという「囲い込み」の風潮が一般化し，進化・ルーツ研究に重大な影響を及ぼすこととなった。中国西域の在来コムギ品種の入手も困難になったが，幸いにしてわが国のコムギ研究者と中国側研究者との共同研究として，各種の調査・分析が展開された。筆者自身も8度にわたる現地調査を行い，中国の陝西省・チベット自治区・四川省・雲南省などの在来コムギを収集することができた。

伝播経路解明のための新たなアプローチ

解析材料を着々と揃えながら，適応的に中立な補足遺伝子(雑種矮性遺伝子 $D1$-$D4$，雑種花粉不稔遺伝子 $Ki2$-$Ki4$)，交雑親和性遺伝子(配偶子致死抑制遺伝子 $Igc1$，ライムギとの交雑親和性遺伝子 $Kr1$)，アイソザイム(同位酵素)遺伝子，およ

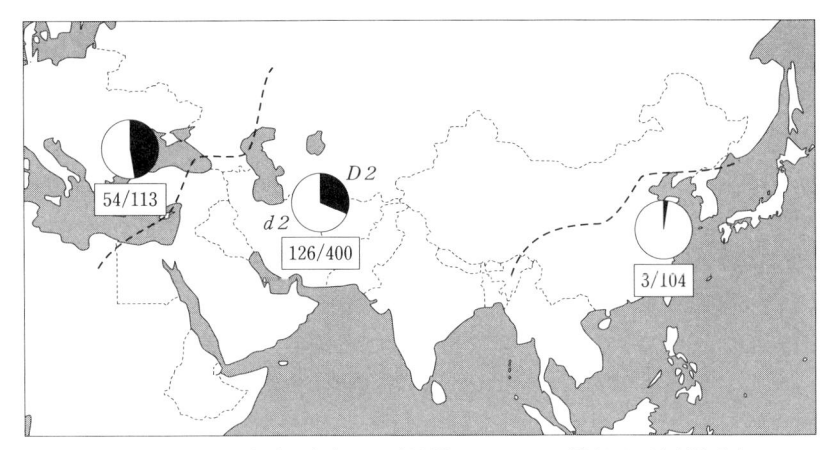

図4 ユーラシア大陸の在来コムギ品種における D2 遺伝子の地理的分布

びDNA配列多型などの解析が進められた。中国と世界各地の在来コムギ品種を分析した結果の一例が図4である。"IL 171"というイラクのコムギ品種をテスターとして交配すると，品種によっては雑種第一代(F_1)が極端に矮化して出穂せずに枯死してしまう(写真5上)。この現象が雑種矮性であり，片親の"IL 171"がもつ D1 ともういっぽうの親がもつ D2 が補足的に働き合って矮化する。したがって，図4に示したのは D2 の地域別頻度といえる。コムギの起源地から中国西域に至る地域では D2 の頻度がどこでも30％程度なのに対し，中国東部から日本にはほとんどない。雑種花粉不稔遺伝子，配偶子致死抑制遺伝子(Tsujimoto et al., 1998)，およびライムギとの交雑親和性遺伝子でも同様の地域間差が確認されたことから，中国の西域と東部ではコムギのタイプが違うといえる。つまり，起源地である西アジアから中国東部そして日本への伝播は平坦なものではなく，中国東部において強力な選択圧が加わったために遺伝子頻度が大きく変化したと考えられる。その原因としては，中国の東西での気温差や降水量の違いなどが挙げられるが，ともあれ遺伝子頻度が違うのだから，中国東部と日本のコムギがどこから導入されたのか，この結果だけでは何ともいえない。

　新たなアプローチとして同位酵素(アイソザイム)に注目した研究を紹介する。生体内でさまざまな化学反応を触媒するのが酵素であり，私たちの唾液に含まれるアミラーゼという酵素がデンプンを糖に分解することはよく知られている。ただし，アミラーゼとはデンプン分解酵素の総称であり，実際には分

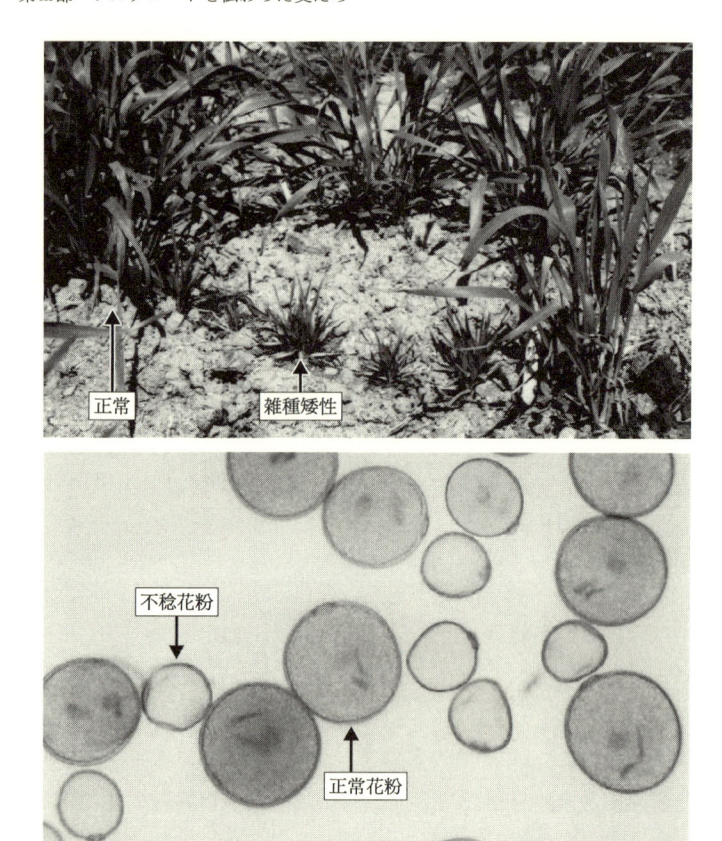

写真5 コムギ品種間の F_1 雑種でみられる雑種矮性(上:雑種矮性個体は出穂することなく枯死する),および雑種花粉不稔(下:1/8, 1/4, もしくは1/2の花粉が不稔になる)

子構造が異なる何種類かのアミラーゼが存在し,これらを同位酵素と呼んでいる。同じ化学反応を触媒するので,分子構造の相違は適応的に中立な変異と考えられている。

ネパール人留学生のギミーレさんが2種類のアイソザイムを分析した結果,図5に示したようにトルコから日本の在来コムギ品種が3つのグループに分けられた(Ghimire et al., 2005)。第1のグループにはトルコから中国四川省に至る地域のコムギ(図5◎)が,第2のグループには中央アジア諸国,中国新疆ウイグル自治区,中国北部および日本(図5▲)が,さらに第3のグループには中国沿岸部(図5◇)が,それぞれ含まれた。この結果により,西アジア

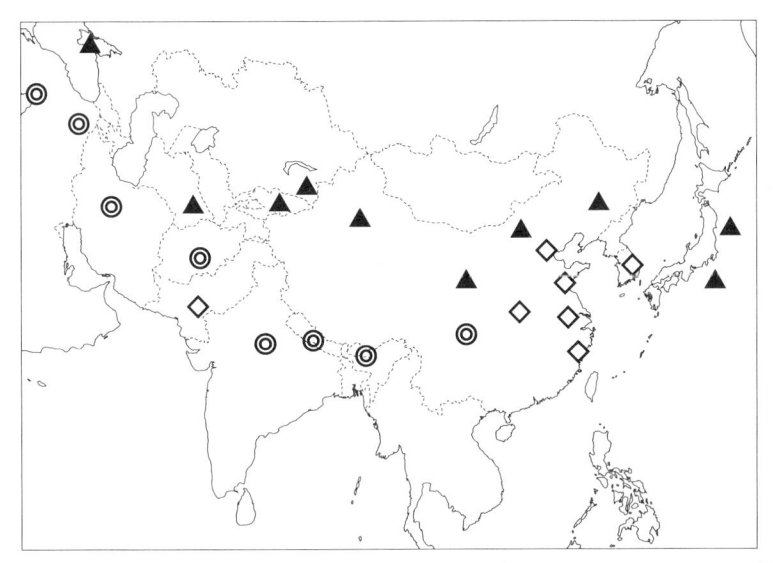

図5 アイソザイム分析により3つのグループ(◎，▲，◇)に分けられたユーラシア大陸のコムギ。同じシンボルの地域を線で結ぶと伝播経路がわかる。

に起源したコムギが，①ミャンマー・雲南ルートもしくはチベットルートにより中国四川省に(図5◎)，また②シルクロードにより伝播したコムギが中国北部で定着し，日本に導入されたこと(図5▲)が明らかになり，細野(1954)の伝播ルートを支持する結果となった。

さらに，中国各地と日本に限定してアイソザイムの種類を増やして分析した結果，中国平野部においても北部(黄河より北)と中・南部(黄河より南)で遺伝的に異なることが確認され，さらにそれぞれが日本の東北部，西南部と遺伝的に近縁なことが示された(Ghimire et al., 2006)。したがって，わが国へのコムギの導入も単純ではないようである。また，両グループと新疆ウイグル自治区，寧夏回族自治区との直接的な関係が認められないことから，シルクロードによる伝播に際して強力な選抜が働いたことが窺われた。いっぽう，チベット自治区，雲南省(西北部)，四川省(西部)が同じグループに属することから，チベットルートによる伝播が確認された。これらの地域はいずれも標高3,000 m以上の高地であり，チベット族がコムギを春播き栽培するという共通点がある。しかし，これらの地域のコムギはさらに東方へは伝播(定着)しなかったようである。

東アジアへのコムギの伝播と適応

　以上の知見を総合すると，西アジアで起源したコムギはシルクロードにより中国西域(現，新疆ウイグル自治区)に，またヒマラヤを越えるチベットルート，もしくはヒマラヤ南麓を経由するミャンマー・雲南ルートにより中国西南部(現，雲南省，四川省)に導入されたと考えることができる。これらのコムギが中国東部の平野部に持ち込まれたと想像されるが，おそらく高温・湿潤気候に適応できずになかなか定着しなかったであろう。このような試行錯誤が幾度となく繰り返されるうちに，シルクロードにより導入された集団において高温・湿潤気候に適応できるコムギが出現し，中国東部の平野部で定着し，主要タイプとして現在に至っていると想像されるが，ここに興味深い資料がある。中国西域にコムギが導入されたのは紀元前2400年であり，紀元前1200年には沿岸部の河北省にまで達した。しかし，中国西域においてコムギ栽培が発展したのは紀元前500年以降とのことである(Zeven, 1980)。ムギ類は一般に秋播き栽培されるが，新疆ウイグル自治区のように冬の寒さが厳しい地域では越冬できないために，春に播種して夏の終わりに収穫する(春播き栽培)ことが多い。このことから大胆に想像を膨らませると，古い時代に導入されたのは秋播き栽培用のコムギであり，その後に春播き栽培用のコムギが導入されたのかもしれない。

　ただし，Zeven(1980)が引用したHo(1969)以降の発掘調査により，楼蘭をはじめ新疆ウイグル自治区の各地において紀元前2000～1000年のコムギ遺物が続々と発見されている。第7章に登場する小河墓遺跡から発掘されたコムギ遺物はちょうどこの時代のものであり，しかもほかとは違って炭化していないので，DNA解析の結果が待たれるところである。

　地理的・気候的に多様な中国ではコムギ栽培も単純ではない。東北部ではほとんどすべてが春播き栽培であり，中国西域でも春播き栽培が広範囲に行われているが，ほかの地域ではほとんど秋播き栽培されている(長尾，1998)。また，秋播き栽培地域のうち長江以北の地域では秋播型が多いのに対して，それより南の地域では春播型が多く(図6; Iwaki et al., 2000)，日本の北海道・東北地方(秋播型)と関東以西の西南暖地(春播型)と同じような地理的変異がみられる。そこで，適応的に中立な各種遺伝子の解析結果(前述)に播性を加味して検討したところ，中国西・北部では春播型と秋播型が遺伝的によく似ていたが，中国平野部では春播型(おもに長江以南の地域)と秋播型(おもに長江以北

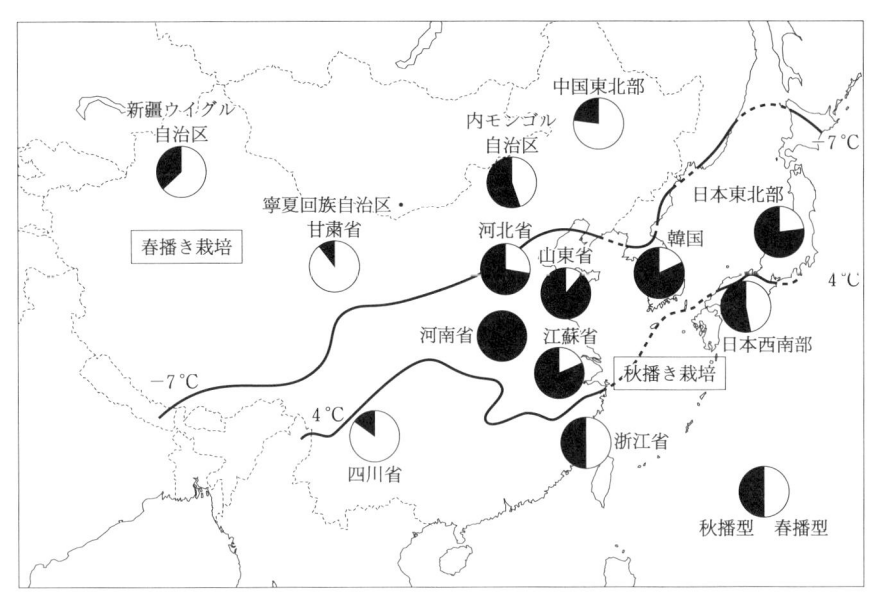

図6　中国・日本の各地域におけるコムギの栽培時期と春・秋播型の割合。等温線は1月の平均気温が−7℃と4℃を示す。

の地域)のあいだでの遺伝的分化(相違)が認められた。さらに，平野部の秋播型は西・北部のコムギ(春播型と秋播型)と共通の遺伝的特徴を示したが，平野部の春播型は他地域の集団と明瞭に異なった。この結果から，中国平野部のコムギのルーツについて以下の3点が明らかになった(図7)。①新疆ウイグル自治区から寧夏回族自治区・甘粛省を通り西安へと至るシルクロードによって導入されたコムギのうち，秋播型は強力な選抜を受けることなく中国平野部にまで広がった。②同様に，春播き栽培に適する播性Ⅰのコムギは中国東北部に導入され，定着した。③中国平野部で秋播き栽培される春播型のルーツは明確ではないが，シルクロードによって導入された春播型コムギのうち，黄河下流域の湿潤地域で定着できたほんの一握りのコムギが広く普及したことが示唆された。

③の春播型コムギについては，湿潤条件のミャンマー・雲南ルートにより導入された可能性も否定できない。しかし，その検証に必要な同地域の在来コムギ品種を導入することができず，いわばブラックボックスとして残されていた。このような状況を打破する契機になったのが中国科学院昆明植物研

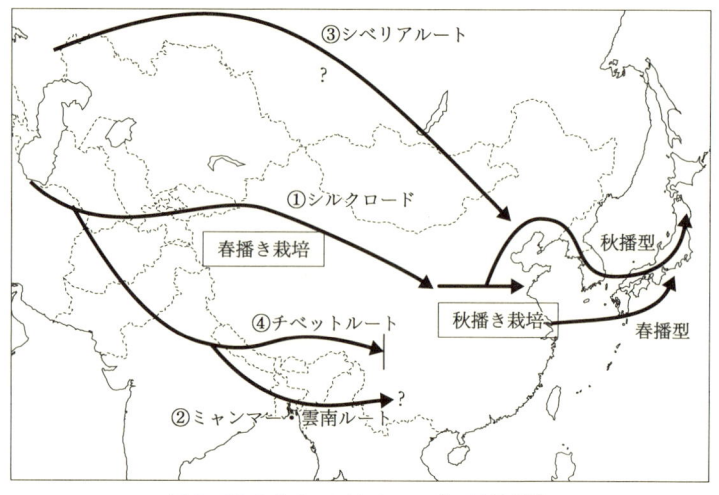

図7 東アジアにおけるコムギの伝播経路

究所との研究交流であり，筆者らは，中国雲南省の在来コムギ遺伝資源を導入するために1998年から共同現地調査を継続している。その概略を以下で紹介する。

4. 中国雲南省のムギ類遺伝資源調査

中国西南部に位置する雲南省は，氷河に覆われた標高6,740mの高峰から標高300mの亜熱帯林までの多様な生態系を有する地域である。しかも，金沙江(長江)，瀾滄江(メコン川)，怒江(サルウィン川)などの大河によって分断されているために，多様な生態系が複雑に分布・隔離されている地域であり，薬用植物・希少植物・菌類などをはじめ中国全土の植物種の6割以上が自生している野生植物の宝庫である。民族も多様であり，山岳地域を中心に26の少数民族が独自の文化を守って暮らしている。また，地理的には，西のミャンマー，南のラオス・ベトナムと国境を接し，北のチベット自治区，東の四川省・貴州省に囲まれており，チベットルートとミャンマー・雲南ルートによりコムギが導入された重要な地域である。そこで，岡山大学のムギ類遺伝資源調査隊(隊長：岡山大学資源生物科学研究所の武田和義教授)と中国科学院昆明植物研究所の龍春林教授との共同研究として，1998年，2004年の2回

にわたってムギ類の現地調査を行った。

　2回の調査で明らかになったことは，雲南省西北部に広がる標高3,000m以上の地域ではチベット族がコムギとオオムギ(青稞)の在来品種を春播き栽培していること，そして標高2,000m台の地域では草丈の低い改良品種が秋播き栽培されていること，であった。したがって，私たちの関心は，おそらくチベットルートにより伝えられたであろうチベット族のコムギとオオムギにむけられていた。

　岡山大学資源生物科学研究所の佐藤和広さんを班長とする調査グループが2004年に行った調査の対象地域も，雲南省西北部の標高3,000m以上の地域であった。昆明へ戻る帰路に維西(図8)近辺で土砂崩れというハプニングがあり，迂回を余儀なくされた。そして，偶然立ち寄ったナシ(納西)族の小さな村(維西県塔城鎮珂那村)で，昔から秋播き栽培をしているという在来コムギに遭遇したのである。標高の低い地域では都市部の文化的影響を受けやすく，すでに改良品種に置き換えられてしまったとあきらめていただけに，貴重な発見であり，調査隊のメンバーはいまだに鮮明に記憶しているという。遠い昔にミャンマー・雲南ルートで導入されたコムギの末裔かもしれない。

　そこで，2005年には調査隊を2班に分け，雲南省西北部と貴州省において秋播き栽培ムギ類の調査を行った。筆者は榎本敬さん，小澤佑二さん(岡山大学資源生物科学研究所)と一緒に雲南省西北部に行くことになった。9月1日に昆明空港に到着すると，まず最初に感じたのが涼しさである。石垣島と同じ緯度に位置するが，標高が約2,000mと高いために，夏は涼しく冬は温暖という気候である。

　雲南省西北部の調査ルートは，昆明－大理－麗江－香格里拉－三壩－香格里拉－徳欽－明永－徳欽－叶枝－維西－魯甸－維西－慶福－維西－通甸－欄坪－美水登－大理－昆明である(図8)。中国での現地調査では，世界遺産に遭遇することがよくあるが，この調査では麗江古城(世界文化遺産)の美しさと梅里雪山(6,740m，現在も未踏峰)を含む三江併流群(世界自然遺産)の雄大さに圧倒されるばかりであった(写真6)。

　また麗江－徳欽間は標高が3,000m以上であり，チベット族が春播き栽培しているムギ類の成熟期を迎えていたが，前年に調査済みの地域であり，今回は，調査は行わなかった。

　今回新たに訪れた地域のうち，香格里拉－三壩間では標高3,700mの峠

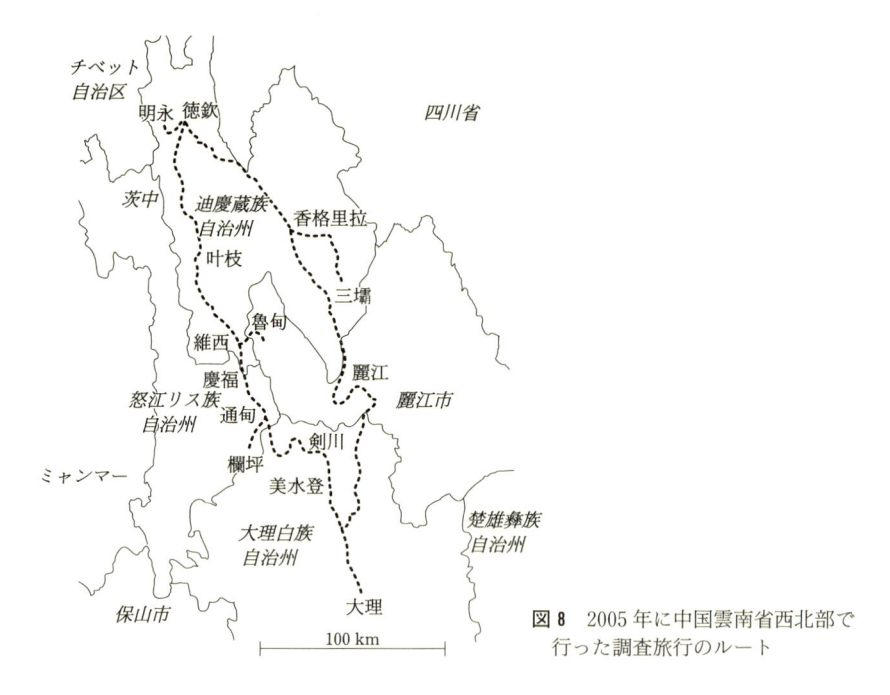

図 8 2005年に中国雲南省西北部で行った調査旅行のルート

まで上がったが、集落はおおむね3,000 m以下にあり、夏作物としてトウモロコシ、エンバク（ユーマイ、第10章参照）、ダッタンソバが多く、標高2,400 mの三壩（ナシ族）では水稲、ヒエの栽培もあった。道ばたの畑でダッタンソバを脱穀している農夫や家で仕事をしている農婦に聞き取り調査をした結果、これらの地域ではコムギ・青稞（オオムギ）ともに秋播き栽培（10〜11月播種、4〜5月収穫）する、また小麦粉を使って把把と呼ばれる無発酵パンをつくる、とのことであった。農家からいただいたコムギ種子を栽培したところ、大部分の系統が稈長80 cm以下であり、「農林10号」由来の半矮性遺伝子をもつ改良品種であった。ところが、チベット族の1軒の農家のサンプルは100 cm以上であり、しかもさまざまなタイプが混じっていたので、昔からつくっていた在来品種のようである。

　この調査で最も注目していたのが、徳欽からメコン川にそって南下し維西へと至る地域である。標高が3,000 m以下に下がること、また道路があまり整備されておらず都市部の影響が少ないと思われたからである。徳欽から茨中（1,997 m）に至る地域では、はじめはチベット族に特有の仏塔（ストゥーパ）がみられたが、途中からストゥーパがなくなり、ナシ族・リス族が多い地域

写真6 雲南省西北部の風景と山の幸。人類未踏破の梅里雪山(6,740 m)を望む高台に立ち並ぶストゥーパ(左上，右上)。金沙江(揚子江源流)の大屈曲(左下)。市場で売られているマツタケなどのキノコ(右下)

に変わった。また，1,800〜1,850 m あたりを境にして水田が増えた。コムギ・青稞とも秋播き栽培であり，コムギは薄焼きパン・麺・小麦酒に，また青稞は青稞酒・ツァンパに利用しているが，草丈の低い改良品種が普及していた。

さらにメコン川を南下し，2004年の調査で注目された維西(2,200 m)に到着した。慶福以南に点在する村々ではリス族，白族が多く，コムギ，青稞とも秋播き栽培であり，期待した通りほとんどが在来品種であった。調査時期が9月であったため，食用の麦はすべて脱穀済みであったが，そのなかに穂の一部が混じっていたり，また，家畜の飼料用に脱穀していない麦わらもあり，半芒や三叉芒(第8章参照)の青稞など特殊なタイプもみつけることができた。また，「青稞の発芽苗を刻んで食べる」，「麦芽糖をつくって，トウモロコシ，マメ，エンバクの粉にかけて食べる」という情報も得られた。

現在，筆者の研究室では雲南省西北部と貴州省西部の秋播き栽培地域で採

集した在来コムギ品種の特性評価とDNA分析を行っているところであり，中国・日本へのコムギの伝播にミャンマー・雲南ルートが関わったかどうか，明らかになる日は近い。

第7章 シルクロードの古代コムギ
新疆小河墓遺跡のコムギ遺物

西田　英隆

1. 新　　疆

　新疆ウイグル自治区は中国の北西の端に位置し，中国国土面積の1/6を占める。面積166万km²は日本の約4.4倍で，省・自治区のなかでは最大である。人口は1,963万人余りで47もの民族が住む人種のるつぼである（2004年時点，http://www.xinjiang.gov.cn）。人種はウイグル族と漢民族がその大部分を占め，カザフ族，回族，キルギス族，モンゴル族などが続く。言語はおもにウイグル語と中国語が用いられており，高校までの教育をウイグル語で受けることができる。

　新疆ウイグル自治区の中央部には天山山脈が走り，北のアルタイ山脈と天山山脈に囲まれた盆地をジュンガル盆地，南の崑崙山脈，西のパミール高原と天山山脈に囲まれた盆地をタリム盆地と呼んでいる。タリム盆地には広大なタクラマカン砂漠が広がっており，東西は1,200 km，南北は長いところで500 kmもあり，中国最大で世界第2位の面積（約30万km²）を誇る砂漠である。このことからもわかるように，新疆ウイグル自治区の気候は寒暖の差が激しい内陸性の乾燥気候で，年間降雨量は北部で500 mm未満，南部では僅か100 mm未満である。

　農業はオアシス灌漑農業が中心であり，年間降雨量が16 mmしかないトルファンにおいても，地下に掘ったカレーズと呼ばれる水路によって天山山脈からの豊富な雪解け水を引き，大規模に農業を展開している。

現在の主要な農作物はコムギ，トウモロコシ，水稲，綿花，テンサイ，ブドウ，ハミウリ，スイカなどである。なかでもコムギは重要な作物であり，ウイグル料理にはコムギを加工したものが多い。たとえばナンやラグマン(麺の上に羊肉と野菜をトマト・ペーストで炒めたものをのせた料理)が代表的なものである。ほかにはシシカバブ(羊肉)や，米を使った料理のポロ(羊肉とニンジンのピラフ)がある。ブドウ，アンズ，ハミウリなどのドライフルーツや，クルミ，アーモンドといったナッツ類も豊富にある。

2. シルクロード

シルクロードは数ある古の交易路のうち，ユーラシア大陸を東西に結ぶ交易路のひとつで，中国の長安を東の，そしてローマを西の起点とするもののことで，前漢の時代(紀元前1世紀ごろ)に確立された(図1)。シルクロードという名は中国で生産された絹と西洋の宝飾品などがやりとりされたことにちな

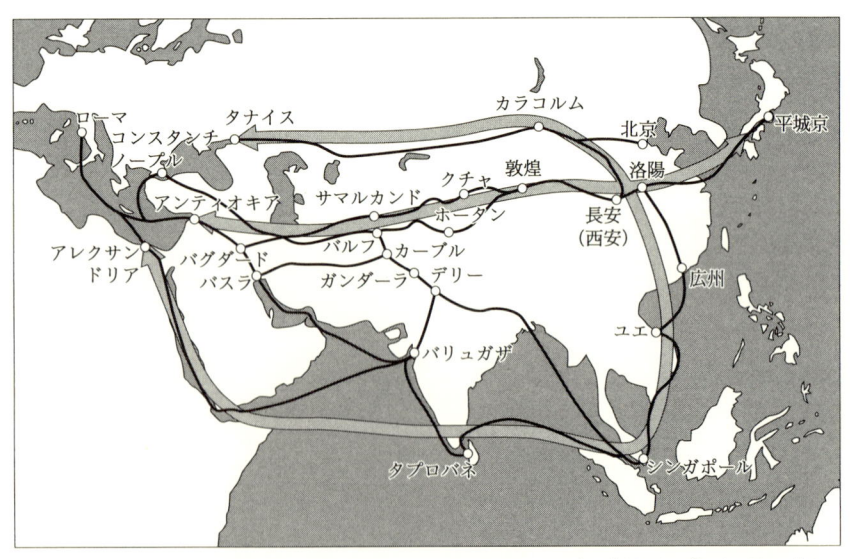

図1 シルクロード(長澤，1993)。本来は，現在の新疆ウイグル自治区を東西に渡る道を指していたが，現在ではユーラシア大陸の東西を結ぶ道を指し，広い意味では海路を含める。シルクロードは多くのルート(黒線)が分岐・合流してできており，3つの幹線(オアシス路：中央の太矢印，ステップ路：北の太矢印，南海路：南の太矢印)と複数の支線を形づくっている。

んで付けられたものであるが，それだけでなくさまざまな農作物が運ばれたことも知られている(星川，1987)。たとえば，ブドウは漢の時代以降にシルクロードを通って中国に伝えられたとされている(望岡，2001)。シルクロードは唐の時代に最も栄えたとされており，奈良の正倉院に納められているペルシャ製のガラスの器「白瑠璃碗」は，シルクロードを通して唐に持ち込まれたものを遣唐使が持ち帰ったとされている。しかし，人びとの交流や農作物を含む物品の交換は，シルクロードが確立されるよりもはるか昔から行われていたと考えられている。

シルクロードの東半分は大乾燥地帯であり気候は大変厳しく，暑いところでは夏の日中の月平均最高気温が 40℃近く，夜間の月平均最低気温が 15℃前後，寒いところでは冬の夜間の月平均最低気温はマイナス 25℃，日中の月平均最高気温は 0℃近くになる。強風時には砂嵐が吹き荒れることもめずらしくない。したがって，古の隊商たちの旅は並大抵のものではなく，相当に苦難をともなったであろうことは想像に難くない。「タクラマカン」とは「生きて戻れない」という意味であると現地の人びとがいうのもうなずける。

シルクロードという名はこの交易路が 1 本道であるような印象を与えるが，実際にはいろいろなルートが離散集合しながらユーラシア大陸の東西を結んでいた(図1)。タクラマカン砂漠に点在するオアシス都市のいくつかはそれらの道の分岐点に位置しており，交通の要衝であったことが窺われる。隊商たちは点在するオアシス都市で旅の疲れや乾きを癒し，砂漠を行き交ったのであろう。それらのルートのうち，天山山脈の南麓を通るルートは天山南路とよばれ，タクラマカン砂漠の東で西域南道というルートと分岐・合流している(図2)。その分岐の近くには楼蘭王国があったとされ，1900 年にスウェーデンの探検家スウェン・ヘディンがその遺跡(楼蘭故城)を発見している。王国の成立がいつであったのかはわかっていないが，その近くの「さまよえる湖」ロプ・ノールの周辺からは，石器や彩色土器など先史時代の遺物が発見されているほか，鉄板河遺跡，古墓溝遺跡，小河墓遺跡といった 3,000～4,000 年近く前の集合墓の遺跡がみつかっている(図3)。したがって，数千年前にはこの周辺に人が住んでいたことは明らかである。文献上の記録としては紀元前 1 世紀ごろに編まれた『史記』の匈奴伝に楼蘭王国の名が登場する。そこには紀元前 176 年に匈奴の支配者冒頓単于が前漢の文帝に宛てて送った書簡が収録されており，楼蘭王国が匈奴の支配下に入ったことにつ

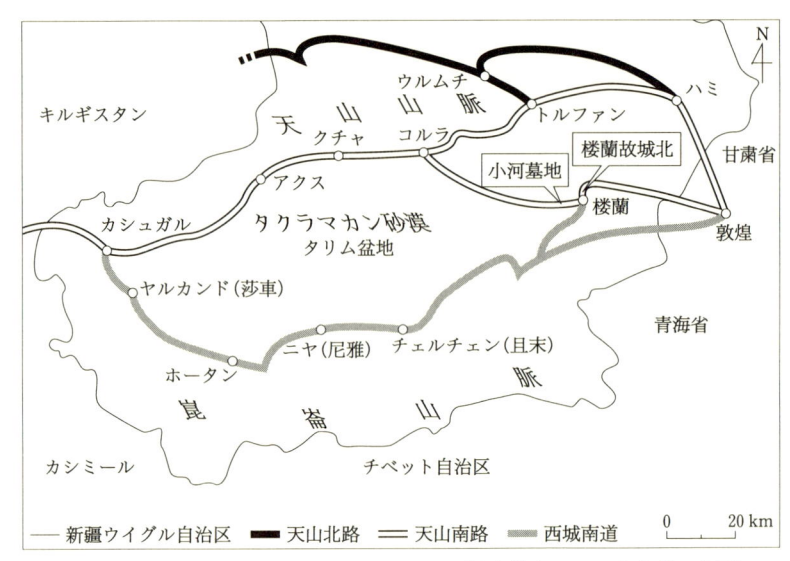

140　第Ⅲ部　シルクロードを伝わった麦たち

図2　タクラマカン砂漠を通るシルクロード(松本伸之,2005を参考に作図)

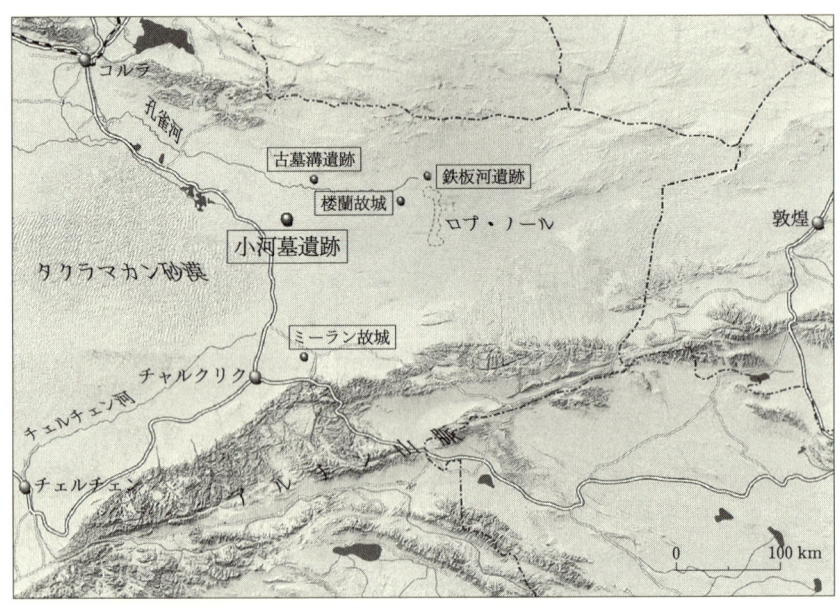

図3　小河墓遺跡周辺(NHK「新シルクロード」プロジェクト・©NHK,(有)ジェイ・マップ,2005より)

いて触れられている。したがって，遅くとも楼蘭王国は約2,000年余り前までには成立していたことがわかる。なお，楼蘭王国は匈奴の支配下に入った後も匈奴と漢の勢力争いに巻き込まれるなど，つねに周辺地域の情勢に翻弄された。紀元前77年には漢の傀儡となり国名を鄯善と改められ，楼蘭王国という国名は絶えたものの，その後もオアシス都市として5世紀くらいまで繁栄したと考えられている。

3. 小河墓遺跡

　新疆文物考古研究所所長(当時)のイディリス・アブドラスルさんを隊長とする探検隊が，楼蘭故城から西に約100 kmの地点で小河墓遺跡を「再発見」したのは2000年のことであった(図2, 図3)。この遺跡はもともと，スウェン・ヘディン探検隊のひとり，考古学者のフォルケ・ベリィマンが現地ガイドであるエルデクの案内で1934年に発見した墳墓の遺跡群のひとつ(小河五号墓地)と考えられている(遺跡の発見・再発見状況は佐藤(2006)参照)。この遺跡はその後，行方がわからなくなっていたが，じつに約70年ぶりに再発見されたことになる。小河墓遺跡は集合墓の遺跡で，副葬品の放射性同位元素 ^{14}C による年代測定で4,000〜3,000年前のものと推定されている。先に触れたようにベリィマンがこの地域で同じような遺跡を複数発見していることや，周辺に同時代の生活の痕跡がみつからないことから，この一帯が墳墓地帯であったことが窺われる。

　小河墓遺跡は非常にユニークな外観をしており，小高い丘の上に多数の角柱が林立している(写真1)。これらの角柱は墓標であり，それぞれの墓標の下には1個ずつの棺が埋められていた。発掘された棺は合計167であり，破壊された墓190を加えると合計で357になる。また，出土したミイラは145体である。棺は牛の毛皮で覆われていた。神戸大学の万年英之さんによれば，これらは毛色から判断して家畜牛とのことである。また，毛皮と棺には血糊が付いており，ここで皮を剥いだと考えられることから，おそらくこの地で牧畜が行われていたのであろう。また，埋葬に際して貴重な牛を殺していることから，埋葬されていたのは王族や貴族といった高貴な人物ではないかと推測されている。棺は大木を削ってつくった舟形で底板はなく，砂に横たえられた遺体の上に被せるように置かれていた。この棺に納められた遺体の多

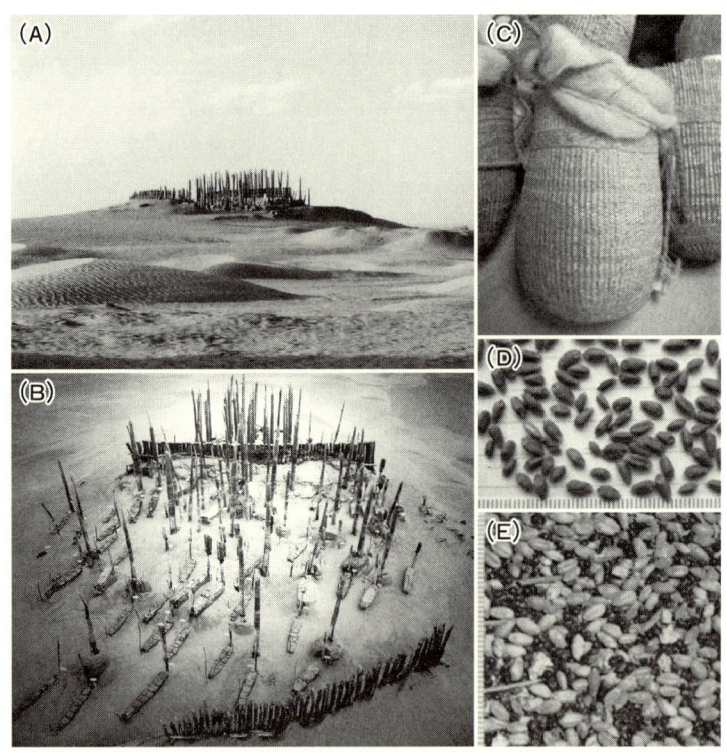

142　第Ⅲ部　シルクロードを伝わった麦たち

写真1　小河墓遺跡。(A)小河墓遺跡の遠景。1本1本の墓標の下に棺がある。(B)遺跡から発掘された多数の棺，(C)ミイラの枕元に副葬されていた草籠，(D)草籠に入れるなどして副葬されていた紫色のコムギ種子，(E)赤色のコムギ種子とキビの種子（褐色の小粒種子）。紫色の種子が少し混じっている。(A)(B)総合地球環境学研究所・佐藤洋一郎氏提供，(C)〜(E)岡山大学・加藤鎌司氏提供

くは非常に保存状態のよいミイラであったが，その原因のひとつは昼夜の寒暖差で遺体が凍結解凍を繰り返し，遺体から出た水分が砂に吸い取られ，フリーズドライと同じ現象が起きたためではないかといわれている。また，埋葬されていたミイラの顔には白塗りが施されていた。今のところ，この白塗りの意味や目的はわかっていないが，遺体の保存状態を良くするための保護コーティングの役割があるのかもしれず，その成分が分析されているところである。いずれこの疑問に対する答えが得られるであろう。

　小河墓遺跡に埋葬されていた人びとは彫りの深い顔立ちで，身長も高いこ

とから，ヨーロッパ系の人種であると考えられている。棺のひとつには20歳代と推定される若い女性のミイラが納められているのがみつかり，その端正な顔立ちから「小河墓の美女」とよばれている。彼女は2005年初めにNHKの「新シルクロード」というテレビ番組で大きく紹介されたので，ご存知の方も多いと思う。かつて，鉄板河遺跡でみつかったヨーロッパ系の女性のミイラ「楼蘭美人」と並ぶ発見である。

これらのことから，少なくとも約4,000年前にはヨーロッパ系の人びとがこの地域に移動してきて生活していたと考えられる。彼らはもともとカスピ海の東に広がる平原にいた人びとであるとも，アルタイの人びとであるともいわれている。彼らが移動してきた理由として，国家・民族間の争いに巻き込まれ，もとの生活地を追われたのではないかと想像されているが，今のところはっきりしたことはわかっていない。

棺に納められたミイラの枕元には草編みの籠が副葬されており，そのなかにはコムギやキビの種子が入っていた(写真1)。コムギの種子は炭化しておらず，色も鮮やかであった。丸みを帯びたその形からは，栽培種であることが窺われた。このコムギはどこからやってきたのか？　ヨーロッパ系の人びとが持ち込んだものであろうか？　そうだとすれば，彼らはどんな嗜好をもっていて，どんな種類のコムギを栽培していたのであろうか？

副葬品のコムギ種子を詳しく調べてみると，ほとんどの棺に紫粒(紫色の種皮色の種子)が副葬されており，赤粒(赤色の種皮色の種子)が副葬されていることは少なかった(写真2)。紫粒と赤粒は互いにほとんど混入がなかったことから，意識的に区別されていたことは明らかで，紫粒と赤粒は別々に栽培あ

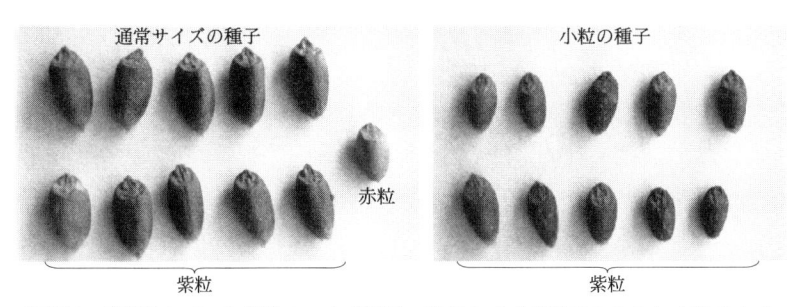

写真2　副葬されていた紫色のコムギ種子。種子サイズが通常のものと小粒のものが混じっていた。比較のために置いた赤粒はほかの棺のものである。

るいは収穫されていたのであろう。副葬品としてとくに紫粒が好まれているのには，何らかの宗教・祭祀的な意味合いがあるのかもしれない。紫粒は二粒系コムギでは比較的よくみられるが，普通系コムギではきわめてまれである (Zeven, 1991)。

　また，種子のサイズを調べてみると，現在の栽培品種(5〜7mm)とほとんど変わらない通常のサイズのもの(約6mm)と小粒(約4mm)のものが混じっていた(写真2)。このようなサイズ・形のコムギは大半が普通系コムギ(六倍性)であるが，なかにはそれと区別できない二粒系コムギ(四倍性)もあることから(図4)，形とサイズだけでどちらの種類か断定することはできない。いっぽう，小粒の種子も丸みを帯びて太っていたことから，成熟期の環境が悪くて小粒になったのではなく，このような種子を稔らせる種類であると考えられた。なお，小粒のコムギは日本各地の遺跡からもみつかっているが(第6章参照)，これとの関係はまだ何もわかっていない。

　ところで，普通系コムギを栽培するためには多量の水(年間数百mm)が必要である。副葬されていたコムギがほかの土地から持ち込まれたのではなく，現地で栽培されたものとすると，4,000〜3,000年前にはこの地域に水が潤沢にあったことになる。その状況証拠はほかにもある。ミイラが納められて

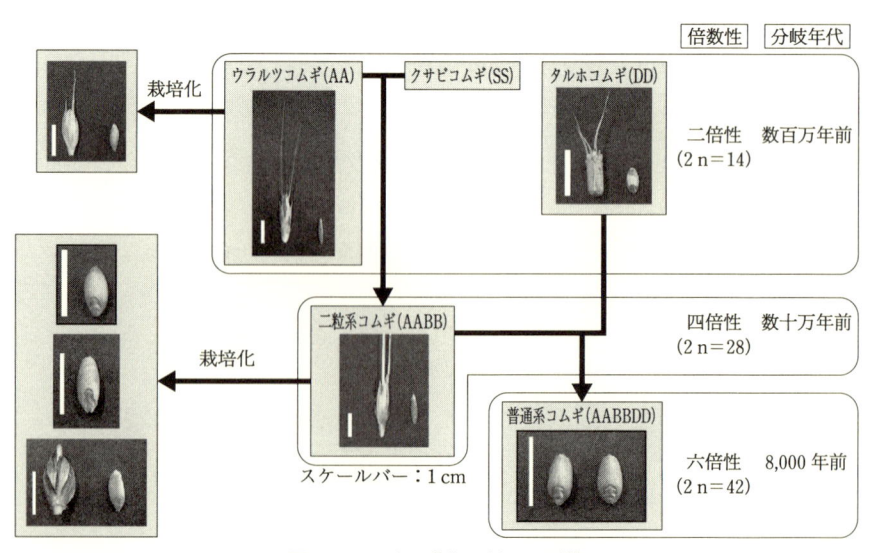

図4　コムギの進化と種子の形態

いた棺の材料である胡楊はポプラの仲間で約 10 m もの高さになる木である。棺は 1 本の木を彫ってつくられており，それだけの太い木が必要である。そのような大きく太い木をよそから運んでくるのは大変な作業である。したがって，棺は現地に生えていた木を切って加工したと考えるのが自然であろう。また，先に述べたように，棺を覆っていた牛の毛皮は現地で生きた牛から剥がれたもので，しかもひとつの棺に 2，3 頭分も用いられていた。このことからこの地では非常にたくさんの牛が飼われていたと考えられ，牛の餌となる草やそれを養うための水が潤沢にあったことが示唆される。本当にこの地が豊富な水を湛えて緑豊かな大地であったのだとすれば，従来のシルクロード観は一変することになるであろう。

4. 遺物 DNA の特徴と解析

　遺跡から掘り出された遺物は何千年もの時間が経過している。遺物の保存状態は環境によって大きく異なり，炭化するなど激しく劣化していることがほとんどである。しかし，まれに小河墓遺跡のコムギ種子のようにきわめて保存状態の良いものがみつかることがある。とはいえ，いずれにしてもさまざまな環境にさらされて，細胞は死に，タンパク質は大部分が変性・分解されている。DNA も切断，分解が相当に進んでおり，残っているとしてもごく僅かな量である。したがって，解析は簡単ではなく，極微量の DNA を解析するのに用いられる PCR(polymerase chain reaction)という手法を取り入れることになる。PCR を 1 回行えば，目的の DNA を理論上 300 億倍にも複

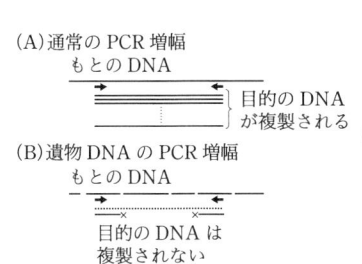

図 5　PCR による目的 DNA の複製。(A)通常の PCR 増幅。抽出した DNA に，プライマーという短い DNA(矢印)が結合する。2 個のプライマーで挟まれた領域の DNA が複製される。(B)遺物 DNA の PCR 増幅。2 個のプライマーで挟まれた領域が切れていると複製できない。(C)遺物 DNA の PCR 増幅。抽出した DNA が切れていても，プライマーで挟まれた領域が短ければ，切れ目がないので，複製できる。

製，増幅することができる(図5)。PCRによって複製されるDNAは，元と同じ塩基配列をもっており，サンプル間での塩基配列の僅かな違いを検出することが可能である。このためPCRによるDNA鑑定は，ごく僅かな遺留物が決め手となりえる犯罪捜査や親子鑑定においても用いられている。

このPCR法を用いたDNA鑑定の有名な例としてロシア帝国ロマノフ王朝最後の皇帝ニコライ二世一家の遺骨の鑑定がある。ニコライ二世は1917年の2月革命で退位させられ，家族とともに処刑された。遺体の埋葬場所は不明であったが，ソビエト連邦崩壊後の調査で一家のものとみられる遺骨が発見され，DNA鑑定が行われた(Gill et al., 1994; Stoneking et al., 1995; Ivanov et al., 1996；赤根，2002)。その結果，母から子に受け継がれるミトコンドリアという細胞小器官にあるDNAのタイプによって，遺骨はニコライ二世の家族と同じ母系をもつことがわかった。さらに，父と母から半分ずつ受け継がれる細胞核のDNAのタイプによって，性別と親子関係が調べられ，遺骨は父母と娘3人であることがわかった。これらのことから，遺骨はニコライ二世一家(ニコライ二世，アレクサンドラ皇后，3人の皇女)のものであると断定された。ほかにも遺骨があったが，それらは一家と血縁関係になく，従者のものと結論された。

このようにPCR法は微量で傷ついたDNAを解析するのにきわめて有効であることから，遺物から抽出したDNAを調べるにはうってつけの方法である(Pääbo and Wilson, 1988)。小河墓遺跡のミイラについては，吉林大学の研究者たちがミトコンドリアDNAを解析した結果，ヨーロッパ系の人種と同じタイプであることがわかり，彼らがヨーロッパ系の人種であることが外見からだけでなく，DNAからも裏づけられた。

植物でも同様の解析が可能であり，ブドウ(Manen et al., 2003)，ヒョウタン(Erickson et al., 2005)，トウモロコシ(Jaenicke-Després et al., 2003)，イネ(Nakamura and Sato, 1991)，樹木(Liepelt et al., 2006)などで報告例がある。コムギではゲノム情報の充実によって，種に固有のDNA配列や，さまざまな農業形質(出穂期，播性，草丈，品質)を決めるDNA配列がすでにわかっている。つまり，植物を栽培して性質を調べなくても，DNAの型からそれがどんな種であるのか，どんな特性をもっているのかということを推定できる。したがって，当時のコムギ栽培に必要な水の量，土壌の肥沃度，栽培形態，コムギの用途についてかなりのことがわかり，さらに当時の地球環境の推定にも

つながる。

5. 小河墓遺跡のコムギ DNA の解析

　中国の北西の地で古代のコムギ種子が発掘されたとの一報がもたらされたのは 2002 年末のことであった。4,000～3,000 年前の集合墓地の遺跡からみつかったというコムギ種子の写真をみると，驚くべきことに収穫したばかりの新鮮な完熟種子とみまがうばかりで，鮮やかな色で丸々とした形をしていた。これはいうまでもなく，先述した新疆ウイグル自治区の小河墓遺跡と，副葬品のコムギ種子のことである。

　種子の形や色だけでそのコムギが何という種であるかを特定することは難しく，そのような場合には DNA 分析が有用である。まして，遺物のように DNA が傷ついている場合には，PCR 法による DNA 分析がとくに有効な武器となる。とはいえ，分析の成否は DNA がどれくらい残っているかにかかっているため，遺物の保存状態はよいに越したことはない。小河墓遺跡でみつかったコムギ種子の写真をみて，これほどに保存状態がよい遺物であれば DNA 分析はきっと可能であろうという強い印象を受けた。

　その後，新疆文物考古研究所所長(当時)のイディリス・アブドラスルさんの協力により，小河墓遺跡のコムギ種子を粉砕して DNA 分析ができることになった。2005 年の夏，筆者はイネ遺物の DNA 分析を手がけたことがある千葉大学の中村郁郎さんとともに現地に乗り込んだ。筆者たちはすばらしい研究材料を分析できることへの期待半分と，約 2 週間という短期間で実験を完了できるかという不安半分の気持ちであった。現地で実験試薬・器具の調達をしたり，準備をしていたのでは期間内に実験が終わらない恐れがあったため，筆者たちはそれら一式をスーツケースやバックパックに詰め込んで持ち込んだ。日本側のプロジェクトリーダーである総合地球環境学研究所の佐藤洋一郎さんがそのような筆者たちの姿をみて，後で語ったところでは，筆者たちはまるで行商のような出立ちだったそうである。

　DNA 分析用に提供されたコムギ種子は 2 種類で，約 4,000 年前と約 3,000 年前に埋葬された棺のものであった。種子はいずれも比較的大きく，丸みを帯びており，現在の栽培コムギの種子と変わらなかった(写真 3)。そして実際に実物を目の前にしてみると確かに外観は綺麗であったが，何千年

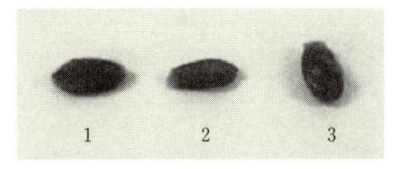

(A) 約3,000年前の種子

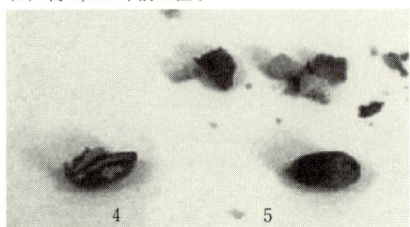

(C) 日本の炭化コムギ種子

(B) 約4,000年前の種子

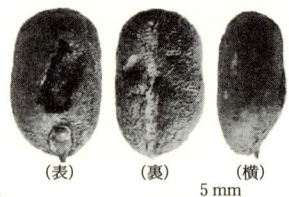

写真3 DNA分析に用いた小河墓遺跡のコムギ種子(C：小西, 2002より)。炭化しておらず、新鮮な種子と同じような褐色である。(A)約3,000年前の種子は通常の種子と同じくらい硬かったが、(B)約4,000年前の種子はやや脆く、崩れやすかった。(C)いっぽう、日本の炭化コムギ種子は真っ黒で、非常に脆かった。

もの時を経て生じた劣化がみて取れ、さすがに収穫したばかりの種子のような新鮮さはなかった。約4,000年前の種子は劣化で脆くなっており、形が崩れるものもあったが、約3,000年前の種子は保存状態が非常に良かった。日本で出土した種子は弥生時代以降、さまざまな時代のものがあるが、いずれも基本的に炭化して穴だらけで、突けば簡単に形が崩れてしまう。小河墓遺跡のコムギはそれらとはまったく異なっており、DNA分析成功への希望はいっそう大きく膨らんだ。

　DNA分析の第一歩はDNA抽出である。新疆農業科学院に実験室や実験機器を提供していただき、また同研究所の範　玲（ファン・リン）さんの全面的なバックアップによって申し分ない実験環境を整えていただいた。まずはDNA抽出方法について簡単に紹介する。コムギの種子は多数の細胞でできており、細胞のなかには核や、葉緑体とミトコンドリアといった細胞小器官があって、そのなかにDNAがある。DNA抽出の最初の段階では種子をすりつぶしたり、タンパク質変性剤で処理することにより、細胞を構成する物質を壊して、溶液中にDNAを溶かし出す。続く段階では、遠心分離を繰り返し、溶液中に存在するタンパク質などの不純物を取り除いてDNAを精製する。最後にDNAを回収し、水溶液にする。

　筆者たちは種子をすりつぶす段階で驚かされることになった。種子が堅く、とくに約3,000年前のものは新鮮なものと変わらないくらいであった。いく

ら保存状態が良くても脆くなっているだろうと高をくくっていた筆者たちは思いがけず大変な力仕事を余儀なくされた。

　これらの種子は形態から普通系コムギである可能性が高いと考えられたが，前述のように二粒系コムギのなかには普通系コムギと区別がつかないものがある。第3章で森直樹さんが書いているように，普通系コムギと二粒系コムギはDゲノムを保有しているかどうかが違う。そこでPCR法によるDNA分析により，これらのコムギ種子がDゲノムをもつかどうかを確かめることにした。注目したのはrDNA-ITSと呼ばれるDNA配列であり，PCR法で増幅を試みることにした。この配列はA，B，Dの3つのゲノムすべてに存在するが，DNA増幅の起点となる合成DNA配列(プライマーと呼ばれる)に工夫を加えてDゲノムの配列のみを増幅できるようにした。したがって，DNAの増幅があればDゲノムをもつ，すなわち普通系コムギであることがわかり，逆に増幅がなければDゲノムをもたない二粒系コムギであるということになる。実際にPCRを行ったところDNAの増幅がみられ，種子の外観だけでなくDNAのタイプからみてもこのコムギは普通系コムギと考えられた(写真4)。このことから，おそらくこの地では多量の水(年間数百mmの降水)を必要とする栽培コムギを育てていたと推定される。これは家畜牛や

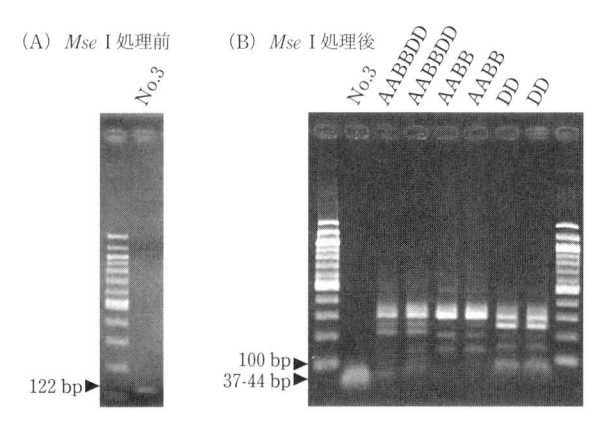

写真4 小河墓遺跡のコムギ種子のDNA分析。(A)約3,000年前の種子のうち1粒(No.3)でPCRによりDゲノムのrDNA-ITS(122bp)が増幅された。(B) DゲノムのrDNA-ITSが増幅されていれば，制限酵素 *Mse* Iで切断したときに37bp，41bp，44bpの断片を生じる。AゲノムやBゲノムのrDNA-ITSは切断されない。AABBDD：普通系コムギ，AABB：二粒系コムギ，DD：タルホコムギ

胡楊の木と並んで，この大乾燥地帯が数千年前には水が豊富で緑豊かであったとの考えを支持する状況証拠のひとつである。なお，今回の解析では，rDNA-ITS のほかに Pos-ID という配列も増幅できた。Pos-ID は増幅産物の内部に種あるいはゲノムに固有の塩基配列タイプを保有しているため，これを調べることによって種を特定できる。これについては，今後，中国側との協力体制のもとで解析を進めていく課題である。

今後，コムギの農業形質を決める遺伝子の配列を解析できれば，これら数千年前のコムギがどのような環境で，どのように栽培されていたか，だいたいのことがわかると期待される。たとえば，春播性遺伝子は播性(春播型か秋播型か)を決めているので，DNA 分析により播性を特定できれば，栽培されていた当時の気候を推定できると考えられる。また，半矮性品種は肥沃な土地においてのみ健全に生育し，また肥沃かつ雨が豊富な地域でも倒伏しないことから，収量が確保できるという特徴をもつ。したがって，半矮性遺伝子のタイプを特定すれば，当時のコムギの草丈や土地の肥沃度などを推定できる。

その後も筆者たちは中国側との協力体制のもとで 2 度目の分析も行っている。その際に同行した岡山大学の加藤鎌司さんは小河墓遺跡のミイラに副葬されていたコムギのほとんどが紫粒であることや，通常サイズと小さいサイズの種子が混在すること，キビが混じっていることなどを発見した(写真 1)。今後もさまざまな切り口で詳しい分析を続けていけば，もっと多くの興味深い発見ができると考えられる。たとえば世界のコムギ遺物を DNA 分析できれば，現在手に入る古い品種(在来品種)ではなく当時栽培されていたものを直接調べることができるため，ある時代にどこでどのようなタイプのコムギが栽培されていたのか，また新疆のコムギはどこからやって来たのかといったことを明らかにできる(在来品種での解析例：Ghimire et al., 2005)。分析は始まったばかりであり，実際には乗り越えなければならない課題もまだ多く存在しているが，この研究で得られる結果は遺物のコムギがどのような品種であったのかということだけでない。数千年前の環境を教えてくれると考えられ，小河墓遺跡でのこれまでの発見と並んで，私たちが抱いてきたシルクロード観を覆してしまうかもしれないのである。

第8章 オオムギの進化と多様性

武田 和義

　オオムギ(*Hordeum*)属は約30の種から成り立っており,野生種には二倍体,四倍体,六倍体があるが,栽培種は二倍体の *H. vulgare* subsp. *vulgare* だけである。

　栽培オオムギでは開花と同時に葯が裂開するので自殖率が高いが,遺伝研究などの目的で純度のとくに高い種子を採るためには開花前の穂に袋をかけて(写真1),ほかからの花粉による受精を防ぐ。オオムギの染色体は大形で n=7 と主要穀物のなかでは最も少なく,細胞遺伝学的な研究が進んでいた。その反面,ゲノムサイズはイネの10倍以上あり,ゲノム解析の材料としては不利であるが,重要穀物であるパンコムギなどと同じコムギ連(*Triticeae*)に属し,染色体の構造は相互に共通性が高いので,自殖性の二倍体である利点をいかし,コムギ連のモデル植物として分子遺伝学的な研究が進展している。

　栽培オオムギは今から約9,000年前にイラクの北部,いわゆる「肥沃な三日月地帯」で祖先野生種 *H. vulgare* subsp. *spontaneum* から栽培化されたといわれている。subsp. *vulgare* と subsp. *spotaneum* は後に述べるように,種子の脱粒性や休眠性などでは明らかに異なるが,雑種不稔などの生殖的隔離はまったくないので,両者は亜種として取り扱われている。オオムギの起源地である西アジアは冬季に雨の降る半乾燥の地中海性気候帯に属し,ムギ類,アブラナ科野菜,エンドウマメなどのいわゆる冬作物が適応している。これらの冬作物は秋に発芽して冬季の低温にあって花芽を形成し,春先の長日に感応して開花・結実する。低温にあわなければ花芽を形成しない性質を春化要求性(後述)と呼ぶが,これは夏の乾季を回避して冬の雨季に作物の生

写真1 遺伝的に純度の高い種子を採るために袋かけされたオオムギ

育期を合せるための適応的形質と考えられる。

　西アジアで起源したオオムギが分布域を広げて中央アジアに至ると，そこは夏雨型の半乾燥地なので，オアシスなどの潅漑が可能な場所でないとうまく生育できなかったであろう。

　中国の多雨・湿潤な長江流域にはイネ，夏雨型の半乾燥地で冬季の寒さが厳しい黄河流域にはアワやキビなどの夏作物の栽培が定着していたが，青海省，チベット自治区，四川省西部などの高原地帯には生産力の高い穀物がなかったので，外来のオオムギが独占的な地位を占め，青稞（チンコウ）と呼ばれる六条性の裸麦(後述)が現在もチベット族の主食となっている(第12章参照)。

　チベットの3,000mを越える高原地帯では気圧が低いために沸点が低く，穀物を炊くことが難しいので，人びとはオオムギを粒のまま煎って粉に挽き，これをヤクの乳からつくったバターを混ぜたお茶でこねて主食としている(写真2)。この「ツァンパ」と称する食物の発明は高地に住む人びとの知恵である。日本にも煎ったオオムギを粉に挽いた「はったい粉」(「麦焦がし」ともいう)という食物がある。炊事の方法としては煮炊きをするよりは煎ったり，焦がしたりする方が簡単であるから，はったい粉やツァンパはオオムギの食

写真 2 チベット人の主食ツァンパの作り方。(1)長時間ぐらぐらと煎じたお茶を細長い木の桶(ドンモ)に入れ，そのなかにヤクのミルクからつくったバター，塩と牛乳を少々加え，攪拌棒(チャテゥク)で上下によく攪拌してバター茶をつくる。(2)オオムギの粒を乾煎りして製粉した粉を用意する。(3)器にオオムギ粉とバター茶を入れる。(4)指で練り団子状にすれば完成。バター茶を飲みながら食べる。

べ方の原型かもしれない。なお，中国東北部に住む朝鮮族は挽き割ったオオムギを粥にして食べたという。

　日本へはイネと前後して朝鮮半島や東シナ海沿岸を経由して伝播したとみられ，原産地の西アジアとは大きく異なる東アジアのモンスーン地帯の気候条件に適応した特異な品種群が選抜されてきた。

　オオムギはほかの穀物に比べて生育期間が短く，乾燥や低温，塩類土壌に

も耐性があるので，高緯度地方や山岳地帯，低緯度地方の高地などを含めて栽培地域が広い。年次によって変動するが世界で約1.5億トンの生産があり（コムギは約6.2億トン），おもな用途は家畜の飼料，醸造原料および食料である。エチオピアやチベットの高原地帯では主食として重要であり，日本でも昔は200万トンほどの生産があり，麦飯や味噌として食されていた。日本国内の現在のおもな需要は家畜の飼料および醸造原料であるが，国内生産量は年間約20万トンと少なく，主としてカナダやオーストラリアからの輸入（年間約200万トン）に頼っている。

　ヨーロッパや北米などの先進国において，ビール麦は醸造原料として酵素力やエキス収量などに関して高度の品種改良が加えられている。いっぽう，食料や家畜の飼料として求められる品質は醸造原料とは大きく異なる。オオムギは食物繊維の含量が多いことから機能性食品としても注目されている。パンやうどん，クッキーなどに加工することもでき，小麦粉製品とは一味違った風味である。

　以下，遺伝的な背景の明らかないくつかの形質を取り上げ，その多様性と系統進化について述べる。

1. 多様性の成因

　各国の種子貯蔵施設や農業試験場には30〜50万種類のオオムギが保存されているといわれている。オオムギという，たったひとつの植物に，どうして50万種類もあるのか不思議に思う向きもあるだろう。

　最近イネの全ゲノムが解読され，全体で3万2,000ほどの遺伝子(座)があることがわかった。同じイネ科植物のオオムギでもほぼこれくらいの遺伝子(座)があるだろう。ところでひとつの遺伝子座(locus)には1種類の遺伝子(対立遺伝子 allele)しかないというのはむしろまれで，2種類以上の対立遺伝子があって形態や機能などに関してさまざまな対立形質をつくっている。仮に遺伝子座が20で，それぞれに2個の対立遺伝子があったとすると，対立遺伝子の組み合せは2^{20}で約105万種類となる。すなわち50万種類のオオムギができるのは，遺伝子の組み合せからみれば何の不思議もない。このような対立遺伝子は進化の過程で突然変異によって生じ，交雑によって新しい組み合せが生じる。その場合，自然条件に対する適応性や作物としての利用価値

が変わらなければ，確率に従って新しいタイプが広がっていくが，一般には適応性や利用価値は遺伝子の組み合せによって異なるので，特定の環境や利用方法に応じて特有の遺伝子型が選抜されたり淘汰されたりし，その結果としてそれぞれの地域に特有の品種が成立する。これが地方品種(local variety)である。オオムギでいえば高緯度地方や山岳地帯などの寒冷地には春播性の品種が分布し，半乾燥地には耐乾性や耐塩性の強い品種が適応している。いっぽう，東アジアのモンスーン地帯には湿潤な気候に適応して耐湿性や穂発芽耐性(種子休眠性)の強い品種が栽培されている。

エチオピアのオオムギは耐病性や穂の形態などのさまざまな特性においてユニークであり，少数の祖先に由来する子孫が特有の進化をとげた一群であることがわかる。これらの地方品種は栽培化以後の約9,000年(9,000世代)あるいは栽培化以前の野生種時代にわたって蓄積した自然突然変異と自然交雑の産物であり，将来の育種(品種改良)のための遺伝資源としてきわめて貴重なものである。

2. オオムギ属の野生種

前述のように，オオムギ属には約30の種が記載されているが，そのうちで栽培種は *H. vulgare* subsp. *vulgare* 1種だけで，ほかはすべて野生種である。

野生種の過半は多年生であり，また，ユーラシア大陸のほかにアフリカ大陸，南北アメリカ大陸に分布しているが，オーストラリアには原生していない。

野生種の共通の特徴としては人間の手によらず世代を繰り返して増殖するために，種子が稔ると自然に落下する脱粒性(後述)があり，また，地面に落ちても適当な時期まで発芽しないようにする休眠性(後述)をもっている。栽培種と違って収量は問題でなく，むしろ，たくさんの子孫をつくることが大切なので，一般に種子は栽培種よりも小さい。人間の保護を受けないので，病気や害虫に対する抵抗性が強く，また，乾燥や温度ストレスに対する耐性も大きい場合が多い。コムギ属の場合は野生種が二倍体と四倍体であるのに対して栽培種は二倍体，四倍体と六倍体であり，倍数性進化の好例とされているが(第3章参照)，オオムギ属の場合は，野生種に二，四，六倍体があるにもかかわらず栽培種は二倍体である。イネ属も野生種に二倍体と四倍体が

あって，栽培種は二倍体だけなので，倍数性進化という概念は必ずしも普遍的なものではない。

栽培種と交雑可能な近縁野生種は *H. bulbosum* と *H. vulgare* subsp. *spontaneum* だけである。*H. bulbosum* は多年生であり，最下部の節間が肥大してバルブ(球茎)を形成し，ここに養分を貯蔵して栄養繁殖する。おもしろいことに *H. vulgare* と *H. bulbosum* を交配した雑種では胚発生の初期から細胞分裂ごとに *H. bulbosum* の染色体が脱落し，最終的に *H. vulgare* の染色体だけをもった半数体植物ができる。これをコルヒチン処理や自然倍加によって二倍体に戻すと *H. vulgare* の純系ができる。これをオオムギの育種に取り入れたのが「バルボサム法」であり，欧米でも日本でも実用品種が育成されている。

栽培オオムギの直接の祖先種とされる野生オオムギ *H. vulgare* subsp. *spontaneum* は中央アジアの広い地域に分布しており，数百万年(数百万世代)の進化の歴史をもっているから，野生植物時代にもかなりの多様性を内包していたことは疑いない。しかも野生オオムギの子実が遺跡から出土することからみて，栽培型が出現する以前から野生オオムギが人びとに利用されていたことは疑いなく，ゆるい選抜を受けて，大粒で多収，もしかすると食味のよいものが選ばれており，そのような集団のなかから非脱粒性の突然変異が見出されて栽培が一気に広がったと想像することは荒唐無稽ではあるまい。後で述べるように栽培オオムギの起源が多元的であるならば，野生オオムギの時代の遺伝的分化は栽培オオムギの分化にとっても重要な意味をもってくる。

3. ユーラシアの東と西で違うオオムギ

わが国のオオムギ遺伝学のリーダーであった高橋隆平氏は，岡山大学資源生物科学研究所の前身である大原農業研究所で，1940年代から日本各地のオオムギ品種を収集して遺伝・育種学的研究を開始し，収集の範囲をアジアから世界に広げてオオムギの系統進化に関する世界的な研究成果を収めた。同氏と共同研究者らはオオムギ遺伝資源の世界的コレクションを対象として，後述するような多数の形態的ならびに生態的形質に関する遺伝子型を解析し，日本(本州以南)，朝鮮半島南部，中国南東部，チベットおよびネパール高地

に分布する品種群が，それ以外の西アジア，ヨーロッパ，アフリカなどの品種群とは明らかに異なることを見出し，前者を東亜型，後者を西域型と呼んだ。この分類はその後，研究対象の品種や判別のための形質を増やしてもおおむね適合するので，栽培オオムギが東西の二型に大きく分かれること，すなわち系統発生的に異なる二群に分かれることは間違いないと考えられている。

　生態的特徴からいうと西域型は冬雨型の半乾燥地に適応した冬作物として本来の特徴をもっているが，東亜型は温暖湿潤なモンスーン気候に適応して耐湿性などを獲得した特異なタイプである。また，地域的な広がりや変異の大きさからいうと西域型がメインで，東亜型は副次的な品種群である。

　以下にいくつかの形質について栽培オオムギの多型性(polymorphism)について例示する。

脱粒性遺伝子の東と西

　一般に野生種は自分で種子を撒き散らして子孫を増やすために，種子が熟すると種子や果実の基部に離層ができて自然に脱粒する「脱粒性(マメ科の場合はサヤがはじける「裂莢性」)」をもっている。いっぽう，種子が脱粒するのは収穫作業の妨げになるので，栽培化のためには非脱粒化が必須である。

　離層のできる場所は植物によって異なるが，オオムギの場合は写真3のように穂軸が1節ずつに折れて穂がバラバラになるので，「小穂脱落性」(以下，脱落性とする)と呼ばれている。したがって，オオムギの種子に折れた穂軸がついていれば野生種，いっぽう，種子に穂軸がついていなければ栽培種と判定できるので，出土資料からでも野生種と栽培種が判別できる。この原則に照らして出土遺物を観察することで，栽培化以前にも野生オオムギの種子を採集して利用していたことがわかっている。

　前述のようにオオムギの栽培種は非脱落性であるが，前出の高橋隆平氏は栽培品種間の交雑でも，両親の組み合せによってはF_1が脱落性になる場合があり，脱落性のタイプによって栽培オオムギが2群に分かれることを見出した(Takahashi, 1955)。

　このような遺伝行動は優性の補足遺伝子 A と B の作用で説明される。すなわち，非脱落性の親(P_1)の遺伝子型を $AAbb$，もういっぽうの親(P_2)を $aaBB$ とすると，両親は A か B の片方しかもたないので非脱落性，両者の

写真3 稔ると小穂が脱落する野生オオムギ（*H. vulgare* subsp. *spontaneum*，右）と栽培二条オオムギ（左）。岡山大学提供

F₁ は *AaBb* となり，*A* と *B* の両者をもっているので脱落性となる。*A* と *B* が連鎖していなければF₂ では *A—B—* : *A—bb* : *aaB—* : *aabb* が 9：3：3：1，すなわち脱落型と非脱落型が 9：7 に分離する（ここで—は優性でも劣性でもよいことを表す）。

ところが非常に多数のF₂ 個体を調べた結果，F₂ の分離比は 9：7 ではなく，1：1 の方が適合しているとみられた。もし，9：7 に分離するならば関与する遺伝子は 2 対であり，1：1 に分離するならば 1 対で，両者の遺伝子仮説は異なる。しかし分離比だけから遺伝子仮説を証明することはできないので，Takahashi and Hayashi(1964)は脱落性に関する遺伝子型の異なる品種間の交雑に由来するF₂ 個体のそれぞれに両親品種(*AAbb* および *aaBB*)を交雑するという大変手間のかかる，しかし当時としては最も確実な方法によってF₂ 個体の遺伝子型を確認した。その結果，意外なことにF₂ は *AAbb* : *AaBb* : *aaBB* が 1：2：1 に分離して，それ以外の遺伝子型は現れなかった。これは *A* と *B* が完全に連鎖して行動していることを示す。*AaBb* の個体は脱落性，*AAbb* と *aaBB* の個体は非脱落性となるので，F₂ における脱落性の分離は 1：1 となり，観察値と一致する。

現在これらの遺伝子は *Btr1* と *Btr2* と呼ばれており，岡山大学資源生物

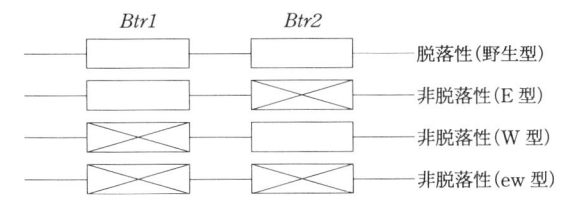

図1 オオムギの小穂脱落性を決める *Btr1*, *Btr2* 遺伝子の概念図。
　　✕ 機能喪失

科学研究所で長年にわたって調査された栽培オオムギ2,191品種のうち *Btr1 Btr1 btr2 btr2* 型は965品種，*btr1 btr1 Btr2 Btr2* 型は1,225品種，*btr1 btr1 btr2 btr2* 型は1品種であった。すなわち，図1に示すように，野生オオムギでは *Btr1* と *Btr2* が共に機能をもって穂軸に離層ができるために脱落性となり，栽培オオムギでは *Btr1* と *Btr2* のいずれかが機能を失って非脱落性となったものと考えられる。二重劣性型(*btr1 btr1 btr2 btr2*)は交雑後代に生じたきわめてまれな組換え型であろう。Takahashi(1955)は *Btr1* が機能を失って非脱落化したタイプをW型，いっぽう，*Btr2* が機能を失ったものをE型と命名した。トルコ，ヨーロッパ，エチオピアなど旧世界の西半分の品種では80％以上がW型であり，中国本土，朝鮮半島，日本など東半分の品種では逆にE型が80％以上である。つまり，W, Eの文字は「西」，「東」を表している。最も，地中海に面した北アフリカ(エジプト，アルジェリア，チュニジア，モロッコ)の品種は，西側に位置するにもかかわらずW型が7％にすぎなかった。後述のように，ほかのいくつかの形質においても，エチオピアの品種群と地中海沿岸の北アフリカの品種群とは異なった特徴を示すことが知られている。

　個々の栽培品種の非脱落性に関する遺伝子型が *btr1* であるか *btr2* であるかは適応とは無関係と考えてよいから，これをマーカーとして考えてみると，オオムギの栽培化は一元的ではなく，*Btr1 Btr1 Btr2 Btr2* の subsp. *spontaneum* から *Btr1* → *btr1* の突然変異によって非脱落化した品種群(W型)が主として西側に分布し，*Btr2* → *btr2* の突然変異によって非脱落化した品種群(E型)が主として東側に分布したことがわかる。このように，オオムギの栽培化の最も重要な非脱落化のステップにおいて *Btr1* → *btr1* と *Btr2* → *btr2* というふたつの遺伝子突然変異が関与しているということは，

取りも直さず栽培オオムギの起源が一元的ではなく，多元(少なくとも二元)であることを示している(武田, 2003)。

条性遺伝子の多様性

オオムギ属植物では写真3のように，穂軸上の各節に3個の小穂が形成される。また，パンコムギやエンバクでは各小穂が無限花序であり，ひとつの小穂に複数の小花が稔るのに対して，オオムギでは1個しか稔らない。これらの特徴によってオオムギの穂はスッキリとした外観をもち，春を告げる花材としても用いられる。

さて，各節に形成される3個の小花のうち中央の列を主列，左右を側列と呼ぶ。3小花がすべて稔り，上からみると6列なのが六条オオムギ，両側列が遺伝的に不稔で主列のみが稔り，上からみると2列なのが二条オオムギであり，この六条と二条の違いを条性と呼ぶ。写真4はいろいろなオオムギ品種における小花の大きさや芒の長さの変異を示しているが，これらの変異はすべて1個の遺伝子座上の対立遺伝子の違いによっている。

条性の進化に関して，以前は六条が祖先型で側列の退化した二条が変異型

写真4 オオムギにおける種子(小花)と芒の着き方の多様性。右の4つは六条種，左の3つは二条種

であるとか，野生オオムギは二条型なので，二条オオムギは二条型の野生オオムギから栽培化されたものであり，六条オオムギの祖先種は別にあるのかもしれない，などのさまざまな仮説が唱えられた．しかし，現在では二条型の野生オオムギ subsp. *spontaneum* から二条型の栽培オオムギが起源し，後に二条型の栽培オオムギから六条型の変異体が生じたとみられている．二条遺伝子(*Vrs*)は側列粒の発達を抑制する働きがあり，*Vrs* → *vrs* の突然変異が起こるとこの抑制作用が働かなくなり，側列粒が発達して六条型になると考えられている．条性遺伝子(*Vrs*)を研究している農業生物資源研究所の小松田隆夫氏によると，六条オオムギ品種がもつ条性遺伝子(*vrs*)の塩基配列は3タイプに分けられるので，二条→六条の変異が少なくとも3回起こったとみられている(Komatsuda et al., 2007)．一時期，六条オオムギの祖先種ではないかといわれた *H. agriochrithon*(脱落性の六条オオムギ)は，subsp. *spontaneum* と六条オオムギ(栽培品種)の自然交雑によって脱落性と六条性をそなえるようになった雑種であると考えられるようになった(Tanno and Takeda, 2004)．

　オオムギの穂の形態は条性(二条，六条)のほかに芒の長短，穂密度(密穂，疎穂)，さらに穀皮の色(緑，紫，黒)などの組み合せによってさまざまである．さらに芒が鉤状に変形した三叉芒(hood，写真5)や側列が不規則に欠落(退化)

写真5 三叉芒の形態．芒が穎花に変わる．

する不斉条(labile または irregulare)などがあり，以前はこれらの形質の組み合せによって変種名が付けられていた。

　現在，二条オオムギと六条オオムギは世界中に分布しているが，中国以東の地域において古くから栽培されてきた在来オオムギ品種には二条型が存在しない。したがって，この地域の二条オオムギは比較的最近になって外から導入されたと考えられている。

　オオムギの収量は第一義的には光合成，同化産物の転流やデンプン合成の能力などによって決まっており，六条オオムギと二条オオムギのどちらが多収かは一概にはいえない。一穂の重さは六条型の方が大きいが，穂数は二条型の方が多い。二条オオムギでは主列だけしか稔らないために穀粒が大きく，しかもよく揃っているので，伝統的にビール麦として利用されてきた。しかし，近年では収量や耐病性などに関して改良された二条オオムギが，ビール醸造原料以外に家畜の飼料や焼酎の原料などにも使われている。

皮・裸性遺伝子

　オオムギの大きな特徴として，種子を包む穀皮(内・外穎)が一種の糊によって種子と固着していることが挙げられる。この性質を皮性と呼んでいる。ただし，栽培品種のなかにはこの糊が分泌されない変異体があり，これを裸性という。両者の違いを写真6に示す。この糊物質は子房の大きさがほぼ決まる受精後2週間目ごろから分泌され，種子が完熟するころにはしっかりと固まる。

　このように，穀皮が種子に固着しているのは種子を守るためには有効だが，食料として利用するには不都合である。したがって，裸性の突然変異は大いに歓迎されたとみられ，東アジア，とくにオオムギを主食とするチベット族の居住区域では青稞(チンコウ)と呼ばれる裸麦が大規模に栽培されている。しかし，西南アジア，ヨーロッパ，トルコ，地中海沿岸の北アフリカ，エチオピアなどでは裸麦の割合が低い。また，ネパールのヒマラヤ地方では裸麦の割合が高いのに対してインド平原に連なる低地では皮麦の割合が高いなど，地域によってさまざまであり，利用形態や食習慣を反映していることがうかがわれる。

　なお，多くのイネ科作物のなかで種子と穀皮が糊物質によって固着しているのは皮麦だけであり，脱穀した後の種子が穀皮を被っているイネやエンバ

写真6 裸麦(左)と皮麦(右)

クなどは、種子と穀皮が糊づけされているわけではない。

日本中で盛んにオオムギが栽培されていた1933年当時の農林省の統計にもとづいてTakahashi(1942)は皮麦と裸麦の分布を調べ、北海道、近畿、山陽、四国、九州では裸麦が、東北、北陸、山陰では皮麦が主体であることを見出した。春播き地帯の北海道を除けば、寒冷、積雪地帯には皮麦、西南暖地には裸麦という図式が明瞭であり、皮・裸性が気候などの環境適応に関連していることが強く示唆される。

皮・裸性遺伝子のきわめて近くに連鎖するマーカーについて、筆者らが300余りの品種を調べたところ、どの品種も同じタイプだったので、裸性の突然変異は1回だけ起こった可能性が高いと考えられる。最近になって皮性遺伝子はERF(ethylene response factor)転写因子であり、皮麦ではERF転写因子が働いて種子の表面に脂質が分泌され、穀皮が種子と接着し、いっぽう、裸麦ではこの遺伝子が完全に欠落していて種子の表面に脂質が分泌されないことが明らかにされた(Taketa et al., 2008)。なお、条性と皮・裸性は独立に遺伝する形質なので、条性と皮・裸性の組み合せは自由なはずであるが、岡山大学資源生物科学研究所に保存されている約1万品種のうち二条・裸性は70品種程度にすぎない。したがって、皮性→裸性の突然変異が起こったの

は六条型の栽培品種であり,その後,六条・裸性のオオムギ品種と二条・皮性のオオムギ品種が自然交雑して二条・裸性のタイプができたと考えるのが自然である。それにしてもなぜ,二条・裸性の品種がこんなに少ないのかは謎である。

渦遺伝子の起源と分布

1960年代からメキシコ(CIMMYT)およびフィリピン(IRRI)の国際農業研究機関でコムギやイネの品種改良が本格的に始まり,その成果として収量が大幅に増大して「緑の革命」とたたえられ,コムギの育種家であるノーマン・ボーローグ氏が1970年にノーベル平和賞を受賞したことはよく知られている(第6章参照)。この収量増加は半矮性遺伝子(草丈をやや短くする遺伝子)を導入することによって,肥料をたくさん与えても作物が倒れないようにするという工夫によるところが大きかった。

ところで,日本のオオムギでは古くから半矮性遺伝子をもつ,倒れにくい品種が栽培されてきた。この遺伝子は1922年に「渦」と名付けられ,劣性の主働遺伝子であることはわかっていたが,その作用機構は長いあいだ不明であった。なお,この「渦」という奇妙な名称は江戸時代から栽培されていた矮性(ツルの短い)アサガオの名称に由来している。最近,筆者らはその塩基配列を解読し,植物ホルモンの一種であるブラシノライドに対する感受性を失った変異体であることを明らかにした(Saisho et al., 2004)。

渦遺伝子は草丈を正常型の約80%に短縮し,葉は短く,厚く,直立し,色は濃く,穂や芒も短く,さらに穀粒が正常型の2/3くらいに小さくなるので,ひと目で見分けがつく。穀粒が小さいのは米と混ぜて麦飯を炊くときに好都合だったという説もある。

渦性のオオムギ品種は,第二次世界大戦以前はわが国の西南地方や朝鮮半島南部の主要な品種であった。中国では1950年代から東シナ海沿岸などで広く栽培され,1960〜70年代には100万ha程度の栽培があった。しかし,東アジア以外の地域には導入されていない。前述の1933年当時の農林省の統計によると,日本国内ではほぼ北緯38度を境にしてそれより北には渦品種が栽培されていない(Takahashi, 1942)。また朝鮮半島においても渦品種は現在の韓国の地域にしか栽培されておらず,中国においても華北には渦品種の栽培がない。これらの事実は渦品種が寒冷地に適応しない可能性を示して

いる。さらに，春播き地帯や半乾燥地帯のように，栄養生長が貧弱になるような条件では渦品種の収量が極端に少なくなることが知られている。したがって，オオムギの半矮性品種は，コムギやイネの場合と同様に，肥料や水が潤沢に与えられ，十分な栄養生長量が確保できる場合にのみ多収となるのであろう。言い換えると半矮性遺伝子を利用した多収性育種というのは資源の利用という観点からは贅沢な戦術である。

江戸時代中期(1730年代)に書かれた『享保・元文諸国産物帳』には現代の渦オオムギ品種と同じ「鬼裸」という品種名があり，丸山応挙の甥である丸山応震(1790～1838)の米麦図屏風(個人蔵：The Price Collection)の初夏の風景には空を舞うヒバリと共に特徴的な渦オオムギが描かれているので，遅くとも江戸時代後期には渦オオムギが栽培されていたことは間違いない。日本の農民は半矮性遺伝子利用の先覚者であった。

これらの状況証拠から，筆者らは渦遺伝子は江戸時代，あるいはそれ以前に日本において起こった突然変異に由来し，朝鮮半島南部の渦品種は1910年の日朝併合にともなってわが国から導入されたものであろうと考えている。韓国側の資料によると，1922年に日本の渦オオムギである「坊主」が導入されたという記録がある。1950年以降，中国の東シナ海沿岸地帯で急激に広まった渦オオムギの由来は明らかではないが，いくつかの品種については外来種であることが明記されており，また筆者らが調査した4品種では渦遺伝子の約3,000の全塩基配列が日本品種の渦遺伝子とまったく同一だったので，日本から導入された渦品種が新中国の農業振興策のなかで普及されたものであろうと考えられる(武田，2005)。

東アジアに特有のモチ性遺伝子

植物は光合成によって水と二酸化炭素から炭水化物を合成し，これをおもにデンプンの形で子実などに貯蔵する。デンプンはブドウ糖が縮合した巨大な分子であり，ふたつのタイプ，すなわち α-1,4 結合による直鎖のみからなるアミロースと，α-1,6 結合による分岐をもつアミロペクチンの2種類がある。アミロペクチンは加熱すると粘りのある「モチ」になる。通常のイネ科植物の子実のデンプンは20～30%のアミロースを含み，残りはアミロペクチンであるが，アミロース合成を支配するデンプン粒結合型デンプン合成酵素(granule-bound starch syntase)の働きが低下するとアミロース含有率が

低下して，いわゆる半モチ状態となり，さらにこれが欠失するとアミロースが合成されず，アミロペクチン100%の完全モチになる。近年，イネ科植物ではモチ性遺伝子の作用が詳細に解析され，遺伝子の構造解析も進んでいる。

東アジアにはモチ性のオオムギが存在するが，不思議なことにこれらは完全モチではなく，数%のアミロースを含んでおり，その理由は最近まで不明であった。ここでは農林水産省の九州農業試験場(当時)でモチ性のオオムギを研究し，筆者の研究室で学位を取得した土門英司氏の研究成果(Domon et al., 2002)を中心としてオオムギのモチ・ウルチ性について紹介する。

オオムギのモチ性遺伝子(*wax*)は12のエキソンをもち，約5,000塩基対からなる遺伝子であるが，塩基配列の違いによってⅠ～Ⅳの4つのタイプに大別される。タイプⅠとⅡはウルチ性，ⅢとⅣはモチ性である。タイプⅠとⅡのウルチ性対立遺伝子は608(系統によっては603)のアミノ酸残基をコードしている。タイプⅠは野生オオムギの *H. bulbosum* などにも見出されるので，これがオオムギ属のウルチ性遺伝子の祖先型と考えられる。いっぽう，タイプⅡはタイプⅠの塩基配列と比べて第1イントロンに191塩基対の欠失がある。

ウルチ性の栽培オオムギ499系統を調べたところ，欠失型のタイプⅡは218系統と，全体の4割を超えていた。したがって，タイプⅠとタイプⅡの分化はかなり以前，もしかすると栽培化以前に起こったのかもしれない。実際に，栽培オオムギの祖先種とされる subsp. *spontaneum* 182系統を調べたところ，タイプⅠとⅡの割合は57：125と欠失型の方がむしろ多かった。したがって，タイプⅡの変異体は栽培化以前に野生種のなかに広がっていたと考えるほうが自然である。もし，それが正しければ，タイプⅠの栽培オオムギはタイプⅠの subsp. *spontaneum* から，またタイプⅡの栽培オオムギはタイプⅡの subsp. *spontaneum* から，それぞれ独立に起源したものと考えられる。

栽培オオムギにおけるタイプⅠとⅡの割合には地理的な変異が認められ，栽培オオムギの起源地とされる中近東ではタイプⅠの割合が約68%であり，分布の東側では中国本土74%，朝鮮半島57%，日本75%とタイプⅠが優占していた。いっぽう，西側のヨーロッパではタイプⅠの割合が25%，エチオピアでは3%(調査した36品種中の1品種)にすぎなかった。

タイプⅠとⅡの違い，すなわちイントロン部分における塩基の欠失が自然淘汰の対象になったとは考えにくいので，このようなタイプ別の地理的変異

はオオムギの伝播経路などを反映しているものとみられる。すなわち，タイプⅠの栽培オオムギはタイプⅠの野生種から起源しておもに東側に分布を広げ，いっぽう，タイプⅡの栽培オオムギはタイプⅡの野生種から起源しておもに西側に広がったとみられる。エチオピアの在来系統はほかの多くの遺伝形質においてもユニークなタイプを示す場合が多く，少数の限られたタイプの祖先に由来する子孫が独自の進化をとげたとみられている。

　タイプⅢは在来のモチ性品種であり，タイプⅠのウルチ性遺伝子から第1エキソンを含む418塩基対が欠失してアミロースの合成量が低下し，アミロース含有率が数％の半モチになっている。なお，現存する半モチ性系統はいずれもこのタイプであり，タイプⅡのウルチ性オオムギからこの領域が欠失して半モチになった変異体は見出されていない。

　タイプⅢの在来モチが極東の日本，朝鮮半島などに局在するのは，この地域の人びとがモチを好んで食することと関連していると考えられる。岡山大学資源生物科学研究所にはモチムギ，ダンゴムギなどと呼ばれる在来のモチ性品種が保存されている。これらの品種は水稲を栽培できないような山間の集落で細々と栽培され，粉に挽いて水でこね，蒸してカシワモチやダンゴのようにして，お祝いやお祭りなどの「ハレの日」にモチとして食されていたのであろう。

　タイプⅣはタイプⅠのウルチ性遺伝子の第5エキソン中のひとつの塩基がC(シトシン)からT(チミン)に置換されることによってグルタミンをコードするコドン(CAG)が終止コドン(TAG)に変化し，本酵素が完成されないためにアミロースが合成されず，完全にモチになったものとみられた。なお，タイプⅣの完全モチはカナダと日本で別々に得られた人為突然変異体であるが，エキソン部分の1,800余りの塩基のうち特定の1個がまったく同じ変異(C→T)を起こしたというのは奇跡に近い。

　このように，東アジアに伝播したタイプⅠ型の栽培オオムギはタイプⅠ型の subsp. *spontaneum* から栽培化された品種群であり，いっぽう，ヨーロッパやエチオピアに伝播したタイプⅡ型の栽培オオムギはタイプⅡ型の subsp. *spontaneum* に由来していると考えるのが自然である。別の項目でも述べるように，オオムギの系統進化に関するさまざまな状況証拠は，アジア地域に分布するいわゆる東亜型の品種群と，ヨーロッパやエチオピアに分布する西域型の品種群が異なる起源をもつことを示唆しており，より多くの形

質とそれを支配している遺伝子の差異を解析することによって，オオムギの起源と伝播の過程(それは取りも直さず人間活動の反映なのだが)を知ることができる。

ダイアジノン感受性遺伝子の地理的分布

ダイアジノンは1953年にスイスで開発された有機リン剤で，神経毒としてアブラムシ(アリマキ)などの駆除に効果がある。

あるとき，温室で育てていたオオムギの苗にアブラムシが発生し，これに目分量で少々濃い目のダイアジノン水溶液を散布したところ，アブラムシは全滅したが，数日後オオムギも品種によって葉が枯れるのが観察された(写真7)。そこで処理条件をさまざまに変えて実験したところ，通常(非感受性)の品種は2,000 ppm程度の濃度にも耐えるが，感受性の品種は，①200 ppmでも薬害が出ること，②3～18℃程度の低温では顕著に薬害が出るが，23℃以上の高温では薬害が出ないこと，③暗所では薬害が出ず，また葉緑素をもたないアルビノ個体でも薬害が出ないので，光合成過程の光化学反応と関連があることなどが明らかになった。

このような予備実験から，ダイアジノンの処理条件を濃度1,000 ppm，冬季に無加温のガラス室(気温は5～15℃)で，晴天の日と定め，感受性品種と非

写真7 ダイアジノン感受性のオオムギ(左)と正常オオムギ(右)

感受性品種間の 19 交雑組み合せの F_2，合計 4,513 個体で感受性を調べたところ，感受性：非感受性は 3,319：1,194 で 3：1 に分離し，ダイアジノン感受性は優性の 1 遺伝子 *Diz* (diazinon) に支配されていることが明らかになった。さらに形態的形質マーカー遺伝子との連鎖分析によって，*Diz* が 7 H 染色体に座乗することがわかった。次に岡山大学資源生物科学研究所が保存しているオオムギ品種のなかから 5,560 品種でダイアジノン感受性を評価したところ，全体で約 13％の 708 品種が *Diz* をもつとみられ，その分布をみると図 2 に示すように明らかに地理的な傾斜がみられた。

最も頻度が高かったのはイラクで 100 品種中 50.0％が *Diz* をもっていた。エチオピアでは 974 品種中 33.6％，ヨーロッパでは 517 品種中 25.7％，トルコでは 835 品種中 16.3％とやや高かったが，周辺にいくほど少なくなり，ネパールでは検定した 874 品種中に感受性のものは現れなかった。中国，朝鮮半島，わが国にはごく僅かの感受性品種があったが，これはいずれもヨーロッパなどから導入されたビール麦品種やその交雑後代であることが系譜や形質の特徴などから明らかであった。

これらの事実から，「*Diz* 遺伝子はイラクあたりで起こった比較的新しい突然変異で，おもに西側に分布を広げ，ネパール以東には近年になって育種素材あるいはビール麦としてヨーロッパなどから導入された」というストー

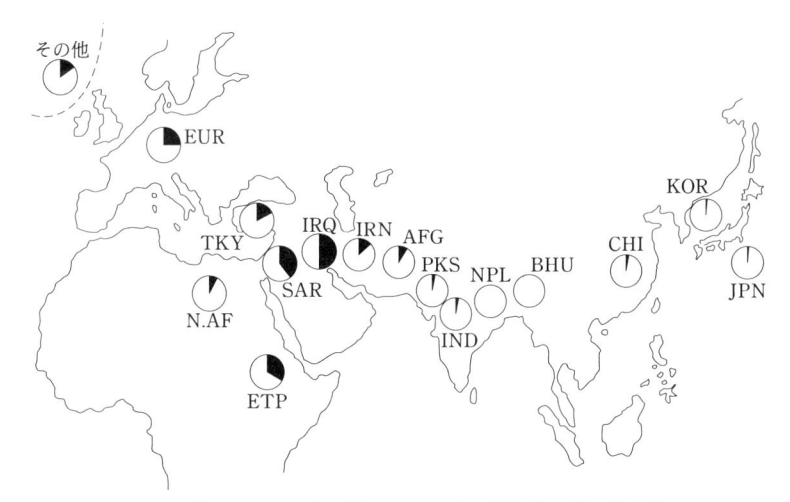

図 2 ダイアジノン感受性のオオムギ品種(黒)の地理的分布

リーを描くことができる。これが真であるかどうかは神のみぞ知るだが、合理的な解釈であるとはいえるだろう(Takeda, 1996)。

フェノール酸化酵素遺伝子

植物にはさまざまなフェノール化合物が含まれており、抗酸化作用などとの関係で注目されている。いっぽう、フェノール類を酸化するフェノール酸化酵素の存在も知られており、たとえばイネでは籾殻や糠層におけるこの酵素の有無がインディカとジャポニカの判別形質になっている(Oka, 1958)。

オオムギの穀粒を薄いフェノール水溶液に漬けると褐変し(写真8)、その色の濃さが品種によって異なることは以前から知られていたが、フェノールによって褐変しない品種の存在は知られていなかった。岡山大学資源生物科学研究所の大学院生であった松浦誠司氏はフェノール酸化酵素遺伝子に興味をもってオオムギ品種を調べ、フェノールに反応しない品種を見出した。

これを受けて筆者らは約9,000品種のオオムギの穂を使ってフェノール反応を検定し、僅か51品種(0.6%)が欠失型で、さらに図3に示すように採集地のわかっているものはおもにシルクロードにそって分布することを見出した。

フェノール反応のない品種とある品種のあいだで交雑を行い、F_2 18集団、合計3,704個体を検定したところ、フェノール反応の有無は2,779:925で

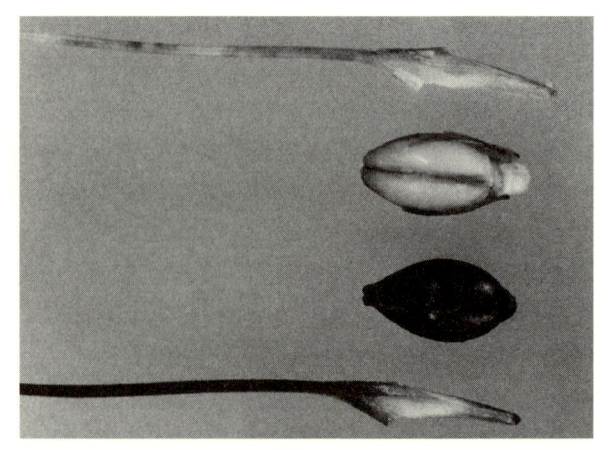

写真8 フェノールによって褐変したオオムギ(下)、上は無処理

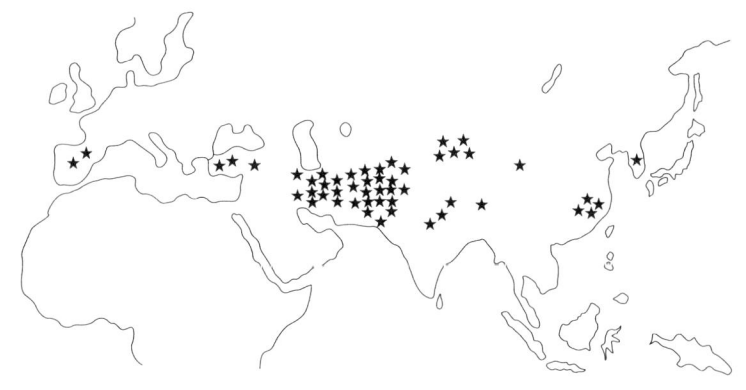

図3 フェノール酸化酵素をもたないオオムギ品種の地理的分布

3：1に分離し，優性の1遺伝子 Phr (phenol reaction)に支配されることがわかった。イネではフェノール酸化酵素遺伝子は第4染色体上の無葉耳遺伝子と約20%で連鎖することが知られているが，オオムギの場合は2H染色体上の無葉耳遺伝子と21%で連鎖していた。このような事実はイネとオオムギの進化過程において，イネ科植物の共通祖先に由来する染色体の共通部分が保存されてきたことを示していると考えられる(Takeda and Chang, 1996)。

その後，チベットのラサ周辺，約100 km四方の19か所から筆者らが収集した344のオオムギの穂のフェノール反応を調べたところ，同地域では欠失型の頻度が10.7%と比較的高かった。さらに，欠失型の頻度が集落によってかなり異なったことから，伝統的な栽培方法を守っている現地では，種子は自家採種されていて，あまり交流がないものとみられた。したがって，図3に示されるような東西に長い分布は人間が意図的に種子を動かした痕跡とみることができる。

チベットにおけるオオムギ在来品種の調査・収集は，岡山大学によるムギ類遺伝資源調査隊(隊長：筆者)と中国四川農業大学小麦研究所の顔済名誉教授との共同研究として1995年に行われたものである。

四川省の省都である成都で四川農業大学の顔名誉教授以下のメンバーと合流した一行は氷河をいただいたヒマラヤ山脈の東端にあたる6,000 m級の山塊を越えて西へ向かい，8月13日に標高3,650 mのラサ空港に到着した。緯度は鹿児島くらいだが標高が高いため気温は快適であった。オオムギはちょうど収穫期で，コムギにはやや早いという時期であった。現地旅行社の

マイクロバスを借り上げて4日間，ラサ周辺のほぼ100 km四方を走り回った。ラサ周辺の作物はオオムギ，コムギ，ソバ，ナタネなどが主で，チベット族が自給自足的な質素な生活をしている。主食は前述のツァンパ，副食は僅かなチーズ，干肉，ネギなどであった。オオムギでつくったドブロク，それを蒸留した青稞酒(チンコウ)(アルコール分20～25%)とタバコが現地の農民の数少ない楽しみであった。少数民族保護のために「一人っ子政策」は徹底されていない。ラマ教の熱心な信者が多く，農家の屋根には経文を印刷した五色の旗(タルチョ)がはためき，いたるところに建つほこらには活仏ダライラマの写真が飾られている。

　六条裸麦の青稞には紫粒と白粒があり，まれに黒粒，側列短芒，三叉芒などの変異体が混じっている。紫粒と白粒は混じっている畑と区別されている畑があるので，農民の意識の程度はさまざまと見受けられる。4,000 m以上の高地には作物栽培がなく，高地に適応した長毛の「ヤク」が放牧されている。ちょうど夏のキャンプが終わる時期で「ヤク」の大群の移動に何度か出あう。4,000 m近くになると高山病を発症するメンバーが多く，幅1 mくらいの溝を跳び越えるにも難儀する。

　幸い，我々には4日間大きなトラブルもなく，数百点のオオムギ，コムギのサンプルを集めることができた。しかし海外での遺伝資源探索は楽しいことばかりではないので，日ごろから体力，気力，チームワークを養っておくことが大切である。

4. オオムギの適応に関わる遺伝子の多様性

春・秋播型の遺伝的分化

　オオムギもコムギと同様に二年生植物であり，やはり，冬季の低温が引き金になって花芽が形成される「春化」という現象(第6章参照)が知られている。これは原産地である地中海性気候地帯においてオオムギの生育期を冬の雨季に合わせるための巧みな適応形態と考えられる。ムギ類の野生種はもともと秋播型だったとみられ，栽培オオムギの祖先野生種と考えられているsubsp. *spontaneum* も秋播型である。いっぽう，栽培オオムギについてみると，冬の寒さがきわめて厳しい高緯度地方や山岳地帯では秋播性品種は越冬できないので，低温要求性あるいは春化要求性(vernalization requirement)の

ない春播性品種を春に播いて初夏に収穫する。また，冬の寒さが不十分で低温要求性が満足されない低緯度地方などでは秋播きしても穂が形成されないので，春播性品種が必要である。

　岡山大学資源生物科学研究所の安田昭三氏はライフワークとしてオオムギの春播性遺伝子を研究し，オオムギには3種類の春播性遺伝子($sgh1$, $Sgh2$, $Sgh3$)があることを明らかにした(Takahashi and Yasuda, 1956)。また，$sgh1$ の劣性対立遺伝子，もしくは $Sgh2$，$Sgh3$ の優性対立遺伝子のいずれかをもつと春播型になるが，そのほかの場合には秋播型になる。さらに，どの春播性遺伝子をもつかによって春化要求度が異なるので，地域によって春播性遺伝子型が異なることを示した(安田, 1978)。これらの研究成果がオオムギの品種改良に貢献したことはもちろんであるが，第6章で紹介されているコムギの播性に関する研究にも貴重な情報を提供した。最近，春播性遺伝子に関する分子遺伝学的な研究が進展し，コムギとも共通のメカニズムによってオオムギの播性が決まっていることが示されている(Yan et al., 2006)。

休眠性遺伝子

　植物の種子はその発育後期には発芽能力をもっているが，安全に次の世代を残すために，適当な時期まで発芽を抑制する安全装置をそなえており，これが種子の休眠性で，とくに野生植物には必須の特性である。休眠中の種子は，ジベレリン水溶液や過酸化水素水(H_2O_2)で処理したり，低温あるいは高温にさらしたり，常温で長期間保存したりすることによって休眠が覚めて発芽するようになる。栽培植物ではそれぞれの適期に農民が播種するので休眠は必要ないが，休眠があまり浅いと種子が穂についたまま長雨などによって発芽してしまう穂発芽(preharvest sprouting)が問題となる。このような観点から筆者らは4,000あまりの栽培オオムギ品種と180系統ほどの野生オオムギ(subsp. *spontaneum*)の休眠性を評価した(Takeda and Hori, 2007)。

　完熟直後のオオムギ種子の発芽率は品種や地域によって大きく異なり，東アジアの品種は休眠が深かった。収穫期が多湿な時期と重なるモンスーン地帯に適応した東アジアの品種は，ある程度の休眠性をそなえることによって穂発芽を予防しているのであろう。いっぽう，エチオピアのオオムギ品種では休眠がきわめて浅い品種が多く，収穫直後の種子であっても湿した濾紙をしいたシャーレに播種するとほぼ100％の発芽率を示す。岡山大学資源生物

科学研究所には約1,000のエチオピア品種があるが、これらの多くは穂発芽にきわめて弱く、「晴れの国」岡山でも採種に苦労させられている。

前述のように野生オオムギはいずれも休眠が深く、完熟した種子を25°Cで20週間保存した後でもほとんど発芽しないものがある。いっぽう、栽培オオムギは収穫後5週間も保存するとほとんど発芽するようになるが、トルコの一部の品種では15週間後でも休眠しており、野生オオムギの休眠性遺伝子が自然交雑によって取り込まれたのではないかと考えている。

休眠性には多くの要因が関連しており、7本の染色体上に散在する11ほどの領域に休眠性に関わる遺伝要因が見出されている。そのなかで最も強力な要因は5H染色体の動原体付近にあり、筆者らはこれを単離しようと頑張っている。

5. おいしいビールづくりに適したオオムギ

ビールと β-アミラーゼ遺伝子

オオムギの主要な用途は家畜の飼料、人間の食料、そしてビール、ウイスキーなどの醸造原料である。一般にアルコール醸造の過程はデンプン→糖→アルコールの順に進み、それぞれのステップで固有の微生物に由来する酵素が使われている。デンプン→糖の過程は地域によりさまざまである。東アジアでは、この過程でカビの一種（麹菌）がもつ糖化酵素もしくはヒトの唾液中の糖化酵素を使う（口嚙酒という）。西アジア～エジプトにうまれたといわれるビールでは、発芽初期の種子（麦芽、一種のモヤシ）に含まれる高濃度の糖化酵素の力を借りている。糖化酵素である β-アミラーゼはデンプンを分解して麦芽糖（マルトース）をつくる働きがあり、ビール酵母がこのマルトースを分解してアルコールを合成する。ブドウ酒のような果実酒の場合はブドウ果汁中の糖を利用するので糖化のプロセスは不要である。ちなみに麦芽を使ってコメ・イモ・トウモロコシなどのデンプンを糖化したものが「水あめ」である。前述の岡山大学によるムギ類遺伝資源調査隊が、中国科学院昆明植物研究所の龍春林教授との共同研究として2005年に行った現地調査においても、貴州省西部の鎮寧において「波波糖」という特産の銘菓に出会ったが、これもオオムギ麦芽を使ったものであった。余談ながら、「波波糖」製造のためにこの地域ではオオムギ栽培が盛んに行われており、たくさんのオオムギ遺

伝資源を収集することができた。

　穀粒のなかで働く β-アミラーゼ遺伝子は全長約3,700塩基対からなり，いくつかの複対立遺伝子が分化していてアミラーゼのアイソザイム（同位酵素：基本的に同じ作用をもつが分子構造が異なる酵素）が存在することが知られている．β-アミラーゼの耐熱性はビール製造工程の能率と関係するので，とくに重視されている．サッポロビールの金子隆史氏は岡山大学資源生物科学研究所が保存しているオオムギ約9,000品種を調べ，10種類以上の β-アミラーゼ対立遺伝子を見出した．なお，これらの変異遺伝子のほとんどは野生オオムギ subsp. *spontaneum* にも見出された．栽培オオムギの多数の変異遺伝子が自然交雑によって野生オオムギに入ったと考えるよりも，栽培化以前にこの遺伝子の多様化が起こっており，多様な β-アミラーゼ対立遺伝子をもつ野生オオムギが多元的に栽培化されてさまざまなタイプの栽培オオムギが成立したと考えるほうが自然であろう．

　β-アミラーゼ遺伝子の分化について大まかにいうと，耐熱性の程度によってA(高)，B(中)，C(低)の3グループに分けられる．これらの地理的変異をみるとネパール，中国，朝鮮半島，日本ではほぼ80％以上がA型であるのに対して，インド，パキスタン，トルコ，ヨーロッパ，地中海沿岸の北アフリカではB型が主体で40～60％を占めていた．いっぽう，エチオピアではC型が97％（971品種中941品種）と圧倒的で，β-アミラーゼ遺伝子をマーカーにしてみてもエチオピアの品種は限られた祖先から出発した特異なグループであることが示された．

　このように，多数の品種の β-アミラーゼを解析するなかで，β-アミラーゼの活性のない変異系統が10系統見出された．これらのうち8系統は，国立遺伝学研究所の岡彦一博士が1958年にインド・シッキムの市場で入手した裸麦に由来するものであり，形態的特徴やエステラーゼアイソザイムの型などから同一の系統とみられた．残りの2系統はネパール由来とされ，シッキムの系統とは穂の形態に僅かな差が認められた．これらの系統の β-アミラーゼ遺伝子の構造を解析したところ，すべての系統において遺伝子の後半部分にかなり大きな挿入部位が見出され，これによって β-アミラーゼが生成されないものと考えられた．なお，β-アミラーゼ欠失型の変異体はイネやサツマイモでも見出されているので，β-アミラーゼは植物の生存に必須の酵素ではないと考えられる．事実，オオムギにおいても β-アミラーゼ欠

失型の品種では登熟，発芽，生育の各段階において正常型と変わりがなかった。β-アミラーゼのない麦芽ではマルトースがほとんどできないので，これを原料としてつくったビールは，風味が相当に異なるものになると予想される。

LOX 遺伝子，不老ビールの夢

ビール工場で飲むビールが文句なしに旨いのは決して気のせいではなく，ビールは新しいほど旨い。生ビールではそれがとくに顕著で，ビールメーカーはビールの鮮度を保つために腐心しており，そのためのコストも軽視できない。ビールの風味としては喉越し，キレ，香り，泡もちなどさまざまな要素があるが，オオムギの穀粒に含まれている脂肪酸酸化酵素であるリポキシゲナーゼ(LOX)の活性が高いと風味を早く損ねることが知られている。リポキシゲナーゼは加熱により失活するが，耐熱性に関して強(H)と弱(L)の2型があることが知られている。

サッポロビールの廣田直彦氏は在来種を中心とする栽培オオムギ1,040品種のLOXの耐熱性を評価した。60℃で30分間の温度処理をして残存活性を調べると，熱に弱い品種ではほとんど酵素活性が失われ，いっぽう，熱に強い品種では無処理区の90%以上の活性を保っていた。H型とL型の残存活性の強さはやや連続的であったが，分布の谷である52.5%を境に両者を分けると586品種がH群，454品種がL群とほぼ半々であった。いっぽう，野生オオムギ subsp. *spontaneum* 116系統を調べたところ，大部分はH型で，これがLOX遺伝子の祖先型であろうとみられた(Hirota et al., 2008)。

リポキシゲナーゼの耐熱性はビール麦の育種において最近になって一部で注目され始めた形質であり，これが自然淘汰や選抜の対象になったとは考え難いので，LOXの耐熱性に関する多型は系統進化を解析するための好適なマーカーである。このような観点からH型とL型の頻度をみると，オオムギの起源中心と考えられている西南アジアの品種ではH型とL型が88:96と伯仲していたが，中国本土の品種では44:21，朝鮮半島の品種では76:30，日本の品種では89:23と東に進むにつれてH型の割合が高まる傾向がみられた。その反面，ヨーロッパの品種では44:91，トルコの品種では37:103とL型が優占していた。いっぽう，地中海に面した北アフリカの品種では53:19とアジアの品種並みにH型の割合が高かった。エチオピアの

品種では122：22と圧倒的にH型の割合が高く，ここでもエチオピアの品種が比較的少数の祖先品種に由来して形質の変異に片寄りが生じていることが示された．

ビール醸造原料として考えた場合，H型の品種よりはL型の品種の方が，同じ製造工程でもLOXの残存活性が低く，できたビールの賞味期限が長くなると期待されるが，いっそのことLOX活性がなくなれば，究極の老化耐性ビールができるはずである．廣田氏はこのような観点から岡山大学資源生物科学研究所が保有する多数のオオムギ品種を調べ，ついにLOXレスの品種を見出した(Hirota et al., 2006)．この情報に接したデンマークのビール会社や栃木県農業試験場では独自にLOXレスの突然変異体を人為的につくり出すことに成功した．「為せば成る」というのは遺伝資源の分野でも真である．LOXレスがビール麦の世界標準になり，どんな僻地でも旨いビールが飲める日も遠くないであろう．

前述のように，栽培オオムギは自殖性の二倍体であるために，遺伝子突然変異が固定しやすく，長年にわたる進化の歴史のなかで多数の変異体が蓄積されている．それらのなかで適応的に，あるいは農業的に重要な形質はそれぞれの地域の環境条件や栽培方法などによって選抜あるいは淘汰されて特定のタイプに収斂しており，逆に有利でも不利でもない中立的な形質は系統進化の痕跡として集団のなかに保持されている．

これまで述べてきたいくつかの形質を標識としてオオムギの系統進化について考えてみると，祖先野生種subsp. *spntaneum* からの栽培化は一元的でなく，多元的(少なくとも二元的)であることがわかる．その結果としてヨーロッパ，東アジア，エチオピア，地中海沿岸の北アフリカにそれぞれ特有のタイプが存在しており，栽培オオムギが世界中に分布を広げる過程で環境条件や栽培形態による淘汰ならびにびん首効果(少数の特定のタイプの集団に由来する子孫が特定のタイプに収斂する現象)によって特有の地方集団が構成されてきた過程が示唆される．

西アジアの半乾燥地帯に適応していたオオムギが東アジアのモンスーン気候に適応するためには，ここでは触れる余裕がなかったが，耐湿性や耐病性がネックになったことは想像に難くない．

エチオピアの栽培オオムギがさまざまな形質に関して特異なタイプを示す

ことからみて，比較的少数の祖先に由来する品種群であることは疑いない。同様のびん首効果はチベット高原に広く分布する青稞（春播性の六条裸麦）にも認められる。地中海沿岸の北アフリカ地方の品種群が，エチオピアやヨーロッパなどの品種群とは異なるタイプに属する理由はよくわからないが，北アフリカ地方が独自の歴史的，文化的背景をもつことを示唆するものであろう。東アジアの二条オオムギは，ビール麦として導入された外来のものである。わが国のビール麦は明治初年にヨーロッパから導入されたゴールデンメロン，スワンハルス，ハンナなどの少数の品種に由来して，その系譜や育成経過がかなり明確であり，育種のプロセスを解析するうえで興味深い対象である。

いずれにしても栽培植物は人間が運ばなければ移動しないので，ここに概観したような栽培オオムギの地理的分布は自然と人為のないまぜになった9,000年の歴史の断面をみせているといってよいだろう。ここで例示した少数の形質を通してみてもオオムギの伝播は決して一筆描きではなく，交易や戦争，民族移動などにともなって重層的に広がっていったものであることがわかる。

このような解析がまがりなりにも可能なのは，世界各地のオオムギの在来品種が先人の努力によって保存されているからである。古い品種を収集・保存することは想像以上に難しい。たとえば栽培オオムギの起源地として最も重要な西アジアの地域は，度重なる戦乱や砂漠化などのために，遺伝資源の調査もままならない状態にある。遺伝資源の損壊は文化遺産の破壊であり，人類の文化に対する冒とくであることを知るべきである。

第9章 コムギ畑の随伴雑草ライムギの進化

辻本　壽

　ライムギはドイツ，ポーランド，ロシア，スカンジナビア諸国など冷涼な気候条件で栽培され，黒パンやウォッカ，ウイスキーの原料として，あるいは家畜の飼料として利用される麦の一種である(図1)。しかし，同じ麦の仲間であるコムギやオオムギとは異なる経緯で作物になった。この章では，世界的な重要作物として君臨するコムギやオオムギの陰で，独自な進化の道を歩み続けたライムギについて紹介する。

1. ライムギという植物

　「ムギ」という名がつく植物は，カラスムギ，ドクムギ，ネズミムギ，ハトムギのように数多く存在する。しかし，これらの植物は分類学的にみて，コムギやオオムギとはあまり類縁性がない。いっぽう，コムギとオオムギは，コムギ連(Triticeae)という同一グループに属している。このグループにはほかにも300以上の野生種が含まれており，ライムギもこのグループの一員である。

　ライムギは学名を *Secale cereale* という。*Secale* は属名で，この和名を「ライムギ属」といい，*cereale* は種小名で「穀物」を意味する。コムギ連に属する3つの穀物，つまりコムギ，オオムギ，ライムギのなかで，コムギは，イネやトウモロコシと並ぶ世界3大穀物のひとつとして，またオオムギはそれに次ぐ第4の穀物に進化した。これに対し，ライムギは栽培面積でも生産量でも小さく，コムギやオオムギが自家受粉するのとは異なって他家受精するなど，植物学的にみても異色な存在である。

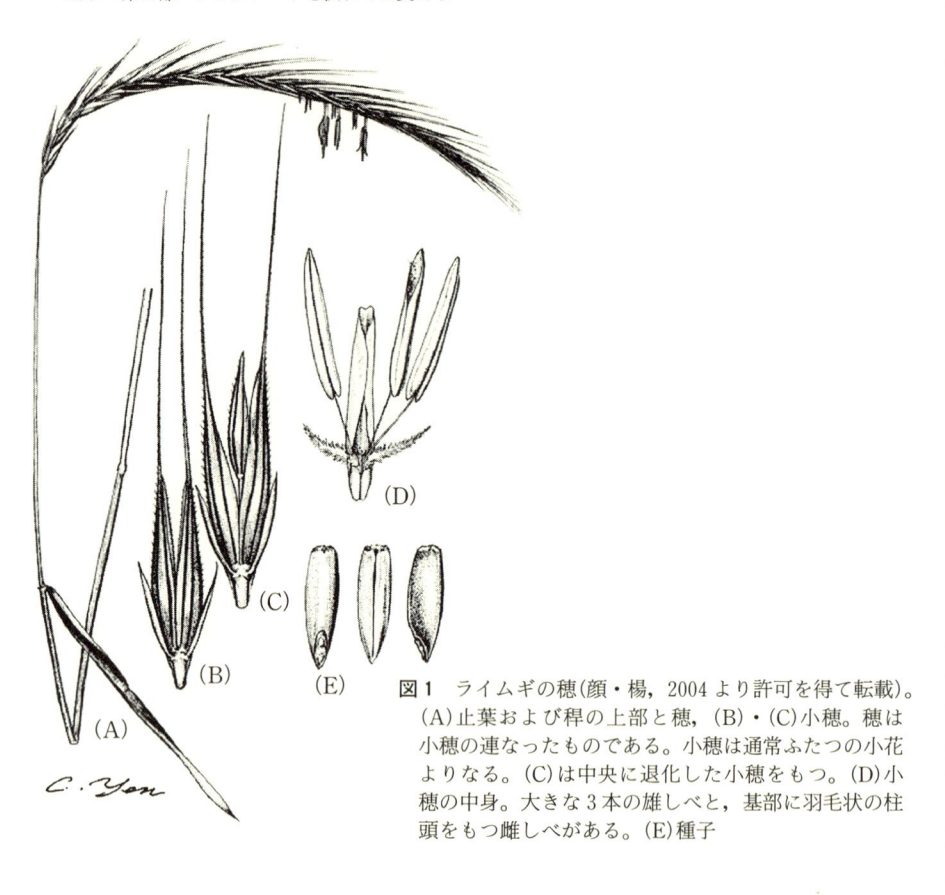

図1 ライムギの穂(顔・楊, 2004 より許可を得て転載)。(A)止葉および稈の上部と穂, (B)・(C)小穂。穂は小穂の連なったものである。小穂は通常ふたつの小花よりなる。(C)は中央に退化した小穂をもつ。(D)小穂の中身。大きな3本の雄しべと, 基部に羽毛状の柱頭をもつ雌しべがある。(E)種子

ところで, 第12章にあるように, 小麦粉に水を加えてこねていると, 粘性と弾性に富むまとまりのよい生地ができる。これを成形して加熱すれば, パンやうどんなどさまざまな食品に加工できる。しかし, ライムギ粉では, いくらこねても, このような感触の生地はできない。写真1は, 小麦粉とライムギ粉で生地をつくり, 通常のパン焼きレシピによって家庭用パン焼き器でつくったパンである。酵母を入れたにもかかわらずライムギ粉でつくった生地はほとんど膨らまない。また, 色が黒くなるが, このために中国ではライムギを「黒麦」と呼ぶ。ドイツやポーランドでは, 乳酸菌など複数の微生物でできたサワー種で発酵させ粘弾性のある生地をつくり, これで黒パンを焼くため, 酸味を帯びる。

このようなライムギではあるが, コムギより優れた点もある。まず, 粉に

写真1 小麦粉(左)とライムギ(右)の粉で焼いたパン。ライムギ粉で焼いたパンは色が黒っぽく膨らまない。

必須アミノ酸であるリジンや，ビタミン，ミネラル，繊維質が多く含まれ栄養価が高い。また，寒く瘠せた土地に耐えることができ，さまざまな病気に抵抗力をもつ。さらに，背が高いが強い茎(稈という)をもち，強風が吹いても少々のことでは倒れない。

2. ライムギは雑草だった

　コムギやオオムギほど主要ではないとしても，ライムギはれっきとした作物である。季節がくると穂にたくさんの種子を稔らせる。中央アジアや西アジアを旅すると，コムギ畑のなかにたくさんのライムギが混じっているのをみかけることがあるが，こちらは「雑草ライムギ」である。雑草ライムギは，穂軸の先端がバラバラに折れる性質(小穂脱落性)があり，コムギの収穫前に種子を地面に落とし自己繁殖する。しかし，下部の小穂は脱落しないので，コムギとともに収穫・脱穀・製粉されて人の口に入る。また，一部の種子はコムギに混じって翌シーズン播種される。このように作物である栽培ライムギと雑草ライムギは性質を異にするが，両者は植物学的には同じ種として扱われている。

　ロシアの植物学者バビロフは，コムギとライムギの関係をみて，栽培ライ

ムギは雑草ライムギに起源するという説を唱えた。つまり，雑草ライムギをともなったコムギが北方，あるいは高地に伝播し栽培条件が厳しくなると，コムギの収量は不安定になるが，寒さや瘠せ地に強い雑草ライムギの種子は安定して収穫できる。このような状態が常時おこると雑草ライムギが優先的になり，ついには小穂脱落性を失い，それ自体が作物として栽培されるようになるという説である。この説は栽培ライムギの起源として広く受け入れられており，同様の雑草由来の作物を二次作物と呼んでいる(Vavilov, 1917, 1926)。つまり，エンマーコムギやオオムギなど，野生種が直接栽培されて作物になったものを一次作物，別作物の雑草であったものが作物として栽培されるようになったものを二次作物と呼ぶのである。ただし，一次作物といっても，自然環境に適応した野生植物を栽培化するのは難しい。山野草の栽培の難しさを考えてみればよい。栽培化の前段階として，まず人が頻繁に攪乱する住居周辺の環境に適応するタイプの雑草が現れ，これに収穫，播種という人の手を加えるようになって，徐々に作物としての性質を備えていったと考えるほうが自然である。畑もまた人による攪乱環境であるから，一次作物，二次作物の違いは，単に攪乱環境にすでに先住作物があったかどうかの違いのみである。

3. ライムギの起源地

ライムギ(S. cereale)には栽培型と雑草型があるものの，典型的な野生型はない。したがって，いかにして野生型から雑草型が出現したのかが起源に関するひとつの問題である。ライムギ属のなかには，ライムギを含めて5種の植物が知られており，これらは，地中海地域，西アジア，中央アジアおよび南アフリカに分布する(図2)。なかでも最も多様性に富むのは Secale montanum という野生種である。雑草ライムギは，この種の変異のなかから，あるいはこの種と別種との交雑によって現れたのであろうと思われている。しかし，染色体を観察すると，ライムギと S. montanum のあいだに明瞭な差異がある。写真2は，ライムギ属の5種の染色体を分染法という特殊な方法により観察したものである。ライムギ，S. montanum, および S. vavilovii の染色体は，その末端部に濃く染まる部分をもつのに対し(写真2A, B, D)，ほかの2種はこのような特徴をもたない。S. montanum は染色体の

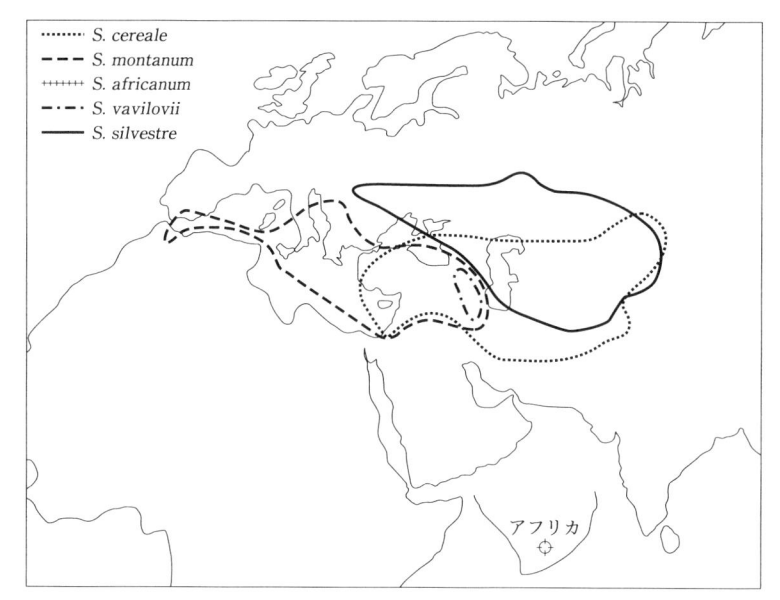

図2 ライムギ近縁種の分布域 (Khush, 1962 をもとに作図)。ライムギ S. cereale は雑草ライムギのみの分布

　形態が最もライムギと類似しているが，3本の染色体が関与する2個の転座（染色体の継ぎ換え）がある。このように，ライムギの成立過程は単純ではない（Koller and Zeller, 1976)。

　ところで，雑草ライムギを調査すると図3の地域 I (トルコ東部，イラン北部，トランスコーカサス) および地域 II (イラン東北部，アフガニスタン) に多くの変異がみられる。バビロフは，変異が多く存在する場所をその作物の起源地と考える有名な遺伝子中心説を提唱したが，この説によると，この地域 I および II が雑草ライムギの起源地であると考えられる。Khush (1962) は，栽培ライムギの起源地もこの両地域と考え，東ヨーロッパなど一部の栽培ライムギは地域 I より，北ヨーロッパのライムギは地域 II に由来すると考えた。また，栽培化の年代は，コムギやオオムギよりずっと後の約5,000年前であると推定した。これに対し，Kranz (1973) は，コムギ畑の雑草としてライムギが定着したのは地域 I に含まれるアナトリア高原であり，約5,000年前に北ヨーロッパで栽培ライムギとして完成したと考えた。

　いっぽう，Helbaek (1971) は，遺跡から出土する遺物の調査によって，地

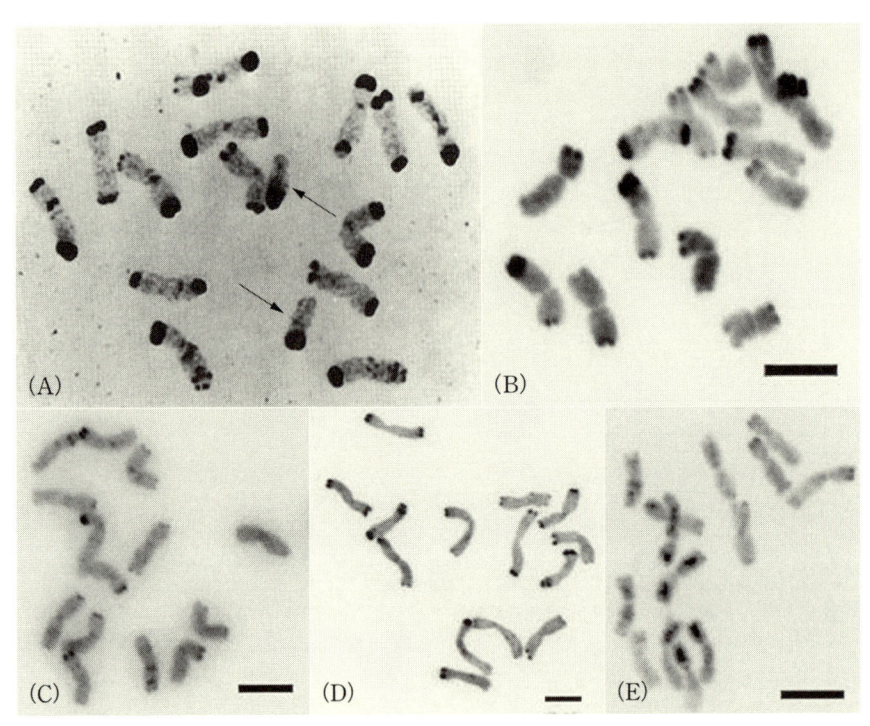

写真 2 ライムギ属 5 種の染色体。染色体の特徴を明らかにするため、分染法という方法で染色し、染色体上に濃淡をつけている。(A)の矢印は B 染色体(本文参照)。(A)ライムギ *Secale cereale*, (B) *S. montanum*, (C) *S. africanum*, (D) *S. vavilovii*, (E) *S. silvestre*

域IIを栽培ライムギの起源地とする説を唱えている。これは、西アジアから地中海沿岸における先史時代の遺跡からは大量のコムギとオオムギの穀粒が出土するのに対し、ライムギがまったく出土しないこと、また、これらの地域において、ライムギが初めて出土する遺跡は10〜11世紀以降の新しいものに限られていることを根拠にしている。北ヨーロッパではこれよりずっと前の紀元前2500〜2000年の遺跡からライムギが出土するので、西アジアや地中海沿岸より栽培が先ということになる。これらのことから、Helbaek (1971)は、地域IIのコムギが北ヨーロッパに分布する過程において栽培ライムギが成立したと考えた。

　これらの説から想像たくましくライムギの起源と栽培化の過程を考えると次のようになる。まず野生ライムギは、コムギが起源するずっと前(染色体の

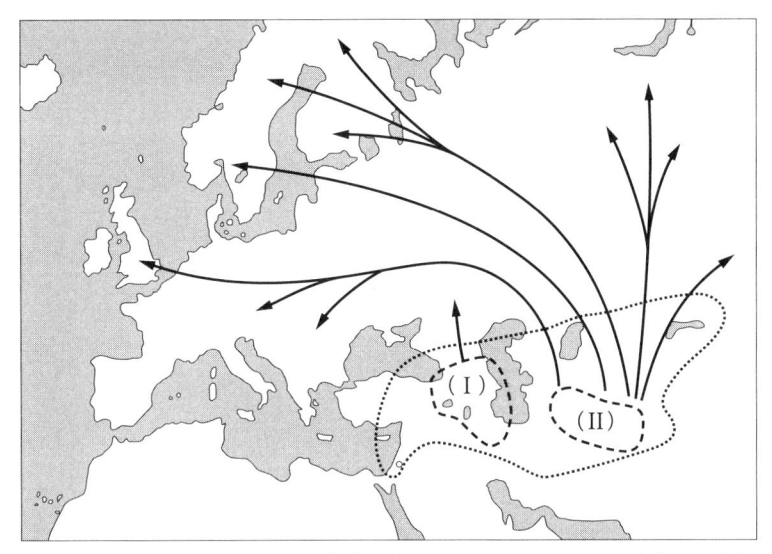

図 3 雑草ライムギの分布と変異集積地域(Khush, 1962 より)。(Ⅰ)第一次中心地，(Ⅱ)第二次中心地

研究から，おそらく10万年以上前)に，この属の変異集積地である地域Ⅰにおいて *S. montanum* から，あるいはこの種とほかの種との雑種から出現した。野生ライムギは川原や土砂崩れによる自然裸地によく適応し，分布域をしだいに東へと広げていった。そのずっと後の約1万年前，肥沃な三日月地帯でコムギが栽培化された。作物としてのコムギは，その分布域を東に拡大したが，中央アジアに通じる伝播経路のどこかで，野生ライムギがコムギ畑に入り雑草として適応した。畑は人がつくった攪乱環境で，自然裸地に環境が似ており，野生ライムギにとって好適地である。あるいは，もしかすると，人は川原のような最初から開けた土地にコムギの種子を播いて農業を行ったのかもしれない。未発達な農業において，わざわざ，大きい労力を費やし畑を耕したとは思えないからである。コムギのほうが後から雑草ライムギの自生地に栽培されたのであれば，野生ライムギが自然にコムギの雑草となったことを理解できる。

ところで，雑草ライムギはコムギのように生育が早く，草丈が高く，コムギと似た形の種子をつける。このように雑草ライムギの形態はコムギ畑のなかで急速に進化したのであろう。第11章で紹介されているように，いくつ

かの雑草では，作物と一緒に収穫，播種されるなかで，短期間に作物の形態に擬態することが知られている。つまり，栽培という強い選択圧のなかで，栽培に適した形態が強く選抜されたのである。やや難しい話にはなるが，ライムギは他家受精植物であり，その集団内に大きい変異を含むため，強い選抜によって形態が大きく変わる可能性がある。

先にも述べたが，雑草ライムギは成熟すると穂の先端の小穂がバラバラになり，種子を地面に脱落させる。この種子は休眠しているためにすぐには発芽しないが，秋になってコムギの種子が播かれるころには休眠からさめ，コムギと同じ時期に発芽する。いっぽう，穂の下部の小穂はコムギと共に収穫されて，大部分は人の口に入るものの，一部は次のシーズンにコムギと一緒に播種される。粗放な農業において，播種前に雑草ライムギとコムギの種子を選り分けるのは不可能だし，またその必要もなかったであろう。つまり雑草ライムギは自力で次世代を残すとともに，人の手を借りて次世代を残すという，ふたつの繁殖戦略を併用していることになる。中央アジアにコムギが伝播したころには，雑草ライムギはすでに栽培環境に適応し，現在みるような随伴雑草として十分に進化していたのであろう。

ところで，雑草ライムギが分布する中央アジアでは，コムギだけでなくオオムギも栽培されている。両作物とも同時期に栽培され収穫されるが，興味深いことにオオムギ畑に雑草ライムギは少ないようである。阪本・河原(1979)は，アフガニスタン東北部においてムギ類の調査を行い，コムギ畑には雑草ライムギが混入するが，六条オオムギ畑には雑草エンバクが混入し雑草ライムギがみられないことを報告している。後述するが，筆者らのアルメニアでの調査でも，同様のことを観察した(写真3)。阪本・河原(1979)は，コムギとオオムギの起源地が異なり別経路でこの地域に達したことが，随伴雑草の違いの原因であろうと推察している。

中央アジアのコムギは雑草ライムギと一緒に北方の寒い痩せ地に伝播する過程で，元来劣悪環境に耐性をもつライムギが，小穂の非脱落性を獲得したであろう。雑草ライムギはその混入率をどんどん増やし，ついにはヨーロッパに至るどこかの地点でライムギが主役となり，作物として栽培されるようになったに違いない。紀元前2500年ごろの北ヨーロッパの遺跡からはライムギが出土するので，栽培植物としての成立はそれ以前であったと思われる。

現在，西アジアにみられる雑草ライムギは，地域Ⅰで発生した野生ライム

写真3 アルメニアのコムギ畑(左)とオオムギ畑(右)。コムギ畑には，ライムギの混入があるがオオムギ畑にはほとんどない。

ギから独自に進化したか，中央アジアからコムギの伝播経路と逆に西進しながらそうなったものと思われる。筆者は前者の可能性のほうが高いと思う。なぜなら，中央アジアより西アジアの雑草ライムギが大きい変異をもち，また穂の着色など独特な変異を含むからである。さらに，前述のように，ライムギは隣にある六条オオムギ畑にさえ進入できないわけだから雑草として単独で長い距離を移動するとは考えられないからである。地域Ⅰの雑草ライムギも独自に栽培化され栽培ライムギが成立し，Khush(1962)がいうように黒海周辺地域のみに伝播したのであろう。つまり，この考え方によると，ライムギは二元的に起源したことになる。

4. アルメニアのライムギの生態

筆者らは2008年，上記の地域Ⅰに含まれるアルメニアにおいてムギ類の調査を行った。コムギ畑やその周辺にライムギはごく普通にみられた。しかし，これらは必ずしも雑草型といえるものではなかった。雑草型であれば，

上述のように穂の先端がバラバラになり，人手を借りなくても自己繁殖するはずである。しかし，観察したライムギは，一部の個体が小穂脱落性を示しただけである。コムギと栽培ライムギを意図的に混作している畑も存在したが，多くの場合，混入しているライムギは，穂長，穂色(白色，褐色)，種子色(白色，褐色，青)などに大きい変異がみられ，穂の脱落性も例外ではなかった。

　さらに興味深い点は，コムギ畑におけるライムギ混入頻度が，調査地点によって異なっており，ライムギの割合が半分以上で，むしろ「ライムギ畑」と呼ぶべきものまで観察されたことである。このような畑のコムギは必ずしも在来品種というわけではなく，旧ソ連時代に新たに育種された改良品種の場合もあった。つまり，ライムギ種子を含まない改良品種を導入しても，畑に落ちているライムギ種子が自然に混ざり，適当な割合になるということである。

　上述のように，ライムギにとってみると大部分は食べられてロスするにしても，コムギ種子に混ざって確実に人の手により播種されることの方が，自分の力で種子を落とし適期に発芽するよりも適応的に有利である。しかし，このような繁殖戦略をとるライムギにとって危機的事態は，新しいコムギ品種への更新によって，ライムギ種子を含まない集団がつくられることである。しかし，この場合でも，脱落性遺伝子を集団内で保持し一部の種子を畑に脱落させておけば，この種子が元になって，コムギ畑への混入を始めることができる。つまり，危機回避機構として，一部分が脱落性をもっていればよいということになる。いっぽう，コムギだけでなくライムギも食用になるわけだから，脱落性個体の頻度があまり高くなければ，ライムギが混入していても人間にとってはさほど問題ではない。むしろ，不良環境ではライムギの頻度が高くなり収量を保証できるという点では好都合であろう。このようにライムギと人間両者にとって好都合な繁殖戦略は，ライムギが雑草型から一歩進歩して栽培型にむかう途上にある形態であると思われる。

　ところで，ライムギはコムギ畑に普通に混入しているが，オオムギ畑にはほとんど存在しない。前述のように，阪本・河原(1979)はアフガニスタンの調査から，コムギ畑とオオムギ畑で随伴雑草が異なるのは伝播経路の違いによるものと考えた。しかし起源地に由来する随伴雑草がいつまでも作物と行動を共にするのだろうか。アルメニアでは，コムギおよびオオムギ栽培の歴

史は長い。このなかで，コムギ作の翌年，同じ畑にオオムギが栽培され，脱落していたライムギ種子がオオムギ畑に生えることも可能であろう。また，今回の調査地域でも，コムギとオオムギが区切りのない隣どうしの畑で栽培されているところが普通に存在しており，ライムギ種子のオオムギ畑への混入は物理的に避けられるものではない。阪本・河原(1979)の指摘のように，元は起源地や導入経路の違いが随伴雑草の違いの原因であったとしても，その理由のみで作物と雑草の関係が現在まで維持されているとは思えない。そうすると，オオムギ-ライムギ間あるいは，コムギ-ライムギ間の特別な生態的関係を考えざるをえない。

今回の調査で，コムギ畑に意図的にライムギを混植する畑がみられた。混作は，コムギあるいはコムギ-ライムギ両者が，少ない肥料や水を効率的に利用できるなど何か適応的に有利であるためであり，いわば両者に共生関係が成立していることを意味するのではないだろうか。あるいは，オオムギ畑にライムギが入り込めない理由として，何らかの理由でオオムギがライムギを排除しているのではなかろうか。アルメニアではオオムギのほとんどが飼料用なので，ライムギの混入は何ら問題ないはずであるが。

アルメニアでの調査から，ライムギがコムギの単なる雑草であるだけではなく，オオムギも含めた3者間で特別な関係を築いているという印象を強く受けた。この微妙な三角関係については，今後の詳しい調査が必要である。

5. 東アジアのライムギ

筆者はこれまで，中国の新疆ウイグル自治区北部，四川省西部，雲南省，チベット自治区，ブータンおよびネパールを訪れ，ムギ類の遺伝資源調査を行った。しかし，これらの地域では，栽培ライムギを一度もみたことがない。雑草ライムギもほとんどなく，新疆ウイグル自治区と雲南省のムギ畑から遠く離れた路傍で，2，3度みかけたのみである。いっぽう，これらの地域の随伴雑草で目立っているのは，雑草エンバクである。いったん混入してしまうと雑草ライムギの種子を完全に取り除くのは難しいので，もともとこれらの地域には雑草ライムギがなかったと考えるのが自然であろう。

中国ではライムギを「黒麦」または「洋麦」と呼んでいる。ライムギ粉でつくった食品の色が黒味をおびているからである。洋麦の名は西洋から入っ

てきたことを意味している。清代以前の中国の文献には黒麦の記載がないので，19世紀以降に導入されたと思われる(顔・楊 2004)。ただし，雲南省や四川省の山岳部農村には比較的原始的な特徴をもつライムギが栽培されているとの報告がある。Niwa and Sakamoto(1996)は四川省南部のイ(彝)族居住地域のライムギ染色体の調査から，これが中国西南部を経由し伝播したのではないかと考えている。加藤鎌司ら(私信)は，西安に近い陝西省商州市で小規模なライムギ栽培をみつけたが，農民によると穀粒を利用するのではなく，その長い稈をコムギやオオムギを縛るために用いるのだという(写真4)。また，田中裕之ら(私信)は，2007年に行った中国雲南省のムギ類遺伝資源調査において貴州省との省境でライムギ栽培をみつけたが，聞き取り調査では豚の飼料として用いるとのことであった。両地域とも昔からその地域で栽培されてきたというが，その由来についてのさらなる調査が必要である。

　韓国や日本にもライムギは存在する。韓国へはシベリア経由で伝播したのかもしれない。日本にライムギが導入されたのはおそらく明治初期であると思われる。ライムギという名は「rye麦」つまり，英名のryeと麦の合成語であるが，当時のハイカラさんが名付けたのではないだろうか。佐々木(1989)によると，ライムギは1934年にドイツから飼料用として北海道に導入され，選抜試験によって「ペクトーザ」という品種が育成されたという。現在でも家畜の敷き藁や畑の緑肥用として，ときどきライムギの栽培をみることがあり，種子も販売されている。

　ところで，日本海沿岸の砂丘畑には，作物を強風と飛砂から守るために畑の周囲にライムギが植えられている。岩崎ら(2005)は福井県と石川県の砂丘畑のライムギについて農民への聞き取り調査を行った。これによると，ライムギは，戦後，タバコの栽培とともに導入されたのであろうとのことである。稈は，スイカやカボチャの敷き藁として好適である。筆者の住む鳥取県においても，このような目的で畑の周囲に植えられているライムギをタバコや野菜畑の周囲でよくみかける(写真5)。岩崎ら(2005)も指摘しているが，ライムギの垣根は防風ネットよりずっと安価で簡単に管理でき，とくに高齢者による農業には好都合である。

　ところで，東アジアのライムギには，おもしろい特徴がいくつかある。そのひとつは染色体数に関するものである。通常ライムギは14本の染色体をもつが，東アジアのライムギ集団のなかには，しばしばそれ以上の染色体数

写真4　陝西省商州市で栽培されていたライムギ(加藤鎌司氏撮影)

写真5　防風と飛砂防止のためタバコ畑の周囲に植えられているライムギ(鳥取市)

をもつものが存在する。これは，正常な染色体(A 染色体という)に加え，B 染色体と呼ばれる特殊な過剰染色体が 1～数本存在するためである(写真 2A の写真で矢印で示した染色体)。不思議なことに，この B 染色体は遺伝子をほとんどもたず，ライムギの生活にとって何ら有利性はなく，むしろ B 染色体を多数もつと生育阻害や稔性低下などが起こり，有害である。しかしなぜ，このような異様な染色体が存在するのだろうか。これまでの研究の結果では，B 染色体は生存に不利な影響を及ぼすため，集団から排除される方向にあるにもかかわらず，花粉や卵細胞をつくる細胞分裂の過程で数を増やすという奇妙な性質があり，その排除と供給のバランスにより集団中に一定数保たれていると説明されている。いわば B 染色体はライムギにとって，ゲノムに住みついて自らを増殖させる寄生的な存在である。この B 染色体は東アジアのライムギには普通にみられるがヨーロッパのライムギ集団にはほとんどない(Münzing, 1954)。

　東アジアのライムギのもうひとつの特徴としては，雑草型が存在しないことである。伝播の最初から，ライムギは作物としてコムギとは別個に栽培されていたのである。東アジアに雑草ライムギがなかったことは，ライムギとの交雑不和合性遺伝子が東アジアのコムギに存在しないことからも示唆される(Riley and Chapman, 1967)。ライムギは他家受精植物であり，コムギと同じころに花を咲かせ大量の花粉を空中に散布する。当然ライムギの花粉はコムギの雌しべに達し，これが受粉すれば雑種になる。雑種は旺盛に生育し一定の面積を占有するが不稔であり子孫を残さないので，人にとってもライムギ自身にとっても，その出現は好ましくない。

　中央アジア，西アジアやヨーロッパのコムギ畑には雑草ライムギが存在するために，このように雑種ができてしまう可能性がある。これを避けるために，この地域のコムギは，ライムギに対する交雑不和合性遺伝子(*Kr* と呼ばれる)をもち，たとえライムギ花粉が雌しべにかかっても受精させないという生殖的隔離機構を発達させている。実際，人工的にライムギ花粉をこの地域のコムギに受粉させてみても，種子はほとんど稔らない。いっぽう，東アジアのコムギは，ライムギとの生殖的隔離機構をもたず，ライムギ花粉を受粉させると簡単に雑種種子ができてしまう。東アジアのコムギは雑草ライムギの花粉に対してまったく寛容であり，このことは，この地域のコムギ畑に雑草ライムギが存在しなかったために無防備であることを示すものである。

この性質は，育種学的にみると，次に述べる「ライコムギ」の育成に重要な性質である。

6. ライコムギ

ライコムギはコムギとライムギの人為交雑によって新たに創造された人工作物である(写真6, 7)。英名はコムギ属(*Triticum*)とライムギ属(*Secale*)を合成してトリティカーレ(Triticale)である。すでに19世紀末からこれらの雑種育成の研究が行われているが，本格的に研究が進み安定したライコムギ品種ができたのは20世紀後半である。四倍性のマカロニコムギとライムギの雑種に由来する六倍性ライコムギは，劣悪環境下でよく育ち，耐病性に優れ，大きなバイオマスを生み出すなど優秀な性質を示す。しかしながら，その穀粒の形状や粉質はコムギに勝るものではなく，現在のところコムギをしのぐ作物にはなっていない。しかし，旺盛な成長と耐病性のため，メキシコ，ポーランド，中国，ベラルーシなどでは300万ha以上の耕地で栽培され，おも

写真6 ライコムギ(鳥取大学農学部)

写真1 ライコムギとその親植物の穂。左からライムギ，ライコムギ，マカロニコムギ，パンコムギ(比較のため)

に家畜の牧草用やサイレージ用に利用されている。

さらに，ライコムギとパンコムギの雑種の子孫から，ライムギの優秀な遺伝子をもつ染色体部分を導入したコムギの系統が育成されている。とくに，ライムギの1R染色体の一部分とコムギの1Bまたは1A染色体が転座した染色体をもつコムギ品種は，病害抵抗性，多収性など優秀な形質をもち，東ヨーロッパやロシアを中心に広く普及している。ただし，ライムギに似てパンを十分に膨らませる能力に劣っており，さらなる改良が必要である。

現在，ライムギはコムギとは別の作物として利用されているが，コムギとは深く関係しながら進化してきた。コムギはこれまで最重要作物として，人が最も精力的に育種を行ってきた作物のひとつである。しかしいっぽうで，作物としてのライムギは，その重要度の低さから育種もあまり進んでいない。21世紀になり人口が増えるいっぽうで，地球環境が悪化してきた。これらに対応するため，さらにコムギを改良しなければならない。しかし，育種の

ための遺伝子の供給源，つまりコムギの遺伝資源の枯渇が叫ばれるようになった。その解決策のひとつとして異種植物や野生植物の遺伝子を再認識しようとの機運が世界的に高まりつつある。国際トウモロコシ・コムギ改良センター(CIMMYT，メキシコ)や国際乾燥地農業研究センター(ICARDA，シリア)では，マカロニコムギに近縁野生種であるタルホコムギを人為交雑してパンコムギと同じゲノム構成をもたせた「合成コムギ」を用いて，耐乾性，耐暑性などのストレス耐性コムギの育種を大規模に行っている。今後はタルホコムギよりさらに遠縁のライムギがコムギ育種のための重要な遺伝資源として活躍するであろう。コムギの随伴雑草として広く分布域を拡大したライムギは，今度はコムギの育種に使われコムギゲノムのなかに入り込んで，その分布域を拡大するのかもしれない。

第10章 エンバクの来た道

森川　利信

1. エンバクとはどのような植物か？

エンバクは日本ではなじみの薄い作物であるのに，マカラスムギ，オニカラスムギ，カラスムギ，オートムギなど多くの別名がある。農業的に有用な栽培植物として考えるならば「エンバク」という呼び名が一般的なようである。農林水産統計には飼料作物として「えん麦」と記載されている。ではエンバクにはどのような特徴があり，どのような草型をしているのだろうか。まず穂の形はほかのムギ類とかなり異なっていて，むしろイネとよく似た円錐花序である。穎果(種子)のつき方はコムギと同じで，小穂のなかに3～4つの種子をつけるが，小穂のついた枝(分枝梗)が長く伸びているのでイネによく似た穂の形をしている(写真1)。

エンバクは飼料作物として，家畜とくに，軍馬，農耕馬，競走馬用の高栄養飼料として北海道の畑作地帯である十勝平野や九州の阿蘇山麓で子実収穫用に多く栽培されてきた。しかし，馬の需要が減少するにつれて，年々その栽培面積は減少してきた。現在では，青刈りして高級和牛用の高栄養飼料として利用されている。2007年度財務省の日本貿易統計によると日本はその輸入大国であり，輸入ピーク時の1996年にはオーストラリアやカナダから年間約10万トンも輸入していた。1998年度世界農業統計によると，エンバクの輸入量世界1位はアメリカ合衆国であり，2位は日本であるが，アメリカ合衆国は穀物生産戦略として，土地や労働力の安価な南米のブラジル，アルゼンチンに生産拠点を移して逆輸入しているだけなので，実質的な輸入量

写真1 六倍性普通エンバクの草型(A)と穂形(B)

　第1位は日本である。エンバクは食用作物でもあり，オートミール，クッキーの原料として利用されている。さらに，農業資材としてもよく使われている。土に鋤きこむことで土壌の通気性と保水性を良くする土壌改良(ソイルセーバー)の役割があるとともに野菜の連作障害の一因であるネマトーダ(線虫)を根に巻き込んで駆除する線虫抑制効果が期待されている。また最近では，畑の外への農薬の飛散や畑への病害虫の進入を止めるガード植物として需要が伸びている。冒頭でエンバクはなじみの薄い作物であると述べたが，じつは，日本国内ではかなり用途が広がっている。

　エンバク属 Avena はその有用性のために研究の対象としてしばしば取りあげられ，野生種の探索も活発に行われてきている。今のところ，表1に示した30種(Leggett, 1992)が知られているが，このなかには二倍性($2n=2x=14$)から四倍性($2n=4x=48$)，六倍性($2n=6x=42$)までが含まれている。このうち二倍性種と四倍性種は大部分が野生種であり，六倍性種には雑草種と栽培種

表1 *Avena* 属(Poacea)の分類(Leggett, 1992 より)

節	種名	和名	染色体数 (2n)	ゲノム
Avenotrichon	*A. macrostachya* Bal. ex Cross. et Dur.		28	CC*
Ventricosa	*A. clauda* Dur.		14	Cp
	A. eriantha Dur.		14	Cp
	A. ventricosa Bal. ex Cross.		14	Cv
Agraria	○*A. brevis* Roth.		14	A
	○*A. hispanica* Ard.		14	A
	○*A. nuda* L.		14	A
	○*A. strigosa* Schreb	サンドオート	14	As
Tenuicarpa	*A. agadiriana* Baum et Fedak sp. Nov.		28	AB*
	A. atlantica Baum et Fedak sp. Nov.		14	As
	A. barbata Pott. ex Link.	スレンダーオート	28	AB
	A. canariensis Baum, Rajhathy et Sampson		14	Ac
	A. damascena Rajhathy et Baum		14	Ad
	A. hirtula Lag.		14	As
	A. longiglumis Dur.		14	Al
	A. lusitanica (Tab. Mor.) Baum Comb. Nov. et Stat. Nov.		14	A*
	A. matritensis Baum sp. Nov.		14	A*
	A. prostrata Ladiz.		14	Ap
	A. wiestii Steudel.		14	As
Ethiopica	○*A. abyssinica* Hochst.	アビシニアオート	28	AB
	A. vaviloviana (Malz.) Mordv.		28	AB
Pachycarpa	*A. maroccana* Gdgr.		28	AC
	A. murphyi Ladiz.		28	AC
Avena	*A. atherantha* Presl.		42	ACD
	A. fatua L.	カラスムギ	42	ACD
	A. hybrida Petrem.		42	ACD
	A. occidentalis Dur.		42	ACD
	○*A. sativa* L.	普通エンバク，マカラスムギ	42	ACD
	A. sterilis L.	オニカラスムギ	42	ACD
	A. trichophylla C. Koch		42	ACD

○栽培種，*不明な点が多い

が多い。またこの属の植物は四倍性で多年生の1種 *A. macrostachya* を除きすべて二年生であり，包頴が大きく多脈で二折せず，芒(のぎ)には深い溝があるなどの特徴をもち，ひとつのよくまとまった群をつくっている。

では，生物種としてのエンバク属植物はイネ科のなかでどのような位置にあるのかを述べてみよう。エンバクはコムギやライムギの仲間あるいは近縁種と考えられがちだが，むしろ，トウモロコシに近い。トウモロコシとは属レベルで異なるが，人工交配すると受精する。ただし，受精胚が成長する過

程でトウモロコシの染色体はすべて消失してしまうので，結果的にエンバクの半数体ができる。詳細は割愛するが，この現象はエンバクの品種改良に利用されている。いっぽう，コムギ連の植物との間では属間交雑の成功例は知られていない。

　エンバク属野生種の分布域と栽培種や雑草種の原産(起源)地をみると，それらが地中海沿岸地方に集中していることがわかる。地中海沿岸地方では，夏は暑くて乾燥が激しく，冬は雨が多くて比較的温暖である。このような地域で植物が生存するためには，暑くて乾燥の激しい夏をのりきらねばならない。エンバクのような草本がとりうる適応のひとつとして，二年生の性質を獲得することがある。つまり，比較的温暖で水分の多い冬を中心に生長し，春から夏にかけて開花・結実し，外皮で保護された種子の状態で夏をのりきろうとするものである。エンバク属には，地中海性気候に適応した結果とも思われる特徴がほかにもいろいろみられる。そのひとつは，成熟すると穎果を包む穎(外穎と内穎)が非常に硬くなり，暑さや乾燥などから種子を守る体制をとることである。また，野生エンバクでは，穎果外側を覆っている外穎の背部にねじれてひざ折れした長い芒がつき，また離層ができる小花の基盤と外穎には上向きの毛が生えている(写真2)。芒をよく観察すると深い溝がねじれながらはいっているのがわかる。降雨により水分が与えられると，ちょうど，ねじれた輪ゴムがほどけるように芒のねじれが急速にほどける。その際，芒の先端と小花の基盤がふたつの支点になって穎果本体(小穂や小花)が回転し，尖っている小花の基盤から土のなかに埋まっていくのである。日本のようにほぼ年間を通じて雨の降る地域ではこのような機構はあまり役に立たず，地中海性気候の発達とエンバク属の起源とは切り離せない関係にある。

2. エンバクの起源と栽培化

　エンバク属には3つの栽培種がある。二倍性種(AsAs, 2n=14)のサンドオート *Avena strigosa*，四倍性種(AABB, 2n=28)のアビシニアオート *A. abyssinica* および六倍性種(AACCDD, 2n=42)の普通エンバク *A. sativa* である。サンドオートの進化は，オオムギのそれと多くの類似点がある。倍数性をともなわないこと，また穂形，穀粒の大きさや小花の形態が多様化してい

写真2 四倍性野生エンバク，*Avena murphyi* の小穂。スペイン産(A)の小穂はモロッコ産(B)のものより大きい。

ること，などである。サンドオートは，穂の形態によって4種(*A. strigosa*, *A. nuda*, *A. brevis* ならびに *A. hispanica*)に分けられる。普通エンバクはエンバク属のなかで最も主要な作物種である。本種はかつて，*A. sativa*(小花単位で脱穀される)と *A. byzantina*(小穂単位で脱穀される)の2種に分けられていた。前者は西ヨーロッパによくみられ，後者は穎の色から赤エンバクと呼ばれて地中海地域と西南アジアによくみられる。いっぽう，アメリカ合衆国とカナダの普通エンバクは元来西ヨーロッパ起源であり，*A. sativa* のはずであるが，品種改良のために中国の裸性エンバク「ユーマイ」(後述)などと交雑したために脱穀性が変わってしまったようであり，後者に分類されていた。しかしながら，分布地域が異なるこれらの普通エンバクは，相互に交雑できるばかりでなく，形態的差異も小さく，別種とする根拠は薄い(ラディジンスキー，2000)。

　サンドオートの祖先野生種には，中央アジアからモロッコの大西洋岸とイベリア半島にかけて分布しており，比較的小さく繊細な砂漠型 *A. wiestii* と，草丈が高く強壮で地中海沿岸地域に分布する沿岸型 *A. hirtula* のふたつの主

要な生態種が知られている。サンドオートの二倍性近縁野生種でAゲノムをもつ *A. atlantica* は，サンドオートの野生，雑草，栽培の各型とは互いに交雑可能であり，その特有の種子の分散機構(小花単位)は，2対の補足遺伝子により支配されている。また，成熟時の種子の非脱粒性は栽培種のサンドオートにのみみられるが，これは，ふたつの劣性遺伝子に支配されている。また，二倍性栽培種のなかには裸性の頴果をもつ *A. nuda* という種も知られており，おそらくヨーロッパの複数の国で多元的に起源したと思われる。具体的には，スペインのイベリア半島，イギリスのブリテン島などが考えられる(図1)。

アビシニアオートは，エチオピアのアビシニア高原で栽培されている四倍性の栽培種である。その雑草型として *A. vaviloviana* があり，両者は形態的に類似しているが後者には顕著な脱粒性が認められる。これらに共通の祖先野生種はおそらくスレンダーオート(AABBゲノムの四倍性野生種 *A. barbata*)であり，エチオピアにおいて独自に栽培化されたのがアビシニアオートと考

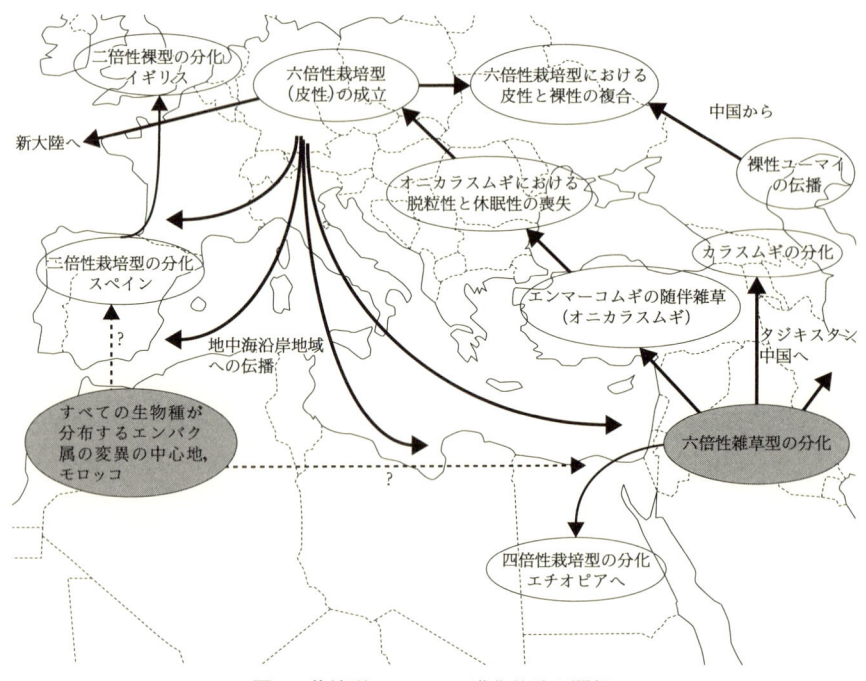

図1 栽培型エンバクの進化的地理関係

えられている．アビシニアオートは草丈が高くバイオマスが大きいので，穀粒飼料よりまぐさ飼料として利用されている．しかし，四倍性の栽培種では裸性は報告されていない．

　六倍性普通エンバクは，旧世界のほかの作物であるコムギやオオムギよりもずっと新しい時代に，それらと異なる地域で，そして異なる環境で栽培化された．その祖先野生種は，一般には *A. sterilis*（和名：オニカラスムギ）と *A. fatua*（和名：カラスムギ）として知られている，それぞれ，野生型と雑草型である．いずれも六倍性で，栽培品種と容易に交雑できる．野生種を半ば意識的に育てることにより始まったコムギやオオムギの栽培化と違って，エンバクは中央ヨーロッパのムギ畑の一般的雑草であり，5,000年前ごろに作物として進化した．肥沃な三日月地帯に位置する紀元前7000〜6000年の遺跡の発掘調査では，エンマーコムギ，一粒系コムギ，オオムギおよびマメ類が出土しているが，エンバクはみられていない．野生エンバクが文献や遺跡で初めて発見されるのは，紀元前2600年の初期ギリシャ時代であり，二条オオムギ，レンズマメ，ベッチなどのなかに混在していた．穀類として本格的に栽培されたのは，初期の鉄器時代（紀元前600年）のころである（Flower, 1983）．エンマーコムギや二条オオムギの畑の雑草として中東から中央ヨーロッパ，北ヨーロッパに分布域を拡大した雑草型エンバクは，毎年繰り返される播種・収穫という作業体系に適応してより多くの子孫を残すために徐々に休眠性と脱粒性を失い，栽培型に近づいたと思われる．そして，気候の厳しい北ヨーロッパにおいて，雑草エンバクがエンマーコムギに置き換わって栽培されるようになり，栽培型の普通エンバクが確立した（図1；Jones, 1956；Thomas, 1995）．上記のような栽培エンバクの成立過程はライムギのそれとよく似ており（第9章参照），このためにVavilov（1951）はエンバクやライムギを二次作物に分類したのである．

　このようにエンバクの栽培化は，二，四および六倍体のそれぞれが異なる場所で，独立して生じたと考えられ，それらの起源は多元的である．また，次節で述べる裸性栽培型エンバクの起源は，ヨーロッパや北アフリカを含む地中海沿岸地域ではなく，中国山岳地域と考えられる．

　では，普通エンバクの直接的な祖先野生種は，オニカラスムギとカラスムギのどちらなのだろうか？　オニカラスムギは温暖な地中海周辺地域と西南アジアによくみられる野生植物であり，数個の小花からなる小穂ごと脱落す

る。本種は広域適応性を示し，侵攻性が高く，普通エンバクの一次的多様性中心地には必ず分布している。いっぽう，カラスムギは寒冷気候の中央ならびに西ヨーロッパのムギ畑またはその周辺の人工環境によく適応した雑草型植物であり，小花単位で脱落する。本種は西ヨーロッパにおいて雑草型としての進化をとげ，現在では全世界的に広がり，半乾燥，温帯および冷帯気候のコムギ・オオムギ・アブラナ畑などの農耕地に適応しているが，普通エンバクの起源地と思われる地域にほとんど分布していない。これらのことから，栽培型はオニカラスムギから進化したと考えられている。

では，普通エンバクやオニカラスムギを含む六倍性エンバクはどのように起源したのだろうか。エンバク各種のゲノム分析が展開された結果，六倍性種 A. sativa が AABBCC ゲノムをもつことが報告された(Nishiyama, 1929)。これに対して，Rajhathy and Morrison(1960)は六倍性エンバクに関して AACCDD というゲノム式を提示した。その後も研究が継続され，二倍性種 A. strigosa と四倍性種 A. barbata が，六倍性エンバク A. sativa と共通の A ゲノムをもつことが明らかにされた。しかし，六倍性エンバクの第3のゲノムが B か D かについては，いまだにはっきりとしない。さらに，エンバクでは二倍性，四倍性ならびに六倍性の栽培種が存在し，これらは A ゲノムを共有しているが，じつは A ゲノム内での変異が大きいために3種の A ゲノムは厳密な意味では相同性がなく，分布地域(それぞれ，ヨーロッパ，アフリカおよびアジア)ならびに系統発生的関係もかなり離れているので，それぞれ独立に栽培化されたと考えられている。このような事情も六倍性エンバクの起源の解明を複雑なものにしている。最近，PCR-RFLP[*1](Morikawa and Nishihara, 2009)や RAPD[*2] と AFLP[*3](Drossou et al., 2004)を使ったエンバクのゲノム分化に関する研究が多く行われている。これらの研究により明らかになったエンバク属植物の進化を模式的にまとめたのが図2である。二倍性種では，As, Ap, Al, Ad, Ac, Cv および Cp の7種類のゲノムが同定さ

[*1] CAPS(cleaved amplified polymorphic sequence)とも呼ばれ，PCR 増幅産物を制限酵素で切断して得られる多型。
[*2] random amplified polymorphic DNA の略である。ゲノム DNA を鋳型にして，10 塩基程度のランダムプライマーの存在下で PCR 増幅したときの多型。
[*3] amplified fragment length polymorphism の略で，制限酵素断片を PCR で増幅して得られる断片長の多型。

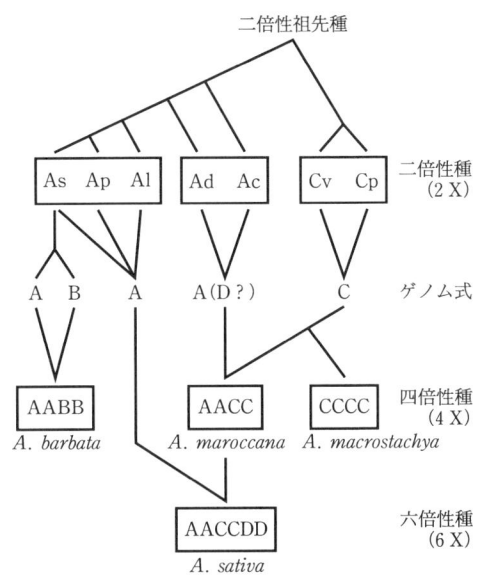

図2 エンバク属植物のゲノム関係

れている(Rajhathy and Thomas, 1974)。四倍性種ではBゲノム，六倍性種ではDゲノムが定義されているが，BとDゲノムの二倍性供与種はいまだに同定されていない。また，四倍性種 *A. barbata*(AABB)のBゲノムや六倍性種の第3のDゲノムはAゲノムとほぼ同質と考えられている(図2)。AsとCゲノムをプローブに用いて，六倍性エンバク(AACCDD)のGISH(ゲノミック *in situ* ハイブリダイゼーション)を行うと，Cゲノムは区別できるけれどAとDゲノムを区別することはできない(Hayasaki et al., 2000)。したがって，エンバク属のゲノムはまずAとCゲノムの二つに大きく分化し，その後，それぞれのゲノム内で変異が多数蓄積されたらしい。そして倍数性進化をとげるのだが，四倍性種にみられるような種間交雑による異質倍数性と自然染色体倍加による同質倍数性が混在していたと推定される。六倍性野生種は，パンコムギのような完全な異質六倍性ではなく，部分異質同質倍数性といえる。なお，六倍性種のゲノムは，モロッコに分布するPachycarpa節の四倍性野生種(AACC)とTenuicarpa節の二倍性野生種(AsAs, ApAp, AlAl)に由来するとされている。

3. 東アジアには固有の栽培型エンバクがある

ユーマイ（莜麦）とは

前節では，エンバク属植物の起源が地中海性気候と切り離せない関係にあることを述べたが，東アジアにも固有の栽培型普通エンバクが存在する。地中海性気候の地域は世界中に5か所(カリフォルニア，チリ中部，オーストラリア西部，南アフリカのケープ地方，地中海沿岸地方)ある。しかしじつは，中国辺境の河北地域やモンゴル高原の周辺にも地中海性気候に類似した気候をもつ地域があり，高地には冷涼な乾燥地帯が広がっている。このような山岳地帯にユーマイ(莜麦，Yu-mai)と呼ばれる東アジア固有の栽培型裸性エンバクがある。ユーマイの特徴のひとつは，ほかの穀類よりも乾燥に対する抵抗性が強いことである。また，品種の純度が低いために，皮性エンバクや黒色穎をもつ裸性エンバクの混入もしばしばみられる。第3の特徴は，内モンゴル自治区産のユーマイでは稈の節の上下に短い毛(節毛)が生えていることである。内モンゴル自治区産のユーマイでは節毛の程度がだいたい2種類あるが(写真3)，必ず有毛である。この点がヨーロッパのエンバク類と明確に異なる点であり，ユーマイとは稈節毛のある裸性エンバクだといってもいい。中尾(1950)は内モンゴル自治区において採集した2亜種6変種のユーマイをヨー

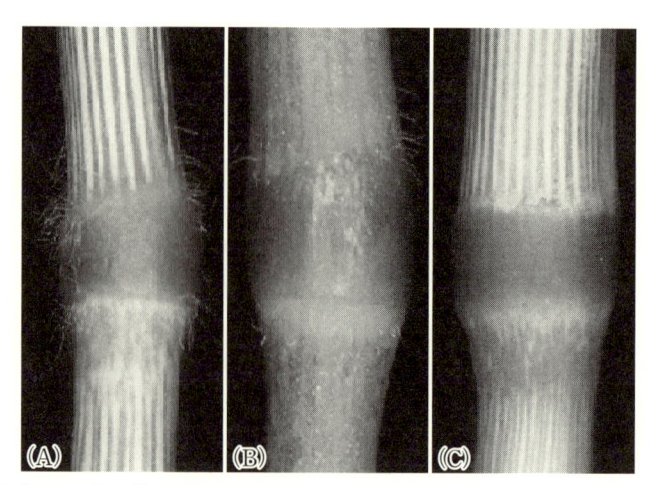

写真3　六倍性普通エンバクの節毛。(A)節の上下，(B)節の上，(C)無毛

ロッパ系エンバクの栽培型品種群(Baum, 1977 の分類システムでいう *Avena sativa*)と比較し，ユーマイ品種群の特徴として，稈節の上下に毛のあること，粒が小さく，皮性のタイプでは1小穂に1粒しかつかないこと，そして低温要求性が小さい春播型であることなどを指摘している．また，裸性のユーマイが日本の対馬諸島(長崎県)で採集されていることから，中国から日本に伝播したことが明らかである．日向エンバクは来歴不明の在来品種とされていたが，ユーマイ系に属することが明らかになり，やはり日本への伝播を証明することとなった(山口，1976)．

　東アジアの各地では古くからのエンバク栽培が知られている．まず北からみると，朝鮮民主主義人民共和国の山間部に住む火田民という種族が山腹の急斜面で焼畑農業を行っていて，そこでエンバクが栽培されている(中尾，1950)．このエンバクについてはほとんど調査されていないが，おそらく Malzew(1930)の分類システムでは *A. fatua* subsp. *nodipilosa* 亜種に属するものと推定される．内モンゴル自治区や河北省のエンバクは，前述のようにユーマイとして知られている．四川省西康地区においては，皮性エンバクと裸性エンバクの2タイプが栽培されている．どちらも四川省北部では一般に Yen-me(燕米)，中国北部では Yen-mai(燕麦)と呼ばれているが，漢民族は裸性エンバク(写真4)を，また辺境の少数民族(チベット人など)は野生型に近い原始的な皮性エンバクを栽培している．分類学的には，前者の裸性エンバクは内モンゴル自治区のユーマイと同一であり，後者の皮性エンバクは *A. fatua* subsp. *septentrionalis* 亜種に属すると考えられる(中尾，1950)．さらに，中国南西端の雲南省に住む苗(ミャオ)族やロロ族もエンバクを栽培していて，食用(ツァンパなど)に利用している(加藤，私信)．その一部を日本にもち帰り，栽培したところ，先に述べた典型的な裸性エンバクであり，また内穎に褐色の色素が沈着するユーマイの特徴をもっていた．

　このように眺めてみると，東アジアでは一系列の特殊なエンバク品種群が栽培されていて，北は北朝鮮から南は雲南省にわたって連続的に分布していることになる．このエンバクの分布を指標にとることによって，ここにユーマイ文化圏という地域性のある文化の一端を把握しうることになる(Nakao, 1950)．もちろんここで述べた東アジア特産のユーマイの祖先種は中東の肥沃な三日月地帯から伝播してきた六倍性野生エンバクであろう．

　Malzew(1930)によるとユーマイの起源の中心地は，タジキスタン共和国

写真4 六倍性普通エンバクの小穂。(A)裸性ユーマイ, (B)裸性品種 'Bullion', (C)皮性品種 'Kanota'

を中心にアフガニスタン, 中国にまたがるパミール高原とされている。Nakao(1955)はカラコルムやネパール国境に近いチベット地域でユーマイの雑草型を確認している。したがって, 六倍性普通エンバクの場合と同じく, エンマーコムギの随伴雑草として起源地から中国辺境地に移動する過程でユーマイが栽培化されたと考えられる(図3)。栄養性に優れた裸性エンバクが中国の辺境地帯で独自の進化をとげたことは特筆すべきことである。作物の進化はその起源地で最も進むわけではなく, 第2次・第3次生育地で, 高度に完成された作物ができ上がることがあるのである。また, 驚くべきことに, ユーマイの一部が, 15世紀ごろにユーラシア大陸のシルクロードを越えて東ヨーロッパの一部(ハンガリーやオーストリア)にまで伝播して, ヨーロッパに初めて裸性エンバクがもたらされたらしい。このことはモンゴル大帝国がユーラシア大陸を制覇したことと関係があるかもしれない(Valentine, 私信)。

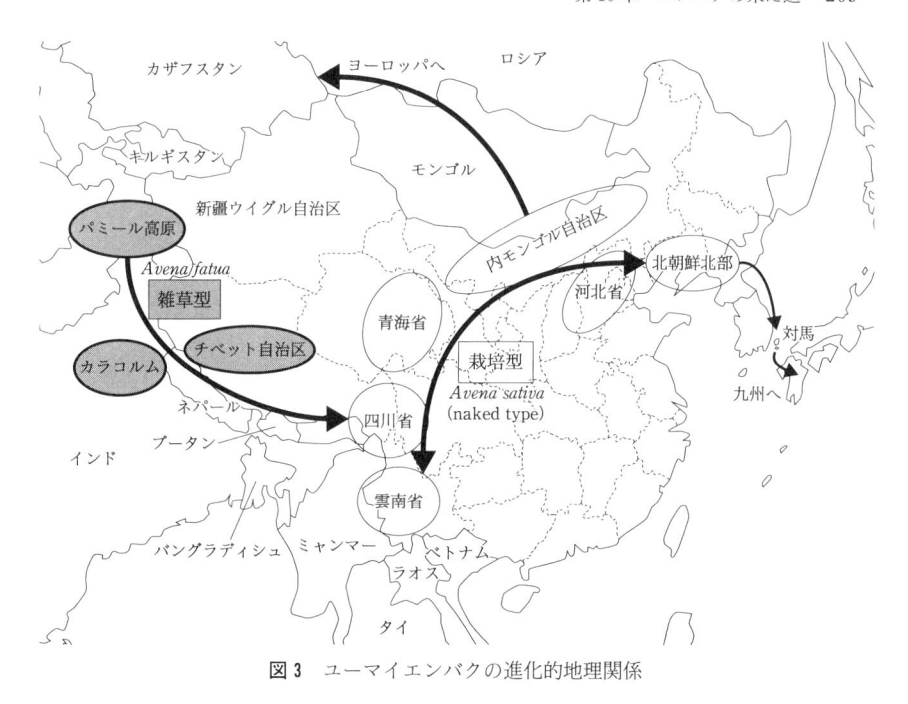

図3 ユーマイエンバクの進化的地理関係

ユーマイの特徴であるエンバクの裸性とは

　皮性の普通エンバクでは，頴花の外頴と内頴が粒に密着しており，脱穀の際に頴が外れることはない。オオムギの皮性のように糊物質を分泌するわけではないが，硬い外頴と内頴に強く挟まれている。いっぽう，裸性エンバクでは脱穀により頴が簡単に外れて，粒だけを簡単に収穫することができる。裸性は栽培種だけにみられる性質である。小穂当たりの小花数は，皮性では普通2個(多くても3個)であるが，裸性では4〜7個の多花になり，多花性品種では10〜12個つくものもある。また，第三小花以上の小花は，枝梗が著しく長いので，小穂の外に飛び出している(写真4)。裸性エンバクの外頴や内頴はリグニンがなく，皮性に比べて繊維質も少ないので，薄い紙のように除去されやすくなる。裸性エンバクは脱穀しやすいという利点があるだけでなく，粒のなかに貯えられる代謝栄養素の質や量がほかの穀類と比較して著しく増加することが知られている。とくに，穀粒に含まれるタンパク質は18%，油成分(脂質)は8%でコムギやオオムギの5倍以上であり，高栄養価である(Valentine, 1995)。また，可溶性繊維質は皮性エンバクよりも少ないが，

コムギやオオムギよりも多く含まれている。裸性エンバクの消費により高脂血症の人の血中コレステロール量が減少することが知られている(ラディジンスキー，2000)。裸性エンバクにみられるこのような特徴は，地中海性気候に適応したエンバク属の野生種にはまったく認められないものであり，比較的温暖で湿潤な東アジアにその起源を求めるのが妥当であろう。

裸性エンバクの分類

欧米で育種された大粒型の裸性エンバクは，*A. nuda* var. *multiflora* と命名されたことがある。しかし，六倍性の皮性エンバク *A. sativa* と自由に交雑できることから，現在ではその変異型のひとつに入れられており，*A. sativa* の裸性(naked type)とされている(Baum, 1977)。いっぽう，二倍性エンバクにも裸性のものがあり，Vavilov(1926)によって *A. nudibrebis* と命名されたことがある。しかし，Baum(1977)は Linaeus(1753)の命名法を尊重して *A. nuda* と復名した。裸性の二倍性種 *A. nuda* と六倍性種 *A. sativa*(naked type)が存在し，どちらも AA ゲノムをもつことから，六倍性種の裸性が二倍性種の裸性に由来した可能性が示唆される。しかしながら，進化学的に両者のあいだに位置すると考えられる四倍性種では裸性エンバクが発見されていない。また，二倍性裸性エンバクは，有史以前からスペイン，オーストリア，ベルギー，チェコ，デンマーク，ドイツ，ギリシャおよびイギリスにおいて栽培されている。六倍性裸性エンバクの起源地は中国辺境地域と考えられ，二倍性裸性エンバクの起源地とは地理的に大きく離れている。このことから，六倍性種と二倍性種ではそれぞれ独立に裸性が進化したと考える方が自然である。

裸性の遺伝様式

六倍性普通エンバクの裸性は単一の優性遺伝子(*N-1*)によって支配されている(Simons et al., 1978)。しかしながら，皮性エンバクと裸性エンバク間の F_1 雑種では交配組み合せによって裸性の形質発現の浸透度[*4] が大きく異なり，典型的な裸性のものからほとんど裸性を示さないものまで多様である

[*4] ある特定の遺伝子に支配される形質が，表現型に現れる個体の割合(%)。浸透度は変更遺伝子，生理条件，環境条件などによって変化する。

(Atiyya and Williams, 1976)。F_1雑種を自家受精したF_2世代における裸性の分離も単純ではなく，裸性遺伝子の作用を変更させるふたつあるいは3つの修飾遺伝子を想定したモデルが提唱されている。したがって，裸性遺伝子をもつといっても系統によっては皮性個体が混在することがある。前述の雲南省で採集されたユーマイでも，裸性の特徴である小穂当たりの小花の数や小花抽出度に大きな変異が認められている。

　二倍性エンバクの裸性については，*A. nuda*(裸性)と*A. strigosa*(皮性)を交配したところ，裸性が劣性であり，六倍性普通エンバクの場合とは正反対の結果であった(Leggett, 1982, 1983)。また，二倍性エンバクにおいても，裸性の形質発現はやはり修飾遺伝子の存在によって影響されている。

裸性エンバクの起源と欧米への導入

　Vavilov(1926)は古文書の文献調査にもとづいて，六倍性裸性エンバクの起源地と多様性中心が中国に存在すると指摘した。それによれば15世紀には中国での裸性エンバクの栽培が確認されており，その後，裸性エンバクが中国から東ヨーロッパに導入されたようである。イギリスでは16世紀のなかごろに裸性エンバクの栽培が始まった(Stanton, 1961)。Gerard(1597)によると裸性エンバクはイギリスのチューダー王朝ヘンリー八世時代に穀倉地のサフォーク地方やノーフォーク地方で品種'naked otes'の名で栽培されていて，モーニングシリアルとして食べられていた。

　ただし，数世紀以上も前のことなので，当時の裸性エンバクから近代品種に至る系譜はよくわからない。19世紀から20世紀初頭にかけて，中国，チベット，モンゴルなど東アジア地域の山岳地帯から北米やヨーロッパに裸性エンバクが導入され，品種改良のための遺伝資源として利用された。'Chinese naked'と呼ばれる裸性エンバクが19世紀半ばに東アジアからアメリカ合衆国に導入され，その後，類似の系統が何度も持ち込まれた。その結果，北米では裸性新品種の育成に成功し，多くの大粒型欧米品種の育種母本となった。それに対して，初期にチベットからヨーロッパに導入された未改良の裸性エンバク'Bohemian'などは，収量が皮性エンバクの半分以下だったので急速に栽培されなくなった。現在，イギリスで裸性エンバクの主要品種になっている'Icorn'は，1917年カナダのオタワで育成された'Liberty'(Chinese naked×Swedish select)の後代品種である。

4. エンバク属植物の起源を辿る調査旅行

　六倍性エンバクの起源地は，コムギと同じくイラク・イラン・シリア国境のいわゆる肥沃な三日月地帯と考えられてきた(ハーラン，1984)。しかし，エンバク属植物の地理的分布に関する最近の研究によって，Cゲノムの四倍性種 *A. macrostachya* と二倍性種 *A. ventricosa* の2種を除くすべての種がモロッコの地中海沿岸地域を中心に分布していること，そして，モロッコには *A. maroccana*, *A. agadiriana* および *A. atlantica* など，多くの固有種が存在することが明らかにされている(Leggett et al., 1992)。さらに，サハラ砂漠の厳しい乾燥条件に適応した多くの生態種や種内の生態型分化が認められることなど，モロッコがエンバクの一次的多様性中心と考えられる状況証拠が蓄積されてきている。また，六倍性野生エンバクが栽培化されたのは北東ヨーロッパあたりと考えられているので(ハーラン，1984)，北アフリカ地中海沿岸地域のエンバクを分析することによって，六倍性栽培型エンバクの起源やヨーロッパへの伝播経路を知る手がかりが得られる。しかし，北アフリカ地中海沿岸地域のエンバク野生種や雑草型の収集・保存はほとんど行われていなかった。

　筆者は，1995年と1996年の岐阜大学西地中海沿岸地域調査隊(代表者岐阜大学農学部古田喜彦教授)に参加し，北アフリカ地中海沿岸地域，とくにカナリー諸島，モロッコ，エジプト，チュニジア，南スペインのエンバク，コムギ，オオムギなどについて広範囲に調査する機会を得た。ここでは，エンバク属植物の一次的多様性中心のひとつと考えられているモロッコと西アジア・ヨーロッパへの伝播経路に当たるエジプトおよびチュニジアにおける植物遺伝資源調査の概要を紹介したい。

モロッコのエンバク

　モロッコでは，首都ラバトを基地にして，カサブランカ，エルジャディア，エサオイリア，アガディールおよびティズニットに至る大西洋沿岸地域とメクネス，アズロウ，フェズ，テトウアンおよびタンジールに至る北東部内陸地域の2回の調査旅行を行った(図4)。モロッコ調査隊の参加者は，当時京都大学の大田正次氏，当時信州大学の冨永達氏，現地共同研究者の Fatima

図4 モロッコにおけるエンバク属植物の地理的分布

Zine Elabidine 氏(INRA, Morocco)と筆者の4名である。筆者の帰国後，さらにオートアトラス山系とモロッコ東部への2度の調査旅行が行われた(Furuta and Ohta, 1996)。採集したエンバク属植物は未同定の種を含めると14種193系統であり，そのリストと地理的分布をそれぞれ表2と図4に示した。

大西洋沿岸地域では，主として，*A. agadiriana*(四倍性種)，*A. atlantica*(二倍性種)が優占種として分布していた。この地域では，カサブランカやラバトの大都会に食料を供給する近郊農業が営まれていた。また，街路樹として重要なユーカリのプランテーションが多く存在し，僅かな水分を保持しサハラ砂漠からの熱風を防いでくれるユーカリの林床に多くの二倍性野生種が

表2 モロッコで採集したエンバク属植物種の分類

節	種名	染色体数(2n)	採集点数
Ventricosa	A. eriantha	14	3
Tenuicarpa	A. agadiriana	28	6
	A. atlantica	14	7
	A. barbata	28	27
	A. damascena	14	19
	A. hirtula	14	17
	A. longiglumis	14	3
	A. prostrata	14	1
Pachycarpa	A. maroccana	28	6
	A. murphyi	28	1
Avena	A. fatua	42	7*
	A. sativa	42	12
	A. sterilis	42	80*
未同定	二倍体	14	2
	六倍体	42	2
合計			193

*モロッコではオニカラスムギの集団数はカラスムギより圧倒的に多かった。

自生していた。ティズニット付近に至ると，サハラ砂漠の影響が顕著に現れ始め，典型的な砂質土壌の極乾燥地であった。ここでは畑の境界に植えられている刺性の植物群のあいだに，家畜に食べられずに残った二倍性野生種 A. longiglumis の乾燥適応型の生態型が自生していた。帰路に通過したタフロウトからマラケシュ周辺では，A. hirtula（二倍性種）の自然集団が多数存在した。A. hirtula と A. barbata（四倍性種）とは草型と穎花の形態が酷似しており，外穎先端の深い切れ込み形態と染色体数を除いて，まったく区別することはできない（Leggett, 1992；写真5）。そのうえ，両種とも多様な外部形態をもちその変異幅が重なっているので，フィールドでの同定はほとんど不可能であった。六倍性エンバクの四倍性親と考えられている A. maroccana の6集団がカサブランカとラバトを結ぶ約100 km 四方の狭い地域に分布していた。この地域は，典型的な黒色粘土質土壌であり，パンコムギとオオムギの大規模耕作地であった。1995年のモロッコはまれにみる干魃であり，この地域のコムギやオオムギの収穫はほぼ皆無であった。放棄された耕作地のなかには，A. sterilis が強固な畑地雑草として大集団を形成し，収穫のない夏を迎えようとしていた。A. maroccana は耕地内には侵入せずに，畑の畔，

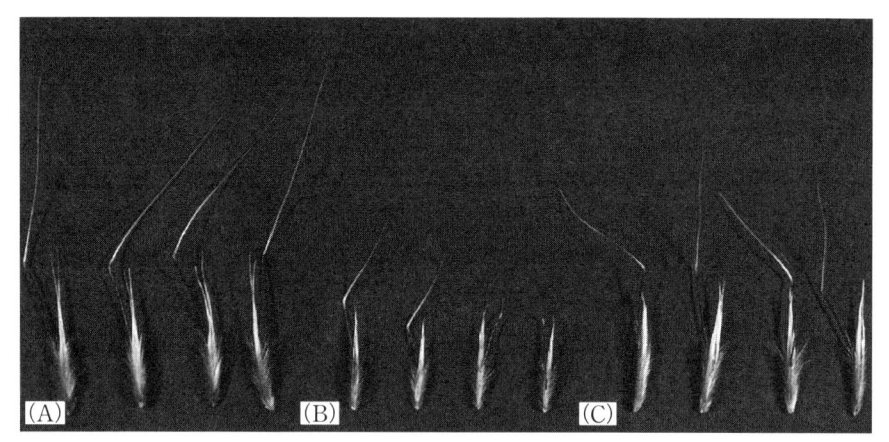

写真5 Aゲノムをもつ野生エンバクの小穂。酷似しているが，外頴の先端の切れ込みの深さによって分類できる。(A) *A. hirtula*：深い切れ込み，(B) *A. prostrata*：浅い切れ込み，(C) *A. barbata*：中間的な切れ込み

人家の庭園に生育していた。

　対照的に，東部のメクネス，アズロウおよびフェズ周辺では，標高が比較的高く，深い谷間からの湿った風にはぐくまれた穏やかな草地が保存されており，多くの二倍性野生種が自生していた。とくに，Cゲノム種の *A. eriantha*（二倍性種）やAゲノム種 *A. damascena*（二倍性種）の大きな自然集団が存在した。また，モロッコでは未報告のAゲノム種 *A. prostrata* と思われる二倍性種を発見した（写真5）。この種は，Baum(1977)の分類システムでは，*A. hirtula* の異名にされてしまったが，細胞遺伝学的には大きな付随染色体を1対もつなどの特性があり，*A. hirtula* とは異なる種と考えている(Rajhathy and Thomas, 1974)。このように，モロッコ南東部には多くの二倍性種が分布しており，しかも多様性に富んでいることから，六倍性エンバクの起源地の有力候補と考えられる。ただし，四倍性野生種 *A. maroccana* の分布が重複していないので，なお疑問は残る。

　全世界の畑地に分布する雑草種 *A. fatua* は，従来，モロッコにはほとんど分布していないとされていた。しかし，アズロウからイフランの地域では，オートアトラス山岳地帯からの豊富な水資源を利用した欧米式灌漑施設（センターピボット）のあるコムギやオオムギ畑のなかに雑草として侵入していた。そこでは侵攻性畑地雑草としてモロッコ全域に分布する *A. sterilis* も混在し

ていた。また，興味深いことに両種の中間型の植物も存在した。一般に，*A. fatua* はあらゆる土壌特性に適応し全世界に分布を広げたが，*A. sterilis* は地表面の非常に堅い土壌は好まず，深い土壌を好むとされている(Baum, 1977)。しかし，モロッコではその状況はまったく逆であった。*A. sterilis* は広域適応性があり，極度な乾燥砂質土壌から黒色粘土質土壌まであらゆる環境に適応しているのに対して，*A. fatua* は比較的湿潤な農耕地でのみ自生しているように思われた。モロッコではオニカラスムギの集団数はカラスムギのそれより圧倒的に多かった(表2)。四倍性種である *A. murphyi* の分布域は南スペインとモロッコのタンジール付近に著しく限定されており(写真2)，多年生オオムギ *Hordeum bulbosum* や *A. sterilis* と随伴していた。*A. barbata*(四倍性種)は *A. sterilis* に次いで多くの集団がモロッコ全域に広く分布していたが，その生育地は空き地，路傍および畝であり，コムギ畑やオオムギ畑などの耕地内には侵入していなかった。

エジプトのエンバク

エジプトでの遺伝資源調査は，1996年4〜5月に，ナイルデルタ，地中海沿岸，オアシス・シーワ，シナイ半島，ナイル河中・上流のほぼ全域について行った。参加者は岐阜大学の古田喜彦氏，当時信州大学の冨永達氏，神戸大学の森直樹氏と筆者の4名である。エジプトはエンバク属植物の一次的多様性中心の東端に当たる。六倍性エンバクが西アジアにその分布域を広げるに際して，前哨基地として大きな変異をもたらした地域であると思われ，その調査に大きな期待を寄せていた。現地調査の目的は，モロッコからアルジェリア，リビア，エジプトを経て，西アジアに伝播した六倍性野生種の伝播経路を明らかにすることであり，そのためにエジプトの六倍性野生種をできるだけ広範囲な地域から採集した。エジプトとチュニジアにおけるエンバク属植物の採集品リストを表3に示した。まず，首都カイロからナイルデルタ地帯を北上し，アレキサンドリアを経て，地中海沿岸にそってリビア国境近くから，オアシス・シーワに至るルートを通り，カイロへの帰路はナイルデルタを西から東へ横断し，シナイ半島の地中海沿岸を調査した。ナイルデルタ地帯はナイル河の豊富な水資源を利用できるので，近郊農業を中心にした集約的な栽培が行われており，北アフリカ地域の代表的な農業形態である乾燥地での大規模粗放農業とは大きく異なっていた。コムギについても，数

表3 エジプトとチュニジアで採集したエンバク属植物種の分類

倍数性	種名	採集点数 エジプト	チュニジア	合計
六倍性				
	A. sativa	12	6	18
	A. sterilis	17	14	31*
	A. fatua	20	1	21*
	未同定	5	3	8
四倍性				
	A. barbata	7	14	21
	未同定	1	0	1
二倍性				
	A. wiestii	5	0	5
	A. hirtula	3	0	3
	未同定	3	0	3
合計		73	38	111

*チュニジアとエジプトでは，オニカラスムギとカラスムギの集団数は逆転した。

十アールほどの土地を細かく区画した畑において，草丈が160〜170 cmと高い品種を長年にわたって栽培している。この地域でのコムギの収量はモロッコよりも高いと思われた。この地域においては，コムギ，オオムギおよびクローバー畑において六倍性種 A. fatua が，また路傍や空き地において四倍性の A. barbata が自生していた。

アレキサンドリア郊外からリビア国境にかけては典型的な砂漠乾燥地帯が広がり，二倍性野生種の A. hirtula や A. wiestii が自生していた。また，アレキサンドリアから国道55号線ぞいに延びるグリーンベルトでは，特異な丸みのある頴花の形態をした二倍性種と思われる未同定の種を発見した。内陸部のオアシスにむかうシーワへの砂漠街道は，進むにつれて，耐乾性の草本類から刺性の砂漠植物に変わり，最後は不毛の土地になっていた。オアシス・シーワでは豊富な水を使ったオアシス農業が営まれており，主に栽培されているナツメヤシの株間を使ってクローバー，コムギ，オオムギなどの栽培が集約的に行われていた。しかしながら，極乾燥地によくみられることであるが，土壌表層への過度の塩類集積が認められ，もはやこれ以上の大規模農業は不可能なようであった。このようなオアシスにおいても，人為的に持

ち込まれたと思われる雑草性のエンバク A. fatua がオオムギとともにナツメヤシのなかに混入していた。また，おもしろいことにモロッコからチュニジアにかけてオニカラスムギの集団数はカラスムギのそれより圧倒的に多かったが，エジプトではそれらの数は完全に逆転した(表3)。カラスムギはエジプトで全世界に広がる雑草として広域適応性を獲得し始めたのかもしれない。

シナイ半島にむかうため，スエズ運河の町，イスマイリアを通過した。シナイ半島北部は，予想以上に乾燥した広大な砂漠地帯であったので，エンバク属や Aegilops 属植物はほとんど生育していなかった。イスラエル国境手前の町エルアリッシュから国境付近に進むと，管理の行き届いた桃の果樹園などが広がり，二倍性種に適した生育環境が存在した。これらの地域では，A. hirtula，A. barbata および未同定の四倍性種を採集することができた。

チュニジアのエンバク

アルジェリアとリビアに挟まれたチュニジアは日本の半分ほどの面積の国であり，北部から中部にかけ広く整然としたコムギ・オオムギ・エンバク・ライコムギ畑とオリーブ・アーモンドの畑が続き，南部は見渡す限りの砂漠が広がっている。首都チュニスの北郊には，かつて古代フェニキア時代に地中海貿易で名をはせた都市国家カルタゴの遺跡がある。紀元前2世紀にローマによって破壊・再建され，6世紀末にはイスラム人に征服されたので，イスラム文化のなかにローマ文化の面影を残す数多くの遺跡が点在している。その歴史博物館の敷地は家畜からうまく隔離されており，除草などの管理も行き届いていないので，エンバク属植物の絶好の生育地となっていた。採集した野生種は A. barbata，A. sterilis および A. fatua の3種であった。チュニジア北部はモロッコ北部と同じく比較的北に位置し，年間降水量が450 mm 前後あるので，農業用水は十分確保できるようであった。皮肉なことに1996年は前年とはうって変わって春の長雨があり，開花期の多湿のために，エンバクにサビ病が蔓延していた。この国はあらゆる面で旧統治国フランスの影響を強く受けており，そのためか，モロッコやエジプトと比べ六倍性普通エンバク A. sativa の地方品種が広く栽培されていた。しかし，二倍性野生種を確認することはできなかった。チュニジアではモロッコと同様にオニカラスムギの集団数はカラスムギより多かった。

5. おわりに

　北アフリカ地中海沿岸地域の国々をまわった印象として，地中海農業文化圏と一言では片づけられないほど多様な人びと，水環境，そして土壌が存在することがわかった．しかし，「いかに水資源を効率的に利用するか」という治水の問題は各国に共通した課題であった．いかに優れた栽培技術や近代品種がそろっていても，水が安定して供給されなければ乾燥地農業は成り立たない．モロッコは水資源の豊富な国であり，大西洋に面する海岸線や内陸部のオートアトラス・アンチアトラス山系では水の恩恵を受けているが，国の中央部はまったくの砂漠である．エジプトの農業はすべてナイル河にたよっている．スーダンとの国境を越え，悠々と地中海に流れ込むナイル河がエジプトに与えてきた恩恵ははかりしれない．

　地中海に面する国々ではエンバク属植物の大部分が発見されているが，エンバクの一次的多様性中心の地域だけでなく，二次的中心においても自生集団が減少しており，遺伝的侵食が急速に起こっている．最も大きな原因として，人口増加 → 家畜の過放牧 → 砂漠化現象 → 干魃による作物の生育不良という悪循環により農業環境が激変していることが考えられる．このためか，筆者の調査旅行においては，エンバク属の野生種や *Aegilops* 属植物が延々と広がる自然集団にお目にかかることはなかった．環境変化に最も敏感な二倍性野生種は，刺性植物の株間に僅かながらの生活空間をつくって家畜の食害から逃れるか，広大な庭園やプランテーションの人為環境下に入って，その庇護のもと子孫を残すかの適応戦略をとっている．地中海農耕文化圏は動物を見事に家畜化した唯一の農耕文化圏であるが(中尾, 1966, 1969)，皮肉なことに，その家畜の過放牧が野生植物の自然集団を破壊しているのである．エンバク属植物に関する今回の調査結果を，Leggett らが1985年にモロッコで行った調査の結果(Leggett et al., 1992)と比較すると，自生が確認された野生種の数は同じであるがその自然集団の数は約1/3に減少していた．とくに，二倍性野生種において減少が顕著であった．現地調査により多数の植物遺伝資源を採集することができたが，これらの特性評価と種子の増殖を行い，有効に利用することはさらに難しい．今後の大きな課題である．

第11章 ムギと共に伝わったドクムギ

冨永　達

　ここではドクムギという，少し風変わりなムギを紹介する。まず，その外観を写真1に示そう。ドクムギは人間や家畜にとって文字どおり毒のあるムギで，古くからその被害が知られてきた。

　ドクムギ(*Lolium temulentum* L.)はイネ科の一年生草本で，コムギやオオムギの代表的な随伴雑草である。ドクムギという名前がついているが，コムギやオオムギとは異なる分類群(*Lolium* 属)に属し，これらと自然交雑することはない。*Lolium* 属には，世界的に重要な牧草であるイタリアンライグラスやペレニアルライグラスが含まれる。花粉症の原因植物としてこれらの牧草をご存知の方も多いと思う。これら *Lolium* 属の牧草が自個体の花粉では受精できず(この性質を自家不和合性という)，他個体の花粉によって受精する(他家受精という)のに対し，ドクムギは自家和合性で自家受精する。

写真1　パンコムギ畑に混入する無芒型ドクムギ(エジプト)

ドクムギの名前は，この種子(厳密にはその穎果)が混入したコムギでつくったパンや，この種子が大量に混入した飼料で，人間や家畜が中毒したり死亡することがあることに由来する。しかしこの毒性は，ドクムギ自体にあるのではない。ドクムギが糸状菌の一種の *Endoconidium temulentum* や *Chaetomium kunzeanum* に感染するとテムリンやロリンが産生され，これらが人間や家畜にとって有害なのである(Holm et al., 1977)。この毒性は，いくつかの言語におけるドクムギの呼称によく表現されている。たとえば，ドクムギの英名 darnel は，「知覚を麻痺させる」という語に由来するという。ペルシャ語ではドクムギを"gij dane"と呼んだり，"mastak"と呼ぶ。"gij"は「頭痛」，"dane"は「種子」を指す。"mastak"は，「お酒を飲みすぎた状態」を意味する。このような呼称から，ドクムギのこの特性が古くから認知されていたことが窺える。これらの糸状菌は人間や動物にとっては前述のように有害であるが，ドクムギにとっては，その生育を向上させる共生菌(エンドファイト)である可能性が高い。

1. ドクムギは雑草である

農業生態系における雑草

　水田や畑などの農耕地では，作物の栽培を介して人間と作物，雑草，小動物，昆虫，微生物などが，土壌を基盤とした複雑に作用し合う生態系を形成している。この農業生態系では，人間による攪乱の程度や頻度が自然生態系と比較してはるかに高く，また，ほかの生態系とは大きく異なった選択圧が働いている。ここでは，長年にわたる作物の栽培をとおして進化してきた雑草のしたたかな適応戦略をみることができる。

　人間は野生植物を栽培化し，さらに，特定の形質をもった多様な栽培品種を意図的に選択してきた。人間は，野生植物の栽培化とその改良によって現在の文明を築いてきたのである。阪本(1995)は，人間が作物を改良し，それによって自らも栄えてきた人間と作物の相互関係を「安定した完全な共生」であると述べている。他方，農耕地には必ず雑草が生えてくる。農耕地では作物と雑草は資源をめぐって競争関係にあり，人間は作物を保護するためにさまざまな手段で雑草を取り除いている(図1)。しかし，いくら除草しても農耕地から雑草がなくなることはない。農耕地から雑草がなくならないのは，

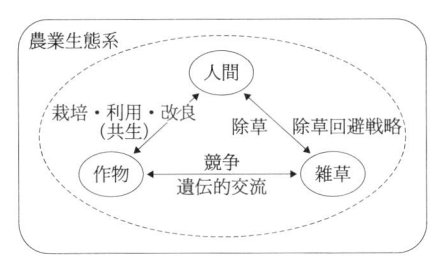

図1　農業生態系における人間，作物および雑草の相互関係（概念図）

作物は，人間が水田や畑にその種子を播きあるいは移植して，手をかけて栽培するのに対し，雑草は，農耕の長い歴史のなかで，その地の農耕様式にうまく適応した種だけが選択されて，現在まで生き残ってきたからである。雑草は，農耕地とその周辺だけで集団を維持できる「農耕地のスペシャリスト」なのである。

　作物栽培の長い歴史のなかで繰り返し行われてきた種子の選別や除草作業は，雑草集団に対して強い選択圧として働いてきた。したがって，農耕地で繁栄する雑草は，その地の気候条件や日長に対する適応のほかに，種子選別や除草作業の篩をくぐり抜け，次世代を残すことができるさまざまな特性（除草回避戦略）を獲得してきたのである。雑草の除草回避戦略は，長年にわたる作物の栽培過程を通して，人間が無意識のうちに進化させてきた形質である。人間は，より除草しにくい雑草を結果として残してきたといえる。

　この章では，ムギ農耕のスペシャリストであるドクムギの擬態・随伴様式と分布拡大の様相を，人間，作物および雑草の相互の関わり合いの観点から，フィールド調査や栽培実験，遺伝的解析の結果を紹介しながら述べる。

雑草の擬態

　農耕地で繁茂する雑草は，養水分や光をめぐって作物と競争し，作物の収量や品質の低下をもたらす。このため，農耕地では除草作業が繰り返し行われ，作物の収穫後も，収穫物に混入する雑草種子が品質低下や中毒の原因となるため取り除かれてきた。これらの除草や種子選別に対して，植物体や種子の形状を作物のそれらに「擬態」させ，集団を維持してきた雑草が存在する。

　動物や植物の擬態とは，それらがほかの動植物や無生物（モデル）に似た形

態や色あいをもつことをいう。擬態には，昆虫が天敵から捕食されることを回避するために，周囲の環境(モデル)に類似する隠蔽的擬態や，毒や臭気をもつほかの種(モデル)に似た色彩(警告色)をもつことによって捕食者から逃れる標識的擬態がよく知られている。植物では，訪花昆虫を引き寄せるために蜜や花粉などの報酬の多い花をモデルに擬態する例や，送粉のために特定の昆虫の雌をモデルに擬態して雄を誘引する例がある。

　雑草も，種子選別や手取り除草による人間の無意識の選択の結果，作物(モデル)に対する擬態を進化させる。雑草の擬態で有名なのは，水稲に擬態するタイヌビエなどのノビエ類の例である。日本の水田では，古くからノビエ類が水稲の随伴雑草であった。江戸時代に書かれた『山本家百姓一切有近道』(1823)によると，水稲の栽培期間中に6回程度の徹底的な「ヒエ抜き」が行われていたことが窺える。水稲の栽培農家は，水稲とノビエ類をその外部形態や草型によって識別して「ヒエ抜き」を行う。この結果，水稲と明らかに異なる外部形態や草型をもつノビエ類の個体は除去され，水稲にきわめて類似した個体だけが残されてきた。他方，ノビエ類の穂は明らかに水稲の穂と形態が異なる。栽培農家は水稲の出穂前後には水稲の結実率が低下しないように水田のなかには入らない。このため，この時期に出穂したノビエ類は水田に残される。水稲の穂が成熟し，栽培農家が「ヒエ抜き」のために水田に再び入るころには，ノビエ類の種子も成熟し，栽培農家がノビエ類の植物体に少し触れただけでもばらばらと種子(小穂)が落下する。各地で栽培されている水稲の出穂期とその地域のノビエ類の出穂期が同調している事実も，水稲と同じ時期に出穂する個体が，結果として除草されずに残ってきたことを示している(Yamasue, 2001)。このようにしてノビエ類は，徹底的な「ヒエ抜き」によって，かえって水稲に対する植物体の擬態(vegetative mimicry)を獲得し，集団を維持してきた。徹底的な「ヒエ抜き」が水稲に対する擬態を進化させてきたのである。

　この植物体の擬態に対し，種子(果実，穎果)が作物のそれに擬態する場合を種子の擬態(seed mimicry)と呼ぶ。これは，収穫時あるいは収穫後の種子選別が選択圧として働いた結果もたらされる。種子の擬態の代表的な例として，種子から油を，また茎から繊維を採るアマに随伴するアブラナ科の一年生雑草アマナズナが挙げられる。アマナズナには，モデルとなるアマの特性に対応した多様な擬態様式が進化している。アマが集約的に栽培されている

ロシアのある地域では，その地域のアマ畑にだけ生育するアマナズナの擬態系統が存在する。その系統は，アマと同時に開花し，朔果が非裂開性で，アマと一緒に収穫される。そして，風選によっても除去されず，翌シーズン，アマとともに播種される。他方，別の地域で栽培される裂開性の果実をもつアマには，裂開性の朔果をもつアマナズナが随伴しているという(Barrett, 1983)。

ここで述べた水稲とノビエ類あるいはアマとアマナズナの例では，モデルとなる作物とのあいだに遺伝的交流はまったくない。したがって，このような植物体や種子の擬態は，作物栽培にともなう人間の無意識の選択が直接，間接的に深く関わって進化させてきた雑草の精巧な除草回避戦略のひとつである。

2. ドクムギの起源と伝播

ドクムギは「作物になれなかった雑草」

野生植物が栽培化されて栽培作物が成立する際には，たとえ異なる分類群に属する種であっても，共通した遺伝的な変化，すなわち，「栽培化シンドローム」(Hammer, 1984)がみられることがある。この変化は，たとえばイネ科では，非脱粒性の獲得，種子サイズの増大，種子の休眠性の消失，一斉成熟などである。種子が非脱粒性で，大きくて重く，速やかに休眠から覚醒するなどのドクムギの特性は，ほかの雑草とは大きく異なり，むしろ，栽培化の過程で作物が獲得した性質と同じである。ドクムギと同じようにムギ畑の随伴雑草であったエンバクやライムギの祖先型は，栽培ムギ類の伝播と共に分布を拡大し，その過程で二次的に栽培化され作物となった(第9章，第10章参照)。これに対して，ドクムギは非脱粒性で，大きな種子をもっているにもかかわらず，作物として利用されなかった。その理由は，前述の糸状菌の感染にある。ドクムギは，「作物になれなかった雑草」(阪本, 1996)なのである。作物になるチャンスを失ったドクムギは，しかし，この世から消え去ることはなく，コムギ，オオムギなど「作物になったムギ」に随伴する雑草として生き続けている。

随伴の歴史

　ドクムギの栽培ムギ類への随伴の歴史は古く，ヨルダンの紀元前3200年ごろの遺跡から，エンマーコムギやオオムギと共に出土したり(McCreery, 1979)，紀元前2000年と推定されるエジプトの王墓からかなりの数のドクムギの小穂がエンマーコムギの穎と共に出土している(Täckholm and Täckholm, 1941)。このように，ドクムギの遺物はドクムギ単独で大量に出土することはなく，必ず栽培ムギ類の遺物に混入した状態で出土する。これらのことからも，ドクムギが古くからこれらの随伴雑草であったことが推定される。また，新約聖書には，コムギ畑の随伴雑草としてのドクムギの記述が"tares"として登場している。

　ドクムギの種子(厳密には穎果)の100粒重は約1.64gで，ホソムギやボウムギなどほかの Lolium 属の雑草の種子と比べて8〜9倍の重さがあり，サイズも大きい。ほかの雑草と異なり，種子は成熟しても脱落せず，また休眠も浅いので成熟後1か月程度経過すると容易に発芽する。日本で栽培すると，梅雨の長雨で栽培ムギ類と同じように穂発芽(第6章，第8章参照)するほどである。

　ドクムギは非脱粒性であるため，コムギやオオムギの種子と共に収穫され，種子が大きくて重いために風選や篩選による雑草種子の選別から逃れ，さらにコムギやオオムギの種子に外部形態が類似している(擬態)ため，視認による種子選別からも逃れる。それによって，ドクムギの種子はコムギやオオムギの種子に混入したまま翌シーズンにこれらのムギ類の種子と共に畑に播かれる。ドクムギの種子が速やかに休眠から覚醒するのは，速やかに発芽できる個体が生育初期におけるムギ類との競争に有利なために残ってきた適応の結果である。また，大きな種子は，それだけ貯蔵養分も多いので，その種子から芽生えた個体の初期生育は速やかである。そのため，大きな種子から芽生えたドクムギは，生育初期における栽培ムギ類との競争において不利でなく，その個体がつけた種子は収穫時にこれらのムギ類とともに収穫される確率が高くなると考えられる。

　出穂前のドクムギ植物体の外部形態はコムギやオオムギのそれに似ている。また，ドクムギの分蘖は匍匐せずに直立する(立性という)。ドクムギの草型が立性であるのは，コムギやオオムギの群落における光競合に対する適応であると考えられる。また，同じ畑に栽培されるコムギやオオムギとドクムギ

の草丈はほぼ同様のパターンで伸長し，ほぼ同じ時期に出穂する。これらの特性も，イネとノビエ類とのあいだでみられた関係と同じように，コムギやオオムギと競争し，かつ除草を回避する戦略のひとつである。成熟期がコムギやオオムギと同調するのは，それらとともに収穫・播種されることで生き延びてきた非脱粒性のドクムギならではの適応戦略である (Tominaga and Yamasue, 2004)。

　ドクムギがムギ農耕といかに深い関わりをもつ雑草であるかは，日本におけるドクムギの生育と分布の状況をみるとよく理解できる。日本におけるドクムギの生育と分布を明らかにするために，日本のおもな大学の標本館に収納されているドクムギの標本の採集年と採集地を調査した。その結果，一番古いドクムギの標本は，1905年に周防(現在の山口県)で採集された個体で，一番新しい標本は，1974年に兵庫県で採集された個体であった。ドクムギは現在の秋田県から熊本県にわたる広い範囲で採集され，標本のいくつかには，その採集場所がコムギ畑と明記してあり，また，写真2のようにパンコムギとともに標本台紙に貼られている例もあった。このことから，ドクムギは，かつては日本でもコムギ畑でよくみられた雑草であったと推定される。阪庭(1907)が著した『雑草』や半澤(1910)の『雑草學』にも，ムギ畑の随伴雑草としてのドクムギが図入りで紹介されている。しかし，図2に示すように日本国内で採集されたドクムギの標本数が1960年代以降大きく減少していたことから，コムギとオオムギの作付面積の減少にともなってドクムギの生育数も急激に減少したことが推測された。

ドクムギの日本への渡来

　日本におけるパンコムギやオオムギの栽培の歴史は，少なくとも紀元前300年ごろまで遡ることができる(第6章参照)。しかし，日本の遺跡からのドクムギの出土例は現在のところないようである。また，日本の古い文献にもドクムギの記載はない。先に紹介した阪庭(1907)には，ドクムギについて「本邦に入りたるはじつに数年前のことなり」と記述されている。しかし，スウェーデンの植物学者ツーンベリが，1776年に日本で採集した植物をもとに著した「日本植物誌(1784)」には，ドクムギの学名が記載されている。日本へも栽培ムギ類の伝播と共にドクムギが古い時代に伝わったことが十分に考えられるが，その時期は現在のところ不明である。ドクムギは，改良品

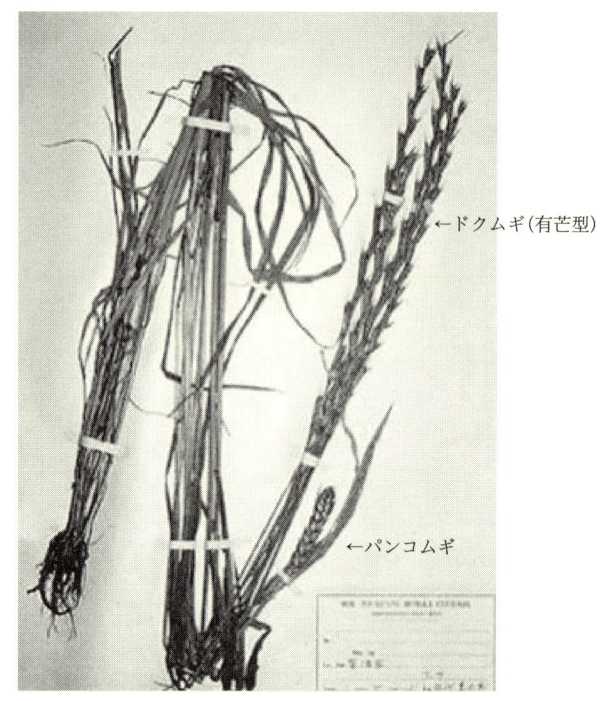

228　第Ⅲ部　シルクロードを伝わった麦たち

写真2　有芒型ドクムギの標本(京都大学所蔵)。標本の
ラベルには「1921年豊後国(大分県)で採集」とある。

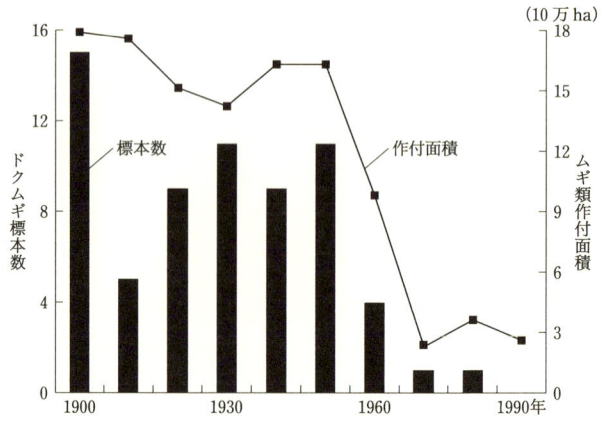

図2　日本におけるムギ類の作付面積と採集されたドクムギ標本数の推移
(冨永, 2003 より)

種が除草剤を使用する畑で栽培され，種子の機械選別が行われる近代的なムギ栽培のもとでは，その集団を維持することができない。そのため，日本のムギ畑でドクムギをみることはもはやできない。

3. 世界のドクムギ——フィールド調査の記録から

　農耕による攪乱に適応したのが雑草である。では，雑草として現在繁栄している種あるいはその祖先は，人間が農耕を開始する以前には，どのような立地に生活していたのであろうか。農耕開始以前の植物に対する最大規模の攪乱のひとつは，更新世における氷河の前進・後退による侵食作用であり，温帯に生育する雑草の多くは，この氷河の侵食作用によって生じた裸地に侵入した種に起源したと考えられている (Harlan and de Wet, 1965)。おそらく，攪乱が頻繁に生じ，日当たりが良く，ほかの大型植物種との競争が少ない大河川の氾濫原や野生動物の水飲み場の周辺，土砂崩壊地あるいは野火がたびたび生じるような場所もそのような種の生活の場であったと考えられる。人間が定住生活を始めるとともに，そのような攪乱がある立地に生活していた種が，人間の定住地やその周辺に定着し，さらに，農耕の開始とともにそれらの一部が農耕地に侵入し，雑草としての生態的地位を築いたと推定される。また，アカザや赤米などのように一度栽培化された植物が遺棄されたり，逸出して，農耕地で現在雑草として生育している例や，雑草イネや雑草モロコシのように栽培種と野生種のあいだの雑種が農耕地に定着している例もある。

　では，ドクムギあるいはその祖先種は，どこで起源したのであろうか。1993年のネパールにおける個人的な調査の後，幸運にも岐阜大学古田喜彦，京都大学福井勝義，福井県立大学大田正次らの研究グループに加えていただき，1995年以降に中国からモロッコに至る22か国を訪れ，おもに栽培ムギ類やその近縁野生種に関わるフィールド調査の傍ら，ドクムギの分布状況などに関する調査を行った。その結果，このうちの9か国でドクムギの生育を確認し，種子や植物体を採集することができた。以下では，ドクムギの起源に関する現在進行中の研究を紹介する。

ドクムギを求めて
　日本のおもな大学の標本館には，日本国内の標本ばかりでなく，海外で採

集された標本も収納されている。そこで，各標本の付記情報にもとづいて海外でのドクムギの採集状況を集計したところ，コムギやオオムギが栽培されている国々の多くでドクムギが採集されていることが確認された。また，コムギやオオムギが栽培されている国々や地域の植物誌をみると，そのほとんどすべてにドクムギの記述がある。これらのことから，コムギやオオムギが栽培されている地域においてドクムギが広く分布している(Holm et al., 1977)と推定された。しかし，1993年のネパールでの調査に始まり2006年のイランでの調査に至るまで，23か国のムギ畑でドクムギの混生を調査したところ，コムギやオオムギの改良品種がいわゆる近代的農法で栽培され，種子が機械選別されている地域ではドクムギを見出すことがまったくできなかった。

　ヨーロッパでは，イタリア南部のたった2枚のムギ畑でその生育を確認したにすぎなかった。イギリスでは，紀元前後の遺跡からドクムギの遺物が出土している。しかし，2003年に出版された"*Arable Plants*"には，イギリスではドクムギはすでに絶滅してしまったと記述されている(Wilson and King, 2003)。西ヨーロッパでは，ドクムギは絶滅に瀕している雑草なのである。また，モンゴルや中国新疆ウイグル自治区でも，都市部からはるかに離

写真3　扇上げによる種子選別(モロッコ・オートアトラス山中)

れた山岳部の村々のムギ畑においてさえドクムギの生育を認めることができなかった。ドクムギが現在もムギ畑に混生しているのは，在来品種がいわゆる伝統的な農法で栽培され，種子が扇上げなどにより風選(写真3)されている地域に限られていた。日本における状況と同じように，近代的なムギ栽培が行われている地域ではムギ畑からドクムギがすでになくなってしまったと推定される。結局，1993年以降の調査において，ドクムギを採集することができたのは9か国だけであった。

　海外で採集した種子や植物標本は，たとえそれらが雑草であったとしても，当該国から無断で持ち出すことはできず，また，日本へ無断で持ち込むこともできない。日本の研究室に持ち帰るまでには多くの手順を踏む必要がある。多くの手続きをへて，ようやく研究室に持ち帰った種子は，発芽力が落ちる前に大学の圃場で栽培して増殖・更新し，維持している。また，植物標本は虫害を避けるため，防虫剤とともに保管している。このようにして，1993年から2002年までに約170地点のムギ畑でドクムギを採集し，研究室に持ち帰ることができた。

ドクムギはどこで起源したのか

　ドクムギが属する*Lolium*属の分布の中心が地中海沿岸地域から西アジアで，ドクムギにごく近縁の*Lolium persicum*がトルコからパキスタンにかけての地域に分布しているので，ドクムギの起源地を明らかにするにはトルコ，イラクからアフガニスタンにかけての地域がきわめて重要であると考えられる。しかし，イラクやアフガニスタンでの現地調査は現状ではほぼ不可能である。また，2002年の時点では，イランでの調査のきっかけもなかったので，今までに採集した系統を用いてこの年から遺伝的な解析にとりかかった。

　アジア，アフリカおよびヨーロッパの易脱穀性コムギ畑でこれまでに採集したドクムギの種子を実験圃場に播き，育成した個体の葉からDNAを抽出し，AFLP分析(第3章参照)およびマイクロサテライト配列の分析を行い，それらの遺伝的類縁関係を解析した。その結果，採集系統は大きくふたつのグループに類別された(図3)。ひとつのグループは，モロッコ，チュニジア，エジプトおよびイタリアなどの地中海沿岸の国々とエチオピアで採集した系統から，もういっぽうのグループは，パキスタンとネパールで採集した系統

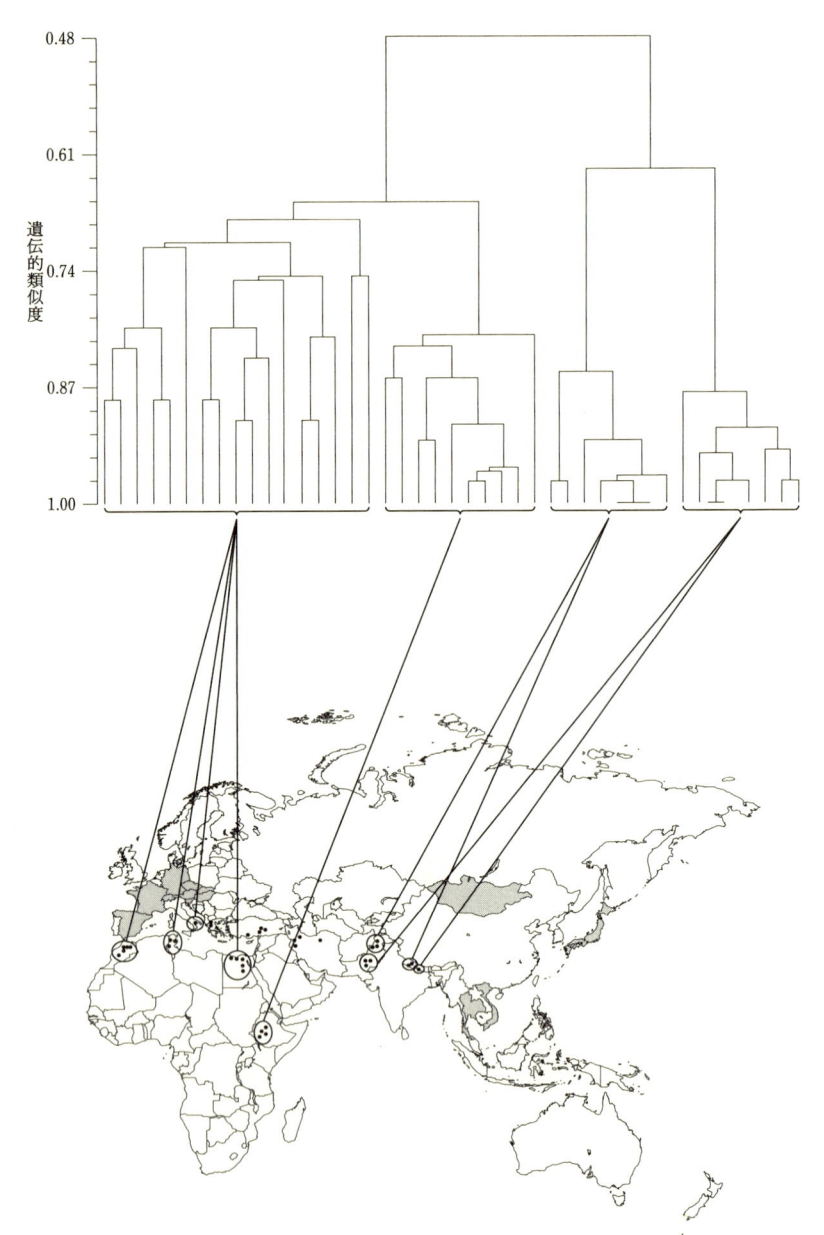

232 第Ⅲ部 シルクロードを伝わった麦たち

図3 DNA分析から明らかになった各地で採集したドクムギの遺伝的類縁関係(Senda et al., 2005 から作図)。黒点はドクムギの採集地点。灰色部分はムギ畑でドクムギを見出せなかった国々

から構成された。イラクからアフガニスタンに至る地域は未調査であるが，この地域を境に東西の2群に分かれたのである。この結果は，未調査のこれらの地域のどこかでドクムギが起源し，そこから東西に広がった可能性を強く示唆するものである。

さらに，パキスタンで採集した系統は，パキスタン北西部の北西辺境州由来の系統と中央部のシンド州で採集した2群に分かれ，北西辺境州の各地で採集した系統はネパール西部で採集した系統と，シンド州で採集した系統はネパール南部で採集した系統とそれぞれ遺伝的に近い結果が得られた。アイソザイム分析という手法を用いた研究結果から，パキスタンではコムギ品種も北部と南部由来の2集団に分かれることが示されている(Ghimire et al., 2005)。この結果は，気候や日長条件などの栽培環境が大きく異なる両地域において異なるタイプのコムギ品種が導入されたか，あるいは選抜されたことを示している。同じような分化がドクムギでもみられたことから，両者のあいだには，まるで昆虫とその細胞内寄生細菌でみられるような共種分化の関係があるといえる。この結果からも，ドクムギの栽培ムギ類への絶対的な随伴関係が示され，パキスタンやネパールのドクムギが，ムギ類とともに大きく分けてふたつの経路で伝わったことが考えられた。

ドクムギの有芒型と無芒型——エチオピア・マロでの事例

イネ科植物の穎花を構成する2枚の花穎のうち，外側の1枚を護穎という。イネ科の植物には，この護穎に芒が発達する種が多い。この芒は，鳥などによる食害の回避や種子の散布，定着のための装置として機能している(第10章参照)。

ドクムギには，護穎に長さ1.5 cm程度の芒が発達する系統(有芒型)と芒が存在しない系統(無芒型)がある(写真4)。芒の有無は1遺伝子によって支配されており，有芒が無芒に対して優性である。ドクムギは二倍性でほぼ完全に自家受精するので，有芒から無芒への突然変異は次世代でホモ接合となり，表現型として現れ，選択の篩にかかる。ドクムギのこの芒の有無が，随伴するコムギの種類によって大きく影響されるらしいことに，私はエチオピアでの調査のおりに気づいた。

1998年12月から1999年1月にかけて，藤本武(当時，京都大学人間・環境学研究科大学院生)と私は，エチオピア南西部の焼畑農耕民族マロの村ガイツァ

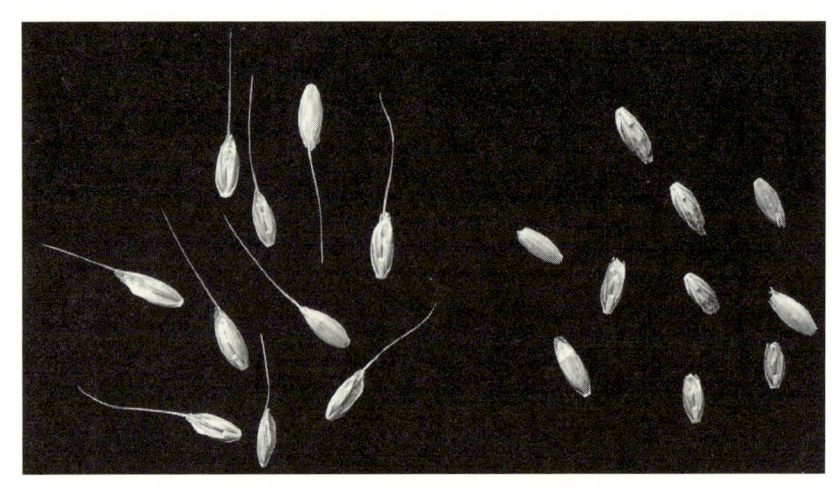

写真4　ドクムギの有芒種子(左)と無芒種子(右)

写真5　ガイツァ村遠景。白くみえる部分が収穫期のムギ畑

(写真5)に滞在し，そこで栽培される多様な作物とそれらに随伴する雑草に関する現地調査を行った。この集落は，エチオピアの首都アジスアベバの南西約400 kmに位置している。アジスアベバから四輪駆動車でまる2日走り続け，その後，徒歩で半日を歩いた距離にある。マロの人びとはオモ系言語を話す人口約7万人の民族集団で，農業を生業としている(藤本，1997)。ガイツァはマロの大集落で，標高2,000〜3,000 mの山岳地帯に位置し，人口は約2,000人である。一帯の年平均気温は20℃，年間の降水量は1,500 mm前後で，1年のうち3月から11月が雨季で，残りが乾季である(Ethiopian Mapping Authority, 1988)。

　私たちは，コムギやオオムギの収穫時期に合わせてこの村に滞在し，毎日あちらこちらの畑を訪ねては，そこで栽培されるコムギやオオムギ，そのほかの作物，それらに随伴する雑草を観察するとともに，栽培者に作物や雑草，作物栽培に関するさまざまな事柄について聞き取り調査を行った。

　ガイツァでは多様な作物が栽培され，たとえば，イネ科の食用作物はオオムギやマカロニコムギ，モロコシなど7種，イモ類がタロイモ，エチオピアで栽培化されたエンセーテ(バショウ科，バナナによく似た作物)およびオロモポテト(シソ科)など9種，マメ類はインゲンマメやソラマメ，エンドウなど11種にのぼる。エチオピアはコムギやオオムギの遺伝的多様性の二次的中心であり，この村でもコムギやオオムギの多様な在来品種が栽培されていた(写真6)。護頴が柔らかく容易に脱穀できる易脱穀性コムギ(マカロニコムギ，リベットコムギおよびパンコムギ)は15品種，オオムギは皮性および裸性の22品種が栽培されていた。そのほか，世界的にみれば栽培面積がきわめて少なくなった難脱穀性のエンマーコムギも2品種栽培されていた(藤本，1997)。ガイツァのムギ類は，その稈や頴果も多様な色を呈し，この色によっても品種が識別されている。

　ここでは，易脱穀性の3種類のコムギ，すなわち，マカロニコムギ，リベットコムギおよびパンコムギは区別されず，ひとつの民俗種(folk species)として認識され"giste"と呼ばれている。また，難脱穀性のエンマーコムギは"k'anbara"と呼ばれ，前者とは異なる種として明確に区別されている。易脱穀性コムギは，ほかの地域と異なり，穂ごとにあぶったり，炒ったり，ゆでたりするなどして盛んに粒食されている(写真7)。他方，エンマーコムギは粉に挽き，お粥として食される。とくに産後の女性や病人に対する滋養

236　第Ⅲ部　シルクロードを伝わった麦たち

写真6　ガイツァ村のコムギ畑

写真7　粒食するためコムギの穂をあぶる女性

食として利用されている。

　ガイツァでは，コムギは雨季の7月から8月にかけて散播される。除草作業は播種約1か月後に一度行われるだけである。収穫は乾季の12月から翌年の2月にかけて，道具をいっさい用いず，穂を稈ごと引き抜くように行われる。収穫されたコムギは，穂がついたまま稈ごと束ねられ，脱穀されずにそのまま貯蔵用の小屋に収納される。コムギの脱穀は屋内において木の棒で穂をたたいて行われる。脱穀後，コムギの種子は箕に集められて屋外で風選され，稈の残渣や小石あるいは雑草種子などの夾雑物が取り除かれる(写真8)。このとき，ドクムギも取り除かれるが，種子の形状や大きさがコムギのそれに類似(種子の擬態)しているため，取り除かれずに残る確率が高い(写真9)。

　ガイツァでは，近年導入されたパンコムギの改良品種も栽培されていたが，マカロニコムギとリベットコムギの在来品種の栽培が多かった。ムギ畑で調査するとき，私はいつもドクムギが混生していないかとくに目を凝らして観察する。改良品種が栽培されているヨーロッパや日本のムギ畑あるいは農家の穀物庫で貯蔵されているコムギやオオムギの種子のなかには，いくら目を凝らして探してもドクムギを見出すことはできなかった。ところが，ガイツァでは，調査した60枚のムギ畑のうち55枚の畑でドクムギの混生を確認することができ，成熟してほかのムギ類と同じように黄褐色から赤褐色に呈色した穂(写真10)や有芒や無芒の穂などじつに多様なサンプルを採集することができた。他方，最近になって新たに導入されたパンコムギ改良品種の3枚の畑では，ドクムギの混生はまったく認められなかった。導入されたパンコムギ改良品種の種子にはドクムギの種子がもともと混入していないからである。

　ガイツァでは，村の中心にある広場で毎週金曜日にマーケット(青空市場)が開かれ，村の女性たちがコムギやオオムギなどの収穫物や卵，バター，蜂蜜などを持ち寄る。また，一角にはマッチなどの日用雑貨を商う人もいる。このマーケットでは，広場の場所ごとに売られる品物の種類がだいたい決まっていて，同じ品物が毎週同じ場所に並べられている。大きな麻袋に入った易脱穀性コムギの種子は，オオムギの種子が入った麻袋と同じ場所に並べられているが，エンマーコムギの種子はいつもこれらのムギ類とは少し離れた別の場所で売られている(写真11)。マロの人たちは，易脱穀性コムギとエ

238　第Ⅲ部　シルクロードを伝わった麦たち

第11章 ムギと共に伝わったドクムギ 239

写真8 ガイツァにおけるコムギの収穫から脱穀までの一連の作業。
(A)収穫，(B)結束，(C)運搬，(D)脱穀，(E)風選

240　第Ⅲ部　シルクロードを伝わった麦たち

写真9　ガイツァのマーケットで購入したコムギ種子に混入するドクムギの種子（矢印）

写真10　多様な色を呈するオオムギ（上段）とドクムギ（下段）の穂

写真11 ガイツァのマーケット

ンマーコムギをまったく異なる別の作物群として認識しているのである。

　私は，このマーケットで，別々の女性からそれぞれ手のひら一杯程度のコムギやオオムギの種子を購入した。そのうち，19サンプルのコムギ種子を丁寧に調べてみると，小石やコムギの稈の残渣に混じって，ドクムギやほかの雑草の種子がさまざまな比率で混入していた。ドクムギがまったく混入していないサンプルもあれば，混入率が9.1%にも達する特異なサンプルもひとつあった。この特異な1サンプルを除いて平均したドクムギの混入率は，易脱穀性コムギの種子サンプルで0.6%，エンマーコムギの種子サンプルで4.6%であった。また，この種子サンプルには，ドクムギの有芒種子と無芒種子がサンプルごとにさまざまな比率で混入していた。

　調査した畑ごとに，また，購入した種子サンプルごとに，混入しているドクムギの有芒型と無芒型の相対比率を算出すると，易脱穀性のコムギ畑で任意に採集したドクムギのうち有芒型の相対比率は8.5%で，種子サンプルでは3.6%であった。これに対し，エンマーコムギの畑で任意に採集したドクムギのうち有芒型の相対比率は70.5%で，種子サンプルでは75.2%であった(図4)。

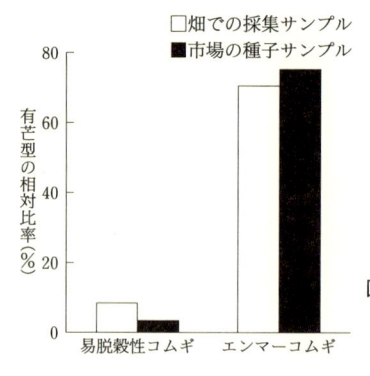

図4 ガイツァの易脱穀性コムギおよびエンマーコムギに混入していたドクムギに占める有芒型の割合（冨永，2003より）

　ドクムギの有芒種子は，難脱穀性で穎が外れにくいエンマーコムギの種子によく似ており(擬態)，エンマーコムギの種子に混入したドクムギの有芒種子は視認による選別から逃れやすい。他方，ドクムギの無芒種子は，穎がきわめて容易に外れる易脱穀性コムギの種子に類似(擬態)しており，易脱穀性コムギの種子に混入したドクムギの無芒種子は視認による選別から逃れやすい。この種子選別をくぐり抜けて，種子(穎果)の外部形態がより似ている組み合せでドクムギの有芒種子および無芒種子がエンマーコムギおよび易脱穀性コムギの種子にそれぞれ混入しているのである。有芒型・エンマーコムギより，無芒型・易脱穀性コムギの随伴関係がより密接なのは，易脱穀性コムギが粒食される機会が多く，その分，種子選別がより厳密に行われることによると考えられる。

　ドクムギの有芒型と無芒型の相対比率を畑で採集したサンプルと市場の種子サンプルで比較すると，種子サンプルでは，易脱穀性コムギでは有芒型の比率が，エンマーコムギでは無芒型の比率が，それぞれ低下していた。それは，先述した一連の作業によって，それぞれのコムギ種子に外部形態がより類似しているドクムギが除去されずに残る確率が相対的に高いためと考えられる。

　イネ科の野生植物の護穎にある芒は，前述のように捕食の回避や種子の散布，定着のための装置である。ガイツァでは視認による種子選別がドクムギの芒の有無に対する選択圧として働き，コムギの脱穀性の難易によってそれに随伴するドクムギの芒の有無が決定され，エンマーコムギと有芒型ドクムギ，易脱穀性コムギと無芒型ドクムギの擬態随伴関係が成立している。ドク

ムギの種子はコムギの種子と共に散布されるので，易脱穀性コムギに随伴するドクムギが無芒であることも含めて，ドクムギの芒が種子散布装置として機能していることがわかる(Tominaga and Fujimoto, 2004)。ドクムギはこの種子の擬態によって，種子選別を回避し，人間によって種子を散布しているのである。

　このようなドクムギの栽培ムギ類への随伴関係はほかの地域でも報告されている。ギリシャ北西部のデルビナキ村では，パンコムギにはドクムギの無芒型が，オオムギやエンバクには有芒型が随伴する(小林・阪本，1985)。この村では，パンコムギの種子選別は篩によって行われる。このとき，ドクムギの有芒種子は，芒がある分だけ篩の目より大きいので除去される。他方，家畜の飼料となるオオムギやエンバクでは種子選別が行われないため，有芒型が残ると解釈された。

　2000年に調査したパキスタンのシンド州では，パンコムギ畑に有芒型のドクムギが混生していたが，パンコムギの種子サンプルに混入するドクムギは，芒のない種子の方が圧倒的に多かった。畑に混生する無芒型のドクムギを見落としてしまっていたのかと調査中ずっと不安で，畑と種子サンプルのあいだで矛盾が生じた理由をあれこれと考えながら帰国した。帰国後，さっそく，パンコムギの種子サンプルに混入していた芒のないドクムギの種子を播いてみると，この種子から発芽した個体がつけた種子はすべて有芒であった。パンコムギの種子サンプルに混入していた芒のないドクムギ種子は，脱穀作業や種子選別によって有芒型の芒が折れてなくなったものだったのである。栽培してみて初めて謎が解けることもよくあることである。

　これらの事例から，ドクムギの有芒型と無芒型の特定のムギ類に対する随伴関係は，地域ごとに異なる種子選別方法に依存し，それによって集団中の有芒型と無芒型の相対頻度が変化するようである。ドクムギの有芒型・無芒型と栽培ムギ類の間には，人間が関わることによってじつに多様な関係が生み出されてきたのである。

イランのドクムギ

　ドクムギは，前述した遺伝的解析やその後のフィールド調査の結果から，トルコ東部からアフガニスタンにかけての地域に起源し，コムギやオオムギの種子に混入して，それらと共に世界各地に広がっていったと推定された。

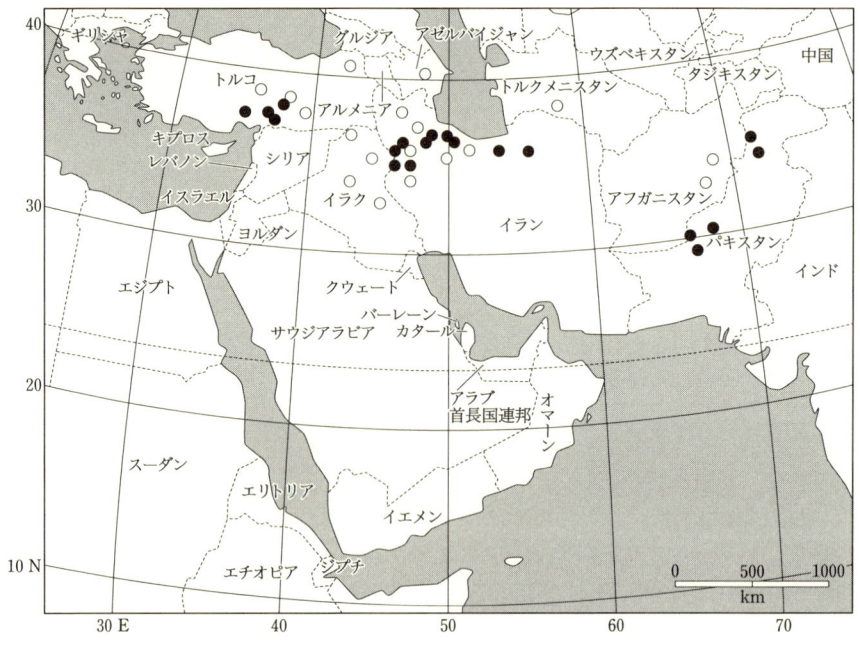

図5 *Lolium persicum* の分布(Terrell, 1968 のデータ(○)に筆者の調査結果(●)を付加)

そして，外部形態の調査からドクムギと共通の祖先種から分岐したことが推定されている *Lolium persicum* は，カスピ海南岸を中心として，トルコ中央部からパキスタン西部に分布している(図5)。このようなことから，ドクムギがどこで，どのように起源したのかを明らかにするためには，トルコ東部，イラク北部からイランにかけての地域における調査の重要性がますます高まった。2003年に福井県立大学の大田正次のプロジェクトが科学研究費に採択され，研究分担者としてイランで現地調査する機会に恵まれた。半ばあきらめていたイランでの現地調査が実現し，ドクムギの起源を明らかにできるかもしれないと期待が膨らんだ。このプロジェクトの課題は，「ムギ農耕とそれを取り巻く生態系における環境・人・作物・雑草の相互関係に関する研究」で，イラン側の共同研究機関はイラン国立植物遺伝資源研究所である。この調査では，2004年にはイラン西部のザグロス山脈北西部を中心とした地域を，2006年にはイラン北部のアルボルツ山脈を中心とした地域を研究所の車で走破し(図6)，栽培ムギ類とそれらの近縁野生種の採集を行うと同時に，コムギやオオムギの栽培，それらに随伴する雑草に関する聞き取

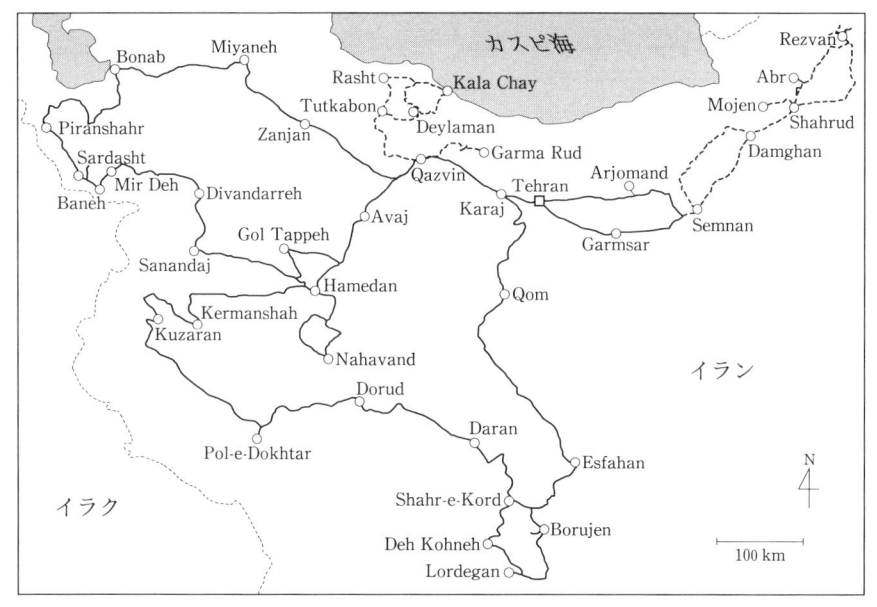

図6 大田正次プロジェクトによる2004年(実線)および2006年(点線)の調査経路概要

り調査を行った。

2004年7月，私たちは，研究所のスタッフと共同研究に関する打ち合せを行った後，研究所のあるカラジから砂漠を南下し，イランの古都エスファハーンへ向かった。そこからさらに南西にザグロス山脈をめざした。途中の平野部やなだらかな丘にあるコムギ畑には，1979年のイラン革命以降に新たに育成され，政府がその種子を提供している"Sardari"や"Azari No. 2"というパンコムギの改良品種が栽培されていた。これらの改良品種が栽培されている畑では，雑草のカラスムギは混生していても，ドクムギを見出すことはまったくできず，また，持参したドクムギの穂のサンプルをムギ栽培農家に示しても，その存在を知る人さえいなかった。この日は，約580 km走行し，シャーエコードという町の農業試験場の施設に宿泊した。

夕食後，農業試験場のスタッフから，この町から約80 km離れたアグボーラグ村でスペルタコムギを栽培している農家があるとの情報を得，翌日訪ねることにした。スペルタコムギは，脱穀が非常に困難な六倍性のコムギで，それゆえ，現在では，1995年に私たちが調査したスペインのアストゥリアス地方などきわめて限られた地域でしか栽培されていない(第13章参照)。

スペルタコムギは，ドクムギが随伴するパンコムギやマカロニコムギ，エンマーコムギより種子(穎果)が大きく，スペルタコムギにドクムギが混入している可能性は低い．しかし，このような古いタイプのコムギが栽培されている地域では，ドクムギが混生しているムギ畑がみつかる可能性がある．私はこの村を訪れるのを楽しみに寝袋に入った．

翌日は，5時半に起床し，標高約2,300 mのこの村に向かった．スペルタコムギを栽培しているという農家を訪ねると，数年前にスペルタコムギの栽培をやめてしまったとのことであった．しかし，周辺のムギ畑では，オオムギ畑にスペルタコムギがきわめて少数ではあるが混生していた．私はさらに周辺のいくつかのムギ畑を歩き回って，ドクムギを探し回ったが，とうとうみつけることはできなかった．また，この農家に尋ねても，ドクムギの存在自体知らないということであった．期待がはずれ，残念であったが，エチオピアの例を除けば，ドクムギをみつけることが簡単ではないことを今までの調査で経験していたので，ドクムギに出会える機会が必ずあることを信じて採集・聞き取り調査を継続した．

イラン国立植物遺伝資源研究所を出発して5日目，すでに2,000 km以上走破したケルマーンシャーの北西約60 kmあたりで，コムギの近縁野生種である*Aegilops cylindrica*やそれとパンコムギの雑種と推定される個体が混生しているコムギ畑が出現しだした(写真12)．このようなコムギ畑にはドクムギが混生している可能性が高い．その日の夕方になって，イラクとの国境まで直線距離で約70 kmのザグロス山中の小さな村のはずれに積んであったパンコムギの刈束のなかに，ドクムギの穂をようやく1本見出すことができた．その後，さらにザグロス山中の3か所のパンコムギ畑でドクムギを採集することができた．これらのパンコムギ畑では，"Sardari"や"Azari No. 2"ではなく，穂の外部形態や大きさ，色などが異なる複数の在来品種が雑多に混じって栽培されていた．ドクムギが混生するムギ畑は，ほかの国々でも似たような状況である．

イランで最初にドクムギを見出した村から北へ約170 km，イラクとの国境まで約40 kmのミルデー周辺で，路傍にまばらに生育するドクムギの集団に気づいた．その後，さらにサーダシト周辺の3か所で路傍に生育するドクムギの集団を確認することができた(写真13)．また，2006年6月から7月に訪れたカスピ海の南にあるアルボルツ山中のデイラマン周辺の2か所でも

第11章 ムギと共に伝わったドクムギ 247

写真12 パンコムギと *Aegilops cylindrica* との雑種と推定される個体(矢印)

写真13 ドクムギの路傍集団(白点線で囲った部分)

路傍に生育するドクムギを確認した(図6)。このうちの1か所の集団はきわめて大きな集団であった。これらのドクムギの路傍集団は，すべて有芒型で，非脱粒性であった。

　各国の植物誌には，ドクムギの生育地についてムギ畑のほかに，路傍や荒地と記載している例がある。しかし，私が今までに訪れた国々では，ムギ畑に混生しているドクムギをみることはあっても，路傍や荒地に自生するドクムギをみたことがなかった。イランで出会ったこれらのドクムギの路傍集団は，ムギ畑に生えていた個体の種子が何らかの理由でそこに運ばれ，それに由来した集団であることも十分考えられる。確かに，コムギやオオムギの種子が運搬中にこぼれ，それから生育したコムギやオオムギを路傍でみることはよくあることである。また，脱穀・種子選別後の残渣が路傍に捨てられ，それに由来する集団であることも十分考えられる。しかし，これらの路傍集団は，残渣から生じたものとは考えにくく，さらに，これらの路傍集団中にコムギやオオムギが混生していなかった状況などから判断して，そのような可能性は低いと考えられた。

　栽培ムギ類に随伴する以前のドクムギあるいはその祖先種は，ほかの雑草あるいはそれらの祖先種と同じように，おそらく適度な攪乱がある立地に生育していたと推定される。このような立地に生育していた種のうちのいくつかがムギ農耕の成立とともにムギ畑に侵入したのであろう。路傍と畑では，そこで働く選択圧は大きく異なるため，路傍で適応度が高い個体が，畑でも適応度が高いとは限らない。このドクムギの路傍集団は，ドクムギがムギ畑に侵入する以前のドクムギの末裔なのであろうか。もしそうであれば，ドクムギの起源地にまた一歩近づいたことになる。このドクムギの路傍集団のさまざまな生態的特性や遺伝的変異の量をその近辺で採集したコムギ畑の集団と比較したり，コムギ畑の集団との遺伝的分化の程度などを早急に明らかにする必要がある。

　今までの現地におけるフィールド調査と日本での研究結果から，トルコ東部からアフガニスタンにかけての地域がドクムギの起源地の有力候補であると推定され，さらに，イランで路傍に生育する集団を見出したことによって，この地域では，現在も，ムギ畑に侵入する前のドクムギの集団が残存している可能性が考えられる。また，外部形態からドクムギと共通の祖先種から分化したと推定されている *Lolium persicum* の分布域を考慮すると，ドクム

ギがイラン北西部を中心とした地域で起源した可能性がきわめて高いと判断される。コムギやオオムギなどの栽培作物と異なり，それぞれの国のジーンバンク (gene bank) にドクムギが保存されていることはほとんどない。生育地の大規模な改変によってこのような路傍集団の多くがすでに消滅したことも考えられ，ドクムギの起源地を特定するのはすでに困難なことであるのかもしれない。それゆえ，イランで確認した路傍集団の存在はきわめて貴重で，ドクムギの地理的起源を明らかにする鍵になるかもしれない。

ドクムギは，コムギやオオムギがそれらの起源地である西アジアから世界各地に伝播するのにともなって，それらの種子に混入して各地に広がり，定着したそれぞれの地域で自然選択や人為選択を受け，あるいは遺伝的浮動によって分化していったと推定される。ドクムギは，モデルとなる栽培ムギ類の種子にその種子を擬態させ，人間がその種子の散布エージェントとして機能してきた。しかし，ムギ類の改良品種が導入され，除草剤が使用され，種子が機械選別されるようになると，ムギ畑やムギ類の種子から容易に除去され，集団を維持していくことができない。

コムギやオオムギと密接な随伴関係をもつドクムギは，作物とそれを栽培・利用する人間，そしてこの両者のあいだに割って入る雑草，これら三者の相互関係の進化を解き明かすのに恰好の材料である。フィールド調査や遺伝的解析をさらに進め，ドクムギの起源とその生活史特性の進化の全容を探っていきたい。

第IV部

現代人と麦

麦は糧である。生命を保つ食料として，人生を豊かにする飲料として，建材として，帽子などの衣料として，日用品や人形などの細工として，装飾として，家畜の飼料として，農作業の資材として，麦は日常生活の糧である。永年にわたる日常生活のなかで，人は作物の特性を知り，風土と作物に合った栽培と利用を行い，固有の呼称を与えて生活や文化の要素として育んできた。第IV部では，永い歴史のなかで多様な風土に適応し民族固有の文化に溶け込んだ日常生活の糧としての麦を取り上げる。

　麦類の穎果は胚乳が柔らかく，硬い外皮を削って取り除くことが難しい。この性質から，おもに粉に挽きパンや麺，饅頭などに加工して利用されてきた。なかでも，小麦粉は水を加えて捏ねることで粘りと弾力のあるグルテンが形成される。コムギの種や品種によりグルテンの性質は異なり，その特性を活かしてさまざまなパン，麺，菓子など多種多様な小麦粉食品がつくられ，私たちの食卓を彩っている。第12章では，地域の気候と民族の生活様式に適応した，多様なコムギ品種，発酵法，パン種と微生物，焼き窯からうまれた世界各地のパンとパンづくりを紹介する。コラムでは，日本に伝わったコムギを手延べ麺や切り麺として私たちの食文化のなかに取り込んできた歴史を文献から探る。

　現在，世界のコムギ栽培面積のほとんどはパンコムギやマカロニコムギの改良品種によって占められている。しかし，一粒系コムギ，エンマーコムギ，スペルタコムギなどの古いコムギが，人びとの生活と密接に結びつきながら今日まで栽培され続けてきた地域がある。第13章では，古いコムギの伝統的な栽培と利用に関するフィールド調査の結果をもとに，永い年月のなかで作物の特性を知り地域適応的に利用してきた文化の一端を紹介し，作物の品種多様性の維持に関わる文化的要素について考察する。コラムでは，古代エジプトの壁画をもとに再現されたエンマーコムギを主原料とするビール造りを紹介する。

第12章 フィールドからみた世界のパン

長野　宏子

1. コムギの利用と世界のパン

　伝統発酵食品のフィールド調査でパンを収集すると同時に，パンのかけらを持ってきてくださいと，旅に出る人にお願いして20年がすぎた。パンの「かけら」から何がわかるのだろう。パンは加熱されているが，パン中の微生物を青く染めるライト染色により，顕微鏡で観察することができる。パンのタンパク質，糖類，有機酸などの旨味や風味成分を測定することもできる。また，現代では小麦タンパク質によるアレルギーが問題になっていて，小麦を使用した食品には，2002年からは表記義務が課されている。パンのかけらから抽出したタンパク質と小麦アレルギー患者の血清との抗原抗体反応により，パン中のタンパク質の分解，つまり低アレルゲン化の状況がわかる(長野ほか，2003)。小麦アレルギー患者により，アレルギータンパク質と認識する部位が異なるため(Kimoto et al., 1998)，数多いパンのなかからアレルギー部分の少ないパンを知り，比較的安全なパンを選ぶことも可能である。また，遺伝学的な手法により，パン中の微生物を同定することもできるようになったため，フィールド調査で収集したパンや遺跡から出たパンの「かけら」からも，どんな微生物がパンづくりに関わってきたかを確認することも容易になった。
　フィールド調査や旅した人びとの協力により集めた世界のパンを地図上にプロットすると，パンの色や形，焼く・蒸すなど調理器具や調理法はさまざまである(図1)。旅する人びとからの貴重な土産のパンの「かけら」は，生

254　第Ⅳ部　現代人と麦

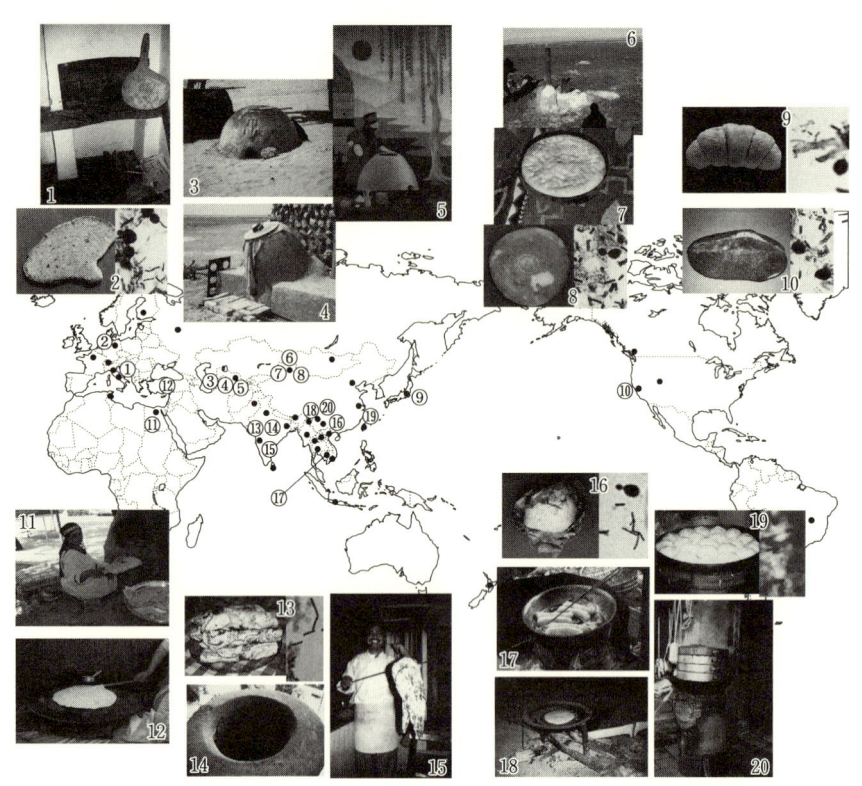

図1 フィールド調査でみた世界のパン焼き窯とパンおよびそのなかの微生物。1：スロベニアのパン焼き窯，薪と大きなパン用ヘラがみえる(1996)，2：ドイツのパンと微生物である卵形の酵母と桿菌(1997)，3：トルクメニスタン，カラクム砂漠のナン窯(2006)，4：トルクメニスタンの斜めに傾いたナン窯(2006)，5：トルクメニスタンのレストランに飾ってあったナン窯の絵(2006)，6：中国ウルムチの竈(2006)，7：中国ウルムチのパン(2006)，8：中国ウルムチのパンと微生物(1990)，9：日本のクロワッサンと微生物(2001)，10：アメリカ合衆国サンフランシスコのサワー・ドウ・パンと微生物(1998)，11：エジプトの丸天井型のパン焼き窯(1996)，12：トルコのユフカづくり(2007)，13：インドのチャパティと微生物(2000)，14：インドの据え置き型タンドールと側面にはりつけたナン(2000)，15：インドの半分地中に埋めたタンドールと大きなナン(2000)，16：中国昆明の饅頭と微生物(1987)，17：カンボジアの揚げパン油條(2004)，18：中国雲南省の怒江傈僳族のトウモロコシのパン(1999)，19：中国杭州の饅頭と微生物(酵母がみえない)(2001)，20：中国大理の饅頭などの蒸し器(1999)。（　）内は撮影年。地図上の●印はパンの採集地。写真は1，2，11：古田喜彦，3，4：水谷令子，5：南廣子，6，7：加藤みゆきの各氏撮影

地を膨化させて焼いてあるものが多かった。

　パン，麺をはじめ菓子類の多くは，おもにパンコムギの粉を用いてつくられる。その原料に関して国産小麦，強力粉，全粒粉，パン用・ケーキ用，カメリアやカナダ1CWなどの表示を目にすることが多いと思うが，これらの表示は，生産地，コムギの成分，コムギの加工形態(粒度)，用途，商品名などを反映したものである。パンの原料となるムギ類の代表的な栽培種とその用途(料理)を表1にまとめた。コムギのほかにオオムギ，ライムギやエンバクが利用されるが，これらはいずれも二年生のイネ科植物である。普通系コムギには，パンコムギやスペルタコムギがあり，私たちの食生活に多く利用されている。マカロニの原料は，二粒系コムギのマカロニコムギであり，市販されている小麦粉(市販品粒子は150 μm)より粗い粒子のセモリーナからもつくられる。なおパンコムギからつくられる粗い粒子の粉も同様に「セモリーナ」と呼ばれるので，ムギ種にもとづく区別は曖昧である。黒パンと呼ばれるライムギパンは，パンコムギとは別の種であるライムギの粉からつくられる。オートミールは，エンバクを焙煎して挽き割るか，平たく押しつぶした食品であり，寒冷な東欧や北欧では古くから食されてきた。六条オオムギは，粗く砕いた挽き割りや押し麦(粒食)として，日本では食されている。

　いっぽう，オオムギを炒ってから製粉した麦焦がし(はったい粉，香煎)をつくり，水や湯で練って食したり，飲み物にするが，このような炒り料理は，ムギの最初の加工法(中尾，1996)と考えられている。その理由は，火と石か砂という簡単な道具で調理できるからである。その原形を残しているのが，チベットの主食ツァンパ(tsampa)である。オオムギを鉄鍋で炒ってから製粉した粉に，バター茶もしくは湯とヤクバターを加えて練って団子状にしたものである(第8章参照)。標高の高い地域では，沸点が低いために(標高3,800 mでは約88℃)，水を用いた調理では温度が高くならず，煮炊きできないためである。

2. なぜ，ムギは粉食となったか？

　ムギとコメの調理法を考えると，前者がおもに粉食されるのに対して後者はおもに粒食される。調理法が異なる原因として穀粒構造の違いが大きく関わっているようである。ムギ類やイネでは穎果が食用とされるが，穎果を

表1 ムギの代表的な栽培種とその主要用途(料理)。
*五訂増補日本食品標準成分表(文部科学省HPより), P:タンパク質, F:脂質, C:炭水化物含量

科	属	分類	学名	日本名(和名)	作物名	主用途
イネ科	コムギ	一粒系(二倍性種) AA	*Triticum monococcum* L.	栽培一粒系コムギ		飼料
		二粒系(四倍性種) AABB	*T. dicoccum* Schübler	エンマーコムギ		飼料
			T. durum Desf.	マカロニコムギ		麺(マカロニ、スパゲティ)
		普通系(六倍性種) AABBDD	*T. spelta* L.	スペルタコムギ		焼物、飼料
			T. aestivum L.	パンコムギ	小麦	パン、麺(日本麺、中華麺、菓子)国産小麦:P(10.6), F(3.1), C(77.2)*
	オオムギ		*Hordeum vulgare* L.	オオムギ	六条大麦、裸麦	麦焦がし、ツァンパ(炒挽粉)、精麦(押し麦)、麦茶 オオムギセがつき:P(10.9), F(2.1), C(72.1)*
					二条大麦	ビール醸造用、飼料
	ライムギ		*Secale cereale* L.	ライムギ	らい麦	ライムギパン(黒パン)、ウイスキー、ウォッカ、黒ビール ライムギ全粒粉:P(12.7), F(2.7), C(70.7)*
	カラスムギ		*Avena sativa* L.	エンバク	えん麦	粥(粒粥・挽き割り粥)、味噌や菓子の原料、オートミール、ウイスキー、飼料 オートミール:P(13.7), F(5.7), C(69.1)*

覆っている芒(のぎ)や殻は食べられず,除去する必要がある。ムギやイネの野生種は,「播かず,刈らず,倉に収めず」の紀元前12000年ごろから食されてきた。そのような時代の野生ムギの殻を剝がすには,どうすればよいか？ ムギを石の上にのせて叩きつぶしたり,擦りつぶしたりしながら殻を除いてきた。ムギの種子は,内部の胚乳部より外側の皮部の方が強靭であり,また粒の真んなかに深い溝があり,簡単には皮を除くことができない。外から削るより,つぶした後に殻を除いた方が簡単である。しかし叩きつぶしたりした後は,すでにムギの完全な粒食は不可能な状態であった,と多くの書物に記載されている。

　ここに六条・裸性オオムギの穂がある(写真1)。芒をはずし,丁寧に殻を剝がしていくと胚乳を包んでいる強靭な皮までたどりつくことができると思いつつ穂にさわると,一気に穎果がはずれてしまう。ムギ類の穎果は昔からはずれやすかったのだろうか。ムギの外皮とは何か。コメの外皮(籾)との違いは何か。ムギ類の穂や穎果をみていると次々と疑問が起こる。まず,穎果が簡単にはずれるのは,オオムギでも裸性のものに限られ,皮性のものは殻

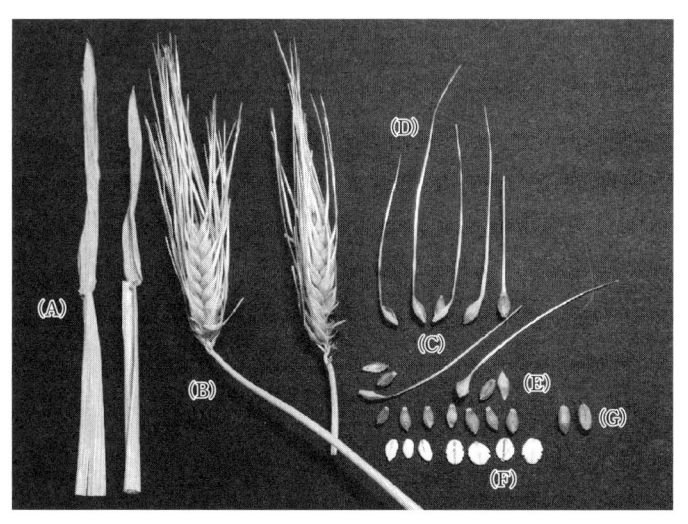

写真1 六条オオムギの穂の構造と脱穀後の麦。(A)止葉の葉身と葉鞘,(B)オオムギの穂(全体),(C)外穎(殻),(D)外穎(殻)の先には芒(のぎ)が長く発達している,(E)外穎が穎果を内部に深く包み込んでいるため穎果の中央に1本の溝が走っている,(F)溝が真んなかにみえる押し麦,(G)コムギの穎果

から穎果をはずすのは不可能であるが，野生オオムギや初期の栽培オオムギはすべて皮性であった。穎果がはずれにくかったために，叩きつぶしたり，擦りつぶした粗挽きの穎果を焼け石の上で炒ったり，粉に水を加えて焼いたりして食したと考えられている。

穎果の柔らかさゆえに粉食されるようになったコムギであるが，粉にすることで粘りや弾力のあるグルテンを形成するというほかの穀物がもっていない特性も引き出すことができた。コムギ胚乳には，粉と水の混合物である生地に硬さを与えるグルテニンと，柔らかさや粘りを与えるグリアジン（どちらも水不溶性タンパク質）があるので，小麦粉に水を加えて捏ねるとチューインガムのようなグルテンが形成される。ところがライムギ胚乳には，グリアジンはあるもののグルテニンがないため，ライムギ粉の生地をいくら捏ねてもグルテンは形成されない。オオムギやエンバクも同様である。グルテン形成を観察できる身近な実験材料がうどんやパンをつくるときの生地（ドゥ，dough）である。小麦粉に水を加えてよく混捏した生地を水のなかでよく揉んで濁りのあるデンプンを洗い流す。最後に残ったチューインガム状のものが水不溶性のグルテン（湿麩）であり，麩饅頭などがつくられる。いっぽう，コメ粉，ソバ粉やトウモロコシ粉で生地をつくり，同じことをしてみると，すべて水中に流れ出てしまい，手のなかには何も残らない。タンパク質を加熱変性する前の粉を用いることで，コムギにしかないグルテンの特性を活かすことができ，パン，マカロニ，菓子など多種多様なコムギ料理に利用されている（表1）。本章ではムギ利用のなかでもパンを中心に述べてみたい。

3. パンとはなんだろう

『パンの文化史』(舟田，1998)によるパンの定義をみると，①生の「穀物」を，②粉にして，③水で捏ねたものを，④焼く（蒸す・揚げる）と，⑤焼き上がると固形物となる，という工程によりつくられるものである。以下，この5項目にそって説明する。

①はコムギ，オオムギ，ライムギやエンバクのほかに，アワ，ヒエ，キビ，トウモロコシなどのデンプンの多い穀物も用いる。現在のふっくらしたパンの素材として優れているのは，グルテンを形成するコムギである。パンの材料に用いる粉のタンパク質などの成分が，無発酵・発酵パンの違いにも影響

している．

②の粉にする方法は，石の上に置いて叩きつぶす方法から，サドルカーンになり，さらに石臼，回転石臼へと改良が重ねられ，石臼を回転させる動力も人力から水車，風力，蒸気圧，電気と変遷してきた(表3参照)．製粉技術の進歩にともなって，粉食が普及し，粉の粒度も細かくなりパンの膨化性も増すことになる．製パン性におよぼす粉の粒子サイズの影響は大きく，私たちが食べているふっくら，しっとりとしたパンを焼けるように工夫されてきた．

③の捏ねるときには水だけでなく，牛乳，卵，果汁などを用いてもよい．混捏後，いろいろな形に成形する．小麦粉を原料とする場合は，グルテン形成のためにしばらく寝かすことが必要となる．

④の加熱は，焼く，揚げる，蒸すなどの方法により行う．このうち最も古くから行われてきたのが焼くことである．蒸す，揚げるなどの調理法には，水や油の漏れない器が必要となるが，焼くという調理法ならば土器を必要とせず，窪みのある石の上に置いたり，熾き火のなかに入れるだけで調理できるからである．

⑤では丸形，四角などさまざまな形に，焼き上げることができ，薄くても厚くてもよく固形物になる．世界のパンをみると厚さや大きさはいろいろであるが，舟田のパンの定義には，これらの規定はない．しかし，非常に明解なこの定義にそって今後記載していくこととする．

中国チベット自治区(北)とミャンマー(西)に隣接する中国雲南省の怒江傈僳族自治州怒族の村を1999年8月に訪れ，ソバやトウモロコシが庭で干されている農家でパンをつくってもらった(写真2B)．まず，ソバを木の臼に入れ，縦杵で搗き，箕(穀類をあおって殻・塵などを分け除く農具．竹・藤・桜などの皮を編んで作る『広辞苑』)でソバをあおって殻や塵を除いた．粗く挽き割り程度に砕いたソバの実を手廻し石臼(ロータリーカーン)で粉にし，篩で分別した．分別したソバ粉を水で捏ねて生地をつくり，鉄製の輪金(ゴトク)上に置いた平らな石板上で直焼きをした．この地方の名物ソバ料理粑粑(ババ)である．このフィールド調査記録ではソバを木臼に入れて縦杵で搗いてから，箕で分別するという順序になっている．しかしまずソバを箕で分別したものを木臼で搗き，さらに石臼で細かく粉砕するのではないか？　木臼で搗いた後に箕であおっては粉が飛んでしまうのではないか？　記録ミスか？　このような疑問に答えが出

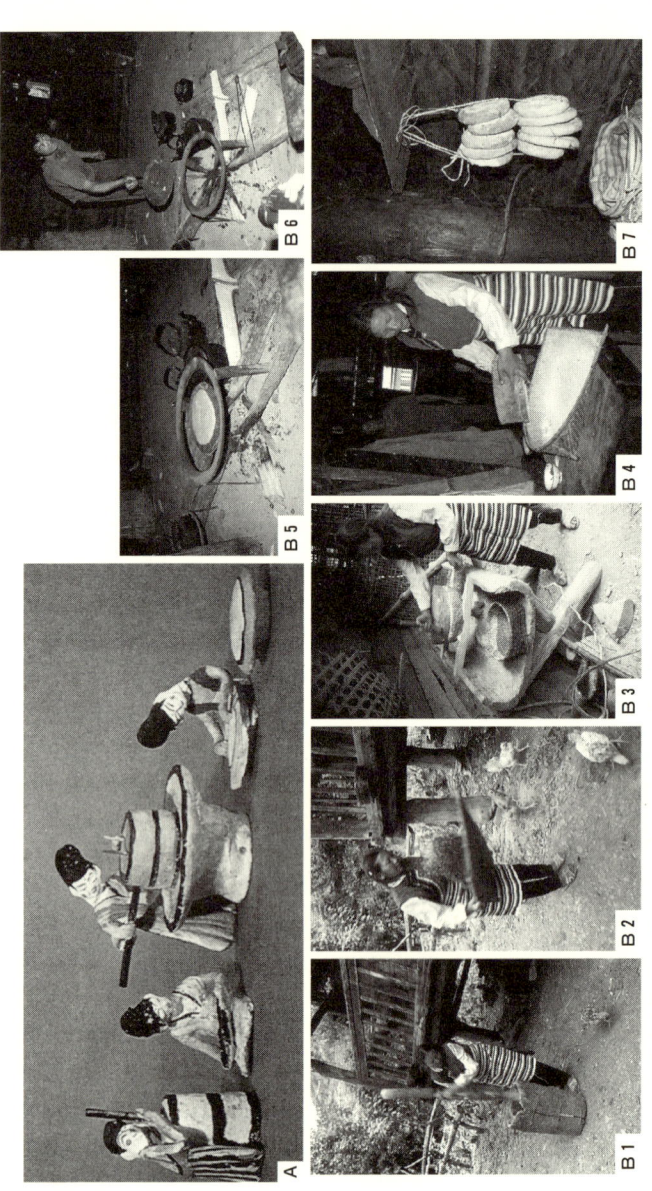

写真2 古代および現代中国の平焼きパンづくり。(A)古代中国の平焼きパンづくり。(新疆維吾爾自治区博物館蔵;東京国立博物館・日本中国文化交流協会・読売新聞社、1979より)。4人の女性の作業は、左から脱穀、石臼で粉を挽く、生地をのす、中華鍋をふせた形の設備で平焼きを焼いている。(B)中国雲南省の怒江傈僳族自治州優勒族の名物ソバ料理粑粑づくり(1999年8月、B2およびB3は田中直義氏撮影)。B1:干したソバを木の臼に入れ、縦杵で搗く。B2:箕でソバをあおって殻や塵を除いた。B3:木のL字形廻し手のついた臼(ロータリーカーン)で粉にし、B4:篩で分別した。B5:(ソバ粉を水でこねて)輪金上の平らな石板上で直焼きをした。B6:輪金上の石板は取り外しがてき、ヤカンや鍋など、自在に加熱利用できる。B7:焼いたパンは紐でつないで部屋のなかにつるし、保存していた。

せたのは，1972年トゥルファンから出土した唐代の「女子泥俑群」の平焼きパンの説明と今回の調査記録との一致であった。「女子泥俑群」の平焼きパンづくりの作業(写真2A)は，縦杵で搗き脱穀，箕でふるう，石臼で粉をひく，生地をのす。中華鍋を伏せた形の設備で平焼きパンを焼いている(舟田，1998)。「女子泥俑群」の平焼きパンの説明も，今回の調査も，縦杵で搗き脱穀したものを箕でふるうため，箕は目がつまり，粉が落ちないものを使っていたと思われる。いっぽう，「女子泥俑群」の平焼きパンには描かれていない工程として，怒族の調査記録では篩(ヌー)を使う工程があった。また，平焼きは中華鍋を伏せた形のものでなく平らな石板の上で焼いていた。中尾は『料理の起源』(1996)に，チベットの台所は囲炉裏であり，そこに大きな輪金(ゴトク)を置き，その上に石板をおいてロティ(ソバ粉に卵を加えてつくったパン)を焼く写真を載せている。日本でも，囲炉裏は冬の季語であり，部屋全体を暖める暖房設備であるとともに鍋物などの調理に利用されている。私たちのフィールド調査地は，中国貢山よりさらに奥地で，西藏チベット自治区に近い標高3,000 m のところにある怒(ヌー)族の双拉(ソンアーラ)村であり，同様の三脚の輪金が囲炉裏に置かれていたことから，冬の寒さに対応する部屋の構造をしていると思われる。輪金上の石板は取り外しができるため，ヤカンや鍋などで自在に加熱利用できる(写真2B6)。ソバパンである粑粑(パパ)は僅かに膨化していたが，使用した膨化剤については記録不足である。一度に何枚かをまとめて焼き，紐でつないで部屋のなかにつるして保存していた(写真2B7)。粑粑は，私たちからみれば，ソバの餅のようなものであるが，パンの定義である，①生のソバ粉を用い，②石臼で製粉し，③水を加えてかき混ぜ，④石の上で焼き，⑤丸形の固形物になる工程をとっている。日本の餅を考えてみると，生の粉は用いず，粒を加熱後に搗いてつくったものであり，パンには当てはまらない。

4. 世界の無発酵パンと発酵パン

第2次世界大戦中に発行された阿久津正藏の『パン科学』(1944)には，無発酵と発酵について次のように書いてある。

　「数千年前の原始時代においては人類は種々なる野生の穀物を粥として食用に供していたが，やがて種子を粉砕し，水を混じて捏ね，平たい生麺をつくって焼石，熱灰等にて焼く平焼なるものに進み，今日の製パ

ンの先駆をなしたものである。
　　平焼の唯一独自の性質は別に促進剤なくして作り得る点にある。従って之は酸味なく膨張もしていない。大抵は焼立て煎揚げ後直ちに食用するを常とし冷ゆれば硬くなり味を失うものである。然るに生麺を直に焼かずに長時間放置する時はそこに変化が起こって来る，必ず膨張を起こし泡を発し扨は酸味を帯びて来る。之が発酵であって之から出来たパンは外観・味共に平焼に相違して来る。之は非常に重要な観察であって酸味パンの製法と他方に酒精飲料の醸造を誘発したものである。斯くしてバビロン人が世紀前凡そ2900年頃にビール発酵材によってつくったビールパンなるものはこの意味に於いて更に発達したものであるとみるべきである」

　穀類は粥から食べ始められ，無発酵の平焼きとなり，発酵したパンに発展したとしている。種子を粉砕し，水で捏ねて加熱する工程は，先ほどのパンの定義と同様である。生麺(現在は生地またはドウと呼んでいる)をそのまま焼いた平焼きは無発酵パン，生地を長時間放置して微生物の作用により酸味や膨張などの変化を起こした後に焼いたものを発酵パンとしている。無発酵を平焼き，発酵したものをパンとするのが阿久津の定義だが，無発酵と発酵の両方をパンとしている舟田(1998)の定義とは異なっている。

　無発酵パンを食している地域とその特徴を表2にまとめた。コムギ全粒粉，オオムギ粉，ソバ粉などに水を加えてつくった生地を鉄板で焼くチャパティーは無発酵パンの代表的なものであり，インド，パキスタン，アフガニスタン，イランなどで食されている。流動性のあるバッターを直径40〜50cmの円形で紙のように薄く焼いたタンナワーは，イラク，シリア，エジプトなどで広く食されている。舟田によると，「肥沃な三日月地帯」と南方のエジプトや東方の中国に至るこれらの地域では，コムギのタンパク質含量が少ないうえに，コムギ以外の穀物などでもパンをつくるので，(発酵させても膨化しないことから)無発酵になるとしている。

　いっぽう，穀物の粉を捏ねた生地や流動性のあるバッターを放置すると生地やバッターに変化が起こるが，発酵パンはこれを利用したものである。無発酵の生地に刻んだ果物や果汁を入れ放置すると，果物の糖分が微生物の栄養源となって発酵が促進され，グルコースからアルコールや炭酸ガスが生成し膨化して発酵パンになる。

表2 調理器具からみた世界の無発酵パン(舟田, 1998; 西川・長尾, 1977 などをもとに作成)

調理器具	パンの名称(地域)	特徴
平鉄板	マッツァ：Mazzah(シナイ半島)	扁平形の生地を平板上に置き, 熱した灰のなかで焼く
	トルティーヤ(中南米)	トウモロコシ粉を捏ねてつくる丸い薄焼きパン。薄焼きパンにおかずを巻いて食べる料理(タコス：メキシコ)
	フラッド・ブロー(ノルウェー)	小麦粉(全粒と普通), ミルク, 水, 油脂 平たいパンの意味, ϕ 70 cm〜1 m, 厚さ 1 mm
	フラーデン(ドイツ)	平らな石板や粘土板で焼く
	餅(ピン)(中国)	ごま油で焼いた餅
	春巻き(中国)	餅の上に味噌や野菜をのせて食べる春餅(チュンピン)
	クレープ	新石器時代に石器で練り, 粉を平焼きにした技術を受け継ぐもの
凹面鉄板	チャパティーChapati (インド, パキスタン, アフガニスタン, イラン)	コムギの全粒粉, オオムギやソバなどの粉。円形に薄くのばし鉄板で焼く 生地表面にギー(煮溶かした水牛のバター)を塗る 厚さ 1.5〜2.0 cm のものをローティとも呼ぶ 油のなかで揚げたものはプウリー
凸面鉄板 (サージ, チチ)	フブス Khubzu(シリア)	ひと晩寝かした生地を手でのばし, 熱したサージで焼く ϕ 25 cm で厚さ 1.5〜2 cm
	ユフカ Yufka(トルコ)	ϕ 1 m, 1週間まとめて100枚以上焼き, 3か月保存。 食べる前に水を打って柔らかくし, おかずを包んで食べる
	タンナワーTannour* (イラク, シリア, エジプト)	クレープ状のバッター生地を紙(風呂敷)のように約 ϕ 50 cm に薄く焼く, 熱いうちに折りたたみ, おかずを包んで食べる

* 中尾(1996)によるとタンナワーは雑穀からつくる発酵食品としている

　現在はパンを膨化させるためには, ①ベーキングパウダー(baking powder 略して B.P.)や化学膨化剤と呼ばれている合成膨張剤, ②市販のパン酵母, ③サワ(野生酵母)や麹が使われるが, 微生物の働きによりつくられる発酵パンは②と③の場合である。

　南極以外のすべての大陸で栽培されているコムギのうち生産量が最も大きいのがパンコムギである。ただし, 地域によって栽培環境が異なり, また用途も異なるために, 世界の各地で多様に異なる品種が栽培されている。タン

パク質含有量が多い硬質(ハード)小麦はパンや麺の，タンパク質含有量が少ない準硬質(セミハード)小麦や軟質(ソフト)小麦はチャパチィ，麺，菓子，まんじゅうなどの原料として利用されている。地域に適応したムギを食材として，長い時間をかけて生活のなかから食べ方を工夫してきた料理(パン)は，人びとの知恵の結晶である。

5. パンの起こし種(スターター)と微生物

阿久津(1944)は，パン生地の発酵には①自然発酵，②老麺法，および③酵母生麺発酵があるとしている。種(スターター)を使う自然発酵パンの歴史は古く，世界で非常に多くの種類が食されている。その代表的なものが中国の饅頭，インド，アフガニスタンなどのナン，エチオピアのインジェラ，地中海，アフリカのアラブパン，イタリアのパネトーネ，ヨーロッパ，アメリカ合衆国サンフランシスコのサワー・ドウ・パンなどであり，食味・食感がバラエティーに富んでいる。

自然発酵パンの種(スターター)はどのようにしてつくるのか？ 先ほども述べたが，穀物の粉を捏ねた生地や流動性のある生地であるバッターを放置しておくと，とくに暖かいところでは変化が早く起こる。このような変化の原因となる微生物がいわゆる自然発酵による起こし種(スターター，中国では発麺)となる。中国料理店では発麺(スターター)のつくり方を秘伝として受け継いでいるとのことであったが，果物を使うとよいということを教えてもらったことがある。さまざまな種類の果物に滅菌水を加え，1～2日間保温して微生物の成育を促した。その果物の浸漬水を小麦粉と混捏し，生地を暖かいところ(約30℃)に置き発麺(スターター)づくりに挑戦してみた。パンの膨化には，生地内部に網状の巣立ちがたくさんできる必要があるため，経時的に生地を軽く手で引っ張って網状の巣立ち，つまりグルテン形成を確認した。滅菌水で捏ねた生地でも1日近く経つと膨化するが，酸味も帯びてくる。しかし，リンゴの浸漬水を用いた場合は4～5時間で生地は巣立ち，酸味もでない。リンゴの種類，産地さらに季節に関係なく膨化のよい発麺(スターター)をつくることができた。このスターターを用いて饅頭をつくったところ，スターター中の微生物が産生するタンパク質分解酵素によりグルテンが分解されたために市販酵母の饅頭と比べて横に広がったが，膨化は十分であった。

リンゴからつくった発麺と饅頭中の微生物をライト染色にて観察したところ，両方とも卵形の酵母はみることができなかった(長野ほか，1987)。また，旅する人びとの協力により収集したパンのかけら中に確認された微生物を図1に示した。2001年の中国杭州市で購入した饅頭(図1の19)には酵母が顕微鏡下では観察されなかった。1990年のウルムチで収集したパン(ナン)(図1の8)は，酵母の割合がほかの微生物に比べて少なく，また，サンフランシスコのサワー・ドウ・パン(図1の10)にも酵母以外の形態がみられ，自然発酵イコール酵母ではないようである。

　自然発酵のスターターを用いてパンをつくる際，生地の一部を残して代々継続して用いるものを老麺(mother-sponge)と呼んでいる。その代表的なものがサンフランシスコドウである。スターターの働きを維持すること，つまりスターター中の有用な微生物叢を保持するには高度な技術を要する。パンづくりがいつもうまくいくとは限らず，酸味をおびたり，膨らまなかったりと失敗がつきまとう。スターターとしての劣化が起こると，甘酒づくり用の酒種を加えるなどして長年使い続けてきたスターターを守る方法は，中国やカンボジアなどの東南アジアの国々でみられた。中国浙江省象山県では，タデの生育する時期にタデの草汁をつくり，前年につくった団子状スターターに小麦粉とこの草汁を加えて混捏し，新しいスターターづくりを行っている(堀・長野，2005)。タデは，昔から消炎，解毒，利尿などの民間薬として用いられているが，スターターをつくる際，その防かび作用などの薬効を利用したものであろう。

　パンづくりに微生物が使われた例として知られている最古のものが，紀元前1000年ごろの古代エジプトのビール酵母(吉村，1998)である(表3)。古代から行われてきた自然発酵において微生物が利用されてきたが，主役である微生物については知られることなく，19世紀のパスツールによる微生物の発見まで待たなければならなかった。

　現代のパン製造に用いる微生物は，酵母 *Saccharomyces cerevisiae* に代表される。乾燥顆粒状のものが開発され，手軽に失敗も少なくパンをつくることができる。酵母は，パン生地に加えた砂糖やコムギ中の糖化でん粉の代謝を行い，エタノールをはじめ有機酸，エステル，アルデヒドなどを発生させる。焼き立てのパンの風味は，これら酵母による発酵生産物や表面着色などによる。焼き立ての風味は時間とともに薄れ，味がおちてくる。焼き立ての

表3 ムギ利用およびパン焼きの歴史(舟田，1998；西川・長尾，1977より)

年代	地域と遺跡	ムギと微生物の利用	製粉技術
紀元前 12000年ごろ 西アジア		ムギ野生種を穂から落ちる前に炒った石の上で叩きつぶし殻を除く	搗き臼(石臼・石杵)による籾摺りと製粉
8000		おき火で焼いた無発酵パンがあった可能性	挽き臼(石皿・磨石)による製粉 石皿はより製粉作業に特化したサドルカーンへと発展する
7000	7000〜5000 ジャルモ遺跡 (イラク)	コムギ野生種・栽培種の種子が出土 オオムギ野生種の種子が出土 パン焼き窯状の遺構 　ムギの加熱乾燥窯，パン焼き窯の可能性	サドルカーン
6000			
5000	4900 トランスコーカサス地域	パンコムギ誕生	
4000	トゥワン遺跡 (スイス)		
	3830〜3760(下層)	穀物スープ，粗挽き粥，保存用粥(気泡有り発酵)	
	3700〜3800(中層)	灰の下で焼かれたオオムギパン，発酵状態を示す気泡など*	
	3600〜3500(上層)	完全な形をした発酵パン：皮と気泡良好，細かい粉 　＊灰の下でなく窯状の設備で焼いた可能性も	
	3100 エジプト先王朝	熱した円錐形の壺に液状の生地を流し，上に同じ形の壺を逆さにかぶせて焼く壺焼きパン	
3000	2686〜2181 エジプト古王国	干しレンガ製の竈でつくる平焼きパン	穀類を乳鉢状の木製臼に入れ，すりこぎ状の杵で二人で交互に搗く 粉を篩にかける
2000	2133〜1786 エジプト中王国	円筒型のパン焼き窯タヌール(タンドール) 三角等多種類のパン(コムギ・オオムギ製)	

年代	地域と遺跡	ムギと微生物の利用	製粉技術
1000	1567～1085 　　エジプト新王国 6～1世紀(ローマ帝国) 　　ポンペイ遺跡 4世紀　ギリシャ	エンマーコムギのサワー種パン オオムギの麦芽パンを発酵させたビール 大規模な石窯でパンを大量に焼いた 灰に埋めたパン・窯焼きパン・串焼きパン・クリバノス(素焼き鍋)など	1270～750 　　トルコ東部(ウラルトラ) 　　回転臼の初期段階のもの 馬やロバなどの畜力で回転臼を回し，粉を挽く (120～63?，106～48?) 　ユーフラテス川上流 　水車で粉を挽く 70ごろ　カッパドキアに水力を利用した製粉所
0			
1000			634～644　ペルシャ(オマール一世)　風車による粉挽き 1274(オランダ)　風車
2000		レーウェンフック(1632～1723，オランダ)　微生物の顕微鏡観察 パスツール(1822～1895，フランス)　発酵(腐敗)は微生物の働きによることを発見	18～19世紀　蒸気機関で製粉

　おいしさを求める消費者の要求に対応して，パンづくりも変化してきた．朝食に焼き立てのパンを間に合わせるために早朝から生地をつくる仕事は大変な労働であったが，冷蔵・冷凍技術の発展により生地を冷蔵・冷凍保存できるようになった．そのためには耐冷蔵・耐冷凍性の微生物が，また，菓子パンなどの糖分が多いものには耐糖性の微生物が要求され，多くの研究がなされてきた．

　いっぽう，天然酵母使用と称しているパンは，先ほどの自然発酵させた果実などをスターターとして用いているが，微生物種については不明なことが多い．「天然酵母」については，「暮しっく福岡，NO.64」(福岡県，1998)では以下のように解説している．

　　明確な定義があるわけではないが，一般にパンメーカーが独自に選び，培養した酵母をさす場合や，パン生地の一部を保存し，次のパン作りの

発酵種として利用する「発酵種」に相当するものを「天然酵母」と呼んでいる。この発酵種には，パン酵母だけでなく，乳酸菌などの他の細菌も混在しており，純粋にパン酵母だけを培養したものとは異なった独特の風味をもったパンができる可能性がある。また，風味を悪くする菌が混じっていることも考えられる。市販のパンは，さまざまな風味をもっているが，それは，使用材料やその配合比，作り方，そして酵母の種類が複雑に絡みあった結果である。「天然酵母」の表示とパンの質は直接関係ないようである。

パン，ビールとワインづくりに欠かせない酵母 Saccharomyces cerevisiae の多様性について興味深い報告(Jean-Luclegras et al., 2007)がある。世界中の56地域より収集した Saccharomyces cerevisiae 651菌株から DNA を抽出し

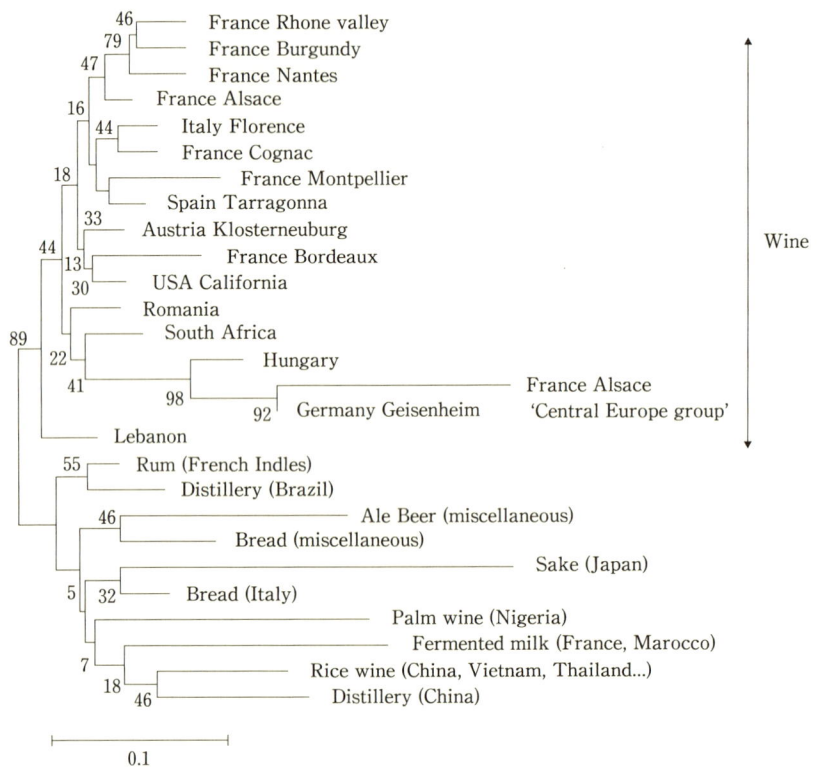

図2 パン，ビールおよびワイン酵母 Saccharomyces cerevisiae の F_{ST} 分析による系統樹(Luclegras et al., 2007 より)

てSSR法という手法により分析したところ，575タイプに分けられることが判明した．つまり，大部分の菌株がお互いに異なるユニークな菌株だったのである．さらに詳細な分類を試みた結果，ビール，パンやチーズの酵母がワイン酵母(300株以上)とは異なるグループに属すること，さらにワイン酵母のなかでも地域性によってサブグループに分けられることが明らかになった(図2)．この実験に使用されたパン酵母 *Saccharomyces cerevisiae* は29菌株であるが，イタリアのシシリー島で分離されたものは，フランス，スペイン，日本などからの保存株とは若干異なるタイプであった．この研究は保存菌株を用いたものであるが，旅する人びとにより世界各地から集められたパンのかけらでも同様の分析が可能であり，さらに遺跡から出土するパン遺物の分析ができれば，紀元前から人びとの暮らしを支えてきたパン酵母のことがさらに明らかになるであろう．

6. フィールド写真からみるパンの焼き方

「世界の食べもの② ムギ文化」(舟田，1983)では，シナイ半島で儀式のために焼かれるマッツァ(表2)という灰焼きパンが紹介されている．小麦粉と水で無発酵の扁平なパン生地をつくり，土中に浅く掘った穴のなかで数本の細木を燃やし，その熾の上にじかにパン生地を置く．さらにその上に熾火の残りをのせ，同時に生地の裏表を焼きあげる．現在では儀式用に焼かれるだけのようであるが，新石器時代から中世まで主食とされていたようである．この地域は砂漠地帯であり，燃料が乏しいため，パンの生地を薄くして灰焼きするのが最も自然条件にかなっていたようである．ミャンマーのシャン州(Pin Ton村)では，バッターを薄くクレープ状にして蒸し焼きし，形が整った後に川砂灰のなかで焼き，香ばしい香りづけを行っているタコ・ボア(Takoe Bwa)があるとのことである．また，日本でも長野県で灰焼きパンが「お焼き」として食されているが，ここではまず，焙烙で表面を加熱した生地を灰のなかで焼いている．寒い地域では囲炉裏で煮炊きをしたり暖をとり，その熾火で焼いたものである．

　旅した人びとやフィールド調査に出かけた人びとが出あったパンの焼き方を示しているのが図1である．東南アジアの照葉樹林帯では一般に竹でつくった蒸籠(蒸し器)で蒸す饅頭を多くみかける．中国雲南省の大理では，簀

の子部分が竹製でほかは金属製という蒸し器をみかけたが，多くの場合，調理器具にも自然の恵みが利用されていた。東南アジアでは，蒸し調理に加えて鍋に油を入れて生地を揚げる揚げパン(油條)がある。これは中国や台湾などにもあり，豆乳と一緒に朝食によく食されている。新疆ウイグル自治区では，夏はゲル(天幕住居)の外に土で竈をつくり，ダッチオーブンのような厚手の鉄板の上でパンを焼いていた。冬の寒い時期はゲルのなかで調理できる鉄製の竈が使われる。また，食器台の引き出しにはスターターである自家製の老麺が保存されていた。

　乾熱加熱によるパン焼き窯にはふたつのタイプがある。そのひとつはタヌールまたはタンドール(パン窯)と呼ばれている円筒型の窯であり，もうひとつは丸天井型の窯である。インドでは円筒型のタンドール(図1の14)の側壁の内側に生地をはりつけてナンを焼いていた。中央アジアのトルクメニスタンでは，土と藁で半球形につくられており，地面に接したところに小さな空気孔がある。窯の上には口(蓋)があるが，焼いたナンを取り出しやすいように空気孔に比べると大きいものである。タンドールは据え置き型や地中に埋めたもの，斜めに埋め込んだもの，窯の口が真上，斜めや側面にあるものがある(水谷・清水，2005)。雨の少ない乾燥・砂漠地帯では，タンドールは屋

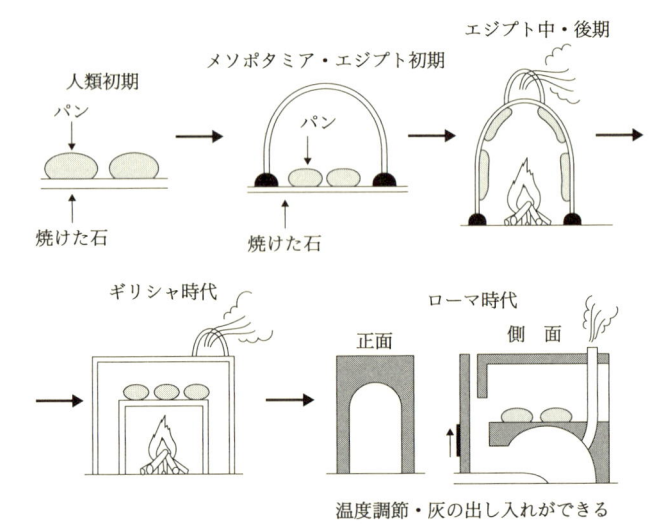

図3　古代パン焼き窯の発展形態(岡田，2001；資料：越後，1976より)

外に設置されている。このタンドールのパン焼き窯は，タンドールの下部で加熱し，側壁を暖めて焼く，エジプト文明中・後期のものと同じ原理で焼いているようである(図3；岡田，2001)。

　丸天井型のパン焼き窯は，エジプトのパン焼き窯(図1の11)でみることができる。舟田(1998)によると

　　　丸天井型は，円形の耐火レンガの床に，半球形の天井をかぶせた格好をしており，外壁は石，粘土，灰でかためられている。焚き口はパンの出し入れ口と兼用で，窯床の高さにある。そこで火を焚き，壁部を熱したら，熾火(おきび)を掻き出して，今度はパン生地を並べ，密封して余熱で焼きあげる。パン生地は水平な窯床に並べるので，厚い発酵パンが焼ける。このパン窯で焼いたものが，ヨーロッパの各種のパンである。古代からヨーロッパ全域に普及していたが，近代的な電気オーブンに取って代わられつつある。

と説明している。エジプトのパン焼き窯(図1の11)を詳細にみると，焚き口とパンの出し入れ口は別になっており，温度調節のため灰の出し入れができる。天井が半球形であるが，古代のパン焼き窯の発展形態であるギリシャ時代の窯(釜)やローマ時代の窯(図3)と似ている。パン焼き窯の原型はすでにこのころにできあがっていたようである。スロベニア(図1の1)では，白く塗られたオーブンが部屋のなかにあり，パン窯の裏側は部屋の暖房になっており，熱源を有効に利用している。オーブンで焼く方法は，輻射熱などを利用する多面的な加熱法であり，ふっくらしたパンを焼くために考案された方法である。

　それぞれの地域で生産される食材(ムギ)，利用可能な燃料，また，人びとの生活様式(定住か遊牧生活かなど)などによって，パン焼き窯が決まり，パンの形もおのずと決まる。インドや，砂漠の多いトルクメニスタンの暖かい地域では屋外でパンを焼くために煙突がない。スロベニア，中国双拉村や長野をはじめ寒い地域では，家のなかで主食のパンを焼くなどの調理をすることで暖房にもなっている。これは，宮崎(1988)の『世界の台所博物館』に書かれている「暖かい南の住まいは機密性が低いので特に排煙設備はいらない」，「東欧ではパン焼きオーブンを室内に置き，背部を暖かくして心地よい寝場所としている」などと一致する。

表4 現代の製パン法(西川・長尾, 1977 をもとに作成)

伝統的製パン法	
直捏ね生地法	原材料を全部ミキサーにいれて混ぜてつくった生地を窯で焼く方法。
中種生地法	小麦粉の大部分にイースト(全量)と水を入れて生地(中種)をつくり、4時間ほど発酵させる。中種をミキサーに戻し、残りの小麦粉、砂糖、塩、油脂そのほかの原料や水を入れて本捏ねを行う。
液種生地法	イースト、砂糖、食塩、イーストフードなどの混合液に脱脂粉乳などを入れ、pH の調製を行いながら発酵させて「前発酵液」をつくる。前発酵液に残りの小麦粉、砂糖、油脂を混ぜて生地をつくる。
サワー・ドウ法	イーストの代わりに乳酸菌や酢酸菌を使って発酵させた生地を使う方法である。ヨーロッパで主としてライ麦パンの製造時に用いられていた。サンフランシスコのサワー・ドウ・パンが有名。
新しい製パン法	
アメリカ式連続製パン法	連続式ミキサーにより生地を捏ね上げ、直ちに分割しパン焼き型に詰め、ほいろ(発酵室)からオーブン(窯)で焼きあげる短時間製法。
チョリーウッド製パン法	酸化剤と特殊な高速ミキサーによって機械的に生地をつくる方法である。バッチ式と連続式があり短時間製パン法の一種。イギリスで開発。
ブライメック製パン法	酸化剤と特殊な高速ミキサーによって機械的に生地をつくる方法。チョリーウッド法と似ているが連続式ではない。オーストラリアで開発。
ブランチャード・バッター法	小麦粉の1/3、全量の水、イースト、酸化剤をミキサーに入れ、グルテンが完全に水を吸収し形成するまで混ぜる。このバッター状のものに、残りの粉、食塩油脂を加え混ぜて生地をつくり焼く。
化学的生地形成法	還元剤としてのシステインと酸化剤として臭素酸カリウムの併用によって生地形成を促進。

7. 現代のパン製造法と焼き窯

　現代のパンのつくり方はいろいろあるが、西川・長尾(1977)による製パン法を表4にまとめた。新しい製パン法として、連続的に生地を捏ね上げたり、高速ミキサーを用いるものなどがあり、伝統的な製パン法としては直捏ね生地(ストレート)法や中種生地法、液種生地法やサワー・ドウ法などがある。わが国での主要な製パン法である中種生地法は、食パンの製造などに用いら

れている(井上，2006)．この方法では，まず小麦粉(使用する小麦粉の70%相当量が一般的)とイースト，水および生地改良剤を軽度にミキシングしてできた生地(中種)を十分に(約4時間)発酵させる．そして，残りの小麦粉と砂糖，食塩などの副材料を加えて生地のミキシングを十分に行い(本捏)，伸展性および柔軟性の高い，機械製パンに適した生地を調整する．この製パン法の導入により，消費者のニーズである，きめが細かくソフトでしっとりした食感のパンが大量に生産されることになった．さらに近年，パンのしっとり感，モチッとした触感を高めるため，小麦粉の一部を熱湯で処理してデンプンを糊化させる湯捏法(湯種法)が中種生地法に組み込まれている．いっぽう，消費者のなかには嚙みごたえがある食感を好む傾向もあり，このためには伝統的な製パン法である直捏ね生地法により気泡数が少なく，気泡膜が厚めのパンづくりが行われている．直捏ね生地法では，すべての材料を最初からミキシングして，一次発酵(約2時間)させ，その後分割して生地を丸める．生地が傷むためベンチタイムを取り，成型後二次発酵(最終発酵)させて焼く．

　現代の加熱調理器では，温度や時間を簡単に管理できるが，条件設定の重要項目として，①対流伝熱，放射伝熱，伝導伝熱などの食品表面への伝熱量，②食品内部の伝熱，③成分の異なる食品の最適最終温度，④食品に最適な温度分布，⑤水分の分布，などが指摘されている(渋川，2006)．オーブン加熱機能によって製品の形状や焼き色が異なるだけでなくパンの風味などにも関わるため，パンの生産現場ではもちろんのこと，家庭でのパン製造にもさまざまな工夫がなされてきた．フランスパンのように皮のぱりぱり感と中身のしっとり感という特有な性質をもつパンをつくるためには，高温で蒸気が必要となるので，蓄熱性のある石窯や煉瓦床などが必要不可欠である．放射伝熱は，赤外線による加熱であるが，赤外線はその波長によって可視光線に近い部分から近赤外線，中赤外線，遠赤外線に分けられている．近赤外線は食品の表面から数mmの内部を，遠赤外線は食品の表面を効率よく加熱するとされており，遠・近赤外線ヒーターを備えた家庭用オーブンも市販されている．

8. 世界の多種多様なパン

　世界にはさまざまな種類のパンがあって分類も簡単ではない．しかしあえ

表5　世界の発酵パンの種類と特徴(西川・長尾, 1977などをもとに作成)

加熱方法	パンの種類	名称	特徴
オーブン・石窯やタンドールなどの乾熱気	●型焼きパン 型に入れて焼く。蓋あり・蓋なしのパン。	角型食パン(型に蓋) 山型食パン(型に蓋をしない)	プルマンブレッド	日本では食パンと呼ばれているもの。サンドイッチなどに利用される。
		イングリッシュブレッド	型焼きで蓋をしないイギリスの食パンやアメリカの食パン。
		ワンローフ	タンパク質含量が多いコムギにより膨化した柔らかいパン。
	●自由焼きパン ・直焼きパン 型や天板を使用せず、窯のなかに直接入れて焼いたもの。	ハードロール 副材料をあまり使用しない。皮が厚く、硬い	フランスパン	フランスの代表的なパン。パンの原点である小麦粉、イースト、塩、水でつくる。
		・パリジャン	パリっ子のこと。フランスパンで一番大きい。バゲットよりもボリュームがある(切り口6本)。
		・バゲット	棒の意味。パリジャンと同じ長さ。バゲットとバタールは同じ重さであるが形が異なる。細長い棒状で皮が硬く、中身より重要視。切り口7本。
		・バタール	パリジャンとバゲットの中間の太さと長さをもつ。切り口4本。
		カンパーニュ	フランス語で田舎の意。皮は厚めで硬く、ずっしりした香ばしい風味。
		ローゲンブロード	ライ麦を発酵させてこくのある酸味があり、クラム(中身)はしっとりした特徴をもつ。スライスして脂質の多い料理に添える。
		カイザーロール	オーストリア、スイス、ドイツの最も一般的な食卓ロール。小さな丸形で、上面に5つの折り目をつける。皇帝の王冠に似ている。
		ウインナーロール	生地にウインナーを巻き込んで成形する。
		グリッシーニ パネトーネ	イタリアの細長いスティック状パン。ドームのような形で果物を乗せたりすると菓子パンの類になる。
		ロゼッタ(別名ミケッタ)	イタリアのテーブルロールとして毎日の食事に欠かすことができない。丸くて星形の切れ目。中が空洞で、外皮がカリカリして香ばしいパン。
		ナン	インドや西アジア一帯の、タンドールを用いたパン。

加熱方法		パンの種類	名称	特徴
オーブン・石窯やタンドールなどの乾熱気	・天板焼きパン 天板(鋼製)の皿の上で,いろいろな形につくり,並べて窯で焼く。	ソフトロール 副材料の配合種の割合高い。	ピタパン(アラブパン)	非常に高温(400℃)のオーブンで短時間焼くため,パンは大きな空洞をつくり大きく焼き上がる,好みの具を詰めて食べる。
			クロワッサン	生地にバターをすり込みパイのように焼いた三日月の形をしたパン。
			クレセント	オーストリアの三日月の形をしたパン。テーブルロールの一種。
			バターロール	軽くバターを含む生地でつくるロールパン。
			チーズロール	
			イングリッシュマフィン	イギリスの伝統的なパン。マフィン用焼き型を使用する。
			マフィン	イーストで膨らませ鉄板で両面を焼いたもの。
			ブリオッシュ	フランスのバターを含む生地で型に入れて焼いたパン。
			ベーグル	戦いに勝利をもたらした王の馬のあぶみ(オーストラリア語でbeugel)形(ドーナツ形)からきた名前との説がある。生地をゆでた後に焼いたパン。
			プレッツェル	中世以後に西ヨーロッパのパン屋のシンボルとなった独特の形のパン。カセイソーダを用いる特殊な製法。
			コッペ	学校給食でなじみのパン。釣垂形の小形パン。
		菓子・調理パン 形が多様で,上に乗せるもの,詰め物に工夫。	デニッシュ・ペストリー	デンマークの菓子パン。イースト入り油脂折り込み生地を使い,詰め物をする。
			シュトーレン	ドイツのクリスマス用のリッチパン。乾果入りで保存がきく。
			あんパン,メロンパン,カレーパン,クリームパン	日本のパン文化の礎を築いた菓子パンの代表。
蒸気	蒸気により加熱したパン	蒸しパン	饅頭・包子 花巻	中国などでつくられている。
油	油により加熱したパン	揚げパン	ドーナツ	生地を輪形などにして油で揚げた菓子。
			ピロシキ	ロシアの調理ドーナツ。パンに具が詰めてある。
			油條	生地を棒状にして揚げたパン(中国や東南アジア)。

て試みれば以下のように分類することも可能であろう。①原料の違いによる分類では，コムギのパン，ライムギのパン，混合パンなどがある。②原料となるムギの製粉法や色あいによる分類では，全粒粉パン(グラハムブレッド)，ダーク，ブラウン，白パンなどがある。③膨化源の違いによる分類では，発酵パン，無発酵パン，速成パン(化学膨化剤使用)などがある。④加熱方法による分類では，オーブン，石窯やタンドールなどの乾熱気によるパン，蒸しパン(蒸気)，揚げパン(油)などがある。⑤焼くときの型の有無による分類では，型焼きパンと自由焼き(直焼きと天板焼き)などがある。⑥焼きの硬さによる分類では，ハードパンとソフトパンがある。⑦製品の形による分類では，角型，山型，棒，ねじり，編み，リングなどがある。⑧そのほかの分類では，水の代わりに牛乳を用いる牛乳パン，人名による命名である「カイザーロール」など，さまざまである。

　世界の多種多様なパンを，上記の④加熱方法と，⑤焼き型の視点から発酵パンを中心に分類した(表5)。

　オーブン，石窯やタンドールなど乾熱気によって型焼きしたパンと自由焼きパンとに分類をした。型に蓋をした角型食パンと，蓋をしない山型食パン(イギリスパン)は，よく膨らんでいる柔らかいパンである。直焼きパンの例をあげると，小麦粉，イースト，塩，水などを主材料として，副材料をあまり使用せず，窯で直焼きする通称フランスパン(バゲット，パリジャン，バタールなど)は，皮が厚く，硬いパンで，オーブンフレッシュベーカリー(焼き立てパン)としても売り出されている。クラフト(皮)が厚めで硬くずっしりした香ばしいカンパーニュ，細長いスティック状のグリッシーニ(イタリア)やパンのなかが空洞になっているロゼッタ(ミケッタ)なども有名である。また，ライムギや雑穀の粉を主原料として果実などからの自然発酵スターター(サワー種など)を用いた伝統的なパンをアルチザンブレッドと総称することもある。わが国のパンとは風味や食感が異なったものであるがチーズやワインと一緒に食卓にのぼっている。

　天板焼きパンは，生地をつくる際に砂糖やバターなどを加え，食パンと菓子パンの中間的なバターロール，クロワッサン，マフィン，ベーグルなどがつくられるが，ソフトで甘味がある小型パンが多い。発酵した生地の表面を軽くゆでてオーブンで焼くベーグルは，ユダヤ系の人びとやニューヨーカーの朝食に欠くことのできないパンである。ベーグルは，横にスライスして

トースト後，バターをぬり，具を挟んで食する．

　生地にレーズン，果物，ソーセージ，あんを入れて天板で焼く菓子・調理パンには，油脂配合の多いデニッシュ・ペストリー類や，油脂配合量が少ないあんぱん，カレーパンやメロンパンなどの日本風菓子パンなどがある．縄文時代の日本では雑穀を水で捏ね形を整えて焼いた「だんご」状の平パンなどを食していたとの報告(小山，1999)もあるが，縄文時代に伝わってきた稲作を基盤とする米食文化が長く続き，日本にパンが伝わったのは安土・桃山時代とされている．最近では，現代の日本人に好まれる日本特有のもっちり感のあるパンの製法開発や主食米を用いた米パンの開発も行われている．

9. ムギと人びとの暮らし

　ムギは，世界の人びとの主食として，パンをはじめ，スパゲティ，麺，饅頭などに加工されて長い間利用されてきた．本章ではパンを中心としてムギの利用を述べてきたが，地域によりムギの利用の仕方もさまざまである．標高の高いチベットや，海抜3,000m近くある雲南省迪慶藏族自治州のシャングリラ周辺地域では，オオムギの炒り粉にバター茶を加えて捏ねたもの(ツァンパ)を食している．ここでは，ツァンパにカッテージチーズ様の燻製，バター茶でのもてなしであった(写真3A)．また，中国新疆ウイグル自治区ウルムチのカザフ族の人は，絨毯の上にテーブル代わりに布を広げ，各種のパン，菓子やヨーグルトなどをふるまってくれた．パンにぬって食べるようにヨーグルトなどが大きな器に入れてあった(写真3B，加藤による)．エジプトの牧場主による接待もカザフ族と同じく絨毯の上にテーブル代わりに布を広げ，大きなナンと各種のカレーによるものであった(写真3C，古田による)．中央アジアのトルクメニスタンで入ったレストランの壁に掛けられていた絵に描かれたパンを囲む人びととの姿が，エジプトで受けた接待の写真とあまりにもよく似ていて驚いた．乾燥地帯では，水は非常に大切なもので，また微生物の関与も少ないため，食器や食材を洗うことは最低限にするよう工夫している．食器類は最低限のカレーなどの汁物を入れるにとどまっており箸なども使わない．遊牧民は移動のときに便利なように，ひとつのダッチオーブン様のフライパンでパンを焼き，汁物をつくり，炒め物にも使う．最低限の調理器具を多用途に利用し，食卓なども使わない．このような人びとのいとなみは，

写真3 ムギと人びとの暮らし((A)長野宏子，(B)加藤みゆき，(C)古田喜彦，(D)南廣子の各氏撮影)。(A)中国中甸チベット族のバター茶と炒り粉(ツァンパ)とカッテージチーズ様の燻製(1999)，(B)中国新疆ウイグル自治区ウルムチのカザフ族の各種パン，菓子やヨーグルト(2006)，(C)エジプトの大きなナンと各種のカレーによる接待(1996)，(D)中央アジアのトルクメニスタンのレストランの壁絵(2006)

自然とともに生きる人びとの生活の知恵をもとにしたものである。

コラム③　日本での麺類の起源と歴史

加藤鎌司

　現代人はコムギを粉食しており，このために高性能な製粉装置を発展させてきた(第12章)。では，古代日本ではどうであったろうか。縄文時代晩期の遺跡から石皿とよばれる一種の石臼が出土することから，石皿と石棒(安達，1985)もしくはコメを精白する堅杵とくびれ臼(石毛，1995)などを用いて，きめの粗い小麦粉を少量ずつではあるが製粉し，粉食していたと考えられている。

　日本書紀に「推古天皇の18年(610)春三月，高麗王，僧二人を献じ，名を曇徴，はじめて碾磑(てんがい)を造る。けだし碾磑を造るは，このときにはじまるなり」とある(安達，1985)。碾磑は中国で発達した水車式製粉機であり，これによりきめの細かい小麦粉の大量製粉が可能になった。ただし，その普及は後世になってからであり，10世紀初頭の「延喜式」内膳司に記載されている道具から，木臼と杵で製粉して絹布の篩で粉をより分けていたと考えられている(盛本，2006)。水車式製粉が本格的に普及し始めたのは鎌倉時代後期になってからであり，その背景には二毛作の開始による麦作の拡大と石臼を製作する加工技術の発達があったようである(安達，1985)。

　小麦粉を用いた麺の原型と考えられているのが，遣唐使により紹介された唐菓子である。奈良時代の「正倉院文書」の税帳，銭用帖には大豆餅，煎餅などとともに唐菓子として索餅(むぎなわ)(さくべい)(いりもち)が記載されている(渡辺，1981)。これは小麦粉をベースに米粉を加え，塩で味を付けて練ったものを藁状に切り揃えて乾燥させたもののようであり，どうやら醤，味醤，酢などと和えて食べていたようである(木村，2006)。さらに，「正倉院文書」の購入記録などから米の端境期に重要な食料であったことが指摘されている(木村，2006)。索餅が素麺の原型か否かについては議論のあるところであるが，石毛(1995)や盛本(2006)は肯定的に記述している。その根拠は，①索餅が都で販売されるほど生産されていたこと，②索餅の調味料として醤，味醤，酢などを用いたこと，③14～15世紀の日記に同一の食品を索餅，素麺，索麺などと記述していること，などである。これらのことから，手延べ麺である索餅づくりの技法を少し変えて素麺づくりが始まったと考えられている。史料上での素麺の初見は室町時代の「八坂神社記録」(1343)であり，絵巻物「慕帰絵詞」(1351)には素麺らしい麺が描かれている(盛本，2006)。そして，江戸時代前期には三輪素麺，岡山素麺，松山素麺などの名物素麺が文献に登場するようになる。

　現代の素麺に不可欠な醤油が文献上に登場するのは14世紀のことであり，営業醤油店は16世紀中頃から続出するようになるので(安達，1982)，素麺の普及とよく対応している。

　切り麺の代表格であるうどんの起源については，じつはあまりよくわかって

いない。中国では，唐の時代の文献(9世紀中頃の「膳夫経手録」など)に不飥(ふたく)という切り麺が紹介されており，さらに剪刀麺，翠縷麺という名称も登場するので，この時代には切り麺が食されていたようである(石毛，1995)。わが国では，「ウトム」という言葉が「嘉元記」(1352)に現れ，その後15世紀の日記などに「餛飩」，「うとん」という言葉がみられ，これが江戸時代のうどんにまで連続していると思われることから，「ウトム」が切り麺の初出かもしれない(石毛，1995)。これに対して，盛本(2006)は慎重であり，餛飩の所見資料として「蔭涼軒目録」(1439)を挙げている。ともあれ，15世紀中頃になると，切麺，切麦，切冷麺という言葉が文献上に登場することから，室町時代に切り麺(うどん)が普及し始めたのは明らかである。なお，手延べ麺と比べ切り麺の歴史が新しいことについて，石毛(1995)は，道具という視点から考察している。つまり，切り麺づくりには断面が真円形の麺棒と平らな麺板が不可欠であり，木工技術の発達を待たざるを得なかったというのである。江戸時代には庶民が気軽に食べられるものになり，各地の名産うどんやきしめん，ほうとうなどが郷土料理として定着するようになった(岡田，1993)。

日常の生活が育んだ
在来コムギの品種多様性
難脱穀性コムギの遺存的栽培と伝統的利用をめぐって

第13章

大田　正次

　西南アジアで起源したムギ農耕は，新石器文化の拡散にともなって周辺各地に伝播した(Zohary and Hopf, 2000)。この初期の新石器時代ムギ農耕の主要素であったコムギ類は，栽培一粒系コムギ(*Triticum monococcum* subsp. *monococcum*)とエンマーコムギ(*T. turgidum* subsp. *dicoccum*)であった。これら2種のコムギはいずれも穀粒を包む苞穎と呼ばれる皮が硬いため容易に脱穀できない性質(難脱穀性)のコムギである。この性質はしばしば「皮性」と呼ばれるが，これは穀粒を直接包む内穎と外穎が穀粒と癒着するオオムギの皮性(第8章参照)とは異なる。また，難脱穀性の普通系コムギであるスペルタコムギ(*T. aestivum* subsp. *spelta*)は，その炭化遺物が紀元前約5000年のトランスコーカサスの複数の遺跡でみつかっており，その後ローマ時代から今世紀初めまでヨーロッパで広く栽培され続けてきたコムギであることがわかっている(Zohary and Hopf, 2000)。中世のフランスでは，最も丈夫で，一番良質の粉になり，痩せた土地や長い寒さにも適応しやすく，収穫後も厚い穎に包まれて長く保存できるスペルタコムギは，紀元1000年ごろまで大面積に栽培されていた(Deportes, 1987)。これらの難脱穀性コムギは，やがてマカロニコムギ(*T. turgidum* subsp. *turgidum* conv. *durum*)やパンコムギ(*T. aestivum* subsp. *aestivum*)に代表される易脱穀性(穎が柔らかく脱穀しやすい性質)のコムギに置き換わったが，地中海沿岸各地，エチオピア，インド南部やスペイン北部などで人びとの生活と密接に結びつきながら，今も栽培され続けている(阪本，1996)。

　本章では，1982年から2004年までの23年間に，モロッコからインド南

282　第Ⅳ部　現代人と麦

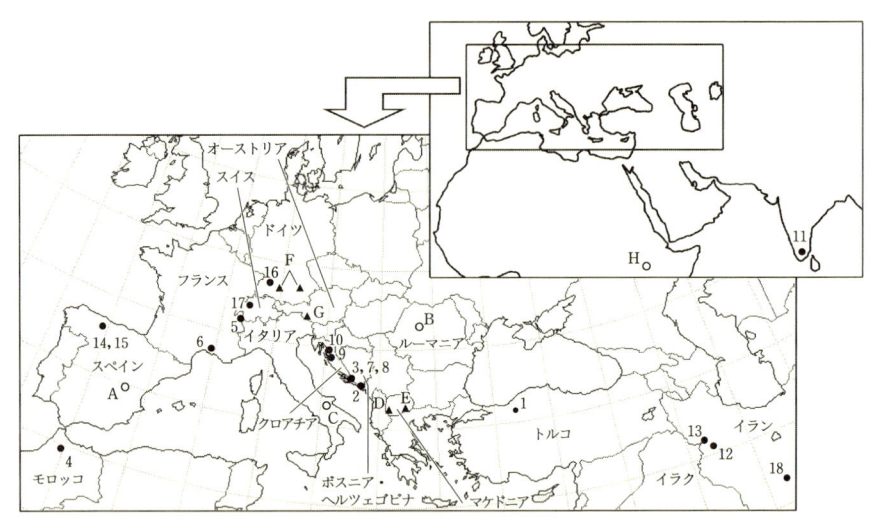

図1　難脱穀性コムギの遺存的栽培が行われている地域。●：1982～2004年の現地調査で筆者が栽培を確認した地域のうち表1に事例として挙げた地域（数字は表1の事例番号と一致する），▲：筆者が栽培を確認したが表1に事例として挙げなかった地域（リベットコムギの栽培地域を含む。本文中にアルファベットで引用），○：筆者が確認していないが，これまでのほかの研究者の報告から栽培が確認されている地域（本文中にアルファベットで引用）

部に至る各地で筆者自身が行った現地調査を中心に，ほかの研究者のこれまでの報告も踏まえて，難脱穀性コムギの栽培と利用についての現状をまとめ（図1，表1），在来コムギの品種の多様性をうみ出し維持してきた文化的要因について考察してみたい。

1. 栽培一粒系コムギとエンマーコムギ

古いコムギとの出会い

　1982年夏，当時大学院生だった筆者はギリシャとトルコで現地調査する機会に恵まれた。小林央往さん（当時京都大学農学部助手，故人）と阪本寧男先生（当時京都大学農学部助教授）との旅は，現在の筆者の研究生活の根底そのものになったといっても過言ではない。現地の畑で栽培一粒系コムギに出会ったのもこの旅が最初であった。トルコ北西部のゲレデ村近くのことであった（表1の事例1）。しかし，それは「栽培」という言葉から想像されるものとは大き

第 13 章　日常の生活が育んだ在来コムギの品種多様性　283

表 1　現地調査で収集した難脱穀性コムギの栽培と利用に関するデータ

事例	コムギの種類	調査年	調査地点	栽培と収集の状況	用途	呼称
1	一粒系コムギ	1982	トルコ北西部 Gerede 村から東に 19.6 km	二条オオムギ畑に混入	家畜の飼料	聞き取りなし
2	一粒系コムギ	1991	ボスニア・ヘルツェゴビナ Volujac 村	六条オオムギ畑に混入	家畜の飼料	呼称なし
3	一粒系コムギ	1991	ボスニア・ヘルツェゴビナ Sovići 村	一粒系コムギ畑	聞き取りなし	聞き取りなし
4	一粒系コムギ	1995	モロッコ北部 リフ山地 Ain-Derej 村	一粒系コムギ畑	稈：家畜小屋の屋根材 小穂：家畜・鶏の飼料	chekalia
5	一粒系コムギ	1997	フランス南部 Haute-Savoie Plaz-s-Arly 村	一粒系コムギ畑	クッキー	épeautre
6	一粒系コムギ	1997	フランス南部 Vaucluse Ventoux 山麓	一粒系コムギ畑	粥，菓子	épeautre
7	一粒系コムギとエンマーコムギ	1991	ボスニア・ヘルツェゴビナ Sovići 村	一粒系コムギとエンマーコムギの混作畑	聞き取りなし	聞き取りなし
8	一粒系コムギとエンマーコムギ	1991	ボスニア・ヘルツェゴビナ Sovići 村	農家貯蔵種子	家畜の飼料	pir
9	エンマーコムギ	1991	クロアチア Gospić 村 - Perusić 村間	農家貯蔵種子（エンバク）に混入	家畜の飼料	ječma[*1]
10	エンマーコムギ	1991	クロアチア Covići 村	農家貯蔵種子（エンバク）に混入	家畜の飼料	ječma[*1]
11	エンマーコムギ	2001	インド南部 タミールナドゥ州 Chinnacoonoor 村	農家貯蔵種子	粥（upuma） 菓子（panee-yaram） シヴァ神の祭りの供物	samba-godi
12	エンマーコムギ	2004	イラン西部 クルディスタン県 Sanandaj - Divandarreh 間	エンマーコムギとマカロニコムギの混作畑	ghouly という料理	parasht
13	エンマーコムギ	2004	イラン西部 クルディスタン県 Divandarreh - Saqqez 間	二条オオムギ畑に混入	家畜の飼料	呼称なし

（次ページにつづく）

表1 （つづき）

事例	コムギの種類	調査年	調査地点	栽培と収集の状況	用途	呼称
14	スペルタコムギ	1995	スペイン北部アストゥリアス地方	スペルタコムギ畑	パン	escanda
15	スペルタコムギとエンマーコムギ	1995	スペイン北部アストゥリアス地方	スペルタコムギとエンマーコムギの混作畑	パン	escanda*2
16	スペルタコムギ	1997	ドイツ南部バウランド地方	スペルタコムギ畑	Grünkern, 粥	Dinkel
17	スペルタコムギ	1997	スイスベルン市郊外 Bigenthal 村	スペルタコムギ畑	パン	Korn
18	スペルタコムギ	2004	イランチャハルマハル・バクテヤリ県 Aghboolag 村	六条オオムギ畑周囲数年前に栽培を中止	パン(パンコムギの粉と混ぜる)	koozali

*1現地ではオオムギの呼称，*2スペルタコムギとエンマーコムギをとくに区別するときには前者を fisuga，後者を poveda と呼ぶ

く異なっていた．栽培されていたのは家畜の飼料となる二条オオムギであり，熟れて黄白色に光るその穂に混じって，まだ緑色の2穂の一粒系コムギが，やはりまだ緑色のパンコムギの穂と共にみつかった(Sakamoto, 1987a; Ohta, 1987)．写真1(A)に示すように，穂の上半分が折れてなくなったその植物が一粒系コムギであるとは，当時の筆者にはわからなかった．

トルコ北西部では，かつて主として家畜の飼料とするために，そしてときには食用とするために，一粒系コムギが単作あるいはオオムギやエンバクと混作されていたことが，1959年に訪れた京都大学の調査隊によって報告されている(Yamashita and Tanaka, 1960)．また，一粒系コムギとエンマーコムギはどちらも"kaplica"（カプリジャ）と呼ばれ，黒海に近いトルコ北部6県で現在でも栽培されているが，1992年におけるその栽培面積は1958年に比べて約1/10に減少したとの報告がある(Karagöz, 1996)．

名前を失くした「作物」——植物としての遺存

かつては作物として栽培されていた一粒系コムギやエンマーコムギが，飼料用に栽培されるオオムギやエンバクの畑に混入している事例がその後の調査旅行でもしばしば見出された．1991年には，旧ユーゴスラビア連邦のボスニア・ヘルツェゴビナとクロアチアの国境地域で，一粒系コムギとエン

写真1 飼料作物に混入する一粒系コムギとエンマーコムギ。(A) トルコ北西部ゲリボル村近くで二条オオムギに混入する一粒系コムギ(矢印)、(B) ボスニア・ヘルツェゴビナのボルジャック村で六条オオムギに混入する一粒系コムギ(矢印)、(C) クロアチアのゴスピッチ村近くの農家で貯蔵していたエンバク種子。エンマーコムギの小穂(一部を矢印で示した)が混入している。

マーコムギの栽培に出会った(Ohta and Furuta, 1993)。古田喜彦氏(岐阜大学農学部教授)を研究代表者とするこの調査では，1950年代に報告されていたこれら2種の難脱穀性コムギの栽培と利用に関する調査を目的のひとつにしていた。Schiemann(1956)とBorojević(1956)によると，クロアチア，ボスニア・ヘルツェゴビナおよびモンテネグロでは，これらのコムギはおもに家畜の飼料にされるが，まれに食用として栽培されているという。

　私たちは，ボスニア・ヘルツェゴビナのボルジャック村で薄黄色に熟した六条オオムギ畑に1個体の一粒系コムギをみつけた。写真1(B)はその畑のようすだが，一粒系コムギの3本の穂はまだ緑色であった。隣接する農家の軒先で，インゲンマメのすじをとり食事の準備をしていた2人の女性に，その穂をみせて名前を尋ねたが，2人は首を傾げて「わからない」と素振りで示した(表1の事例2)。第2次世界大戦後チトー大統領によって統合された旧ユーゴスラビア連邦は，6つの共和国(セルビア，スロベニア，クロアチア，ボスニア・ヘルツェゴビナ，マケドニアおよびモンテネグロ)とふたつの自治州(ヴォイヴォディナとコソボ)からなる多民族・多宗教・多言語の社会主義連邦国家であった。大統領の死後，民族独立への機運が極度に高まった1991年には，異なる民族がモザイクのように住む国境地域の要所に装甲車が配置されていた。そして，ついに私たちの調査滞在中にスロベニアの独立紛争が始まった。クロアチアのルーパから陸路スロベニアの首都リュブリャナを目指した日のことであった。昼下がり，車の長い列の先にある国境の橋はバリケードで封鎖されており引き返さざるを得なかった。

　この年の調査はヴォイヴォディナにあるノビサド大学農学部のS. Borojević教授と共同で行う予定であったが，このような政情と同氏が病気療養中であったため，ヴォイヴォディナとは異なる民族が住むユーゴスラビア西部では日本人2人だけで現地調査を行った。前述の2人の女性へのインタビューも，ノビサド大学の若い研究者にセルビア語とクロアチア語で書いてもらった手紙を介して身振りで行った。また，牛や豚の鳴きまねをして，畑の六条オオムギを家畜の飼料にすることを確認した。その翌日，クロアチアのふたつの村で農家から飼料用のエンバク種子を分けてもらったが，そのなかにエンマーコムギの小穂が混じっていた(表1の事例9と10，写真1C)。手紙と実物の穂をみせて名前を尋ねたところ，農家の男性はしばらく考えて"ječma"(イエチュマ)と答えた。これは穂の形態が類似したオオムギの呼称と

同じである。Schiemann は前出の報告のなかで，私たちが訪ねたまさにその村，その地域で，エンマーコムギが単作されるか，あるいはオオムギやエンバクと混作され，豚や牛の餌として利用されていると述べている。彼女はその呼称について触れていないが，35年後に私たちがみたのは，植物としては存在しているものの，人びとの意識から消え去り，作物としての名前を失くしてしまった「コムギ」であった。

　阪本は1979年にスペイン南部のクエンカ地方を訪れ，エンバク畑に一粒系コムギがまばらに混在するのを報告している（図1のA地点，阪本，1993）。さらに1980年には，ルーマニアのトランシルバニア地方でオオムギやエンバクの畑に一粒系コムギが混在するのを報告している。また，トランシルバニア地方クルージュ農業試験場の A. T. Szabó 氏から分譲された一粒系コムギのサンプルにもエンバクが多量に混在しており，このコムギがエンバクと共に家畜の飼料として栽培されていた名残りだろうと述べている（図1のB地点，Sakamoto and Kobayashi, 1982; Sakamoto, 1987a；阪本，1996）。

名前をもち「生きた作物」として栽培され続ける

　これらの事例とは対照的に，一粒系コムギとエンマーコムギが固有の呼称で栽培され，利用される事例もみられた。ボスニア・ヘルツェゴビナのクロアチアとの国境近くにあるソビチ村で，一粒系コムギの畑1枚（表1の事例3）と一粒系コムギとエンマーコムギが混在した畑5枚（表1の事例7）をみつけた（写真2A）。どの畑にも多量の随伴雑草が混入していた。後者のうち3枚の畑の周囲を歩数で測りながら行った簡易ランダムサンプリングの結果，これら2種のコムギが混作されていることが示唆された（表2）。畑の所有者がわからず聞き取り調査はできなかったが，幸運にも，偶然訪れたこの村の農家で一粒系コムギとエンマーコムギの小穂が混じったサンプルを分譲してもらった（表1の事例8）。前述の手紙に身振りと筆談を加えて，これら2種のコムギが互いに区別されず "pir"（ピール）と呼ばれ，易脱穀性のパンコムギ "pšenica"（プシェニッツァ）やオオムギ "ječma" とは異なる固有の名称で呼ばれていることがわかった。家畜の餌に使うという。表2の畑と同様の畑からの収穫物と考えられる。また，表3と写真2(B)に示すように，この "pir" のサンプルには，ムギ作の随伴雑草として古くから知られているドクムギ，カラスノチャヒキ，ムギセンノウの種子が多量に含まれていた。アドリア海を

写真2 旧ユーゴスラビアで栽培されていた一粒系コムギ、エンマーコムギおよびリベットコムギ。(A)ボスニア・ヘルツェゴビナのソビチ村における一粒系コムギとエンマーコムギの混作畑。(B)ソビチ村の農家で貯蔵していたpirのサンプル。随伴雑草種子が多量に混じっている。(C)マケドニア東部のバルダル川流域でみられたリベットコムギkremenkaの収穫

表2 ボスニア・ヘルツェゴビナのソビチ村において栽培一粒系コムギとエンマーコムギが混在していた3枚の畑で調査したそれぞれのコムギの頻度

畑の番号	穂の数		
	エンマーコムギ	栽培一粒系コムギ	合計
1	82	12	94
2	52	8	60
3	44	13	57
合計	178	33	211

表3 ボスニア・ヘルツェゴビナのソビチ村で農家から分けてもらった pir のサンプル1袋に含まれていた植物の種類と頻度

植物種	小穂の数	種子の数	合計
栽培一粒系コムギ	1578	86	1664
エンマーコムギ	938	168	1106
オオムギ Hordeum vulgare		18	18
ドクムギ Lolium temulentum		1828	1828
カラスノチャヒキ Bromus secalinus		66	66
ムギセンノウ Agrostemma githago		58	58
ナタネ属植物 Brassica sp.		19	19
その他		7	7
合計	2516	2250	4766

挟んだ対岸のイタリア南部では，一粒系コムギとエンマーコムギを"farro"（ファロ）と呼び，家畜の飼料とする例が報告されている（図1のC地点, Perrino and Hammer, 1982）。

さらに，この旧ユーゴスラビアでの調査旅行では，今では珍しくなった易脱穀性の在来コムギであるリベットコムギ（*T. turgidum* subsp. *turgidum* conv. *turgidum*）の栽培がマケドニアでみられた．アルバニアとの国境に位置するオホリド湖のほとり，シュトルガ郊外のパンコムギ畑に，ひときわ背の高いリベットコムギが混じっていた（図1のD地点）．湖畔のオホリドの町で一泊し，翌日，湖にそって車を進めるにつれて，湖畔一帯でリベットコムギが栽培されていることがわかった．その栽培は，パンコムギ畑への混入から，パンコムギとの混作，リベットコムギの単作までさまざまな状態であった．オホリド湖畔の標高は700m前後，湖があるため冬も比較的温暖で雪はほとんど降らない．リベットコムギに適した気候である．農作業中の男性に聞い

たところ，パンコムギは"pšenica"，リベットコムギは"kremenka"（クレメンカ）であり，両者の総称は"zito"（ジト），ともにパンにして食べるが，"kremenka"は昔からの作物とのことであった。翌日，マケドニア東部カピヤの郊外で，スルップという半月形の鎌を使ってリベットコムギを収穫するところに出会った（図1のE地点，写真2C）。ギリシャ北部のテルマイコス湾に注ぐバルダル川ぞいの低地（標高170 m）であった。

一粒系コムギとの思わぬ出会いと麦わらの利用

現地調査では，あたかもその植物に引き寄せられたのではないかと思うような幸運に出会うことがある。1995年，北アフリカ西端に位置するモロッコで調査を行ったときのことである。北部のリフ山地で不揃いの六条オオムギ畑をみつけたので採集することにした。道から畑に数歩踏み入ると随伴雑草のドクムギがみつかり，さらに生育の悪い栽培一粒系コムギが1個体みつかった。はやる気持ちのままにさらに奥に入ると，何と一粒系コムギを栽培している区画があるではないか。ドクムギも混在している。思わぬ発見に興奮していると，近くの家から男性が慌てて駆けてきた。同行していたモロッコ農務省の女性研究者が笑いながら通訳してくれたところによると，近くのパンコムギ畑で妻が収穫作業をしており襲われるのではないかと飛んできたという。理由はともあれ畑の持ち主が自らやって来てくれたわけだ。"chekalia"（シェカリア）という名で呼ばれるその一粒系コムギは，稈がしなやかで水に強く，家畜小屋の屋根を葺くために昔から（祖父と父は栽培していたがその前はみていないのでわからないという）栽培しており，鎌で刈り，小穂は家畜や鶏の飼料にするとのことであった（表1の事例4，写真3A，B）。私たちの訪問があと1日遅ければ，この一粒系コムギも収穫されて，出会うことはなかっただろう。稈を利用するために一粒系コムギを栽培する例はルーマニアでも報告されている（図1のB地点）。パンコムギの稈よりも良質であるため，その村の住民の身元を示す目印となる麦藁帽をもっぱら一粒系コムギの稈からつくるという（Sakamoto and Kobayashi, 1982; Sakamoto, 1987a；阪本，1996）。

スーパーマーケットに並んだ一粒系コムギ

これまで述べてきた事例では一粒系コムギとエンマーコムギは自家消費用に小規模に栽培されていたが，フランス南部プロバンス地方のベント山南麓

写真3 モロッコ北部リフ山地における一粒系コムギ chekalia の栽培と利用。(A)栽培される一粒系コムギ，(B)一粒系コムギの稈で屋根を葺いた家畜小屋

では紫色のラベンダー畑と薄黄色の一粒系コムギ畑が平野一面にパッチワークのように広がっていた(表1の事例6，写真4A)。その栽培の中心であるソールという町近くのスーパーマーケットでは，頴を取り除いた一粒系コムギの穀粒が小奇麗な箱に入って並べられ，"épeautre"(エプートル)あるいは"petit épeautre"(プチ・エプートル)という名前で，500 g が 22.45 フラン(約500円)で売られていた(写真4B)。この穀粒から挽き割り粥やプリンなどの菓子をつくって食べるのだという。1997年のこの調査旅行では，森直樹さん

写真4 フランス南部ベント山麓における一粒系コムギ petit épeautre の栽培と利用。(A) ソールの町のラベンダー畑 petit épeautre の栽培と利用。(A) ソールの町のラベンダー畑(黒くみえる区画)と一粒系コムギ畑(白くみえる区画)、(B) スーパーマーケットの棚に並んだ一粒系コムギの穀粒(中央)、(C) 町はずれの製粉所に並んだ一粒系コムギの籾を取り除く機械、(D) 機械の内部に入っている石臼

(神戸大学農学部准教授)が学生時代に覚えたというフランス語で通訳してくれた。難脱穀性コムギの穀粒を食用に利用するには，苞穎などの硬い皮を取り除く必要がある。町はずれにそのための工場はあった。直径25 cm 高さ1 m ほどの円筒形の臼が工場のなかに並んでおり，そのなかには厚さ10 cm の石臼が5〜6枚重なっている。それらの間隔を調節して一粒系コムギの穎を取り除いていた(写真4C, 4D)。この工場の庭にスペルタコムギが生えていたので聞いてみると，ここではスイスから輸入したスペルタコムギも製粉している。スペルタコムギも"épeautre"と呼び，一粒系コムギを区別して呼ぶときには「小さい」という意味の接頭辞petit を付けて"petit épeautre"と呼ぶ，とのことであった。農家によっては自分の家で昔ながらの機械を使って一粒系コムギの皮を取り除いている例もあった。また，ベント山北麓のブランデ村では一粒系コムギの挽き割り粥をつくることを，阪本(1996)がJ. F. Barrau博士からの私信として報告しており，今回の観察と合わせると，ベント山麓一帯では，挽き割りにした穀粒を粥や菓子にするため一粒系コムギが大規模に栽培されていると考えられる。

さらに，イタリアとの国境に聳えるヨーロッパアルプスの高峰モンブランの登山基地シャモニー近くのプラツアルリ村(標高1,010 m)でも，開花中の一粒系コムギをみることができた(表1の事例5)。おおよそ20 m×10 m の畑で，有芒型のドクムギが少し混在していた。持ち主の老人の話では，第2次世界大戦後まではたくさんつくっていたが今は栽培がなくなってしまった，10月に播種し8月下旬から9月に収穫する，稈は家畜の餌にし，穀粒は粉に挽いてパンやクッキーにする，"épeautre"のパンは美味しい，とのことで，穀粒は袋に入れて大切にとってあった。別れ際に畑の一粒系コムギの稈を束ね半月形の鎌で穂首の下を刈るしぐさをみせてくれた。フランスにおける一粒系コムギの栽培は南部のプロバンス地方に限らず，最近までアルプス山麓にも広がっていたのだろう。

食用としてのエンマーコムギの栽培

エンマーコムギを食用として栽培する事例は，イラン西部のザグロス山麓，インド南部のデカン高原やアフリカ北東部のエチオピアに今もみることができる。ザグロス山脈は，その北端ではトルコとイランを，中央部ではイラクとイランを分ける大きな山脈である。1970年に京都大学メソポタミア高地

植物調査隊が，そのイラン側のサナンダジ近くでマカロニコムギとエンマーコムギの混作畑をみつけている。両者は明らかに雑種形成を起こしており，ともに穎が有毛の個体と無毛の個体を含んでいたという(阪本，1996)。2004年夏，福井県立大学とイラン国立植物ジーンバンクとの共同現地調査をザグロス山麓で行った。この調査は，科学研究費補助金により 2003 年から 4 年間トルコとイランで実施した研究計画の一部であった。イランの調査では，普通系コムギの起源に関して，栽培二粒系コムギとタルホコムギの雑種形成に関する具体的なデータを得ることを目的のひとつにしており，二粒系コムギの栽培について松岡由浩さん(福井県立大学生物資源学部講師)が精力的に調査を行っていた。その甲斐あって，サナンダジの町の近くで，マカロニコムギともエンマーコムギとも判断のつかない畑を松岡さんがみつけたのである(表1の事例12)。よくみると，穎の硬い穂，柔らかい穂，穎が有毛の個体，無毛の個体，芒が黒い個体，白い個体が入り混じった畑であった。松岡さんの聞き取りによると，作物の呼称は"parasht"（パラシュト）であり，"ghouly"（ギョウリィ）という料理をつくるとのことであった。翌日，イラクとの国境に近いバネー郊外でも同様の混作畑がみつかった。料理や調理，調製の詳細はわからないが，京都大学の調査隊が 35 年前にみたのとまさに同じ状況が，このザグロス山麓で今日まで営々と続いてきたことの証といえるだろう。しかし，サナンダジとサケズの中間に位置するディバンドレ郊外では，家畜の飼料にする二条オオムギの畑に"parasht"と同じ形態をしたコムギが混入していたが，畑の持ち主はこのコムギの名前はわからないと答えた(表1の事例13)。

インド南部に広がるデカン高原の東西ゴート山脈が重なるところに，先住民族が住む地域がある。インダス言語に近いとされるドラヴィダ語系の言語を話す 5 つの民族は，英国が 19 世紀に茶のプランテーションを導入するまで，この山岳地域で独自の文化にもとづいた生活を送っていた。Percival (1921)は，マドラス，ボンベイ，マイソール各州でカプリ型と呼ばれる早生で特有の形質をもったエンマーコムギが栽培されていると述べた。また，現在でもカルナタカ，タミール・ナドゥおよびアンドゥラ・プラディシュの州境に位置する山岳地域ニルギリ・ヒルとシュベロイ・ヒルにおいて，先住民族が"samba-godi"（サンバ・ゴディ）と呼ばれるエンマーコムギをかなり広く栽培し，その穀粒を細かく砕いてウプマという挽き割り粥をつくり，おも

に朝食にすると報告されている(Sakamoto, 1987b；阪本, 1996)。

　2001年9月下旬，短い日程だったが山の斜面に茶畑の広がるニルギリ・ヒルを訪れた。ニルギリ・ヒル山頂近くの避暑地ウータカマンドを基地に，雨季の終わりのぬかるんだ山道を四輪駆動車で小さな村々へと向かった。チンナクーヌール村でバダガ民族の農家に入れてもらい，ムギ類の栽培と利用法などについて詳しく話を聞いた(表1の事例11)。また，ケッティ村では，数年前までエンマーコムギとパンコムギを栽培していたというバダガの老人に話を聞いた。これらの話をまとめると，エンマーコムギの呼称は"samba-godi"であり，パンコムギ"etta-godi"とは異なる呼称で呼ばれる。作付期は1年に2回あり，3〜4月播種6〜7月収穫，あるいは，9〜10月播種12〜1月収穫のどちらでもよい。家に隣接した"kumbola"と呼ぶ小さな畑で栽培し，播種前に1度だけ施肥し生育期間中2度除草する。施肥も除草もしない場合もある。鎌で穂だけあるいは稈ごと収穫し，稈は牛の餌にする。収穫した穂はアカシアでつくった棒"dadi"で叩いて脱穀し，床に埋めた小さな石臼(石の穴)"oralu"に小穂を入れ，紫檀あるいはチーク材でつくった専用の縦杵"onake"(写真5A)で搗いて穎を取り除く。穀粒は回転式の石臼"bisagallu"で粗い粉に挽く。精白した粉は"maida"，全粒粉は"maida-rawe"あるいは単に"rawe"と呼ばれる。全粒粉からつくる固い粥ウプマ"upuma"はおもに朝食にする(写真5B)。祭りや婚礼のときには，全粒粉から"ene-it"という丸い形の菓子をつくる。精白粉からは専用の鉄板(昔は石でできていた)"paneeyara-kal"を使って"paneeyaram"という菓子をつくる(写真5C, 5D)。また，6月あるいは7月の収穫後には，全粒粉に牛のミルクを混ぜて"godi-it"という特別な食べ物をつくり，シヴァ神の祭りの供物にするという。この地域では，エンマーコムギに加えて，"arasi-gange"あるいは"akki-gange"と呼ばれる六条・裸性のオオムギも栽培し，シヴァの祭りの供物や穀粒を炒って食用にしていた(Ohta, 2002)。

　インド洋を挟んだエチオピア高原(アフリカ北東部)は，とくに二粒系コムギの変異が大きく，紫粒など特殊な形質をもったコムギが栽培されることで知られている。京都大学大サハラ学術探検隊の植物班が，1967年12月から1968年2月にかけて，ここに住む多くの民族の栽培植物について詳細な植物学的および民族学的調査を行った。その結果，易脱穀性の二粒系コムギ(おもにマカロニコムギとリベットコムギ)とパンコムギがその多様な形態的変異

写真5 インド南部ニルギリ・ヒルにおけるエンマーコムギ samba-godi の利用。(A)エンマーコムギの穎を取り除くための縦杵 onake、(B)エンマーコムギの全粒粉から調理される upuma、(C)エンマーコムギの精白粉から調理される球形の菓子 paneeyaram、(D)paneeyaram を焼くための鉄板 paneeyara-kal

にかかわらず、"sinde"あるいは"k'amadi"などと総称され混作されるのに対し、難脱穀性のエンマーコムギだけは"aja"、"ales"、"es"など易脱穀性のコムギとは別の呼称で呼ばれ、別の畑で栽培されていることを明らかにした(図1のH地点、福井、1971；Sakamoto and Fukui, 1972)。冨永達氏(京都大学農学研究科教授)によると、エチオピア西南部の山岳農耕民族マロも、易脱穀性のマカロニコムギやリベットコムギを"giste"(ギステ)、難脱穀性のエンマーコムギを"k'anbara"(カンバラ)という異なる呼称で呼び、前者は粉に挽きパンのようにして食べるほか、未熟なうちに収穫し穀粒を生のままあるいは炒ったり火であぶったりして粒食することがあるのに対し、後者は小

穂ごと石臼で挽いて粥にし，出産後の女性や病人の滋養食として利用するという(第11章参照)。

2. スペルタコムギ

失われつつあるイランのスペルタコムギ

難脱穀性の普通系コムギであるスペルタコムギの栽培もまた姿を消しつつある。イラン北部は普通系コムギの起源地と考えられる地域である。2004年のイラン国立植物ジーンバンクとの共同現地調査では，ザグロス山麓の中央部に位置するチャハルマハル・バクテヤリ県アグボーラ村(標高2,300 m)で，数年前までスペルタコムギを栽培していた数少ない農家の1軒を訪ねることができた(表1の事例18)。その家の主人と母親の話では，スペルタコムギは"koozali"(コーザリ)といい，皮があるのでスズメに食われない。鎌で刈り取り電動の石臼で穎を取り除き，挽いた粉はパンコムギの粉と混ぜてパンを焼いていたという。庭の隅に壊れた石臼が放置されていた。貯蔵されていた"koozali"の穂は白く，小穂がややコンパクトにつき外穎に短い芒があった(写真6B)。数年前まで"koozali"を栽培していた場所は六条オオムギ畑になっており，雑草ライムギが多く混入していた。周囲にはパンコムギとスペルタコムギ，両者の中間的な穂の形をした植物が逸出しているのがみられた

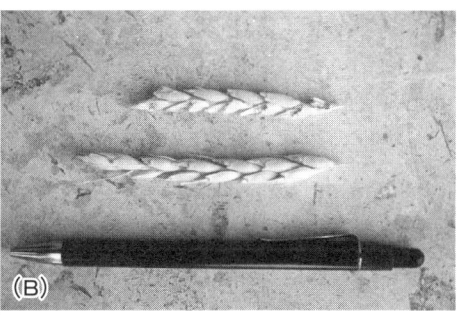

写真6 イランのザグロス山麓におけるスペルタコムギkoozaliの遺存。(A)数年前までスペルタコムギ畑だった場所の六条オオムギ畑周囲に逸出したスペルタコムギ(矢印)，(B)農家に貯蔵されていたスペルタコムギの穂

(写真 6A)。

スペイン北部における栽培と利用

1995年8月に訪れたスペイン北部アストゥリアス地方は，地中海の澄んだ青空と枯れた大地とは対照的に，ビスケー湾に流れるナルセア川から昇る靄のなかになだらかな山並みが重なっていた。その山肌に緑色の牧草地とモザイク模様をなすように薄茶色に熟したスペルタコムギ畑が点在していた（表1の事例14と15）。1979年国際植物遺伝資源委員会(IBPGR)によってこの地方のスペルタコムギと栽培マメ類の探索・収集が行われ，メンバーのひとりであった阪本(1993)によってスペルタコムギの栽培と利用の詳細が報告されている。阪本の報告と16年後に筆者たちが行った調査から，アストゥリアス地方のスペルタコムギの栽培と利用，そしてその変化についてまとめてみよう。

この地方で"escanda"（エスカンダ）と呼ばれるスペルタコムギは，易脱穀性のパンコムギ"trigo"（トリゴ）とは明確に区別され，ナルセア川とガウダル川に挟まれたカンタブリア山脈の山村でのみ栽培される。"escanda"は菜箸に似た特別の木製の収穫棒"masalias"（マサリアス，または"masailas"マサイラス)で穂首を挟んで折り取るように穂だけを収穫し，籠"goxo"（ゴホ，または"cesta"セスタ)に入れる（写真7A，7B）。残った稈は地際から鎌で刈り取って家畜の飼料にされる。スペルタコムギとエンマーコムギを混作する畑(表1の事例15)では，前者を"fisuga"（フィスガ），後者を"poveda"（ポベダ）と呼ぶが，栽培と利用について両者を分けることはなく，普通，両者を総称して"escanda"と呼ぶ。1979年にはこれら2種のコムギの混作は8集落でみられたが(阪本，1993)，今回の調査ではメルハ村の1枚の畑でみられたのみであった。この畑を耕す若い主婦に尋ねたところ，"escanda"のパンはおいしく，母親もその以前も"escanda"をつくっていたので同じものをつくり続けたい，以前は"fisuga"だけであったが，種子がなくなったときに"poveda"が入った種子を購入した，とのことであった。今回の調査でも，阪本(1993)が報告したように，草丈が高くなる"escanda"の倒伏を防ぐためにソラマメを混作する畑がしばしばみられた。

収穫した"escanda"の穂は，"pisón"という特別の石臼で穎を取り除き，穀粒を"molino"という臼で粉に挽いてパンを焼く。コルネリャーナの町

写真1 スペイン北部アストゥリアス地方におけるスペルタコムギ escanda の栽培と利用。(A)ヴィラル・デ・ヴィルダス村でのスペルタコムギの収穫のようす、穂を収穫棒で挟んで折り取るように収穫し籠に入れる、(B)スペルタコムギの収穫に用いる菜箸に似た収穫具 masalias, (C)スペルタコムギの籾を取り除くための石臼 pisón, (D)スペルタコムギの粉で焼いたパン

からナルセア川を 10 km ほど遡ったモウタス村でみせてもらった "pisón"(写真7C)は，6本の柱で支えられた独特の高床式の穀物倉 "panera" のなかにあった。臼は直径 90 cm 厚さ 5 cm で中央に穴が開いた上臼と，同じ直径で厚さ 23 cm の固定された下臼でできており，床下で固定された上臼の軸受けに楔をいれて上下の臼の隙間を調節する。上臼の穴に小穂を入れ，歯車を介して 2〜3 人で上臼を回すことにより穎と穀粒が分かれて臼の隙間から出てくる仕組みである。場所によっては水車で回すものもあるという。阪本(1993)は，聞き込み調査により明らかになった "escanda" の特徴として，①穀粒が硬い穎に包まれているため鳥害を受けにくいこと，②普通のコムギ粉でつくったパンより味がとてもよく良質なものができること，③キリスト教のお祭りに "escanda" でつくったロスカ "rosca" と呼ばれるドーナツ状のパンを飾り付けるため儀礼上必要であること，を挙げている。

　私たちが 1995 年に行った現地調査は，IBPGR による調査地を辿るように足早に行われた。1979 年には小型の四輪駆動車でないと通れなかった道は，狭いながらも舗装され自家用車が頻繁に行き来していた。1979 年の調査では，調査した 34 集落のうち 23 集落の合計 134 枚の畑で "escanda" が栽培されていたが(阪本，1993)，1995 年には 25 枚の畑でその栽培を確認できただけであった。さらに，1979 年に最も多い 23 枚の畑が確認されたベルミエゴ村で 8 枚，16 枚の畑があったヴィラル・デ・ヴィルダス村で 7 枚の畑しか確認できず，15 枚の畑があったピグエニャ村では栽培がまったくなくなっていた。駆け足の調査であったことを差し引いても，16 年間に "escanda" の栽培が急激に減少したことは明らかである。1995 年の聞き取りによると，"escanda" を栽培するのは主として自家消費用であり，家族のために美味しいパンをつくりたいとの思いからである。"escanda" の栽培を止めた理由は，「その農作業がすべて斜面での手作業であり辛い仕事だから」と複数の人が答えた。ヴィラル・デ・ヴィルダス村では，"pisón"(石臼)が洪水で壊れたので今は穂を売っているという例もあった。道路が整備され人の移動や物流がよくなったことも理由のひとつだろう。しかしそのいっぽうで，"escanda" のパンを美味しいと感じ食べたいと思う気持ちは根強く残っており，栽培を止めた人のなかにも「手仕事は辛いが，"escanda" のパンは一番おいしい」と答える人が多く，ラス・クルセス村では穎を取り除くための電動式の石臼を自ら開発しパンを焼いて売っている人もいた(写真7

D)。

中央ヨーロッパのスペルタコムギ栽培
自然農法とともに見直されたドイツのスペルタコムギ栽培

1997年には，スペルタコムギの栽培を求めて，ドイツ南部，スイスおよびオーストリアを訪れた。ドイツ南部では，南東部のミュンヘンからレーゲンスブルクに至る地域と南中部のウルムを中心とする地域で，スペルタコムギの栽培をみることができた(図1のF地点)。パンコムギを"Weizen"（ヴァイツェン）と呼ぶのに対して，スペルタコムギは"Dinkel"（ディンケル）と呼ばれ，コンバインで収穫した後，市販されている電動式の石臼で穎をとり，粉に挽いてパンを焼く。昔は，鎌で収穫した後"Flegel"（フレーゲル）という木製の道具で叩いて脱穀したという。エッセンバッハ郊外の農家でみせてもらった市販の石臼は東ドイツ製で，隙間を5〜8mmに調整した直径約1mの2枚の臼からなり，下臼がモーターで回る仕組みであった。しかし，調査を進めるうちに，ドイツでの"Dinkel"の伝統的な栽培は第2次世界大戦後まったくなくなってしまい，現在の栽培は1980年代後半の自然農法の流行にともないスイスなどから種子を導入して始まったことがわかった。"Dinkel"は，水分が少なく表層土壌の少ない土地でも栽培でき，天水で肥料や農薬を使わずに栽培することができる。このような自然農法に適した"Dinkel"の性質が見直された結果だろう。どの農家も自家消費もするが穀粒やコムギ粉を売ることが栽培のおもな目的であった。

Grünkern——ドイツ南部に残ったスペルタコムギの伝統的利用

前述のようなドイツ南部のスペルタコムギ栽培の状況のなかで，ビュルツブルクとシュトゥッツガルトのあいだに広がるバウランド地方では，"Grünkern"（グリュンケルン）をつくるために"Bauländer Spelz"（バウレンダーシュペルツ）という昔からの品種が栽培され続けてきた(表1の事例16)。バト・メリゲントハイムの町を中心とするこの地方では，スペルタコムギを登熟前に収穫し，穎がついたままの小穂をカシ，ブナ，リンゴなどの広葉樹を炊いた煙で燻しながら乾燥させた後，穎を取り除いてモスグリーンの穀粒"Grünkern"をつくる。その品質は州政府によって厳格に管理され，茶色になったものや穀粒が壊れたものは下級品に等級付けられる(写真8A)。"Grünkern"からはモスグリーンの香ばしいスープ(粥)が調理される(写真8B)。

写真 8　ドイツ南部バウランド地方に残るスペルタコムギ Dinkel の伝統的利用。(A) 市販されていた Grünkern, 穀粒が一様にモスグリーンの一級品 (右) と穀粒が茶色の二級品 (左), (B) 宿泊したホテルで偶然みつけた Grünkern のスープ, (C) スペルタコムギの収穫風景 (1930 年代), 小型の鎌で地際から刈り取り千歯こきに似た Reffe で脱穀する, (D) Hand-darre を使ってスペルタコムギの小穂を燻しながら乾燥する作業 (1930 年代)

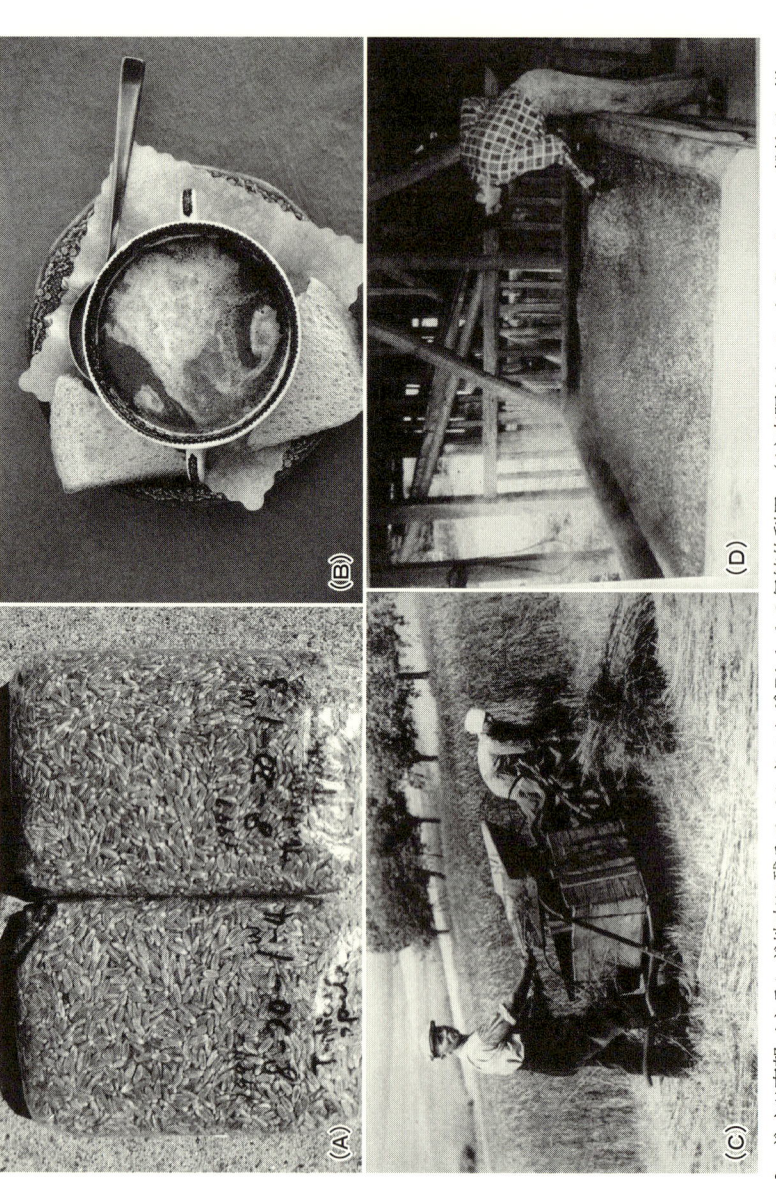

かつて，スペルタコムギの収穫には大きな鎌や半月形の小さな鎌を使い，脱穀には"Reffe"（レッフェ）という千歯こきに似た専用の道具が用いられた。また，"Grünkern"の特徴である小穂を燻しながら乾燥させる工程は，今では機械で行われているが，1965年ごろまでは"Hand-darre"（ハントダーレ）という道具で行っていた。"Hand-darre"は，小さな穴がたくさん開いた約170 cm×250 cmの鉄板の下で木を炊き，穴から出てくる煙で鉄板の上に乗せた小穂を燻しながら乾燥させる道具である。この工程は穀粒の緑色をむらなく残すために，10分ごとにシャベル様の道具"Schaufel"（シャウフェル）でかき混ぜながら，夜通しかけて行う過酷な労働であったという。バウランド地方の古い町ボックスベルクの小さなミュージアムに，1930年代のスペルタコムギの脱穀と乾燥のようすが写真で展示されていた(写真8C，8D)。穎を取り除くためには"Gerbmühle"（ゲルブミューレ）という石臼が使われる。

"Grünkern"の起源については，収穫期に雨が続いた年に登熟前の"Dinkel"を刈り取り，木を炊いて乾燥させたのが始まりという説がある。土地が痩せたバウランド地方では，昔から"Dinkel"の栽培が行われてきたが，粉に挽いてパンを焼く用途が収量の高いパンコムギに置き換わった後も，"Grünkern"として粒食する特殊な用途のために"Dinkel"の栽培が続けられてきたのだろう。

スイスとオーストリアのスペルタコムギ栽培

スイスでは，中央部のフィアバルトシュテッター湖北のムーリからバルビルに至る地域と，ベルン市東のともに標高600～1,000 mのなだらかな丘陵地帯でスペルタコムギの栽培が多くみられた。これより標高の高い急斜面は牧草地として利用され，低いところではパンコムギやオオムギが栽培されていた。ベルン市郊外のビゲンタール村(標高680 m)でスペルタコムギを栽培している農家の主人(43歳)に話を聞いた(表1の事例17)。作物名は"Korn"(コルン)だという(後で，80歳の父親が出てきて"Korn"と"Dinkel"は同じと説明してくれた)。10月に播種し8月に収穫する。大きな鎌で地際から刈り"Flegel"という道具で叩いて脱穀する。味について聞いたところ，パンにして食べるが，いつも食べているのでとくに味を意識したことはないとのことであった。12 kmほど北のブルクドルフの町に製粉所があるというので行ってみた。社長の話によると，この製粉所では年間2,500～3,000トンの小麦粉を製粉するが，その約5％が"Dinkel"だという。工場では直径約1

mで上下の臼の間隔を5 mmに調整した〝Röllgang〟（レールガンク）という石臼でまず頴を取り除き，頴と穀粒を機械で分けた後〝Mühl〟という臼で粉に挽く。〝Dinkel〟の粉は柔らかくて扱いにくいが，パンコムギ〝Weizen〟に比べて20%以上価格が高い，とのことであった。フィアバルトシュテッター湖東のシュビッツ近くのホテルでスペルタコムギのビール〝Dinkel Bier〟に出会ったが，周辺に〝Dinkel〟の栽培は見当たらず，詳細はわからなかった。

　オーストリア北部のリエドに近いプラメト村（標高670 m）で，レッドクローバー畑と道路のあいだに長さ約30 mにわたってスペルタコムギとパンコムギが生えているのをみた。栽培されているものかどうかはわからないが，スペルタコムギには，穂が白，茶色，やや蠟質(頴の表面に白い粉状の蠟物質をふく）のもの，少し密に小穂がついているものなどが混じっていた。近くに〝Dinkelmehl〟（ディンケル粉）の看板があり，自然農法に関連した農園のものではないかと思われた。また，イタリアとの国境にそって流れる南部のガイル渓谷は急斜面に牧草地が広がる山岳地域である。この渓谷のマリア・ルカウ村を長年にわたって調査した舟田（1998）は，村にはかつてムギ畑と牧草地があり，村人は半農半牧の生活のなかで日常はエンバクやライムギのパンを焼き，年1回復活祭にはコムギのパンを焼いていたが，現金収入への依存とともにムギ栽培はなくなり酪農への専業化が進んだ，と述べている。マリア・ルカウ村の約20 km上流にあるカルティシュ村（標高1,340 m）で道路にそって約70 mを底辺とする三角形のスペルタコムギ畑1枚をみつけた（図1のG地点）。カトリック教会を背景にした風景はいかにもアルプスらしく印象的であった。しかし，この栽培がかつて半農半牧の生活をしていたころの遺存であるか，最近の導入によるかはわからなかった。

スペルタコムギの収穫法にまつわる疑問

　1997年に行った中央ヨーロッパでの調査にはもうひとつの目的があった。それは，阪本（1993）が投げかけた疑問に答えることであった。前述したように，ヨーロッパ西端のスペイン・アストゥリアス地方ではスペルタコムギの収穫に〝masalias〟という長さ50 cmほどの菜箸のような形をした独特の収穫具を用いる（写真7B）。じつは，緯度，高度，地形，植生，気候が類似したトランスコーカサスのグルジア西部にも同じような収穫具が存在する。この地域では難脱穀性の普通系コムギであるマッハコムギ（*T. aestivum* subsp.

macha)と二粒系コムギであるグルジアコムギ(*T. turgidum* subsp. *georgicum*)を混作し"shnakvi"(シュナクビ)というやはり菜箸に似た収穫棒を用いて穂を折り取るように収穫し，"lasti"(ラスティ)という籠に入れる。ヨーロッパの東西に隔てられたふたつの地域で，2種類の難脱穀性コムギの混作が行われ，類似した収穫具を用いて収穫されているのだ。このことについて阪本(1993)は，中部ヨーロッパではこのような収穫具は知られておらず，両地域で独立に始まったと考えるのが妥当であろう，と推論している。しかし，同時に阪本が指摘するように，中部ヨーロッパ各地域でのスペルタコムギの収穫法についてはこれまで十分な調査は行われていない。そこで，1997年の調査で，スペルタコムギの収穫法についてこの地理的空白を埋めたいと考えていた。

　前述したように，スイスのベルン市郊外では，昔から大きな鎌を使って"Korn"を地際から収穫するという。また，ドイツ南部では"Dinkel"を大きな鎌あるいは半月形の片手用の鎌で収穫したという。"Grünkern"をつくるために昔からの品種を栽培するバウランド地方も例外ではなかった。ボックスベルクのミュージアムにも，鎌と千歯こきに似た脱穀具の展示はあるが収穫棒は見当たらなかった。このような状況から，中部ヨーロッパにおけるスペルタコムギの収穫は鎌を使って稈ごと刈り取る方法であったと考えられる。したがって，スペイン北部とグルジア西部に共通した特別な収穫棒の存在は，かつてヨーロッパ西部からグルジアに至る広い地域で同様の収穫が行われていたことの名残ではなさそうである。

3. 日常の生活が育んだ品種の多様性

　栽培一粒系コムギ，エンマーコムギ，スペルタコムギなどの難脱穀性コムギは，かつてムギ農耕の初期から人びとの生活と密接に関わり，とくに地中海を囲む地域とヨーロッパで広く栽培されてきたコムギである。易脱穀性コムギとは異なる固有の呼称，稈や穎果の伝統的利用法，特別の収穫具の存在，硬い穎を取り除くための特別の石臼や杵の存在，味を懐かしむ気持ち，宗教的行事との結びつきなど，いずれも永い年月のなかで培われた文化の一端を示しているといえるだろう。しかしいっぽうで，20年以上にわたる現地調査で集まった難脱穀性コムギに関するデータは，経済効率を求めて近代品種と機械化農業を導入し日常の生活が変化していくなかで，生活や文化の一部

であった「生きた作物」が，呼称を失くし飼料作物に混入する「植物としての遺存」を経て，やがて近代的な飼料作物品種の導入とともに「消滅」する過程をも示した。

　作物と人のあいだには，経済効率だけで割り切れない関係が存在する。「("Korn"のパンについて)いつも食べているのでとくに美味しいと意識したことはない」「(スペルタコムギや一粒系コムギの栽培について)特別な理由はなく，親がつくっていたので同じようにつくっている」という農家の言葉どおり，人と作物の関係は世代を超えて日々あたりまえのように繰り返される「日常」の出来事なのである。このような毎日の繰り返しのなかで，人は作物の特性を知り，風土に適した形で作物の特性に合った栽培と利用を行い，とくにその利用上の特性から固有の呼称を与えてほかの作物と区別・隔離し，生活や文化の要素として育んできたのではないだろうか。言い換えると，在来コムギの品種の多様性をうみ出し維持してきたのは，永い年月の日常のなかで成立してきた人と作物の地域適応的な相互関係といえるかもしれない。

　2004年夏のイランで雪と見紛うほど夕日に輝く真っ白な畑と用水路をみた。塩害である。通常の生活のなかで「普通であること」の価値や仕組みを認識することは難しい。それは，昨日まで続いてきた「普通のこと」を失くして初めてそのかけがえのない価値に気づくからだ。一見変わらぬ日常のなかで育まれてきた人と作物の関係は，世代を超えて伝達される「文化的資源」として「遺伝子資源」に劣らぬ価値をもつだけでなく，「遺伝子資源」の多様性を維持する文化的要因でもある。「普通であること」の価値とそれが維持される仕組みを現地調査によって明らかにしていくことは今後の遺伝資源保全の重要な課題のひとつといえるだろう。

　25年前の現地調査で用いた5冊のノートを久しぶりに開いた。少し茶色くもろくなったページ，古本を手に取ったときの香ばしいような懐かしい匂い，ホッチキスで留められた領収書や菓子の包み紙などのあらゆる「資料」がある。しかし，栽培一粒系コムギとの初めての出会いについては，たった1行「$T.\ monococcum$　2穂」としか書かれていない。そこには，その意味をまったく理解できなかった当時の大学院生がいた。

　世の中のいわゆる「学術的研究」には，大きなトピックとして世を賑わせるものと，ひとつの事例だけではあまり意味を感じられないが，長年かけて

多くの事例が集まったときに何かがみえてくるものがあると思う。本章で紹介した難脱穀性コムギと人の関わりについての話は後者の典型といえるだろう。短期間での成果と評価に追いまくられる世の中では，このような「物になるともならないともわからない研究対象や研究手法」は好まれない。事実，若い研究者に長期間のフィールドワークを提案しても「いやあ，面白そうだけど……私はちょっと……」と丁重に断られるのが落ちである。いつのころからか，私たちは一見変わらぬ日常に身を置くことに不安と焦りを覚えるようになった。しかし，場のなかに身を投げ出して感じることから始め，あれこれ悩みながら結果が湧いてくるのを待つ「スロースタディ」によって初めてみえてくることは多く，なにより楽しいことだろう。日常のスローライフが育んだ在来作物の品種多様性の研究にはスロースタディが似合うのではないだろうか。

コラム④　エジプトビールの原風景

吉村作治

　現代のエジプトはイスラム教圏なので，アルコール類を飲む人は非常に少ない。少ないということは飲む人もいるんだなととられるが，飲む人がいるのだ。この人たちは決して反宗教的な人たちではない。すなわち非ムスリム（イスラム教徒ではない人たち），キリスト教徒のエジプト人（コプト教徒と呼んでいる）か，外国人で非モスリム。日本人の大多数はこれに入るから，アルコールを飲んでもとがめられない。ここが戒律の厳しいサウジアラビアやリビア，スーダンなどと違う点だ。それらの国では，アルコールの臭いがするだけで入国を禁止させられるという。エジプト人のムスリムのなかでも，ビールはアルコール度が低いのでまあいいだろうという人もいるらしいが，私はそういう人に会ったことはない。皆，アルコールを飲むことと豚を食べることは厳しく禁じている。なかには，宗教ってそういったタブーをふりかざすことより，ほかに大切なことがあるだろうとか，誰もみてなけりゃビールくらい飲んでもいいんじゃない，なんていう人もいるが，そういう人は軽蔑されるので気をつけたほうがいい。さて，このように，エジプトでは現代はほとんどがアルコール禁止の国だが，古代はアルコール奨励の国であった。たとえばギリシャ人の歴史家ヘロドトスは，古代エジプト人はパンとビールを好んだといっているし，ピラミッドはパンとビールとニンニクで造られたともいっている。しかも，古代エジプトではパンからビールを造っていたわけで，小麦や大麦の古代エジプト文明に果たした役割は多大だ。ちなみに，国に納める税金は小麦か大麦で，そのほかの作物は自分または自分の属する共同体で独自に消費していいことになっていた。もちろん，ハチミツやパピルスのように王の占有物もあり，必ずしも作付けが完全に自由であったわけではないが。古代エジプトでは，アルコール飲料として最もポピュラーなのはビールだったが，そのほかにも，ワインやハチミツ酒，デーツを原料としたドブロクのようなものなど，多くの種類があった。しかし，ほとんどが醸造酒で，蒸留酒の系統は古代エジプトでも時代的に終わりのほうにならないと現れない。古代エジプト人は，ビールを中心にアルコール飲料大好き人間だったようで，毎日のように貴族たちは宴会を開くし，王族は外国人や貴族を招いて大パーティを連日開いていた。

　ワインは造る量も限られていたし，輸入の権利はすべて王がもっていたので，よほど高官でないと自分の宴会でワインを出すことはなかったようだ。そのパーティでも，「ビールをたくさん出して酔わせてしまい，ワインを少しにしろ」とか「できれば参会者の酔いに乗じてワインを出さずにすませ」などと書かれている。真偽のほどはわからないが，ワインの貴重さは伝わってくる。それにひきかえ，ビールはパンさえあればすぐ造れるというわけで，大量に造られ大量に飲まれていた。ただ，つい最近まで古代エジプトのビールの造り方は確かではなかった。というのも，ギリシャ人の残した古代エジプトのビールの造り方という作法書通りにすると，酸っぱくて臭いしとてもまともに飲める代物ができなかったからである。

私もその方法で何回かやってみたが，いつも同じ結果だった。そんなあるとき，知り合いのキリンビールの広報の人から，古代エジプトの墓のなかの壁画を分析して本格的な古代エジプトビールを復元してみませんかという共同研究のプロジェクトのお誘いがあった。前々から本当のことを知りたかったのだが，私には醸造の知識や経験がなかったのであきらめていたのだが，今回はその専門家が一緒にやってくださるというのだ。願ったり叶ったりである。

　さすが専門家だけあって，まず世界の醸造のプロセスであるコモンパスという図式をつくり，そこに，古代エジプトの壁画をシーン別に分けたものをあてはめていったのである。私たち早稲田大学エジプト学研究所は，そのときまでたった1例しか世に出ていなかった古代エジプトのビール造りの壁画をもっとたくさん探し出そうと，資料を片っぱしからチェックした。約3か月かけて30を超すビール造りの図が出てきた。なぜ今まで，紀元前3世紀にギリシャ人が提示していた図だけで人類は納得していたのかが不思議だ。醸造学の専門家に，それらをビール造りのプロセスに合せて分類してもらったところ，大きくはふたつ，少しの違いを入れて3つのパターンに分類された。それにそって，道具をはじめ当時のものに合わせてエジプトで製作し，日本で試作品をつくった。

　古代エジプトビールにとって重要なパンは，エジプトからパン釜職人を招聘し，キリンビールの工場内に釜を造ってパンを焼いた。その結果2種類のビールができた。ひとつは白ワインのような味の澄んだビールで，アルコール度は10％を少々超えていた。もうひとつは濁り酒のようで，アルコール度は13％に近かった。

　これによって，古代エジプトビールはアルコール度が今のビールより3倍近く高いことがわかった。今までの造り方では，古代エジプトのビールは高く出てもせいぜい2％，酔うにはかなり大量に飲まなくてはならない。にもかかわらず，宴会でビールを飲みすぎて吐いている女性の図があったり，大暴れをして警察に捕まったり，道路脇にころがったりといった表現の文書が残っていることに違和感をもっていただけに，ビール復元実験によって納得がいった。

第 V 部

消えゆく麦の多様性

生物は長い進化の歴史のなかで，突然変異と自然選択を繰り返し，膨大な数の種を生み出し，またひとつの種のなかにも多様な変異を蓄積してきた．このように互いに異なるさまざまな種，品種，系統こそが遺伝資源と呼ばれるものである．人類にとって主要な穀物であるムギ類では，とくに近縁野生種や在来品種と呼ばれる古い栽培品種が，育種素材として保存されてきたが，近年，多様性に関する研究が進むにつれ，改めてその価値が注目されている．その反面，近代育種による少数の有用品種の寡占化，開発や気候の変化による野生種の生息環境の減少は，それらの貴重な遺伝資源の喪失をもたらしている．

　第Ⅴ部では，ムギ類の遺伝資源について，その分類と多様性，収集，保存，育種利用の取り組みについて述べる．第14章では，コムギとその近縁種の分類と多様性，これまでに行われてきた遺伝資源の収集とその保存，最も有名な遺伝資源を用いた育種の成功例である「緑の革命」，さらには遺伝資源に関する国際的な取り決めについて詳細に述べる．第15章では，遺伝資源の保全のなかでも，とくに自生地保全という新たな保全の方法を紹介し，フィールドにおける遺伝資源の現状と未来について議論し，最後に読者にも身近な日本在来の野生ムギ類を紹介する．どちらの章でも，筆者らが実際に訪れたようすも含め，イスラエル，シリアの野生種の生息地や，歴史的学術探検でもあった木原均のアフガニスタンでの遺伝資源収集のようすなどがふんだんに紹介されており，自然や探検に興味のある読者を十分に満足させる内容になっている．

　遺伝資源は，研究材料として不可欠であるだけではなく，育種素材，さらには文化遺産，そして環境保全の指標としての側面ももっており，その多様性を保全していくことは，多様な生態系，持続可能な農業を守ることにもつながり，私たち人類が生活を営んでいくうえで重要な課題であろう．

第14章 麦の多様性と遺伝資源

河原　太八

1. 栽培植物と遺伝資源

近代育種と遺伝的侵食

　人類は産業革命にともなって最初ヨーロッパで，ついで世界的な規模で，伝統的な自給自足的農業から近代農業へとその農業スタイルを転換してきたが，これはまず利用する生物種の減少を引き起こした。環境や用途に応じたさまざまな栽培植物のなかで，あるものはより広く栽培されるようになり，いっぽう別のものは栽培されなくなるという現象である。また約1万年の農耕の歴史のなかで，世界各地にはそれぞれの土地固有の条件に適応した数多くの在来品種が成立していたが，生産効率の追求のためこれらの品種は消え去り，近代的な育種による少数の品種に取って代わられた。つまり種内の遺伝的画一化であり，この遺伝的侵食(genetic erosion)は世界的な規模で現在も進行中である。Bennett(1971)によると，ギリシャで栽培されるコムギのうち古くから栽培されている在来品種の占める割合は，1930年ごろには約80％であったが，1950年代には25％になり，さらに1960年代には10％となりほとんどが近代品種に置き替わってしまった。「置き替わってしまった」ということは，それがどこか別のところでも栽培されていない限り，消失を意味する。筆者の個人的な体験でも，小学生のころ(1960年代初め)実家で栽培していたイネは，「金南風（きんまぜ）」であった。この品種は1958年育成なので，それ以前はまた別の品種をつくっていたことになる。金南風は戦後の一時期，日本で最も広く栽培されていたが，今は販売用に栽培していると

ころはないだろう．そしてたしか高校生あたり(1960年代後半)で,「日本晴」(1963年育成)になった．この品種は現在でも栽培されており，イネゲノムプロジェクトにその名を残している．農家にとって「よい」品種が出ると，すぐそれに置き換わるのである．

　このことはイネやムギのように大量に生産される穀物だけでなく，現在では蔬菜や果樹にまで及んでいる．たとえばリンゴでは，国内生産量の半分以上の55％を「ふじ」が占め，さらにこの品種は，2001年の全世界での生産量が1,230万トンと総生産量の20％を占めている．これに次ぐのは「デリシャス」の930万トン,「ゴールデンデリシャス」の880万トンであり,「ふじ」の生産はさらに増加すると推定されている(果樹研究所平成15年発表)．この「ふじ」はもともと，農林省が育成し「リンゴ農林一号」として登録した品種であり，日本の果樹育種が世界に誇る輝かしい成果というべきである．またトマトでは，タキイ種苗がそれまでの品種に比べ糖度が高く果肉の硬い「完熟型」品種の「桃太郎」を1981年に発表し，これが市場に受け入れられた結果，スーパーなどで販売されるトマトは数年で「完熟型」に代わってしまった．その後もタキイ種苗は,「桃太郎」を産地や市場の需要に合わせてシリーズ化し，栽培面積で78％というシェアを確保している(タキイ種苗発表)．なお，ミニトマトはもともと完熟型である．果肉が柔らかくジューシーで，市場へ出荷するためには緑色の少し残っているときに収穫する従来のタイプは，家庭菜園向けの品種を残して店頭からは姿を消してしまった．これらをみると，需要に応えるという点で近代的な育種手法がいかに強力で重要であるかよく理解できるが，その陰で数多くの品種が消え去っているのもまたたしかである．

遺伝資源

　いっぽうで農業生産の向上のためには，栽培植物の育種つまり品種改良が必要であり，これが大きな貢献を果たしてきたのも，また事実である．育種のためには，それまでに利用されていない新しい遺伝的変異，すなわち遺伝資源(genetic resources)が必要である．とくに近代品種の広範囲にわたる大規模栽培は，これまでにない潜在的な危険をはらませることになった．それは病虫害の蔓延である．つまり，どこでも同じ品種が栽培されている場合，それを侵す病原菌や害虫が出現すると大発生しやすく，すべてが被害にあって

しまうということである．ジャガイモを侵す疫病菌によって生じたアイルランドでの1800年代半ばの大飢饉(The Great Famine, Salaman, 1985)，そして，雄性不稔を示しトウモロコシのF_1採種に利用されていたテキサス型細胞質を侵すゴマ葉枯病が1970年代にアメリカ合衆国で大発生し，壊滅的な不作になったことはよく知られている．このため，収量が多く味がよいといった我々がふつうに考える品種改良のほかに，現在ではさまざまな病気や害虫に対する抵抗性，さらには高温や低温・乾燥など非生物的なストレスに対する耐性の導入が大きな課題となっている．なお食用にしない観賞用植物では，ウイルス抵抗性ペチュニアなど遺伝子組換えによる耐病性品種が，国内でもすでに育成されている(坂崎，1997)．

　遺伝資源としてよく利用されるものは，その栽培植物の在来品種や野生型，近縁の野生種などである．在来品種とは，世界各地の伝統的農業のなかでその地域の気候や土壌条件・利用法などに適応して成立した品種である．たとえばダイコンであれば，今の日本でふつうにみられるのは上の方が緑色をした「青首宮重系」の品種と，関西であれば丸い「聖護院系」の品種のふたつくらいであるが，どの地方にも数多くの伝統的品種があった．超大型になる桜島ダイコンは有名であるが，大きくなるのは鹿児島の暖かい気候により生育期間が長くとれるためである．また守口ダイコンは，太さは3 cmくらいであるが長さが1 m以上になる漬物用の品種である．この品種は耕土が深くないと栽培できないため，その産地は岐阜・愛知の木曽川・長良川下流の砂壌土地帯に限られている．これらの品種はいずれも，その地方の気候条件や土壌そして利用法と密接に結びついて成立したものである．同じように，かつての日本ではイネやムギでも，それぞれの地方で伝統的に栽培されていた多様な品種があった．明治時代日本では各地の老農が品種改良の担い手であった．そのころのイネの優良品種のひとつ「朝日(旭)」は京都府乙訓郡向日町物集女で山本新次郎氏によって見出されたものであり，筆者の研究室のすぐ近くに顕彰碑が建っている．なおこの品種はかつて西日本で広くつくられ，現在では「コシヒカリ」を中心とする栽培面積上位5品種すべての祖先になっている．

　栽培植物の野生型や，近縁の野生種も遺伝資源として重要である．これらはほかの植物との競争や病害虫との共存のもとで生き延びてきた．また近縁種のなかには，栽培植物の野生型とは違った気候や土壌条件のところに生え

る種もあり，生物的・非生物的ストレスに対する抵抗性をもつ遺伝資源として利用されることが多い。Harlan and de Wet(1971)は，栽培植物の遺伝資源を，遺伝子供給源分類(gene pool classification)によって把握することを提案した。彼らは遺伝子供給源を，実際の遺伝子の導入が容易かどうかの観点から，3つのグループに分けた。第一次遺伝子供給源(primary gene pool, GP-1)は，その栽培植物と交雑ができ，雑種は稔性があり，遺伝的形質が正常に分離するような，すべての植物である。在来品種や祖先野生型は，このグループに入る。第二次遺伝子供給源(secondary gene pool, GP-2)は，その栽培植物と交雑はできるが雑種の稔性が低下するなど，遺伝子の導入は可能であるが困難をともなう場合である。第三次遺伝子供給源(tertiary gene pool, GP-3)は，その栽培植物とは交雑可能であるが，雑種が完全不稔だったり致死・異常などを示し，遺伝子導入のためには胚培養や組織培養などの手法が必要となる植物群を指す。栽培植物の近縁野生種は，この第二次または第三次の遺伝子供給源に入ることが多いが，現在では胚培養などもごく一般的な手法になっており，遺伝資源としての利用も盛んである。

2. コムギの多様性と遺伝資源

コムギと近縁種

次にコムギを例に，遺伝資源を具体的にみてみよう。ところでコムギとはどのような植物だろうか。ふつう，コムギといえば，その粉がパンやケーキの原料になるというイメージだろう。「うどん」や「そうめん」も小麦粉からつくられる，という人もいるかもしれない。これらの原料になるコムギは，本書で「パンコムギ」と呼んでいるもので，この粉からはほかに「きしめん」や「ひやむぎ」そして「麩」ができる。なお粒のままの「パンコムギ」は，日本では醤油の原料としても重要である。このほかに世界的に重要なものに，パスタの原料となる「マカロニコムギ(デュラムコムギ)」がある。量的には，世界の小麦生産量の1割以下であるが，スパゲッティやマカロニなどパスタの原料として，パンコムギでは代替できない需要がある。さて，第3章の表1には，コムギ属(*Triticum*)全体で野生種を含めてどのような種があるのかが示されている。これは，現在広く受け入れられているMacKey(1988)の分類と，Jakubziner(1958)による分類を対比したものである。これ

をみて，名前がふたつあるのはおかしいといわれる方もあるかもしれないが，これは学名の付け方の歴史に関わるので，解決まで少々お待ちいただきたい。

　コムギは，ヨーロッパの人びとにとって非常に重要な作物であり古くから研究されていたため，形態などで普通と違うものがあると新しく学名が付けられてきた。とくに初期の分類は標本に頼ることが多く，形態的な不連続性が重視されていたため，どうしても細かく分ける傾向があった。20世紀に入って，交配など遺伝学的な手法で種の境界を決めることができるようになり，それらがまとめられていったのである。このプロセスで，あるものは種として認められるだけの違いをもっていないとされ，種のランクからは消えていった。しかし，第3章の表1に示されている古い種名の多さからも，コムギ属には多くの人が「種」と認めたような多様な変異があることがわかっていただけることと思う。ただこのうちで六倍性のジュコブスキーコムギは，1930年代に当時のソ連のトランスコーカサス地方で記載されたものであり，その当時でも単独の栽培ではなくチモフェービコムギの畑に混在している，と報告されている。このためほかの種と同等に扱えるかどうかは疑問であり，筆者は一般的な表現としてはコムギには5種ある，つまり二倍性種2種（一粒系コムギとウラルツコムギ）・四倍性種2種（二粒系コムギとチモフェービ系コムギ）・六倍性種1種（パンコムギまたは普通系コムギ）というのが，妥当ではないかと考えている。一粒系コムギと二粒系コムギ，チモフェービ系コムギには野生型と栽培型のふたつのタイプがあることから，それぞれが独立に栽培化されたことが明らかである。これに対して，パンコムギは栽培型のみであるが，これは第3章で述べられたようにその起源と関連している。また，現在チモフェービ系コムギがどの程度栽培されているかは不明で，あるとしてもおそらく遺存的なものであろう。

　コムギ属にごくごく近縁な植物としてエギロプス属（*Aegilops*）があり，そのなかには表1のような種がある。全体で23種ありすべてが野生種だが，コムギと同様に二倍性・四倍性・六倍性の倍数系列になっている。写真1は，コムギとエギロプスのおもな二倍性種の穂である。この属はコムギと非常に近いので，研究者によってはふたつを同じ属とする考えもあり，その場合は*Triticum*という属名のほうが古いのですべてが*Triticum*として扱われる。実際に，四倍性コムギの祖先種のひとつは*Ae. speltoides*（クサビコムギ）であり，パンコムギの祖先のひとつは*Ae. tauschii*（タルホコムギ）なので，パンコ

表1 エギロプス属(*Aegilops*)の種名

van Slageren(1994)による	KOMUGIによる*	倍数性
Section *Aegilops* L. (Section *Polyeides* Zhuk.)		
Aegilops biuncialis Vis.	*Aegilops biuncialis* Vis.	4 x
Aegilops columnaris Zhuk.	*Aegilops columnaris* Zhuk.	4 x
Aegilops geniculata Roth.	*Aegilops ovata* L.	4 x
Aegilops kotschyi Boiss.	*Aegilops kotschyi* Boiss.	4 x
Aegilops neglecta Req. ex Bertol.	*Aegilops trialistata* Willd.	4 x, 6 x
Aegilops peregrina (Hack. in J. Fraser) Marie & Weiller	*Aegilops variabilis* Eig	4 x
Aegilops triuncialis L.	*Aegilops triuncialis* L.	4 x
Aegilops umbellulata Zhuk.	*Aegilops umbellulata* Zhuk.	2 x
Section *Comopyrum* (Jaub. & Spach) Zhuk.		
Aegilops comosa Sm. in Sibth. & Sm. var. *comosa*	*Aegilops comosa* Sibth. et Sm.	2 x
Aegilops comosa Sm. in Sibth. & Sm. var. *subventricosa*	*Aegilops heldreichii* Holzm.	2 x
Aegilops uniaristata Vis.	*Aegilops uniaristata* Vis.	2 x
Section *Cylindropyrum* (Jaub. & Spach) Zhuk.		
Aegilops caudata L.	*Aegilops caudata* L.	2 x
Aegilops cylindrica Host	*Aegilops cylindrica* Host	4 x
Section *Sitopsis* (Jaub. & Spach) Zhuk.		
Aegilops bicornis (Forssk.) Jaub. & Spach	*Aegilops bicornis* (Forsk.) Jaub. et Sp.	2 x
Aegilops longissima Schweinf. & Muschl.	*Aegilops longissima* Schweinf. et Muschl.	2 x
Aegilops searsii Feldman & Kislev ex Hammer	*Aegilops searsii* Feld. et Kis.	2 x
Aegilops sharonensis Eig	*Aegilops sharonensis* Eig	2 x
Aegilops speltoides Tausch var. *ligstica* (Savign.) Fiori	*Aegilops speltoides* Tausch	2 x
Aegilops speltoides Tausch var. *speltoides* Tausch	*Aegilops aucheri* Boiss.	2 x
Section *Vertebrata* Zhuk. emend. Kihara		
Aegilops crassa Boiss.	*Aegilops crassa* Boiss.	4 x, 6 x
Aegilops juvenalis (Thell). Eig	*Aegilops juvenalis* (Thell). Eig	4 x
Aegilops tauschii Coss.	*Aegilops squarrosa* L.	2 x
Aegilops vavilovii (Zhuk.) Chennav.	*Aegilops vavilovii* (Zhuk.) Chennav.	6 x
Aegilops ventricosa Tausch	*Aegilops ventricosa* Tausch	4 x
Section *Ambylopyrum* (Jaub. & Spach) Eig		
Ambylopyrum muticum (Boiss.) Eig	*Aegilops mutica* Boiss.	2 x

*ナショナルバイオリソースコムギ WebSite(http://www.shigen.nig.ac.jp/wheat/komugi/top/top.jsp),木原(1954)などによる。

写真1 コムギ・エギロプスの穂。①*Triticum boeoticum*, ②*Aegilops speltoides*, ③*Ae. sharonensis*, ④*Ae. tauschii*, ⑤*Ae. caudata*, ⑥*Ae. comosa*, ⑦*Ae. uniaristata*, ⑧*Ae. umbellulata*, ⑨⑩はライムギ(*Secale cereale*)

ムギの3つのゲノムのうちふたつまでがエギロプス属由来である。このためふたつを合せて，Wheat Group(*Triticum-Aegilops*)と呼ぶことも多い。これらコムギ・エギロプス属の野生種は冬に雨が多い地中海性気候に適応し，秋に発芽し冬を越して次の年の春に出穂・開花するという生育パターンをもっている。またその分布は，トルコのアナトリア高原をほぼ中心とし，西南アジアから地中海沿岸にかけてであるが，いくつかの種は攪乱された環境によく適応するという「雑草性」が高く，北アメリカのコムギ畑の雑草になっているものもある。パンコムギの進化からもわかるように，この属の植物はコムギと簡単に交雑するので，これまでも耐病性の育種のためによく利用されてきた(渡辺，1982)。

表2 コムギ連 Tribe *Triticeae* の栽培植物と,その他の属(Clayton and Renvoize, 1986 より)

Hordeum:オオムギ, *Secale*:ライムギ, *Triticum*:コムギ

Aegilops, Agropyron, Brachypodium, Crithopsis, Dasypyrum, Elymus, Eremopyrum, Henrardia, Heteranthelium, Hordelymus, Hystrix, Leymus, Psathyrostachys, Sitanion, Taeniatherum

　これらのさらに上位のグループは,分類学的には連(Tribe)と呼ばれる。連をまとめるのが亜科(Subfamily)で,その上が科(Family)である。逆に上のほうからみると,科・亜科・連・属・種となる。ただしこのようなグループ分けは種数の大きい科に限られ,植物全体ではいくつかの属しかもたない科や,科のなかに1種しかない1科1属1種のものもある。種数の多いものは,ラン科・イネ科・キク科などであり,このほか経済的に重要なものにマメ科・ナス科・バラ科などがある。それぞれランの仲間・イネの仲間・キクの仲間というように理解すればよく,たとえばモウソウチクやマダケなどのタケやササの仲間はイネ科であるが,タケやササの葉をみるとイネやコムギに似ており何となく納得できるであろう。イネ科は種が多いので6亜科40連に分けられ,コムギ・エギロプスはイチゴツナギ亜科(Subfamily Pooideae),コムギ連(Tribe *Triticeae*)に分類される。この連にはほかふたつのムギ,オオムギとライムギが入っている。エンバクは同じイチゴツナギ亜科であるが別のカラスムギ連(Tribe *Aveneae*)の植物である。コムギ連に含まれる属を表2に示すが,これらの属の植物もコムギと交雑が可能で,耐病性育種に利用されることがある。このうちわが国でふつうにみられるのは,水田や路傍の雑草であるカモジグサ類(*Elymus*(*Agropyron* に分類されることもある),第15章)と,海岸や内陸の草原に生えるエゾムギ類(*Elymus*)である。

在来系統

　最後にコムギのなかでも六倍性のパンコムギに限って,在来系統の遺伝資源にどのようなものがあるか紹介する。第二次世界大戦後,急激な人口の増加のため食料不足が生じていたが,これに対し発展途上国では化学肥料の大量投入で穀物の収量増加を図ろうとした。ただその当時の品種は草丈が高く,肥料を多く施すと倒れるばかりで収量の増加にはつながらなかった。このとき先進国では多くの肥料を与えても倒れず,収量の増加をもたらす半矮性品

種がすでに利用されていたので，この原理を発展途上国で栽培されているイネやコムギにも応用することが計画された．イネについてはフィリピンにある国際イネ研究所(IRRI)，コムギについてはメキシコの国際トウモロコシ・コムギ改良センター(CIMMYT)で品種が育成され，多くの発展途上国に新品種が導入され，イネとコムギで生産性の著しい向上がもたらされた．つまり，1960年代半ばから1970年代中ごろにかけて，世界的規模で多収穫品種の導入が始まったのである．これは「緑の革命」と呼ばれ食料増産に貢献したため，CIMMYTでコムギの育種を担当したボーローグ(N. E. Borlaug)は，1970年にノーベル平和賞を受賞している．

ところで，コムギにおける「緑の革命」の原動力となったのは，日本のコムギ品種「農林10号」がもっていたふたつの半矮性遺伝子である．農林10号は草丈が60 cmほどと低く倒れにくいことが特徴で，機械化農業に適した品種であった．第二次世界大戦後この品種がアメリカ合衆国へもたらされ，アメリカ合衆国で最初の半矮性品種Gainsが成立した．というのも，アメリカ合衆国やカナダなど北米の品種はもともとヨーロッパやロシアの品種に由来するもので，半矮性遺伝子をもたなかったからである．この品種の成功により，半矮性遺伝子の有用性が世界中に知れわたった．この遺伝子は同時にCIMMYTでも利用され，ボーローグが1962年に育成したPitic 62, Penjamo 62がメキシコの多収コムギの最初である(Borlaug, 1981)．またヨーロッパでも日本の赤小麦の矮性遺伝子が利用され，現在では矮性多収品種が世界中でつくられている．

農林10号は日本で育成された品種だが，その矮性遺伝子はどこから来たのだろうか．品種の育成経路をみると，その遺伝子はもともとの親であった日本の在来品種「白達磨」に由来することがわかった．日本の伝統的なコムギ品種で達磨と呼ばれるのは，その名前のとおり草丈が低く倒れないという特徴をもつからであろう．また日本では，江戸時代にすでに肥料を投入する栽培法があったことも忘れてはならない．肥料の投入により植物体が柔らかくなり背丈も伸びるので倒れやすくなる．そこで半矮性品種が栽培されるようになる．このように半矮性遺伝子は，コムギの栽培という点で，世界的にみても非常に特殊な気候要因と栽培要因の組み合せのなかで，選択され維持されてきたのである．同じように水田の裏作で栽培されてきた日本のオオムギも「渦」と呼ばれる半矮性遺伝子をもつ品種が多く(第8章参照)，このこ

とは環境とそこで選択される遺伝子の密接な関係をよく表している。イネでも同じような半矮性遺伝子の利用により，多収品種が育成されてきたが，それらはすべて在来品種由来である。半矮性品種の投入などにより，世界の穀物生産量は一気に増えた。この生産の増加を「緑の革命」と呼んでいる。もちろん，この「緑の革命」の負の側面も指摘されおり，確かにそれは考慮すべきであるが，増大する人口を支えてきたことは否定できないだろう。またコムギ農林10号は1934年に登録された品種であるが，日本ではそのような品種がすでに必要とされ，何年もかけ多くの人たちの手で育成されたという事実も，忘れてはならない。

　このように在来品種は遺伝資源の代表といえるが，では遺伝資源とはどのように定義できるだろうか。生物のもつ遺伝情報で，必ずしもそれを直接に利用して役に立つとは限らないが，少なくとも人類にとって有用なもの，あるいはその可能性のあるものということができるだろう。またその保存は，それを保有する個体または集団を保存することによってのみ可能である。耐病性は直接的に有用であるが半矮性はそれ自体が有用というより，肥料を多用し機械栽培を行うという現在の農業条件のもとで，初めてその効果を発揮する。ここで，その遺伝子を，たとえばDNAという形で保存するという考えが浮かぶかもしれないが，それは現実的には不可能である。先にふたつの半矮性遺伝子と書いたが，実際は遺伝子が先にあってそれを利用したのではなく，形質の遺伝的背景を多くの研究者が追求したことでふたつの遺伝子の関与が明らかになったからである。病原菌が突然変異を起こし，それまで病気にかからなかった作物に被害を及ぼす場合を考えると，このことはもっとはっきりするだろう。この新しい系統(レース)はそれまでまったく知られていなかったものであり，これに対する抵抗性遺伝子は新しく探索しなければならない。では特定の栽培植物を考えるとき，遺伝資源として利用できるのはどの範囲の植物だろうか。これまでにも述べたように，栽培植物にはその祖先となる野生の植物があるが，生物種(spesies)としては同じ，もしくはきわめて近縁なので交雑により遺伝子を自由に交換することができる。このほか，同じ属のほかの野生種も遺伝資源として利用することが多い。さらに，近縁な属の植物の遺伝子を簡単に導入できるような植物群もあるので，一般的にはおおまかに「近縁種」と表現される。作物の遺伝資源で大切なことは，個々の作物に対して遺伝的多様性をいかに多く保有するかということであり，

これによって遺伝的性質の改良の可能性を確保することである。

3. 収集と保存，利用

遺伝資源の探索・収集

　ユーラシア大陸では歴史時代の初期から交易や遠征あるいは民族の移動が盛んで，それにともなってある地域に存在しなかった植物が別の地域からもたらされることが頻繁にあったと推測できる。中国では紀元前，漢の武帝によって西域に派遣された張騫が，ムラサキウマゴヤシやブドウなどを中国へ持ち帰ったと伝えられている。バスコ・ダ・ガマやコロンブスに続くいわゆる大航海時代，ヨーロッパ人がアメリカ大陸を含む世界中で有用植物の探索を熱心に行い，栽培・利用について研究したこともよく知られている。人びとの食料になる栽培植物以外にも，ゴム（パラゴム）・コーヒー・キニーネなど，単独で1冊の本になりそうな重要な植物が並んでいる。さらに19世紀に入ると，プラント・ハンターと呼ばれる人びとが活躍し，さまざまな地域から珍しい植物，つまり新しい植物種がヨーロッパにもたらされ，有用植物資源の探索が頂点に達した。我々の身近にみられる園芸植物のほとんどは，このような探索活動でヨーロッパにもたらされた植物種から出発している。

　栽培植物について遺伝資源の探索を組織的に計画し，それを実行することによって大きな成果を上げたのは，栽培植物の起源の研究で有名なソ連のバビロフ (N. I. Vavilov) である。彼は栽培植物の起源中心地に関するいくつかの重要な論文をまとめたが，その方法論は植物遺伝資源の探索を組織的に行い，変異を遺伝学的に解析するとともにその地理的分布を調べることであった。バビロフとその共同研究者たちは，1923年から1940年にかけソ連国内だけでなく数多くの国々を対象に，200回近く遺伝資源の探索と収集を行い，約25万点の栽培植物とその近縁野生種を収集した。それらの変異を詳しく研究した結果，彼は複数の栽培植物が起源したと考えられる地域，つまり起源の中心とも呼べる場所が世界に8か所あるとの結論に達した。この発祥中心地説は，後になって部分的には修正されるようになったが，栽培植物の起源地として提唱された場所はその後の研究でもほぼ正しいことが明らかになっている。彼らの遺伝資源の収集は純粋な研究のためではなく，それを育種素材として実際に活用することを本来の目的としていた。これは，ヨーロッパ

や北アメリカ（とくにアメリカ合衆国）と比較して気候条件の厳しいソ連で，十分な農業生産を上げるという時代の要請にそったものであった。そのため保存と利用に最初から注意が払われ，彼の名前を冠したロシアのバビロフ研究所は，植物遺伝資源の保存と研究に関して現在でもなお世界有数の研究所のひとつである。

次に日本の例として，筆者が所属する研究室（京都大学農学研究科栽培植物起源学分野）での，コムギの近縁野生種と在来系統の保存を取り上げたい。当研究室で保存しているものは，コムギの近縁野生種と在来系統で，整理され公開されている系統数は約1万であるが，未整理のものを含めるとその2倍くらいの系統があるだろう。この系統保存はもともと，研究のためのものであった。コムギの研究で有名な木原均が研究を始めたのは北海道大学にいた1918年からで，その当時コムギを対象に遺伝学の研究をするためには，まずさまざまなコムギの系統や野生種を含む近縁種を手元に集め，いつでも実験に使える状態にする必要があった。このため諸外国の研究者からさまざまな系統や種を導入し，その後1927年に京都大学農学部の実験遺伝学の教授となったため，これらの系統を京都大学に持ち込んで，系統保存が始まった。実際いくつかの系統は，最初の保存年（year of primary storage）が1927年になっている。その後も系統の導入が続けられたが，最初のうちはそれほど増加していない（表3）。野生種の導入が盛んになったのは，京都大学から大がかりな海外調査として京都大学カラコルム・ヒンズークシ学術探検隊が派遣された1955年以降のことである。このとき木原はパキスタンとアフガニスタンで，パンコムギの親のひとつであるタルホコムギの収集を行い，初めて

表3 京都大学栽培植物起源学研究室における保存系統数の推移

年	野生種	栽培種	合計
1927	3	15	18
1937	53	25	78
1947	54	37	91
1957	372	580	952
1967	1,154	2,065	3,219
1977	2,903	3,476	6,379
1987	4,357	4,337	8,694
1997	4,757	4,836	9,593

海外での現地調査による採集品が加わった。京都大学からは，その後も多くの調査隊が組織され，現在の保存系統はこれら海外調査での採集品が主体となっている。これは海外でコムギの遺伝資源を保存しているほかの機関にはない特徴である。ふつうにコムギの遺伝資源というとさまざまな品種や在来系統の保存を意味し，当研究室のように野生種で，しかも現地調査で採集しているため収集した日時や詳細な地点が記録されているものが主体となっているところは，ほとんどない。こうした現地収集の結果1957年には保存系統数がほぼ10倍に増えていることが，表をみていただくとすぐにわかる。ただし最近(1987～1997)は増加の割合が落ちているが，これにはふたつの理由がある。ひとつは，地理的な意味で主要な分布地域からの収集が終わると，その後の調査はそれを補うかたちとなり，収集を行っても系統数はそれほど増えないことである。もうひとつは次に述べる，遺伝資源についての国際的な関心の高まりである。このため，先進諸国が遺伝資源を「集める」という行為は大きく変化し，遺伝資源の共同利用あるいは共同研究に重点が置かれるようになった。現在では，遺伝資源自体は持ち帰らないで，研究結果を共有するという方向にますます向かいつつある。

　ところで，バビロフと木原は交流があり，1929年11月に京都大学でバビロフの「栽培植物の発祥地」についての講演が行われている(木原，1985)。バビロフの来日は，農業および植物学に関する研究機関を訪問し，また農業の一部分をみるのが目的で，このときは北海道から鹿児島まで精力的に動き回っている。彼がとくに誉めたのは桜島大根と温州みかんで，木原の「一粒舎主人寫眞譜」によると，バビロフが京都を出発したときのようすは次のようなものであった。

　　汽車が動き出すや彼は大きい声で，
　　「サクラジマダイコン」の一語を発し，
　　窓から手を振りながら去って行った。
　　「桜島大根」これが私に与えた別れの言葉で，
　　日本の農業を賛美する言葉だった。

　さて，遺伝資源の保存や利用について国際的に関心がもたれ始めたのは，1950年代からである。第二次世界大戦後，急激な人口の増加のため食料不足が生じていたが，これに対してコムギ農林10号のように，先進国では多くの肥料を与えても倒れず収量の増加をもたらす品種が，すでに育種されて

いた。当然それらがほかの地域に普及したとき，どのような結果になるかも専門家によって推測されていたのである。まず国連食糧農業機関(FAO)のもとで，情報資料が交換され専門家の会議がつくられた。これをもとに1974年に独立した研究組織としての国際植物遺伝資源委員会(IBPGR)が設立され，いくつかの国際農業研究機関や各国の研究機関と協力し，遺伝資源の収集・保存活動を開始した。この時代は，緑の革命にともなう遺伝的侵食が世界的に大きな問題となり始めた時期に当たり，遺伝資源の収集や保存，またそれを担当する専門家の育成などに大きな役割を果たした。IBPGRは遺伝資源の保存を確実なものとするため，世界各地に分散する国際機関のジーンバンクや，各国政府機関のジーンバンクのネットワーク化を推進し，各機関で機能の分担を図るため，それぞれの植物について，恒久的に保存し配布を目的としない「ベースコレクション」と，配布を目的とした「アクティブコレクション」を指名している。なお，我々の研究室のコムギ近縁野生種のコレクションは，シリアにある国際乾燥地農業研究センター(ICARDA)のジーンバンクと共に，世界で2か所のベースコレクションのひとつとなっている。IBPGRはその後も1980年代をとおして盛んに活動を続けたが改組され，現在は国際植物遺伝資源研究所(IPGRI)となり，ほかの国際農業研究機関と連携しとくに生物多様性(biodiversity)に重点を置いた事業を続けている。これは，遺伝資源についての国際的な見方の変化を反映している。1970年代までは，遺伝資源は人類共通の財産で，それをどのように保存し利用するかが，議論の対象であった。当然，国を越えての移動(国境間移動)に対する制限は基本的になくそうというのが，共通認識であった。他方この1970年代は，分子生物学の手法が大きく進展・普及し，生物の遺伝的改変が容易になった時期でもある。このことは，先進国の企業が他国の遺伝資源を利用し品種を育成した場合，その品種について特許を取り利益を独占することも可能である，ということを意味する。これに対して，遺伝資源についての原産国の主権を認め，利益の配分が可能なシステムをつくろうという声が多くの国から起こり，生物多様性条約が締結された。この条約については，後で詳しく述べる。

遺伝資源の保存

　遺伝資源の保存は，実際にはどのように行われているのだろうか。栽培植

物で実施されていたり，研究が進められている保存方法には次のようなものがある。最も一般的で歴史も古いのは，ジーンバンク(遺伝子銀行 gene bank)である。これは"ex situ conservation"(ex situ は，「ほかの場所」という意味のラテン語)とも呼ばれ，主として種子の形でまとめて保存するものである。植物の種子の多くは，低温で乾燥した条件に置かれると休眠し，非常に長期間，条件によっては数百年以上の寿命を保つことができる。このような種子は英語で"orthodox seed"と呼ばれるが，日本語にすると「通常種子」となるだろう。その性質を利用し，多くの系統の種子を1か所に集めて長期保存するものである。ただ実際には何年かに一度，圃場で栽培して種子の更新を行う。筆者の研究室でも，袋をかけて自家受粉でできたことが確実な種子を，低温・乾燥状態で保存している。この方法は栽培植物だけでなく野生種にも応用できるので，イギリスのキュー王立植物園では国際的な協力のもとで，2万種以上の野生植物の種子を保存する千年期種子銀行計画(Millenium Seed Bank Project)を推進している。ところが熱帯に分布する植物や，温帯でも水中あるいは湿地に生育する植物のなかには，種子の水分が失われたり低温にあうとすぐに死滅してしまう，英語で"recalcitrant seed"と呼ばれるものがある。適当な訳語はまだないようだが，"recalcitrant"を辞書で引くと，「(権力・支配に)抵抗する；手に負えない；扱いにくい；(雑草などが)根絶しにくい」，などとなっている。また自然状態ではほとんど種子繁殖を行わず，もっぱら栄養繁殖で殖えるようなものも多い。このような場合は，その植物を植えて生きた状態で保存するしかない。しかし樹木などではとくに大きな面積が必要であり，その個体を健全な状態に保ち続けるのも困難なことが多い。そのため植物の組織を液体窒素中の超低温で保存し，必要なときに組織から個体を再分化する方法が研究され，いくつかの植物では実用化されている(in vitro conservation)。また栽培植物の近縁野生種では，生育地から種子を採集して別の場所で保存するのではなく，生育地全体を保全する"in situ conservation"(in situ は，「その場所で」の意味をもつラテン語)も開始されている(第15章参照)。ただし，イネ科の近縁野生種のように人間の干渉によって植生遷移の途中に成立する草原などの環境に生育するものもあり，保護のために人びとによる利用を単純に制限するだけでは，かえってその種の絶滅につながることもある。このため，自生地での保全には管理手法の研究も必要となる。

さてここで，ジーンバンクの先輩ともいえる植物園について少し触れておきたい。日本で植物園というと，市民の憩いの場といったイメージが強いが，歴史的には"botanical garden"（植物学のための庭園）で学術的な意味合いが大きいものである。植物学はもともと，植物を薬草として利用するためにその性質を明らかにするという面が大きかったが，その意味で薬草園も植物園の源流のひとつといえる。先ほども触れたように，大航海時代にヨーロッパ人が，アメリカ大陸を含む世界中で有用植物を熱心に探索し栽培・利用について研究したが，その拠点となったのが植物園で，遺伝資源収集の拠点つまりジーンバンクとして重要な役割を果たしてきた。植物園で最も有名なのは，イギリスのキュー王立植物園で，現在はユネスコの世界文化遺産にも指定されているが，大英帝国当時のキュー植物園は世界各地から資源植物を集め品種改良などを行う場でもあった。つまりさまざまな新規植物について，イギリス植民地内の各植物園と情報を交換し，気候条件の合う植民地に移してプランテーションによる大量生産を図ったのである。主要なものを挙げると，中国の茶をインドのアッサム地方やスリランカで栽培，アマゾン川流域に自生していた天然ゴムをマレー半島へ移植，ポリネシア産のパンノキを西インド諸島へ移動し奴隷の食料として利用，ペルーのキナ（樹皮からマラリアの特効薬キニーネが取れる）をインドで栽培などがあり，いずれも産業の歴史で重要な事件であったことがよくわかる（Desmond, 1995）。これらの遺伝資源はしばしばこっそりと持ち出されており，国家的な遺伝資源の争奪戦が植物園を舞台に繰り広げられてきたともいえる。

国際条約

次に，遺伝資源を利用するために国境を越え移動させるとき，どのような制約があるか簡単にみてみよう。これについては，たとえば30年前と大きく状況が変わっているが，それは先に述べたとおりである。国境を越える移動は，国際的な取り決めである国際条約に従う必要があるが，現在3つの条約がある。まず，包括規定としての生物多様性条約（Convention on Biological Diversity, CBD），それに対する例外規定としての遺伝資源条約（国際食料農業植物遺伝資源条約 International Treaty on Plant Genetic Resources for Food and Agriculture, ITPGR），そして特別規定としてのワシントン条約（絶滅のおそれのある野生動植物の種の国際取引に関する条約 Convention on International Trade in Endangered Species of Wild Fauna and Flora, CITES) である．ワシントン条約の採択は1973年で，日本が締結したのは1980年である．生物多様性条約はそれより遅く，署名が1992年，受諾が1993年である．なおアメリカ合衆国は署名しているが批准していない．遺伝資源条約の発効は2004年であるが，日本はまだ加入していない．

　これらの条約をみると，とくに絶滅の恐れのある生物に対してまず条約がつくられ，その後一般的規定ができ，それに対する例外が最後につくられている．ワシントン条約の対象となる生物は付属書のリストによって指定され，とくに厳しいものは「今既に絶滅する危険性がある生き物」で付属書Ⅰに入れられる．これは，商業的な輸出入は禁止され，学術的な研究のための移動などは，輸出国と輸入国の両方の政府が発行する許可書が必要な生物である．付属書Ⅱの生物はそれより制限が緩いが，輸出入に当たっては輸出国の政府が発行する許可書が必要である．ワシントン条約の対象はほとんどが動物であるが，サボテン科とラン科，アロエ属，トウダイグサ属のように，全種が少なくとも付属書Ⅱに入る植物もあるので，注意が必要である．ワシントン条約は，生物種を指定して規制するものであったが，これに対して生物多様性条約は，ヒト以外の生物に対して包括的に規制をかけている．さらに遺伝資源条約は，そのなかで主要な農作物については多様性条約の枠から外し，移動を簡単にしようという趣旨である．

　そこでまず遺伝資源条約のほうをみると，対象となるのはイネ，コムギ，オオムギなどの35の主要農作物と，29属の牧草である．しかしダイズやラッカセイなど，重要な油糧作物であるが対象に入っていないものもあり，これらはそれぞれの作物の遺伝資源を保有している関係国の主張で，リストから外されたものである．また，食用でない花き類や薬用植物は入っていない．つまり世界各地で利用され，また遺伝資源の収集・保存の歴史も古く各国で保有している植物については，生物多様性条約の目的に抵触しない範囲で取り扱いを簡単にしようという趣旨である．これらの条約をみると，ワシントン条約は保護・保全が目的の前面に出ているが，生物多様性条約と遺伝資源条約ではそれに加えて，持続的利用とそれを保証するための利益の相互配分が挙がっている．具体的には，遺伝資源に対する原産国の主権を認め，遺伝資源を得るためには事前の同意を必要とし，利用から生ずる利益を公正・衡平に配分することとされた．ただし生物多様性条約は国際的な取り決

めで努力目標的な側面が大きく，わが国だけでなく世界各国でこれに付随するさまざまな国内法規が整備され，それにそった政策が実行されて初めて成果が上がるものである。

植物の収集

　外国と遺伝資源の交換をするとき，相手側がジーンバンクなどの機関で，すでに収集され保存されたものであるときは問題はないが，新たに畑で採集したり野生のものを収集する場合は，何よりもまず相手国の国内法規に従う必要がある。このため実際には，相手国に適当な共同研究者をみつけ，共同で収集するという方法をとる。これは，たとえば日本でいえば，国立公園のためある地域内では動植物の採集が一切できなかったり，天然記念物のように種で規制されていたり，さまざまな規制区分があるからで，これらについてより詳しい人の意見を聞くためである。もちろん，現地の交通事情や収集に最適な時期を知っている，あるいは場合によってはさまざまな情報を聞き取るとき，通訳になってもらえるといった面も無視できない。また遺伝資源の持ち出しを規制している国も多く，そのときは現地で収集しそこで研究を行うという方法をとることも多い。これはちょうど考古学的調査で，昔は先進国が一方的に発掘し発掘物を自分の国に持ち帰っていたが，現在では発掘物を持ち帰ることがない，あるいは昔持ってきたものを返還するようになったのと同じである。

　これに関連して，ある有名国立大学法人の教授だった先生がとある国で栽培植物の起源を研究していたにもかかわらず，論文にその国の共同研究者の名前も入れず，また現地の研究機関への言及もいっさいなかったという例がある。この先生の場合，作物の近縁野生種の種子を日本に持ち帰って実験をしているので，研究材料を「不正入手」したと疑われても仕方がないだろう。その先生にとっては，種子の収集によって論文が書け業績が上がるという利益があるが，相手側にはその植物の研究が進む，あるいはその植物についての遺伝資源が整備されるといった見返りはまったくない。この場合，先にも述べたように関連の国内法規がまだ整備されていないので，日本の法律に違反しているとはいえないが，国際条約の趣旨に反しているのは明らかで，アマチュアの園芸愛好家がこっそりと採集してきたような場合とは違い，大学教員としての資質を疑われても仕方がないだろう。

日本に持ち込むとき

　国外での調査が無事に終わり，植物遺伝資源を持ち帰るときは日本の植物防疫法が適用される．この法律は，わが国の農業に被害を引き起こす恐れのある外国産の病害虫を水際で食い止めるためにある．熱帯果実類やほとんどの生果実は，日本への持ち込みが規制されており，空港でもよく掲示されているので，これで「植物防疫」を知った人も多いはずである．このため，分譲交換や探索収集で日本に持ち込むときは，植物防疫所で輸入時検疫を受け，持ち込むことになる．ほとんどの場合はこの輸入時検疫だけであるが，イネ籾・イモ類・球根類など日本に輸入することが禁じられているものもあり，それらを研究用に利用する場合は農林水産大臣の特別な許可が必要である．これは隔離栽培をし，病虫害の有無を確かめるためで，確認後研究に利用できるようになる．また国内であっても，沖縄県全域・奄美群島・トカラ列島・小笠原諸島などからの移入が禁止されている植物もある．規制の範囲は，植物種や原産国，それに植物の部位によってさまざまに違っているので，事前の確認が必要である．植物防疫法は古くからあるが，最近(平成16年)成立した，「特定外来生物による生態系等にかかわる被害の防止に関する法律」でも，さらにいくつかの植物が規制対象となっている．ただしこれらの法律の趣旨は，被害を防ぐために日本への移入をコントロールするもので，研究を妨げるものではなく，必要な手続きを守りさえすればよいものである．

4. イスラエルでの遺伝資源収集

　さて最後に，筆者が実際に行った調査収集のひとつを紹介して，この章を終わりたい．1992年4月末から6月末にかけての約2か月，イスラエルに滞在しコムギの近縁野生種を収集する機会に恵まれた(Kawahara et al., 1996)．この調査はイスラエルのハイファ大学ネボ教授(E. Nevo)との共同研究で，以前より調査を勧められていたが現地の政治情勢などさまざまな事情により，のびのびになっていたものである．ネボ教授は野生のパレスチナコムギ(*T. dicoccoides*)を研究しており，筆者も同じ種を研究していたので，以前から知り合いであった．とくに1988年にイギリスのケンブリッジで国際コムギ遺伝学シンポジウムが開催されたとき，偶然同じツアーに参加し数日間一緒に旅行をした．このとき調査をしきりに勧められたが，中東情勢が不安定でよ

うすをみていたところ，1990年の夏にはイラクのクウェート侵略があり，その後の湾岸戦争でイスラエルにイラクからミサイルが打ち込まれるなどしたので，しばらくは調査どころではなかった．その終結後すぐ，情勢が変わらないうちにと思い立って，調査を行った．イスラエルはコムギ近縁野生種の進化を考えるうえで重要な場所で，20世紀の初めアーロンゾーン(A. Aaronsohn)によって，それまで標本でしか知られていなかったパレスチナコムギが，ガリラヤ湖の北に自生しているのが見出されたことでも有名である．なお，このとき採集された植物の子孫がほかの研究機関を経て，1974年に我々の系統保存に入っている．しかし日本からの本格的な調査はなく，当時のコレクションにもこの国のものは僅かな点数しか含まれていなかった．いっぽう周辺の国々の収集は済んでいて，早くも1959年にエジプトから地中海の東を経てギリシャ，イタリアへと広範囲にわたる調査が行われたが，これはアラブ諸国を経由するもので，アラブと激しく対立していた建国直後のイスラエルへは入っていない．その後政治的な緊張が緩み調査の可能な時期もあったが，イスラエルはコムギ近縁野生種の収集に関しては空白地帯として残っていた．

　あらかじめネボ教授とも相談し，収集の時期を4月末から6月末と決めていたが，そのとき大変なことが起こった．1992年は中東・地中海沿岸地方の冬が非常に厳しく，記録的な大雪に見舞われたのである．その余波は春になっても続き，ハイファに着いた4月末はちょうど春の花盛り，例年に比べると約1か月の遅れであった(写真2, 3)．コムギの近縁種はふつう秋に発芽，冬を越して気温が上昇するのに合せて茎(稈)をのばし開花するが，これも例外ではなかった．そのため初めの予定では，5月を収集にあて6月に関係の研究機関を訪問し，その後ギリシャに渡って予備調査をするつもりであったが，ギリシャを完全にあきらめ，イスラエル全体を下見した後で，種子の成熟に合せて順次収集するよう方針を切り替えた．これは調査の方法論とも関係している．これまでの調査隊は，あるルートにそって広い範囲で収集することが多く，必然的に1集団を代表するのは少数のサンプルになりがちであった．こうした収集方法は，地理的分布をみたり種全体の変異を考えたりするためには十分であるが，野生の集団のなかにどのくらいの変異があるか，あるいはそれと環境などとの関連を研究するためには，まったく役に立たない．とくにネボ教授がパレスチナコムギや野生オオムギで種内変異の研究を

写真2 ハイファ市内の路傍に生えていた野生のシクラメン

写真3 開花中の Aegilops ovata(左)と未開花の Ae. variabilis(右)

展開していたこともあり，近縁の野生種でどのような変異があるか解析することは，非常に意味のあることと考えた．そこで，集団内の変異を取りこぼさないようなサンプリングを行うよう心がけた．具体的には，1地点でなるべく多くしかも片寄りなく収集することである．たとえば数種が一緒に生えていると，ある種は熟しているがほかの種はまだ穂が緑色のことがある．また同じ種でも，斜面に生えているとき上の方は生育が早いが，下のほうは遅れていることがある．こうした生育の差は，環境条件以外に遺伝的な違いである可能性も否定できず，一度だけの収集ではその集団を代表させることはできないだろう．このように考え，場所によっては同じ地点に3～4回足を運んだことがある．また集団内の変異量を推定するために，大きな集団ではできるだけランダムサンプリングを行うようにした．写真4は，先に述べたアーロンゾーンがガリラヤ湖北の地点で収集したパレスチナコムギであるが，同じ場所に芒の黒いもの，穂全体が白っぽいものなどさまざまなタイプが生育していた．なお，ガリラヤ湖は海抜－200 m(海面より低い)なので，この収集地点はほぼ海抜0 m あたりである．なお前半の1か月は，筆者の所属する京都大学農学部附属植物生殖質研究施設(当時の名称)の大学院生・山田哲司氏と一緒であった．彼はこの調査の収集品を使って研究を行い，学位論文をまとめるべく頑張っていたが，それが完成しないうちに体調を崩して亡く

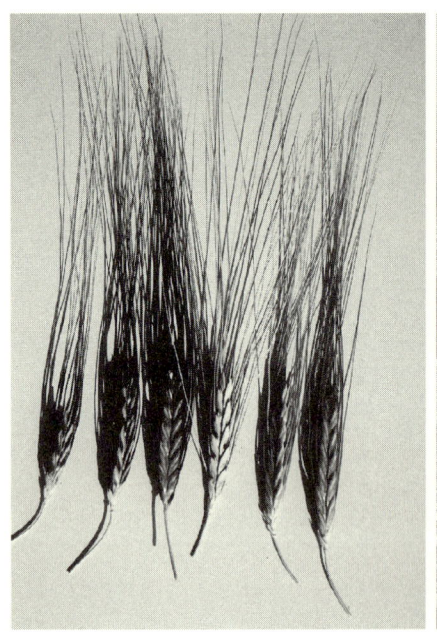

写真4 野生パレスチナコムギの穂。左の3本は芒が黒色

写真5 ヘルモン山での調査。手前がハイファ大学ネボ教授，奥がヘブライ大学ゾハリー教授

なったのは残念である。
　調査期間中，ネボ教授や彼の親友でコムギ近縁種とくに *Aegilops* 属植物の権威であるヘブライ大学のゾハリー教授(D. Zohary，写真5)と数回一緒に調査に出かけたほかは，山田氏と二人あるいは単独で，ハイファを拠点にレンタカーで国内を走り回った。山田氏が帰ったあとは，修士論文の仕上げのためネボ教授の研究室に来ていたアフリカのリベリア出身の大学院生，ブルーク氏(Brooks)と1週間ほど調査したこともあった。彼は当時スウェーデンの大学でオオムギの耐病性を研究していたが，その年の秋にはアメリカで博士課程に進学し，高等教育(研究)には国境がないことの証人のような学生であった。
　イスラエルは九州ほどの大きさで，ハイファは位置的にはかなり北へ寄ったところにあるが，南北が約1,000 kmあり，しかも南部は砂漠でコムギの近縁種はおろか植物はごく限られたものしか分布していないため，ハイファ

をベースにすることが可能であった。また幹線道路がよく整備されているのも，車での移動には好都合であった。またこれは後になって気づいたことであるが，ハイファは古くからの港町なのでパレスチナ人とユダヤ人が一緒に暮らしていた歴史が長く，民族的対立がほかの都市ほど強くないことが危険を感じなかった要因かもしれない。膨大な収集品のうち一部は系統保存に組み込み，残りは集団の遺伝的変異の研究に利用していたが，先に述べたような事情で，集団の解析が進んでいるとは言い難い状況である。

　イスラエルに分布するコムギ近縁種のうち，京都大学のコレクションでとくに少なかったのは，Section Sitopsis に分類される種のうち，*Ae. longissima*，*Ae. searsii*，*Ae. sharonensis* であった。というのはこれらの種は分布の中心がイスラエルで，調査がなければサンプルを得られるはずがないからである。とくに *Ae. sharonennsis* は，その名前がハイファ近辺からテルアビブ・ヤッフォまで広がるシャロン平野に由来し，イスラエル海岸部の平野に限られ，エギロプス属のなかでも最も分布域の狭い種である(van Slageren, 1994)。*Ae. searsii* は，イスラエルからヨルダンにかけての内陸部に分布する。なおこの種の名前は，コムギの遺伝学研究に大きな貢献をしたアメリカのシアース(E. R. Sears)を記念してつけられたものである。*Ae. longissima* は，イスラエル海岸からヨルダンにかけての内陸部，そしてエジプトの一部とやや広く分布する。この節の残りの2種のうち，*Ae. bicornis* は分布の北限がイスラエルの南部で，*Ae. speltoides*(写真6)は分布の南限がイスラエルである。このように非常に重要であるが空白地帯として残されていたイスラエルで大量のサンプルが得られ，コムギ近縁野生種の研究という点で大きな基礎を築くことができた。

　ところで，イスラエルは占領地を抱えており，一部の国とは戦争状態がなお続いている。アラブの人びと(パレスチナ人)とユダヤ人との対立も根の深いものがある。とくにヨルダン川西岸はイスラエルが実効支配(占領)しているのであるが，その地域のパレスチナの人びとは伝統的な農業(写真7)を続けており，シャロン平野などでイスラエルの人たちが行っている近代的な農業との大きな違いには，いろいろと考えさせられるものがあった。街のなかを兵士が歩いているのはあたり前，国中いたるところに軍の姿があり，また男女を問わず兵役がある。小学校の遠足にも，安全のために小銃を抱えた親がつきそって行く国である。なおこれについては，大変なので退役軍人に依頼

写真 6 *Ae. speltoides*，芒のあるものとないもの(写真中央の細い穂)が一緒に生えている

してはどうかという新聞記事を滞在中に偶然目にしている．また，我々の調査は植物採集なのでかなりの田舎を車で走ることになり，ヒッチハイクの対象になることもよくあった．ほとんどは二十歳前くらいの若い兵士で，というのも兵舎は町から離れたところにあり，遊びに行くためには歩いて行かなければならないからである．必ず小銃をもっているので最初はびっくりしたが，それにもすぐ慣れてしまった．ただあるとき，男女の兵士がぞろぞろと4人乗ってきたときは，自分以外はみんな銃をもっているので，さすがに緊張したことがある．ネボ教授からも安全には十分注意するよう何度も念を押されていた．実際に，レンタカーに乗って山田氏と二人でベツレヘムを通ったときには投石を受け，あわてて逃げ出したこともある．このためガザ地区へはまったく近づかず，ヨルダン川西岸も幹線道路ぞいのごく一部の地域しか調査できなかったが，この国の状況を考えると，それもやむをえないことであった．

　イスラエルを離れる前日，すっかり慣れた右側通行でハイファから115 kmを走り，空港にある事務所までレンタカーを返しに行った．手続きに出てきた係員がひと言，「走りすぎや」と英語で言った．車を借りていた50日間に走った距離は1万 kmを超えていた．

第14章 麦の多様性と遺伝資源　337

写真1　さまざまなコムギが混在するパレスチナ地方の麦畑

第15章 自生地保全の試み

笹沼　恒男

　さまざまな多様性をもついろいろな品種や系統は貴重な遺伝資源(genetic resources)であり，遺伝学者にとって不可欠な存在である．たとえば，草丈を決める遺伝子を調べたいときはさまざまな草丈の系統が，栽培植物の伝播を調べたいときは世界各地の品種が，またある分類群の進化を調べたいときは野生種を含むさまざまな近縁種が必要である．さらに，育種にとっても遺伝的多様性は必須の基盤であり，少しずつ違った系統同士を掛け合わせることにより，両者の長所を併せもつ，あるいはさらに新しい性質が付加された有用品種をつくることができる．どれもこれも，少しずつ遺伝的に違ったいろいろな系統があって初めて成り立つことである．遺伝的多様性は，放射線や化学薬品などを使い突然変異を起こさせて，人為的につくり出すこともできるが，それによってつくられる遺伝的変異はごく限られたものにすぎず，自然界で何万年もの長い時間をかけてつくり出された天然の多様性には質・量ともに到底及ばない．この章では，遺伝的変異をもったさまざまな系統をどのように維持していくかについて，多様性と遺伝資源の保存という立場から紹介する．

1. ムギ類の系統保存

　ムギの仲間は，第14章の説明にもあるように，コムギ属，エギロプス属，オオムギ属，ライムギ属など複数の属(genus)にわたり，それぞれのなかに，複数の種(species)が存在し，さらにそれぞれの種のなかに，遺伝的に少しずつ違った亜種(subspecies)，変種(variety)，品種(cultivar)，系統(accession, line)

などが存在する．研究のためには，それぞれの種について，少しずつ違った品種，系統をすべて収集し，専門の機関で維持することが理想だが，自然界の変異をすべてカバーすることなどできないので，それに少しでも近づけるべく，可能な限り多くの系統をジーンバンク(遺伝子銀行)と呼ばれる機関で保存している．系統保存といっても，以前は，研究者個人が遺伝資源の保存に責任を負っている場合が多く，とくに大学では研究者の退職により貴重な遺伝資源がそのまま遺棄されてしまったり，正確な系統情報が失われて研究材料として使い物にならなくなってしまうという事例が多々みられた．しかし近年，遺伝資源の価値が見直され，日本では2002年から国家プロジェクトとして，ナショナル・バイオリソース・プロジェクト(National BioResource Project, NBRP)が動きだし，遺伝資源の整備が進んでいる．NBRPでは動物，植物，微生物を含む23種類の生物種と培養細胞，DNAクローンがプロジェクトの対象となっているが(NBRPホームページ：http://www.nbrp.jp/)，そのうち，ムギ類はコムギとオオムギが対象となっており，コムギは京都大学大学院農学研究科，オオムギは岡山大学資源生物科学研究所が中核機関となり，ほかの大学・研究所と協力し合いながら遺伝資源を整理・保存している．その数は，2006年度末までに整理されたもので，コムギ(近縁のエギロプス属なども含む)は1万1,533系統，オオムギは5,256系統に及ぶ(KOMUGI: http://www.shigen.nig.ac.jp/wheat/komugi/top/top.jsp, Barley DB: http://www.shigen.nig.ac.jp/barley/)．そのほか，農林水産省関係の機関でも，つくばにある農業生物資源研究所のジーンバンクに，コムギ約3万4,500系統，オオムギ約2万3,500系統，エンバクや近縁野生種も含めると合計約6万2,000系統のムギ類が保存されている．さらに，世界的にみると，各国の農務省や国際研究機関で，日本の保存系統数と同等あるいはそれ以上のムギ類が保存されている．たとえば，アメリカ農務省(USDA)では，コムギ5万5,976系統，オオムギ3,579系統が保存され，メキシコにある国際的研究機関の国際トウモロコシ・コムギ改良センター(CIMMYT)では，コムギ，ライムギ，オオムギを含めたムギ類約16万8,000系統が保存されている(数字はいずれも2007年7月現在)．そんなに多いのかと驚かれる読者は，第8章を参照されたい．

　保存されている系統には，系統番号などの各保存機関独自の管理番号がつけられ，採集年，採集者，採集地点などの情報(パスポートデータ)が記録されている．これらのなかには，同一地点で採集されたものの，草丈や穂の色，

芒の長さなどが違うものもあるし，違う地点で採集されているが形態は非常によく似たものなどがある。系統保存事業では，遺伝的に同じものは整理し，遺伝的に異なるものを選んで保存する方が，多様性を効率的にカバーすることができる。そのため，系統同士の遺伝的違いの程度を知ることが重要となるが，多くの場合，採集地点などの地理的情報やごくわかりやすい形態形質にもとづいて系統間の違いを推定してきた。しかし，最近ではDNA分析の手法を用い，各系統間，個体間の遺伝的違いが比較的簡単にわかるようになった。その解析例を表1に示す。この表は，コムギの近縁野生種であるエギロプス属4種の，それぞれ異なる地域で採集された5集団から8個体をランダムに選び，それらの遺伝的違いをAFLP法というDNA鑑定法の一種(第3章参照)で調べたものである。数値が大きいほど，集団内の多様性が大きいことを意味する。これをみてわかる通り，種によって，また同一の種で

表1 AFLP法により調べたエギロプス属4種各5集団の遺伝的多様性 (Sasanuma et al., 2004 より改変)

種名	集団名	採集国名	多型バンド率	平均遺伝距離
Ae. umbellulata	U1	トルコ	33.6	0.089
	U2	イラク	13.9	0.021
	U3	イラン	24.0	0.042
	U4	シリア	29.7	0.080
	U5	トルコ	2.7	0.003
Ae. tauschii	T1	アルメニア	3.4	0.007
	T2	パキスタン	15.3	0.029
	T3	ウズベキスタン	9.6	0.021
	T4	イラン	5.5	0.008
	T5	トルクメニスタン	14.4	0.031
Ae. speltoides	S1	シリア	68.2	0.219
	S2	ブルガリア	68.7	0.230
	S3	トルコ	69.0	0.212
	S4	シリア	65.5	0.209
	S5	レバノン	34.1	0.079
Ae. bicornis	B1	エジプト	47.3	0.145
	B2	ヨルダン	17.4	0.033
	B3	キプロス	24.8	0.065
	B4	エジプト	15.7	0.027
	B5	キプロス	10.1	0.018

4種類のAFLPプライマーセットを用い，約100本のバンドを検出。多型バンド率は(多型バンド数÷総バンド数)を百分率(%)で表示。平均遺伝距離は，各個体間で算出した(1－共通バンドの割合)を平均したもの。

も集団によって多様性の程度は異なり，集団内が遺伝的にほぼ均一である集団や，非常に大きな遺伝的変異を保有する集団があることがわかる。保存する立場からいえば，遺伝的に均一な集団からは1個体採集し保存すれば十分であるが，多様性が大きい集団からはできるだけ多数の個体を採集し，遺伝的に異なる系統を維持した方がよい。たとえば，表1の *Ae. umbellulata* のU5という集団や，*Ae. tauschii* のT1，T4などの集団は遺伝的にほぼ均一と考えられるので，その集団の代表として1個体を採集して保存すれば十分ということになる。いっぽう，*Ae. speltoides* の5集団はいずれも多様なので，各集団からできるだけ多くの個体を採集して保存するのが望ましい。

　系統保存の観点からは，集団の遺伝的多様性をすべて保存できることが理想であるが，そのためには集団の全個体を採集する必要がある。しかし，実際には，突然変異や遺伝的に異なる個体同士の交雑により，新たな遺伝子組み合せの系統が絶えず出現しているはずである。したがって，集団全体の種子をジーンバンクで保存したとしても，このようにダイナミックに変化する変異を保存することはできない。また，ジーンバンクでの保存は，知らぬ間に系統が消滅していたということがない点では安全であるが，種子を冷凍保存していてもムギ類の場合10年程度で発芽率が落ちるため定期的に播き直して再増殖する必要がある。ところが，部分的に他家受精する野生種などの場合，ひとつの系統といえども均質ではない。このような多様な集団を小規模で再増殖すると，小集団であるというだけで再増殖のたびに集団の遺伝的性格が変わってしまう。また，本来の自生環境とは著しく異なる日本の環境では，生育不良のために維持が困難な場合や，一見維持できていると思っていても，じつは日本の環境に適応できた一部の遺伝子型だけが子孫を残し，そのほかの多様な遺伝子型は失われていることもある。そこで登場してきたのが，自生地保全（*in situ* conservation）という考え方である（自生地保存ともいう）。*in situ* とは，「本来の場所で」という意味のラテン語からきた言葉で，遺伝資源を採集してジーンバンクで保存する（*ex situ* conservation）のではなく，特定の自生地を保全区として指定し，遺伝資源を文字通り本来生えているその場で保存しようという保存法である。栽培種の祖先種を含む貴重な野生種の自生地を，それらが生存していけるような環境ごと保存しようというものであり，環境保全の概念も含んでいる。保存といっても，人間があれこれ手をかけるのではなく，自生地をできる限り手つかずのままに残すというのが

原則である．人間が管理するのは，人間活動にともなう家畜の侵入(場合によってはこれも生態系の一部として認める場合もある)や開発などによる生息環境の破壊を防ぐことだけである．野生動物による食害やほかの植物の侵入は，自生する希少種の生存に影響が及ばない程度のものであればできる限り妨げない．特定の種のみを保護して他種を排除するのではなく，あくまでも自生地の環境をあるがままに保全し多様性を維持するのが自生地保全である．

近年の開発による(中東地域では不幸なことに政治的紛争も一因)自然破壊や世界的な気候変化により自生地の環境が変化していることを考えると，自生地保全の取り組みは急務といえよう．エンマーコムギの直接の祖先種であるパレスチナコムギなどは野生種のなかでも比較的肥沃な土地に適しており，環境が変わると野生オオムギなどほかの野生種との競合に負けてしまう場合もある．その土地に適応し脈々と生き続けてきた野生種といえども，微妙な環境のバランスの上に成り立つ種であることを忘れてはいけない．

自生地保全に似た概念として，オンファーム保全(on farm conservation)がある．伝統的農業の様式や野生種，近縁種などを含む近隣の自然環境と一緒に古い栽培品種などを保存しようというものであり，自生地保全に比べ，人間の生活スタイルや伝統的農業形態を含め保全するという意味でより緩やかで広範囲な保全形態である．いわば，環境保全と文化保全を組み合せたような保全方法である．日本でたとえるなら，棚田や里山の保全がこれに近い．また，伝統的品種には遺伝的に多様なものが多く，その多様性もジーンバンクで保存することは難しい．

さて，実際の自生地保全，オンファーム保全の状況であるが，これはまだ緒に就いた段階であるといわざるをえない．ムギ類遺伝資源に関して貧弱な日本に住んでいる我々からすると，世界的に貴重な遺伝資源をこれほどもっていながらなぜその保全に積極的に取り組まないのかと歯がゆく思われるが，それは先進国の都合であり，現地の農民にとってはそれ相応の理由がある．つまり，たとえ有用な遺伝子をもっている野生種や在来品種であっても，彼らにとっては畑のまわりに生えている雑草あるいは収量の悪い古い品種にすぎないのである．環境や遺伝資源の保全の意義をいくら主張しても，彼らにとっては日々の生活の方がはるかに重要であり，たとえ，彼らが野生ムギ類の豊富に生える空き地を耕作地にして近代品種を栽培したとしても，それを非難する権利は我々にはない．したがって，自生地保全，オンファーム保全

のためには，まず，そこに住む人びとに，遺伝資源保全の考え方，重要性を理解してもらうこと，とくに農業を指導する立場にある人びとにそれを理解してもらうことが重要である。

自生地保全，オンファーム保全とも新しい考え方であり，まだまだ取り組みは始まったばかりではあるが，以下，野生ムギ類，在来品種にどのような多様性が存在し，それらを現地で保存する取り組みがどのように進んでいるかについて紹介したい。

2. シリアにおけるムギ類の多様性と自生地保全の取り組み

自生地保全の場合は野生種，オンファーム保全の場合は在来品種と呼ばれる古い栽培品種が主な保存の対象となる。近代育種により作出されたいわゆる近代品種(イネの「コシヒカリ」や「ひとめぼれ」，コムギの「ホクシン」や「春よ恋」など)は，育成した研究機関で保存されているのでオンファーム保全の対象とならない。自生地保全の対象地域は，当たり前のことながら野生種が自生している地域でなければならない。コムギの場合，一番重要な野生種は，栽培コムギと同じコムギ属 Triticum に属するパレスチナコムギ T. dicoccoides，アルメニアコムギ T. araraticum，野生一粒系コムギ T. boeoticum，ウラルツコムギ T. urartu の4種である。この4種が分布しているのは，トルコからイランにかけた中東アジアである(第3章図5参照)。この地域は，栽培コムギの起源地でもあり，その土地に固有の古い栽培品種も数多く残っていると考えられ，自生地保全，オンファーム保全を行ううえで最も重要な土地である。そのなかで，シリアにおける自生地の状況について説明する。

シリアは，パレスチナコムギ，野生一粒系コムギおよびウラルツコムギの3種が自生していることが古くから知られていたが，最近になって，北部にアルメニアコムギの自生地も確認された。したがって，野生コムギ4種すべてが存在する数少ない国のひとつといえる。近縁のエギロプス属についても半数近くの種が自生しており，コムギ野生種の宝庫といえる。写真1はシリアに自生する野生ムギ類の一例であるが，日本ではみられない貴重なコムギの野生種が道端にごくあたり前に生えている。写真1(C)の写真は，シリア北部のアレッポ市内のごくふつうの空き地を撮影したものであるが，野生ムギ類が一面を覆いつくしている。この空き地を調べたところ，エギロプス属

写真1 シリアに自生するコムギ近縁野生種。(A)・(B)路傍に群生するパレスチナコムギの集団，(C)アレッポ市内の空き地でみられたエギロプス属植物の混生集団，(D)コムギ畑のそばでみられたクサビコムギ(矢印)

が少なくとも 6 種(*Ae. caudata*，*Ae. umbellulata*，*Ae. biuncialis*，*Ae. columnaris*，*Ae. ovata*，*Ae. triuncialis*)，そのほか，オオムギ，カラスムギ，イヌムギの近縁種など多種多様な野生ムギ類がそれぞれ異なる頻度で生えていた。また，写真 1D のように，栽培コムギと野生ムギ類が隣接して生えている場合もよくみられる。このような生育環境では種間交雑により新たな種が形成される可能性がある。

　シリアにおける自生地保全の取り組みとして，2001 年から 6 年間にわたり，国際乾燥地域農業研究センター(ICARDA，本部はシリアのアレッポ県にある)とシリア農務省が共同で，シリアにおける生物多様性研究のプログラムを行ってきた。国際機関の研究員である ICARDA のスタッフは遺伝資源の重要性について理解していたのだが，問題はシリア側のスタッフであった。共同研究開始当初は，農業政策の一環として野生植物を調査し保全するということに関して，シリア側の農務省スタッフの理解が乏しかったようである。農業政策であれば，栽培種の改良などによる収量の増加など，すぐに目にみえる成果が求められるのがふつうであり，違和感をもつのは当然のことであろう。しかし，共同研究期間を通じ，徐々に遺伝資源の多様性に関する考え方が浸透し，シリアに自生する多くの貴重な野生ムギ類，野生マメ類，オリーブなどの野生果樹類の生息状況の調査と遺伝資源の収集およびジーンバンクでの保存が劇的に進んだ。筆者が 2006 年 11 月にシリア農務省を訪れ，自生地保全の研究について提案したときには，その価値，意義を十分に理解しており，きわめて協力的な姿勢をみせてくれた。

　シリアでは自生地保全区，オンファーム保全区はまだ設けられていないが，筆者が訪問した際，シリア北部アレッポ県の郊外にあるヤハモール地区での取り組みを紹介してくれた。ここには，シリア農務省の遺伝資源研究センターの研究所があり，そこに自生地試験区が設けられていた。そこは，縦 50 m ×横 200 m ぐらいの広さで，さまざまな野生種というか雑草が繁茂する，一見すると単なる荒れ地であった。この場所では，一度耕起した後，土地をいくつかの区画に区切り，それぞれの区画に，野生マメ類，野生ムギ類，野生アブラナ類，野生マメ類と野生ムギ類，などと決まった種類の植物の種子を播き，10 年以上放置しているという。彼らは，それぞれの区画において，何種類の植物が生き残り，どのような植物が優占種となるかを年を追って調査している。自然の自生地ではないが，もともとその地域に自生してい

る野生植物の種子を播いており，播種後は人の手を一切加えず，周辺からの種子や花粉の混入，野生動物による食害，さらには伝統的農法である遊牧による食害は完全に放置しているという．必ずしも保全が目的ではないが，このような研究は，日本ではできない自生地ならではの研究である．それぞれの野生種に適した安定した環境，どの種とどの種が競合するか，あるいは共存可能か，など自生地保全に必要な情報が得られるので，自生地保全研究の端緒であるといえよう．

　コムギ，トウモロコシと並ぶ三大穀物であるイネの場合には，野生イネの自生地保全の研究が進んでおり，日本の研究グループの積極的関与のもとタイ，ミャンマー，カンボジアなどで，現地の研究機関や国際機関との連携により保全プロジェクトが行われている．具体的事例を挙げると，本書の編者である佐藤洋一郎氏，および東北大学の佐藤雅志氏を代表者とする研究グループが，遺伝的多様性保全のための野生イネの調査を1996年から始めている．この研究により，ミャンマーでは，首都ヤンゴン周辺やイラワジデルタなどで発見された野生イネ集団が自生地サイトに指定され，保全と遺伝的多様性の解明が進んだ．たとえば，ヤンゴン郊外の道路脇数キロにわたる自生地サイトでは，DNAのマイクロサテライト配列（第3章参照）の解析により野生イネの集団に数多くの遺伝子型が存在することが明らかになった（相澤ほか，2007）．また，カンボジアではトンレサップ湖，アンコール・トム遺跡，バンテアイ・スレイ遺跡の周辺で複数種の野生イネの自生が確認され，葉毛，完熟期の籾などの形態形質などの多様性が報告された．カンボジアの自生地では，周辺の開発により集団の存続が危うくなっているため，カンボジアの農業機関であるCARDI（Cambodian Agricultural Research and Development Institute）との協力により，保全対策が進められている（本間ほか，2007）．コムギの自生地保全研究はイネより遅れているといわざるをえないが，研究の土台は徐々に構築されつつあるので，今後我々も積極的に関与し，研究が進んでいくことを期待している．

　自生地保全，オンファーム保全のメリットのひとつに，交雑による遺伝的多様性の拡大がある．シリアでは，現在でもマカロニコムギとその畑のそばに自生する野生パレスチナコムギとのあいだで自然交雑が起き，雑種が形成されることがあるそうである．写真2は，シリアの隣国ヨルダンのコムギ畑で発見されたマカロニコムギとパレスチナコムギの雑種と思われる個体の穂

写真2 マカロニコムギ(栽培種)とパレスチナコムギ(野生種)の自然雑種と思われる個体の穂 (ICARDA の Ahmed Amri 博士より提供)

の写真である。また，最近 Luo らは，分子遺伝学的な手法を用い，栽培四倍性コムギとパレスチナコムギとの間に遺伝子交流があることを報告している(Luo et al., 2007)。このような自然交雑は，野生種がもつ環境適応性や病害抵抗性などに関わる有用遺伝子を無意識のうちに栽培種へ導入することに貢献していると考えられる。つまり，このようにして野生種の遺伝子を少しずつ取り入れて，畑のなかの遺伝的多様性を維持していれば，もし突然の天候不順や病虫害などの被害にあったとき，畑の作物の全滅を防げるわけである。また，野生種からの遺伝子の導入は，多くの場合，作物の収量や品質を低下させるが，ごくまれに，有用な栽培形質を生じることもある。その稀少な例が，栽培エンマーコムギと野生タルホコムギとの交雑により生じたパンコムギである。これもいうなれば，栽培種と近縁野生種が隣接して生育する自生地環境があってこそのできごとだったのである。自然界における作物とその近縁種の進化を止めないためにも，自生地保全，オンファーム保全は欠かせない課題である。

3. シリアの在来品種

古い栽培品種を伝統的農業形態ごと保存するオンファーム保全という点でも，シリアは興味深い場所である。第3章で説明されているように，現在世

界中で栽培されているコムギの大部分は六倍性のパンコムギであるが，最初に栽培化されたコムギは二倍性と四倍性のコムギである．シリアでは，現在でも栽培されるコムギの80％が四倍性のコムギであり，古い在来品種が数多く残されている．

シリアの主食はフブスという平べったい無発酵パンである（第12章の筆者である長野宏子氏によると，酵母は含まれているそうである）．私たちが食べているようなふっくらしたパンには，発酵により発生した二酸化炭素を生地に閉じ込めるために適度な粘弾性を生み出すグルテンが必要なのだが，無発酵パンの場合はふっくらする必要がなく，マカロニコムギの粉が適しているのであろう．乾燥した砂漠のイメージのあるシリアだが，じつは，国外に輸出するほどマカロニコムギを生産しているそうである．

写真3は，シリア農務省の遺伝資源保存センターを訪問した際にみせていただいたシリアの在来コムギの標本である．見学しきれないほどたくさんの在来品種があったが，そのなかでもとくに興味深かったいくつかのものを紹介する．写真3(A)は，ファラオーニ(Farouni)というマカロニコムギの品種であり，下部の小穂が二次穂軸を分枝した特徴的な形態をしている．下部が大きく穂全体が三角形をしていて，その形がピラミッド形にみえることから，古代エジプトの王の呼称ファラオにちなんで，「ファラオーニ」という名前が付けられたという．また，在来品種のなかにも比較的メジャーなものがあるらしく，そのひとつがホラニ(Hourani)というマカロニコムギの在来品種である．この品種は地方ごとに，たとえば「アレッポのホラニ」，「ホムスのホラニ」というようにさらに細かい呼び名が付けられており，系統分化しているようである．穂の標本をみせてもらっても，とても同じ品種と思えないほどの違いがあった（写真3B，C）．ホラニというのは，シリア南部の広域をさす地名ホランからきているそうで，もしかすると，単一の起源をもつものではなく，この地域に起源をもつ在来品種のことを総称してホラニと呼んでいるのかもしれない．また，聞き取り調査をしていて興味がわいたのは，カンダハリ(Kandahari)という在来品種である（写真3D）．この名は，いうまでもなくアフガン戦争(2001～)の際タリバンの拠点として有名となったアフガニスタン南部の都市カンダハルに由来しており，かつてシルクロードの東西交易によりコムギ品種の交流があったことを示す証拠と考えられる．また，種子以外の部分が特定の用途に使われる在来品種もあるようで，ナビ・アル・

写真3 シリア農務省のジーンバンクで保存されているシリアの在来コムギ品種(シリア農務省CGSAR, Yousef Wjhani博士の好意により撮影)。品種名はそれぞれ、(A)ファラオーニ、(B)・(C)ホラニ、(D)カンダハリ

ジャマル(Nabi Al Jamal)という在来品種は背が高く、良質な麦わらとして使われるらしい。このような伝統製品、文化との結びつきも在来品種の特徴である。研究機関で保存するだけの遺伝資源保存では、系統は残ってもその特殊な使われ方までは保存できない。オンファーム保全は、このような在来品種の伝統的な利用法まで含めた保存形態なのである。また、在来品種を使った伝統的農業では、収穫したコムギの一部を翌年用の種子として利用する(自家採種)ので、畑のなかの多様性が維持される。いっぽう、近代品種の場合には種苗会社から毎年種子を購入するので、たとえ近隣の畑のコムギや野

生種との交雑が起こってもその子孫が栽培されることはなく，遺伝的に均一なコムギが延々と栽培されることになる．シリアでは，幸いにして，在来品種が実際に使われる品種としてまだ数多く残っている．この豊かな在来品種の多様性を将来にわたって保つためには，農民にオンファーム保全の意義を浸透させる必要があるだろう．

20世紀後半の「緑の革命」以後，在来品種は近代品種に取って代わられ，世界各地で急速に消滅していった．しかし，最近では，食の多様化，健康志向などから再びその価値が見直され，徐々にではあるが栽培量が増えているようである(第13章参照)．ムギ類ではないが，日本におけるアワ，ヒエなどの雑穀，古代米や京野菜のブームもそのいい例といえよう．同時に，環境への影響という点でも在来品種は注目されている．近代品種は多収により食料の増産をもたらしたが，それは地下水や河川による灌漑と化学肥料，農薬の散布という徹底した管理農業のもとで初めて実現可能となるものであった．過剰な施肥と灌漑は一時的には増産をもたらすが，結果として水資源の枯渇や土壌塩類の蓄積による農地破壊を引き起こす危険がある．実際に，シリアを含む西アジア地域では農地の塩害が深刻な問題となっている．「持続可能な農業」(sustainable agriculture)を実現し，地球規模での環境問題を緩和する上でも，地域の風土に適した在来品種が再評価されている．

シリアでも近代品種の導入と農業の近代化により，在来品種の栽培が減少したようだが，最近では再び増加に転じているといわれている．これは，農地の持続性という観点とともに，在来品種の付加価値が見直されているためでもある．在来品種は主に地元の市場で売買されるが，そこでの価格は近代品種より高いという．これは，在来品種が良食味であるとか，特定の郷土料理に適しているといった理由からのようだ．筆者が聞いたところによると，ブルゴルというこの地域独特のクスクスに似た挽き割りコムギの料理には在来品種が最適だそうである．この話を筆者にしてくれたのはシリア人の研究スタッフだが，彼らが話しているのを聞くと，どうも自分の地域の在来品種が一番味がいい，と自慢し合っているようだった．郷土自慢というのは，万国共通なのだなと微笑ましく思うと同時に，彼らが自分たちの地域の在来品種に特定の価値を見出しているのだということに，今後の在来品種の保全への光明がみられる気がした．

オンファーム保全についても，シリアでは具体的な取り組みが行われてい

ないが，どのような在来品種がどの地域で栽培されているのかという調査はなされている．在来品種が，経済的付加価値があるものというだけでなく，遺伝資源の観点からも重要なものであるという意識も浸透しているので，自生地保全研究と同様に，今後，保全を進めていく土台は構築されている．

4. 日本における在来コムギ品種の保全

わが国のジーンバンクでは，日本の在来品種だけでなく海外で収集された在来品種も保存されている．この本でも何度か登場した木原均は，実験や観察を積み重ねてコムギの進化を解明した遺伝学者であるが，同時に，遺伝資源の探索に尽力した探検家でもあった．大規模な学術探検隊を組織した有名な探検だけでも，内モンゴル(1938年)，カラコルム・ヒンズークシ(1955年)，シッキム・アッサム(1959年)，コーカサス(1966年)，南米スリナム(1973年)と，5回も行っている．そのうち，ここで紹介したいのは，1955年に行われた京都大学カラコルム・ヒンズークシ学術探検隊である(写真4)．この探検隊では，コムギ遺伝学だけでなく，民俗学，人類学など多種多様な分野の研究者が参加し，パキスタンからアフガニスタン，イランへと抜けるルートを通って，これらの地域における学術調査を行った．そのようすは，東宝映画株式会社から「カラコルム」という題名で，日本初の本格的カラー映画として上映されたので，年配の方なら御存知かもしれない．この探検で木原は，タル

写真4 京都大学カラコルム・ヒンズークシ学術探検隊のようす(Yamashita, 1965 より)．写真中央のサングラスの男性が木原博士

ホコムギがコムギ畑の雑草として生えているのを初めて目にし，エンマーコムギとタルホコムギの交雑から六倍性のパンコムギができたという自らの学説の正しさを改めて実感し歓喜した，という話が残っている(木原，1985)。この学術調査では各地域においてコムギ在来品種も採集し日本に持ち帰ったが，以下では探検隊がアフガニスタンで採集してきた在来コムギについて紹介する。

アフガニスタンは，歴史的にシルクロード交易の要衝に位置し，古くから交易が盛んであった。遺伝資源の観点からも，多くの作物がこの地域に高い多様性をもつといわれており，栽培化の起源地，あるいは多様性の二次中心地として注目されてきた。しかし，相次ぐ戦乱により，アフガニスタンの農業は壊滅的打撃を受け，遺伝資源の消失は目を覆うばかりである。したがって，1950年代にアフガニスタンで木原が採集した在来コムギ品種も現地では消失してしまった可能性が高い。いっぽう，京都大学大学院農学研究科では，木原が採集してきたものに加え，1965年にイギリスのトーマスが，また1978年に京都大学の阪本寧男が，それぞれ採集したアフガニスタンの在来コムギ品種が定期的に栽培・更新され遺伝資源として保存されている。筆者らは，これらの遺伝資源をアフガニスタンの農業復興に役立てたいと考えている。その手始めとして，草丈，穂の形などの形態形質と，コムギの種子に含まれる高分子グルテニンの多様性を調査した。高分子グルテニンは生地の粘弾性に強く関与するので，製パン性，製麺性を決める重要な指標となっている(第12章参照)。

約450系統のアフガニスタン在来品種は，その大部分が草丈100 cm以上と背の高いコムギであった(図1A，表2)。このことから，少なくとも1978年までは近代農業の影響が少なく，在来品種が数多く残っていたと考えられる。また，近代品種の特徴のひとつである穂の巨頭性(穂の上部ほど穂軸の節間が短く，結果として上部が詰まった感じの穂になる性質)に関しても，採集年代に関わりなく巨頭性系統は少数であった(図1B，表2)。高分子グルテニンに関しても，アフガニスタンの遺伝資源は欧米の近代品種とは明らかに違う性質をもっていた。*Glu-D1*遺伝子の産物である高分子グルテニンを比較すると，近代品種は製パン性に優れる5+10型の品種が半数以上を占めるが，我々が調べたアフガニスタン在来コムギ品種は，そのほとんどが，製パン性があまりよくないとされる2+12型であった(表3；Terasawa et al., 2008)。このことからも，

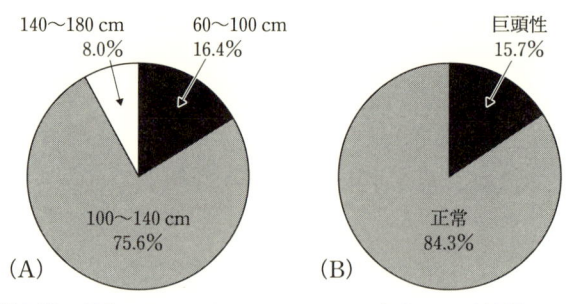

図1 京都大学で保存されてきたアフガニスタン在来コムギ品種における草丈(A)と巨頭性(B)の頻度分布

表2 京都大学で保存されてきたアフガニスタン在来コムギ品種の形態的特徴

採集年	系統数	草丈の平均(cm)	巨頭性の頻度(%)
1955	38	115.5±12.5	7.9
1965	220	111.3±11.3	19.5
1978	186	121.0±19.8	11.8

表3 アフガニスタンの在来品種における高分子グルテニン型の頻度(Terasawa et al., 2008 より改変)

遺伝子座	グルテニンの型	頻度(%)
$Glu\text{-}A1$	null	74.6
	2*	16.8
	1	8.5
$Glu\text{-}B1$	7+8	87.3
	8	3.7
	7+9	3.2
	6+8	2.4
	その他	3.4
$Glu\text{-}D1$	2+12	85.6
	10	6.1
	5+10	2.7
	その他	5.6

日本で保存されてきたアフガニスタン在来品種が，育種の影響を受けていないその地域に固有の品種であることが示唆される。アフガニスタンでは，コムギはナンと呼ばれる平たいパンにして食べるため，伝統的食生活では，生地の粘弾性が良くふっくら膨らむ5＋10型の高分子グルテニンを必要としなかったのであろう。

最近，アフガニスタンの研究者に現地の情勢を聞いたところ，大学や農務省の研究機関はまだまだ復興途中であるという。かつては，アフガニスタン国内にも遺伝資源を保存する機関があったが，現在は失われてしまったという。1980年代以降のアフガニスタンの動乱を考えれば，現在のアフガニスタンで栽培されているコムギに，かつての多様性が維持されている可能性は乏しい。さらに，農業復興支援として導入されるのは，おそらく生産性がよいとされる近代品種であろう。そのような近代品種の導入は，短期的にはアフガニスタンにとって役に立つかもしれないが，同時に，遺伝資源の消失を決定的にすることになり，中・長期的にはアフガニスタンの農地の疲弊を進める恐れがある。そう考えると，日本で長年維持されてきたアフガニスタン在来コムギ品種は，アフガニスタンの人びとにとってもかけがえのない貴重な遺伝資源である。いずれこれらの系統をアフガニスタンに返還し，伝統的農法や食文化とともにオンファーム保全ができるようになり，彼ら自身の手で自分たちがつくり上げてきた多様性を維持・利用し，持続可能な農業ができるようになれば，真の意味でのアフガニスタン農業の復興となるであろう。日本では，コムギ在来品種のオンファーム保全は行われていないが，このようにして，日本の遺伝資源も世界のコムギの多様性保全のために貢献できるのである。

5. 日本に自生する野生ムギ類とその自生地保全

これまでおもに海外の遺伝資源について述べてきたが，最後に，日本に自生する野生ムギ類を紹介したい。ムギ類はもともと乾燥地に適した植物であり，日本のような温暖湿潤気候には適していないが，日本にも野生ムギ類は自生している。近年帰化した外来種を除くと，日本に自生する野生ムギ類（コムギ連植物）は4属12種になるが，その代表的なものがカモジグサ類（日本在来 *Elymus* 属植物）である（長田，1993）。カモジは女性が髪に加える添え髪の

写真5 日本在来の野生ムギ類。(A)路傍に生えるカモジグサ，(B)水田の畔に生えるミズタカモジ

ことで，子どもがカモジグサの葉を雛人形の髪の毛に使って遊んだことからその名が付いている。カモジグサ *E. tsukushiensis*(写真5A)とアオカモジグサ *E. racemifer* が代表的なものであるが，いずれも，日本全土で，田んぼの畔，空き地，道端などでごくふつうにみられる。花期は5〜7月だが，日当たりのよい場所では時々冬でも新しい穂をつけている姿をみることができる。これらのカモジグサ類とコムギとの交雑は通常困難であるが，胚培養（未熟胚を培養して発芽させる）などの技術を使えば可能であり，ほかのムギ類にはない日本の風土に適応した遺伝的性質を栽培ムギ類に導入する可能性が期待されている。また，その環境適応機構を探ることにより，ムギ類の温暖湿潤気候に対する適応メカニズムを理解する手がかりにもなる。カモジグサは道端の雑草ではあるが，立派なムギ類遺伝資源である。

そのような日本在来野生ムギ類のなかで，筆者がとくに注目しているのがミズタカモジ *E. humidus*(写真5B)である。ミズタは水田の意味で，水田に生えるカモジグサという意味の名前である。この種は，その名のとおり水田環境に適応したきわめて特殊な野生ムギ類で，ムギの仲間でありながら乾燥地よりも湿地を好む。100種を超える世界中の野生ムギ類のなかで，最も湿地に適応した種のひとつであり，ムギ類の耐湿性遺伝資源として注目すべき種である。この種は古くから日本に分布していた在来種である。カモジグサとの形態的類似性から，分類は混乱しており(村松，1995)，現在の和名が与えられたのは1964年のことである(大井・阪本，1964)。カモジグサと形態的に類似しており自然雑種も形成できることに加え，純粋な自然環境の湿地帯よりも水田の畔や休耕田に多くみられるという生態的特徴から，水田稲作が始まった約1万年前にカモジグサから分化した新種と思われていた。しかし，DNA解析の結果，カモジグサとは明らかに遺伝的に異なっており，両種の分岐年代を推定すると約100万年前という結果になった(Sasanuma et al., 2002；笹沼，2004)。このことは，ミズタカモジがはるか昔から東アジアに存在し，いくたびもの氷河期などの気候変動を乗り越え，現在の日本列島の湿潤な気候に対する適応形質を獲得したことを示唆する。それだけ古い種であれば，日本国内でも種内に遺伝的多様性が存在するはずである。そこで葉緑体DNAのマイクロサテライト配列の多型を調べたところ，ミズタカモジには少なくとも2タイプが存在し，九州の集団ではその2タイプが共存していることがわかった(写真6)。このことからも，ミズタカモジの集団が地域固有の遺伝的特徴をもち，分化していることが示唆される。したがって，この種の遺伝的多様性を維持するためには，各地の集団が保全されることが望ましい。

しかし，ミズタカモジの自生地での生育状況は，残念ながら危機的といわ

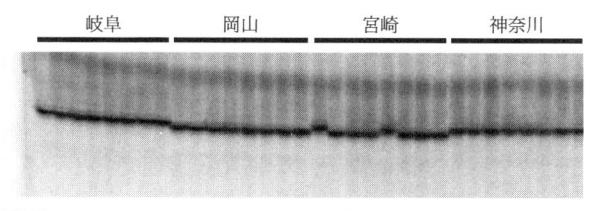

写真6 葉緑体DNAのマイクロサテライト配列の分析により検出したミズタカモジの多様性

ざるをえない。じつは，この種は，環境省のレッドデータブックに記載されている絶滅危惧種である(環境庁自然保護局野生生物課，2000)。この種の和名が付けられた昭和30年代には水田で比較的よくみられる雑草だったが，その後の農地改良，水田の宅地化などによる自生地の減少により絶滅の危機に追いやられてしまったのである(木俣，1992)。カモジグサやアオカモジグサは雑草性が強く，道端や荒れ地に比較的簡単に侵入してどこでも生育できる。しかしミズタカモジは乾燥に弱いため，水田そのものがなくならなくても，用水路がコンクリートで固められたり，農地改良により冬の間の田んぼが乾田化されたりするとたちまち姿を消してしまう。ミズタカモジは，日本の伝統的な水田農耕に適応して生きてきた種である。この種は多年生で，代掻き(しろかき)が始まる5月ごろまでに水田や畔，用水路の土手で出穂・開花し，イネが生育中の夏期には株の上部は枯れ，下部のみ土中に残り休眠状態になる。そして，イネの刈り入れが終わった10月ごろに株の下位節から新しい芽を出し，田んぼが休耕中の冬期に成長し，環境が良ければ旺盛に繁茂し，春先の代掻き前の田んぼを緑の絨毯のごとく覆い尽くすのである。伝統農法による草刈りや耕起は，ミズタカモジの生育にとってマイナスではなかった。代掻き前の草刈りにより植物体の上部が刈られたとしても，開花結実が終了していれば刈られたことによりかえって広範囲に種子を散布できるし，もし結実前に刈られてしまったとしても，多年生であるため根が生きていれば問題なく，その後の家畜や人力による浅い耕起は生き残った株を分散し，大量のクローンを田んぼのなかに拡散してくれた。しかし，近代農法による除草剤の使用や，大型機械による深い耕起はミズタカモジのような多年生雑草を根こそぎ枯らしてしまう。おそらく，宅地化に加え，このような農業の近代化がミズタカモジの個体数の減少を引き起こしたのだろう。実際に，整然と区画整備された近代的な水田地帯では，ミズタカモジはまったくみられない。日本の伝統的な農村の姿である人間が自然と共存する里山のような環境が，ミズタカモジにとって最も好ましい生育環境なのだ。したがって，里山の保全という最近の環境保護運動こそが，日本在来の希少野生ムギ類ミズタカモジにとっての自生地保全なのである。ミズタカモジは絶滅危惧種とはいえ，水田にはびこると厄介な雑草である。したがって，全国の水田がミズタカモジで埋め尽くされてほしいとは決して思わないが，せめて今生き残っている場所ぐらいは，私たちの身近で伝統的な農村の姿を後世に伝える意味でも，保全

第 15 章 自生地保全の試み 359

してほしいと思う。

　残念なことにミズタカモジの生育地の減少は現在でも続いている。筆者は2002 年から，この種の生息状況を全国各地で調査しているが，この 5 年ほどのあいだでも消滅した自生地がいくつかある。写真 7 は岡山県内の自生地の変遷である。岡山県は，本州の近畿以西の地域において唯一ミズタカモジが自生している地域であり，写真の自生地は水田の近くの 1 アールにも満たない湿地である。ミズタカモジは大型の株と小型の植物体が混じって生えており，おそらく越年の株と実生の両方で繁殖していると思われる安定した集団であった。付近には，カモジグサとの自然雑種であるタリホノオオタチカ

写真 7　岡山県内のミズタカモジの自生地(岡山市撫川)。同じ場所を，(A)2005 年 5 月に，(B)2007 年 5 月に撮影した。(A)ではミズタカモジとともにハナショウブやガマが生える，小さくても安定した湿地だったが，(B)では整地され，ミズタカモジをはじめとする湿地性植物は跡形もなく消滅していた。

モジも生えており，カモジグサ類の多様性が豊かな場所であった。筆者にとっては，野外に自生するミズタカモジを初めてみた思い出の土地でもあったのだが，2007年に調査に訪れたときには，おそらく住宅を建てるのだと思うが，見事に盛り土して整地され，ミズタカモジの姿は跡形もなかった。この種は，同じ絶滅危惧種のフクジュソウやサギソウのように花の形が美しいわけでもなく，人目につかない地味な雑草である。したがって，開発地にこの種が生えていても，多くの人は気にもとめないだろう。このようにして，ミズタカモジは徐々に絶滅に追いやられてしまっているのである。はるか遠く離れた中東でムギ類野生資源の保全に取り組みながら，その足元の日本で世界的に貴重な野生ムギ類が絶滅してしまうという皮肉な話にならないよう，日本の野生種の保全にも取り組んでいかねばならない。

そんな状況のなか，明るい兆しもある。最近，レッドデータブックに載っているためか，ミズタカモジを希少種として意図的に保全しようという取り組みも始められている。その例が，愛媛県宇和地方の永長西池と呼ばれていた溜池である（写真8）。この溜池は，ミズタカモジのほか，ヤナギヌカボ，

写真8 ミズタカモジが自生していた愛媛県宇和地方の溜池で希少植物の採取・移植をするようす。（愛媛県農林水産部農業振興局農地整備課ホームページ http://www.pref.ehime.jp/060nourinsuisan/040nouchiseibi/00004565040319/nouchiseibi/NN2003/KANKYOU/kankyou-nagaosa2.htm より）

アゼオトギリなどの絶滅危惧種も生える希少な湿性植物の宝庫であった。希少種が多いだけでなく，多様な湿性動植物がニッチにもとづきすみ分けている分布様式は，エコトーンと呼ばれ，生態学的にも非常に貴重な場所とされてきた。しかし，この溜池は，地区の土地整備事業にともなって干拓されることになり，2004年に惜しくも消滅してしまった。しかし，工事の前に，環境保全の手段として，この貴重な湿性植物群落を環境の似た付近の溜池に移植するということが試みられた。ミズタカモジも希少種として移植され，移植先の溜池はいわゆるビオトープの形で整備され，環境配慮事例のひとつとされている。もちろん，長い歴史をかけ形成されてきた固有の溜池の複雑で繊細な生物多様性が，半人工的な環境のビオトープへの移植により再現できるとは思われないし，もとの溜池の干拓による貴重な生態系の損失は非常に残念だが，何もせずに開発されるよりはひとつ前に進んだものとあえて前向きにとらえたい。少なくとも，ミズタカモジをはじめとするこの地域の希少種が，この地域の自然環境で自生地保存されることにはなっているのだから。今後，この考え方がさらに発展し，完全なる自生地保全の取り組みに進むよう期待したい。

　以上，多様性の保全という観点から，コムギの起源地である中東の在来品種から日本の野生種まで，幅広いムギ類遺伝資源を紹介した。ひと口に遺伝資源の保全といっても，研究機関であるジーンバンクでの系統保存から，身近な憩いの場であるビオトープの作成までさまざまな方法があることがわかっていただけたと思う。この章の表題にした自生地保全は，もちろん，貴重な遺伝資源とその多様性を維持していくことが主たる目的ではあるが，根本的には，そのような多様性を維持できる自然環境をどう守るかという環境学の課題である。これまで多様性を持続してきた自然環境や伝統的農村が，現在，開発や社会の近代化，地球環境の変化により急速に失われつつある。しかし，それに呼応するかのように，世界的に遺伝資源，生物多様性の価値が大きく見直され始め，遺伝資源の争奪戦のようなことすら起こりつつある。長い歴史の積み重ねによって形成された生物の多様性を守り，貴重な遺伝資源を次の世代へ残していくことが，多様性を研究している私たち遺伝学者の使命であることを肝に銘じたい。

引用・参考文献

[麦の風土]
ベルウッド, P. 2008. 農耕起源の人類史(長田俊樹・佐藤洋一郎監訳). 560 pp. 京都大学学術出版会.
玄奘三蔵. 1999. 大唐西域記(水谷真成訳). 東洋文庫. 平凡社.
石毛直道. 2006. 麺の文化史. 395 pp. 講談社.
伊藤章治. 2008. ジャガイモの世界史—歴史を動かした「貧者のパン」. 243 pp. 中央公論新社.
Konishi, S., Izawa, T., Lin, SY., Ebana, K., Fukuta, Y., Sasaki, T. and Yano, M. 2006. An SNP caused loss of seed shattering during rice domestication. Science, 312: 1392-1396.
Kuster, H. 2000. In "The Cambridge World History of Food, vol. 1". (ed. Kiple, K. F. and Ornelas, K. C.), pp. 149-152. Cambridge University Press.
Lin, Z., Griffith, M. E., Li, X., Zhu, Z., Tan, L., Fu, Y., Zhang, W., Wang, X., Xie, D. and Sun, C.2007. Origin of seed shattering in rice (Oryza sativa L.). Planta, 226: 11-20.
佐々木高明. 2007. 照葉樹林文化とは何か—東アジアの森が生み出した文明. 322 pp. 中央公論新社.
佐藤洋一郎. 1996. DNAが語る稲作文明. 227 pp. NHKブックス. 日本放送出版協会.
Sato, YI. 2002. Origin of rice Cultivation in the Yanghze River basin. In "The origins of Pottery and Agriculture" (ed. Sasuda Y), pp. 143-150. Roli Books Pvt. Ltd.
佐藤洋一郎. 2003. 酒になった穀物ならなかった穀物. 酒をめぐる地域間比較研究(吉田集而編). JCAS連携研究成果報告, 4：23-38.
佐藤洋一郎. 2008. 米と魚. 255 pp. ドメス出版.
佐藤洋一郎・渡邉紹裕. 2009. 塩の文明史—人と環境をめぐる5000年. 211 pp. NHKブックス. 日本放送出版協会.
Takahashi, R. 1955. The origin and evolution of cultivated barley. In "Advances in Genetics 7"(ed. Demerec, M.), pp. 227-266. Academic Press. New York.
田中正武. 1975. 栽培植物の起源. 241 pp. 日本放送出版協会.
梅原猛・安田喜憲・佐藤洋一郎. 2002. 鼎談. 文芸春秋4月号, pp. 160-172. 文芸春秋.
和辻哲郎. 1935. 風土—人間的考察. 407 pp. 岩波書店.
Weber, S. 1992. Plants and Harapan substance. 200pp. Mohan Primlaani for Oxford & IBH publishing, New Delhi.
山本紀夫. 2008. ジャガイモのきた道—文明・飢饉・戦争. 209 pp. 岩波新書. 岩波書店.
吉田集而. 1993. 東方アジアの酒の起源. 349 pp. ドメス出版.
ザッカーマン, L. 2003. じゃがいもが世界を救った—ポテトの文化史(関口篤訳). 365 pp. 青土社.

[「ムギ」とは何だろう]
青葉高. 2000. 青葉高著作選 I, II, III. 八坂書房.
堀田満・緒方健・新田あや・星川清親・柳宗民・山崎耕宇(編). 1989. 世界有用植物事典. 1499pp. 平凡社.
牧野富太郎. 1940. 牧野日本植物図鑑(1977. 復刻版). 1080pp. 北隆舘.

牧野富太郎(小野幹雄・大場秀章・西田誠　新訂編集). 2000. 新訂牧野新日本植物図鑑. 1452pp. 北隆館.
長友　大. 1984. ソバの科学. 332pp. 新潮社.
西山武一・熊代幸雄(訳). 1969. 齊民要術. 346pp. アジア経済出版会.
佐々木高明. 1971. 稲作以前. 316pp. 日本放送出版協会.
橘みのり. 1999. トマトが野菜になった日―毒草から世界一の野菜へ. 238pp. 草思社.
戸刈義次・菅六郎. 1971. 食用作物. 512pp. 養賢堂.
坪井洋文. 1979. イモと日本人：民俗文化論の課題. 291pp. 未来社.
Vaughan, J. G. and Geissler, C. A. 1997. The New Oxford Book of Food Plants. 239pp. Oxford University Press, Oxford.

[ムギを表す古漢字]
宮本一夫. 2005. 中国の歴史①神話から歴史へ. 230-232pp. 講談社.
尾崎雄二郎(編). 1989. 訓読説文解字注　絲冊. 462-477pp. 東海大学出版会.
白川静. 1984. 字統. 692pp. 平凡社.
古文字詁林編纂委員会編. 1999-2004. 古文字詁林. 上海教育出版社.
徐中舒(主編). 1980. 漢語古文字字形表. 四川人民出版社.
何琳儀. 1998. 戦国古文字典. 中華書局.
許慎. 説文解字.
張揖. 広雅.
崔寔. 四民月令.
李裕. 1995. 《説文》來・麥之釈及其学術与文献価値. 武漢大学学報(哲学社会科学版). 2期.
盧良恕. 1996. 中国大麦学. 232pp. 中国農業出版社.
袁庭棟. 1983. 殷墟卜辞研究―科技篇. 172-175pp. 四川省社会科学院出版社.

[染色体数の倍加により進化したコムギ]
Doebley, J. F., Gaut, B. S. and Smith, B. D. 2006. The molecular genetics of crop domestication. Cell, 127: 1309-1321.
Dvorak, J., Luo, M.-C., Yang, Z.-L. and Zhang, H.-B. 1998. The structure of the *Aegilops tauschii* genepool and the evolution of hexaploid wheat. Theor. Appl. Genet., 97: 657-670.
Endo, T. R. and Gill, B. S. 1996. The deletion stocks of common wheat. J. Heredity, 87: 295-307.
Griffith, S., Sharp, R., Foote, T. N., Bertin, I., Wanous, M., Reader, S., Colas, I. and Moore, G. 2006. Molecular characterization of *Ph1* as a major chromosome pairing locus in polyploid wheat. Nature, 439: 749-752.
Harlan, J. R. 1992. Crops and Man (2nd ed.). 284pp. Am. Soc. Agronomy Inc., Crop Sci. Soc. Am. Inc., Madison.
Heun, M., Schäfer-Pregel, R., Klawan, D., Castagna, R., Accerbi, M., Borghi, B. and Salamini, F. 1997. Site of einkorn wheat domestication identified by DNA fingerprinting. Science, 278: 1312-1314.
Hirosawa, S., Takumi, S., Ishii, T., Kawahara, T., Nakamura, C. and Mori, N. 2004. Chloroplast and nuclear DNA variation in common wheat: insight into the origin and evolution of common wheat. Genes Genet. Syst., 79: 271-282.
Ishii, T. Mori, N. and Ogihara, Y. 2001. Evaluation of allelic diversity at chloroplast microsatellite loci among common wheat and its ancestral species. Theor. Appl.

Genet., 103: 896-904.
Jakubziner, M. M. 1958. New wheat species. In: "Proceedings of the First International Wheat Genetics Symposium", pp. 207-220. Winnipeg, Canada.
木原均. 1944. 普通小麦の一祖先たる DD 分析種の發見(豫報). 農業及園藝, 19: 889-890.
Kihara, H. 1951. Substitution of nucleus and its effects on genome manifestations. Cytologia, 16: 177-193.
Lilienfeld, F. A. 1951. H. Kihara: Genome-Analysis in *Triticum* and *Aegilops*. X. Concluding review. Cytologia, 16: 101-123.
Luo, M.-C., Yang, Z.-L., You, F. M., Kawahara, T., Waines, J. G. and Dvorak, J. 2007. The structure of wild and domesticated emmer wheat populations, gene flow between them, and the site of emmer domestication. Theor. Appl. Genet., 114: 947-959.
Mac Key, J. 1988. A plant breeder's aspect on taxonomy of cultivated plants. Biologisches Zentralblatt Band, 107: 369-379.
Maekawa, K. 1984. Cereal cultivation in the Ur III period. Bulletin on Sumerian Agriculture, 1: 73-96.
McFadden, E. S. and Sears, E. R. 1944. The artificial synthesis of *Triticum spelta*. Records - Genetics Society of America, 13: 26-27.
McFadden, E. S. and Sears, E. R. 1946. The origin of *Triticum spelta* and its free-threshing hexaploid relatives. J. Heredity, 37: 81-89, 107-116.
Miyashita, N. T., Mori, N. and Tsunewaki, K. 1994. Molecular variation in chloroplast DNA regions in ancestral species of wheat. Genetics, 137: 883-889.
Mori, N., Liu, Y.-G. and Tsunewaki, K. 1995. Wheat phylogeny determined by RFLP analysis of nuclear DNA. 2. Wild tetraploid wheats. Theor. Appl. Genet., 90: 129-134.
Mori, N., Ishii, T., Ishido, T., Hirosawa, S., Watatani, H., Kawahara, T., Nesbit, M., Belay, G., Takumi, S., Ogihara, Y. and Nakamura, C. 2003. Origins of domesticated emmer and common wheat inferred from chloroplast DNA fingerprinting. In "Proc. 10th. Int. Wheat Genetics Symp.", pp. 25-28. Paestum, Italy.
西川浩三・長尾精一. 1977. コムギの話. 274pp. 柴田書店.
Nishikawa, K., Furuta, Y. and Wada, T. 1980. Genetic studies on α-amylase isozymes in wheat. III. Intraspecific variation in *Aegilops squarrosa* and birthplace of hexaploid wheat. Jpn. J. Genet., 55: 325-336.
Ogihara, Y., Isono, K., Kojima, T., Endo, A., Hanaoka, M., et al. 2000. Chinese Spring whaet (*Triticum aestivum* L.) chloroplast genome: complete sequence and contig clones. Plant Mol. Biol. Rep., 18: 243-253.
Ogihara, Y., Isono, K., Kojima, T., Endo, A., Hanaoka, M., et al. 2002. Structural features of a wheat plastome as revealed by complete sequencing of chloroplast DNA. Mol. Genet. Genomics, 266: 740-746.
Ogihara, Y., Yamazaki, Y., Murai, K., Kanno, A., Terachi, T., et al. 2005. Structural dynamics of cereal mitochondrial genomes as revealed by complete nucleotide sequencing of the wheat mitochondrial genome. Nucl. Acid Res., 33: 6235-6250.
Özkan, H., Brandolini, A., Schäfer-Pregl, R. and Salamini, F. 2002. AFLP analysis of a collection of tetraploid wheats indicate the origin of emmer and hard wheat domestication in southeast Turkey. Mol. Biol. Evol., 19: 1797-1801.
Özkan, H., Brandolini, A., Pozzi, C., Effgen, S., Wunder, J. and Salamini, F. 2005. A reconsideration of the domestication geography of tetraploid wheats. Theor. Appl. Genet., 110: 1052-1060.

Sakamoto, S. 1973. Patterns of phylogenetic differentiation in the tribe Triticeae. Seiken Ziho, 24: 11-31.

阪本寧男. 1996. ムギの民族植物誌―フィールド調査から. 200pp. 学会出版センター.

阪本寧男. 2005. 雑穀博士ユーラシアを行く. 261pp. 昭和堂.

Salamini, F., Özkan, H., Brandolini, A., Schäfer-Pregl, R. and Martin, W. 2002. Genetics and geography of wild cereal domestication in the near east. Nature Reviews Genetics, 3: 429-441.

Sears, E. R. 1954. The aneuploids of common wheat. Research Bull., 572: 1-59. Missouri Agr. Exp. Sta., Columbia, Missouri.

Simons, K. J., Fellers, J. P., Trick, H. N., Zhang, Z., Tai, Y.-S., Gill, B. S. and Faris, J. D. 2006. Molecular characterization of the major wheat domestication gene Q. Genetics, 172: 547-555.

Tanaka, M. 1983. Geographical distribution of *Aegilops* species based on the collections at the Plant Germ-Plasm Institute, Kyoto University. In "Proc. 6th. Int. Wheat Genetics Symp.", pp. 1009-1024. Kyoto, Japan.

Tanno, K. and Willcox, G. 2006. How fast was wild wheat domesticated. Science, 311: 1886.

Terachi, T. and Tsunewaki, K. 1992. The molecular basis of genetic diversity among cytoplasms of *Triticum* and *Aegilops*. VIII. Mitochondrial RFLP analyses using cloned genes as probes. Molecular Biology and Evolution, 9: 917-931.

Tsunewaki, K. 1968. Origin and phylogenetic differentiation of common wheat revealed by comparative gene analysis. In "Proc. III Int. Wheat Genet. Symp." (ed. Finlay, K. N.), pp. 71-85. Canberra.

Tsunewaki, K. 1971. Distribution of necrosis genes in wheat V. *Triticum macha, T. spelta* and *T. vavilovii*. Jpn, J. Genet., 46: 93-101.

Tsunewaki, K. 1980. Genetic diversity of the cytoplasm in *Triticum* and *Aegilops*. pp. 1-290. Jpn. Soc. Prom. Sci. Tokyo, Japan.

Tsunewaki, K. 1996. Plasmon analysis as the counterpart of genome analysis. In "Methods of Genome Analysis in Plnats" (ed. Jauhar, P. P.), pp. 271-299. CRC Press, New York.

van Slageren, M. W. 1994. Wild wheats: a monograph of *Aegilops* L. and *Amblyopyrum* (Jaub. & Spach) Eig (Poaceae). 513pp. Wageningen Agricultural University, Wageningen, the Netherland.

Wang, G.-Z., Miyashita, N. T. and Tsunewaki, K. 1997. Plasmon analyses of *Triticum* (wheat) and *Aegilops*: PCR-single-strand conformational polymorphism (PCR-SSCP) analyses of organellar DNAs. Proc. Natl. Acad. Sci. USA., 94: 14570-14577.

Zohary, D. and Hopf, M. 2000. Domestication of plants in the old world (3rd ed.). 1-316 pp. Oxford Univ. Press, New York.

[考古学からみたムギの栽培化と農耕の始まり]

Balter, M. 2007. Seeking agriculture's ancient roots. Science, 316: 1830-1835.

Bellwood, P. 2004. First Farmers: The Origins of Agricultural Societies. pp.44-66. Blackwell, Oxford.

ベルウッド, P. 2008. 農耕起源の人類史(長田俊樹・佐藤洋一郎監訳). 560pp. 京都大学学術出版会.

Berger, J., Abbo, S. and Turner. N. C. 2003. Ecogeography of annual wild *Cicer* species: the poor state of the world collection. Crop Science, 43: 1076-1090.

Cauvin, J. 2000. The birth of the gods and the origins of agriculture. CNRS Editions and Cambridge University Press, Cambridge, UK.
藤井純夫. 2001. ムギとヒツジの考古学. 同成社.
Harlan, J. R. and Zohary, D. 1966. Distribution of wild wheat and barley. Science, 153: 1074-1080.
Heum, M., Schafer-Pregl, R., Klawan, D., Castagna, R., Accerbi, M., Borghi, B. and Salamini, F. 1997. Site of einkorn wheat domestication identified by DNA fingerprinting. Science, 278: 1312-1314.
Hillman, G. C. 2000. The plant food economy of Abu Hureyra 1 and 2. In "Village on the Euphrates: from Foraging to Farming at Abu Hureyra" (eds. Moore, A. M. T., Hillman, G. C. and Legge, A. J.), pp. 378-384 Oxford University Press, New York.
Hillman, G. C. and Davies, M. S. 1990. Measured domestication rates in wild wheats and barley under primitive cultivation, and their archaeological implications. Journal of World Prehistory, 4: 157-222.
Kilian, B., Özkan, H., Walther, A., Kohl, J., Dagan, T., Salamini, F. and Martin, W. 2007. Molecular diversity at 18 loci in 321 wild and 92 domesticate lines reveal no reduction of nucleotide diversity during *Triticum monococcum* (einkorn) domestication: implications for the origin of agriculture. Molecular Biology and Evolution, 24: 2657-2668.
Kislev, M. E. 1989. Pre-domesticated cereals in the Pre-Pottery Neolithic A period. In "People and Culture in Change" (ed. Hershkovitz, I.), pp. 147-151. BAR International Series 508. Oxford.
Lev-Yadun, S., Gopher, A. and Abbo, S. 2000. Cradle of agriculture. Science, 288: 1602-1603.
Mori, N., Ishii, T., Ishido, T., Hirosawa, S., Watatani, H., Kawahara, T., Nesbitt, M., Belay, G., Takumi, S., Ogihara, Y. and Nakamura, C. 2003. Origin of domesticated emmer and common wheat inferred from chloroplast DNA fingerprinting. pp. 25-28. 10th International Wheat Genetics Symposium, 1-6 September 2003, Paestum, Italy.
Nadel, D. and Werker, E. 1999. The oldest ever brush hut plant remains from Ohalo II, Jordan Valley, Israel (19 ka BP). Antiquity, 73: 755-764.
Nalam, V. J., Vales, M. I., Watson, C. J. W., Kianian, S. F. and Riera-Lizarazu, O. 2006. Map-based analysis of genes affecting the brittle rachis character in tetraploid wheat (*Triticum turgidum* L.). Theoretical and Applied Genetics, 112: 373-381.
Nesbitt, M. 2002. When and where did domesticated cereals first occur in southwest Asia? In "The Dawn of Farming in the Near East", (eds. Cappers, R. T. J. and Bottema, S.) pp. 113-132. Ex Oriente, Berlin.
大津忠彦・西秋良宏・常木晃. 1997. 西アジアの考古学, pp. 47-72. 同成社.
Özkan, H., Brandolini, A., Pozzi, C., Effgen, S., Wunder, J. and Salamini, F. 2005. A reconsideration of the domestication geography of tetraploid wheats. Theoretical and Applied Genetics, 110: 1052-1060.
Pasternak, R. 1998. Investigations of botanical remains from Nevali C, ori PPNB, Turkey: short interim report. In: "Origins of Agricultural and Crop Domestication" (eds. Damania, A. B., Valkoum, J., Willcox, G. and Qualset, C. O.), pp. 170-177. ICARDA, Aleppo.
Piperno, D. R., Weiss, E., Holst, D. and Nadel, A. 2004. Processing of wild cereal grains in the Upper Palaeolithic revealed by starch grain analysis. Nature, 430: 670-673.
Savard, M., Nesbitt, M. and Jones, M. K. 2006. The role of wild grasses in subsistence

and sedentism: new evidence from the northern Fertile Crescent. World Archaeology, 38(2): 179-196.
Takahashi, R. and Hayashi, J. 1964. Linkage study of two complementary genes for brittle rachis in barley. Ber. Ohara Inst. landw. Biol. Okayama Univ., 12: 99-105.
丹野研一. 2007. 西アジア先史時代の植物利用―デデリエ遺跡, セクル・アル・アヘイマル遺跡, コサック・シャマリ遺跡を例に. 遺丘と女神(西秋良宏編), pp. 64-73. 東京大学総合研究博物館.
Tanno, K. and Willcox, G. 2006a. How fast was wild wheat domesticated? Science, 311: 1886.
Tanno, K. and Willcox, G. 2006b. The origins of cultivation of *Cicer arietinum* L. and *Vicia faba* L.: Early finds from northwest Syria (Tell el-Kerkh, late 10th millennium BP). Vegetation History and Archaeobotany, 15: 197-204.
van Zeist, W. and Bakker-Heeres, J. A. H. 1985. Archaeological studies in the Levant 1. Neolithic sites in the Damascus basin: Aswad, Ghoraife, Ramad. Palaeohistoria, 24: 165-256.
Weiss, E., Kislev, M. E. and Hartmann, A. 2006. Autonomous cultivation before domestication. Science, 312: 1608-1610.
Willcox, G. 2005. The distribution, natural habitats and availability of wild cereals in relation to their domestication in the Near East: multiple events, multiple centres. Vegetation History and Archaeobotany, 14: 534-541.
Zohary, D. 1996. The mode of domestication of the founder crops of southwest Asian agriculture. In "The Origins and Spread of Agriculture and Pastoralism in Eurasia" (ed. Harris D. R.), pp. 142-152. UCL Press, London.

[西アジア先史時代のムギ農耕と道具]
Anderson, P. C. 1991. Harvesting of wild cereals during the Natufian as seen from experimental cultivation and harvest of wild einkorn wheat and microwear analysis of stone tools. In "The Natifian Culture in the Levant" (eds. Bar-Yosef, O. and Valla, F. R.), pp. 521-556. Ann Arbor.
Anderson, P. C. 1998. History of harvesting and thresing techniques for cereals in the prehistoric Near East. In "The origins of agriculture and crop domestication" (eds. Damania, A. B., Valkoun, J., Willcox, G. and Qualset, C. O.), pp. 145-159. ICARDA.
Anderson, P. C. 2000. La tracéologie comme révélateur des débuts de l'agriculture. In "Premiers paysans du monde" (ed. Guilaine, J.), pp. 99-119. Éditions Errance, Paris.
Anderson-Gerfaud, P., Deraprahamian, G. and Willcox, G. 1991. Les premières cultures de céréales sauvages et domestiques primitives au Proche-Orient néolithique: résultats préliminaires d'expériences à Jalés (Ardèche). Cahiers de l'Euphrate, 5-6: 191-232.
Bar-Yosef, O. 1983. The Natufian in the Southern Levant. In "The Hilly Flanks and Beyond: Essays on the Prehistory of Southwestern Asia", pp. 11-42. Studies in Ancient Oriental Civilization No. 36. The Oriental Institute of the University of Chicago, Chicago.
Borrell, F. and Molist, M. 2006. Herramientas agrícolas durante el VIII° milenio cal. B.C. en Tell Halula (Siria). In "Miscelánea en homenaje a Victoria Cabrera" (eds. Maillo, J. M. and Baquedano, E.), pp. 86-95. Zona Arqueológica, 7. Vol II. Museo Arqueológico Regional, Madrid.
Brenet, M., Sanchez-Priego, J. and Ibáñez-Estevez, J. J. 2001. Les pierres de construc-

tion taillées en calcaire et les herminettes en silex du PPNA et de Jerf el Ahmar (Syrie), analyses technologique et expérimentale. In "Préhistoire et approche expérimentale" (eds. Bourguignon, L., Ortega, I. and Frère-Sautot, M.-C.), pp. 121-164. Éditions Monique Mergoil, Montagnac.

Chabot, J. 2002. Tell 'Atij and Tell Gudeda: Industrie lithique. Cahiers d'archéologie du CELAT, no. 13, Série archéométrie, no. 3. Université Laval.

Coqueugniot, E. 1983. Analyse tracéologique d'une série de grattoirs et herminettes de Mureybet, Syrie (9e-7e millénaires). In "Traces d'utilisation sur les outils néolithiques du Proche-Orient" (ed. Cauvin, M.-C.), pp. 139-172. Travaux de la Maison de l'Orient 3. Maison de l'Orient, Lyon.

Dubreuil, L. 2004. Long-term trends in Natufian subsistence: a use-wear analysis of ground stone tools. Journal of Archaeological Science, 31: 1613-1629.

Edwards, P. C. 1991. Wadi Hammeh 27: an early Natufian site at Pella, Jordan. In "The Natufian Culture in the Levant" (eds. Bar-Yosef, O. and Valla, F. R.), pp. 123-148. Ann Arbor: International Monographs in Prehistory.

藤井純夫. 1981. レヴァント初期農耕文化の研究. 岡山市立オリエント美術館研究紀要, 1：1-87.

藤井純夫. 1986. 樏刃(Threshing Sledge Blade)の同定基準について. 岡山市立オリエント美術館研究紀要, 5：1-34.

藤井純夫. 2001. ムギとヒツジの考古学. 344pp. 同成社.

藤井純夫. 2006. ベドゥインの置き火焼き無発酵パン「アルブード」について. 生業の考古学, pp. 322-337. 同成社.

藤本強. 1983. 石皿・磨石・石臼・石杵・磨臼(II)—レヴァント南部地域. 東京大学文学部考古学研究室紀要, 2：47-73.

藤本強. 2007. ごはんとパンの考古学. 191pp. 同成社.

舟田詠子. 1998. パンの文化史. 朝日選書592. 314pp. 朝日新聞社.

Ibáñez, J. J., González, J. E., Palomo, A. and Ferrer, A. 1998. Pre-Pottery Neolithic A and Pre-Pottery Neolithic B lithic agricultural tools on the Middle Euphrates: the sites of Tell Mureybit and Tell Halula. In "The Origins of Agriculture and Crop Domestication" (eds. Damania, A. B., Valkoun, J., Willcox, G. and Qualset, C. O.), pp. 132-144. ICARDA.

Ibáñez, J. J., González, J. E., Peña-Chocarro, L., Zapata, L. and Beugnier, V. 2001. Harvesting without sickles. Neolithic exemples from humid mountain areas. In "Ethno-archaeology and Its Transfers" (eds. Beyries, S. and Pétrequin, P.), pp. 24-36. BAR International Series 983. Oxford.

Khalaily, H. and Marder, O. 2003. The Neolithic site of Abu Ghosh. The 1995 excavations. IAA Reports, No. 19. Israel Antiquities Authority, Jerusalem.

三輪茂雄. 1978. 臼. ものと人間の文化史25. 392pp. 法政大学出版局.

Moore, A. M. T., Hillman, G. C. and Legge, A. J. 2000. Village on the Euphrates: From Foraging to Farming at Abu Hureyra. 590pp. Oxford University Press, Oxford.

Nadel, D. 1997. The Chipped Stone Industry of Netiv Hagdud. In "An Early Neolithic village in the Jordan Valley. Part 1: The Archaeology of Netiv Hagdud" (eds. Bar-Yosef, O. and Gopher, A.), pp. 71-149. Peabody Museum of Archaeology and Ethnology Harvard University, Cambridge.

Nesbitt, M. and Samuel, D. 1996. From staple crop to extinction? The archaeology and history of the hulled wheats. In "Hulled Wheat" (eds. Padulosi, S., Hammer, K. and Heller, J.), pp. 40-99. International Plant Genetics Research Institute.

Piperno, D. R., Weiss, E., Holst, I. and Nadel, D. 2004. Processing of wild cereal grains in the Upper Palaeolithic revealed by starch grain analysis. Nature, 430: 670-673.

阪本寧男. 1996. ムギの民族植物誌―フィールド調査から. 200pp. 学会出版センター.

Saverd, M., Nesbitt, M. and Jones, M. K. 2006. The role of wild grasses in subsistence and sedentism: new evidence from the northern Fertile Crescent. World Archaeology, 38(2): 179-196.

Stordeur, D. and Anderson-Gerfaud, P. 1985. Les omoplates encochées néolithiques de Ganj Dareh (Iran). Étude morphologique et fonctionnelle. Cahiers de l'Euphrate, 4: 289-313.

須藤寛史. 2006. 西アジア新石器時代における製粉具研究の諸問題. 生業の考古学, pp. 277-291. 同成社.

Unger-Hamilton, R. 1991. Natufian plant husbandry in the southern levant and comparison with that of the neolithic periods: the lithic perspective. In "The Natufian Culture in the Levant" (eds. Bar-Yosef, O. and Valla, F. R.), pp. 483-520. Ann Arbor.

Willcox, G. 2002. Charred plant remains from a 10th millennium B.P. kitchen at Jerf el Ahmar (Syria). Vegetation History and Archaeobotany, 11: 55-60.

Wright, K. I. 1991. The origins and development of ground stone assemblages in Late Pleistocene Southwest Asia. Paléorient, 17/1: 19-45.

Wright, K. I. 1993. Early Holocene ground stone assemblages in the Levant. Levant, 25: 93-111.

Wright, K. I. 1994. Ground-stone tools and hunter-gatherer subsistence in Southwest Asia: implications for the transition to farming. American Antiquity, 59(2): 238-263.

Yerkes, R. W., Barkai, R., Gopher, A. and Bar-Yosef, O. 2003. Microwear analysis of early Neolithic (PPNA) axes and bifacial tools from Netiv Hagdud in the Jordan Valley, Israel. Journal of Archaeological Science, 30: 1051-1066.

Yoshizawa, S. 2003. Ground stone artifacts. In "Archaeology of the Rouj Basin" (eds. Iwasaki, T. and Tsuneki, A.), pp. 99-117. Department of Archaeology Institute of History and Anthropology, University of Tsukuba, Tsukuba.

[コラム・農耕 / ヒト / コトバ]

Ammerman, A. J. and Cavalli-Sforza, L. L. 1973. A population model for the diffusion of early farmers in Europe. In "The Expansion of Culture Change: Models in Prehistory" (ed. Renfrew, C.), pp. 343-358. Duckworth, London.

Ammerman, A. J. and Cavalli-Sforza, L. L. 1984. The Neolithic Transition and the Genetics of Population in Europe. 176pp. Princeton Univ. Press., Princeton, NJ.

Bellwood, P. 2005. The First Farmers: Origins of Agricultural Societies. 360pp. Blackwell Publishing Ltd., Oxford.

Bellwood, P. and Renfrew, C. (eds.). 2002. Examining the Farming/Language Dispersal Hypothesis. 505pp. McDonald Institute of Archaeological Research, Cambridge.

Cavalli-Sforza, L. L. and Cavalli-Sforza, F. 1995. The Great Human Diasporas: The History of Diversity and Evolution. 300pp. Perseus Books, Cambridge, MA.

Comrie, B., Matthews, S. and Polinksy, M. (eds.). 1999. The Atlas of Languages: The Origin and Development of Languages through the World (Revised ed.). 224pp. Facts On File Inc., New York. (片田房訳. 2003. 世界言語文化図鑑. 東洋書林)

Darlington, C. D. 1973. Chromosome botany and the origins of cultivated plants (3rd ed.). 237pp. Geroge Allen & Unwin Ltd., London.

Diamond, J. 1997. Guns, Germs, and Steel: The Fates of Human Societies. 480pp. W. W. Norton & Company Inc., New York.(倉骨彰訳. 2000. 銃・病原菌・鉄―1万3000年にわたる人類史の謎(上・下). 317pp.; 332pp. 草思社)
後藤明. 2003. 海を渡ったモンゴロイド. 285pp. 講談社.
Heine-Geldern, R. 1932. Urheimat und früheste Wanderungen der Austronesier. Anthropos, 27: 543-619.
片山一道. 2002. 海のモンゴロイド. 205pp. 吉川広文館.
中尾佐助. 1966. 栽培植物と農耕の起源(岩波新書). 192pp. 岩波書店.
大塚柳太郎(編). 1995. モンゴロイドの地球 2. 南太平洋との出会い. 210pp. 東京大学出版会.
Renfrew, C. 1987. Archaeology and Languages: the Puzzle of Indo-European Origins. 346pp. Jonathan Cape, London.
司馬遼太郎. 1993. 愛蘭土紀行 I, II. 街道をゆく 30, 31.(朝日文庫). 朝日新聞社.
塩野七生. 1992-2006. ローマ人の物語 I-XV. 新潮社.

[コムギが日本に来た道]
安達巌. 1982. 日本食物文化の起源. 470pp. 自由国民社.
Beales, J., Turner, A., Griffiths, S., Snape, J. W. and Laurie, D. A. 2007. A pseudo-response regulator is misexpressed in the photoperiod insensitive *Ppd-D1a* mutant of wheat (*Triticum aestivum* L.). Theor Appl Genet., 115: 721-733.
Crawford, G. W. and Yoshizaki, M. 1987. Ainu ancestors and prehistoric Asian agriculture. Journal of Archaeological Science, 14: 201-213.
藤巻宏・鵜飼保雄. 1985. 世界を変えた作物. 169pp. 培風館.
Ghimire, S. K., Akashi, Y., Maitani, C., Nakanishi, M. and Kato, K. 2005. Genetic diversity and geographical differentiation in Asian common wheat (*Triticum aestivum* L.), revealed by the analysis of peroxidase and esterase isozymes. Breed. Sci., 55: 175-185.
Ghimire, S. K., Akashi, Y., Masuda, A., Washio, T., Nishida, H., Zhou, Y. H., Yen, C., Qi, X., Li, Z., Yoshino, H. and Kato, K. 2006. Genetic diversity and phylogenetic relationships among east Asian common wheat (*Triticum aestivum* L.) populations, revealed by the analysis of five isozymes. Breed. Sci., 56: 379-387.
後藤虎男. 1996. コムギ. 日本人が作りだした動植物―品種改良物語. 日本人が作りだした動植物企画委員会(編), pp. 135-139. 裳華房.
ヘッサー, L. 2009. "緑の革命"を起した不屈の農学者ノーマン・ボーローグ(岩永勝訳). 272pp. 悠書館.
Ho, P. T. 1969. The loess and the origin of Chinese agriculture. American Historical Review, 75: 1-36.
細野重雄. 1934. 支那に於ける小麦の分布と伝播. 科学, 12：17-20.
細野重雄. 1954. コムギの分類と分布. 小麦の研究改著第二版(木原均編), pp. 5-132. 養賢堂.
鋳方貞亮. 1977. 日本古代穀物史の研究. 320pp. 吉川弘文館.
石毛直道. 1995. 文化麺類学ことはじめ. 394pp. 講談社.
Iwaki, K., Nakagawa, H., Kuno, H. and Kato, K. 2000. Ecogeographical differentiation in east Asian wheat, revealed from the geographical variation of growth habit and *Vrn* genotype. Euphytica, 111: 137-143.
柿崎洋一・鈴木眞三郎. 1937. 小麦に於ける出穂の生理に関する研究. 農事試彙報, 3：41-92.

Kato, K. 2006. Allelic variation of heading-trait-related genes, essential for wide adaptation of wheat, and its application to wheat breeding. Gamma Field Symposia, 45: 23-34.

小畑弘己. 2005. 考古学から見た極東地方のムギ類の伝播について. 極東先史古代の穀物, pp. 81-101. 熊本大学.

小西猛朗. 2005. 大麦と小麦の炭化粒について. 極東先史古代の穀物, pp. 103-109. 熊本大学.

松尾孝嶺. 1978. 多系混合育種法. 育種学, pp. 189-192. 養賢堂.

盛永俊太郎・安田健. 1986. 江戸時代中期における諸藩の農作物—享保・元文 諸国物産帳から. 272pp. 日本農業研究所.

長尾精一. 1998. 世界の小麦の生産と品質(下巻) 各国の小麦. 284pp. 輸入食糧協議会事務局.

中尾佐助. 1983. 東アジアの農耕とムギ. 本農耕文化の源流(佐々木高明編), pp. 121-161. 日本放送出版協会.

農林水産省大臣官房統計部. 2008. 作物統計(普通作物・飼料作物・工芸農作物), pp. 106-109. 農林統計協会.

Takeda, K., Yoshino, H., Enomoto, T., Kato, K., Sato, K., Tsujimoto, H., Tsuyuzaki, H. and Tanaka, H. 2006. Wheat and Barley. In "Genetic Assay and Study of Crop Germplasm in and around China (3rd)", (ed. Takeda, K.), pp. 35-68. Okayama University.

田中正武. 1975. 栽培植物の起原, 241pp. 日本放送出版協会.

Tsunewaki, K. 1970. Necrosis and chlorosis genes in common wheat and its ancestral species. Seiken Ziho, 22: 67-75.

Tsunewaki, K. and Nakai, Y. 1967. Distribution of necrosis genes in wheat. II. Japanese local varieties of common wheat. Can. J. Genet. Cytol., 19: 75-78.

Tsujimoto, H., Yamada, T. and Sasakuma, T. 1998. Pedigree of common wheat in East Asia deduced from distribution of the gametocidal inhibitor gene ($Igc1$) and β-amylose isozymes. Breed. Sci., 48: 287-291.

山田悟郎. 2005. 北海道の遺跡から出土した栽培植物. 極東先史古代の穀物, pp. 49-68. 熊本大学.

Yan, L., Loukoianov, A., Tranquilli, G., Helguera, M., Fahima, T. and Dubcovsky, J. 2003. Positional cloning of the wheat vernalization gene $VRN1$. Proc. Natl. Acad. Sci. USA., 100: 6263-6268.

Zeven, A. C. 1980. The spred of bread wheat over the old world since the Neolithicum as incated by its genotype for hybrid necrosis. Journ. d'Agric. Trad. et de Bota. Appl., 27: 1-53.

[シルクロードの古代コムギ]

赤根敦. 2002. ニコライ二世の遺骨をめぐるDNA鑑定のゆくえ. 遺伝, 56(2)：28-29.

Erickson, D. L., Smith, B. D., Clarke, A. C., Sandwiess, D. H. and Tuross, N. 2005. An Asian origin for a 10,000-year-old domesticated plant in the Americas. PNAS, 102: 18315-18320.

Ghimire, S. K., Akashi, Y., Maitani, C., Nakanishi, M. and Kato, K. 2005. Genetic diversity and geographical differentiation in Asian common wheat (*Triticum aestivum* L.), revealed by the analysis of peroxidase and esterase isozymes. Breed. Sci., 55: 175-185.

Gill, P., Ivanov, P. L., Kimpton, C., Piercy, R., Benson, N., Tully, G., Evett, I.,

Hagelberg, E. and Sullivan, K. 1994. Identification of the remains of the Romanov family by DNA analysis. Nat. Genet., 6: 130-135.
星川清親. 1987. 改訂増補 栽培植物の起原と伝播. 311pp. 二宮書店.
Ivanov, P. L., Wadhams, M. J., Roby, R. K., Holland, M. M., Weedn, V. W. and Parsons, T. J. 1996. Mitochondrial DNA sequence heteroplasmy in the Grand Duke of Russia Georgij Romanov establishes the authenticity of the remains of Tsar Nicholas II. Nat. Genet., 12: 417-420.
Jaenicke-Després, V., Buckler, E. S., Smith, B. D., Thomas, M., Gilbert, P., Cooper, A., Doebley, J. and Pääbo, S. 2003. Early allelic selection in maize as revealed by ancient DNA. Science, 302: 1206-1208.
小西猛朗. 2002. 鹿田遺跡第5次調査土壙15から出土した炭化穀粒について. 岡山大学埋蔵文化財調査研究センター紀要 2002, pp.35-45. 岡山大学埋蔵文化財調査研究センター.
Liepelt, S., Sperisen, C., Deguilloux, M. F., Petit, R. J., Kissling, R., Spencer, M., de Beaulieu, J. L., Taberlet, P., Gielly, L. and Ziegenhagen, B. 2006. Authenticated DNA from ancient wood remains. Ann. Bot., 98: 1107-1111.
Manen, J. F., Bouby, L., Dalnoki, O., Marinval, P., Turgay, M. and Schlumbaum, A. 2003. Microsatellites from archaeological *Vitis vinifera* seeds allow a tentative assignment of the geographical origin of ancient cultivars. J. Archaeol. Sci., 30: 721-729.
松本伸之(監修). 2005. 新シルクロード展—幻の都 楼蘭から永遠の都 西安へ. 185pp. NHK・NHKプロモーション・産経新聞社.
望岡亮介. 2001. ブドウ品種の多様性とワイン—その相互関係の進化. 栽培植物の自然史—野生植物と人類の共進化(山口裕文・島本義也編著), pp.191-205. 北海道大学図書刊行会.
長澤和俊. 1993. シルクロード(講談社学術文庫1086). 476pp. 講談社.
Nakamura, I. and Sato, Y. I. 1991. Amplification of DNA fragments isolated from a single seed of ancient rice (AD800) by polymerase chain reaction. Chinese J. Rice Sci., 5: 175-179.
NHK「新シルクロード」プロジェクト・©NHK, (有)ジェイ・マップ(編著). 2005. NHKスペシャル 新シルクロード1 楼蘭 四千年の眠り トルファン 灼熱の大画廊. 229pp. NHK出版.
Pääbo, S. and Wilson, A. C. 1988. Polymerase chain reaction reveals cloning artifacts. Nature, 334: 387-388.
佐藤洋一郎. 2006. よみがえる緑のシルクロード—環境史学のすすめ(岩波ジュニア新書535). 204pp. 岩波書店.
Stoneking, M., Melton, T., Nott, J., Barritt, S., Roby, R., Holland, M., Weedn, V., Gill, P., Kimpton, C., Aliston-Greiner, R. and Sullivan, K. 1995. Establishing the identity of Anna Anderson Manahan. Nat. Genet., 9: 9-10.
Zeven, A. C. 1991. Wheats with purple and blue grains: review. Euphytica, 56: 243-258.

[オオムギの進化と多様性]
Domon, E., Fujita, M. and Ishikawa, N. 2002. The insertion/deletion polymorphisms in the *waxy* gene of barley genetic resources from East Asia. Theor. Appl. Genet., 104: 132-138.
Hirota, N., Kuroda, K., Takoi, K., Kaneko, T., Kaneda, H., Yoshida, I., Takashio, M., Ito, K. and Takeda, K. 2006. Brewing performance of malted lipoxygenase-1 null

barley and effect on the flavor stability of beer. Cereal Chem., 83: 250-254.
Hirota, N., Kaneko, T., Ito, K. and Takeda, K. 2008. Diversity and geographical distribution of seed lipoxygenase-1 thermostability types in barley. Plant Breed., 127: 465-469.
Komatsuda, T., Pourkheirandish, M., He, C., Azhaguvel, P., Kanamori, H., Perovic, D., Stein, N., Graner, A., Wicker, T., Tagiri, A., Lundqvist, U., Fujimura, T., Matsuoka, T. and Yano, M. 2007. Six-rowed barley originated from a mutation in a homeodomain-leucine zipper I-class homeobox gene. Proc. Natl. Acad. USA, 104: 1424-1429.
Oka, H. I. 1958. Intervarietal variation and classification of cultivated rice. Ind. J. Genet Plant Breed., 18: 79-89.
Saisho, D., Tanno, K., Chono, M., Honda, I., Kitano, H. and Takeda, K. 2004. Sponataneus barassinolide-insensitive barley muntants 'uzu' adapted to East Asia. Breed. Sci., 54: 409-416.
Takahashi, R. 1942. Studies on the classification and the geographical distribution of the Japanese barley varieties. I. Ber. Ohara inst. landw. Forsch., 9: 71-90.
Takahashi, R. 1955. The origin and evolution of cultivated barley. In "Advances in Genetics 7" (ed. Demerec, M.), pp. 227-266. Academic Press, New York.
Takahashi, R. and Hayashi, J. 1964. Linkage study of two complementary genes for brittle rachis in barley. Ber. Ohara Inst. landw. Biol. Okayama Univ., 12: 99-105.
Takahashi, R. and Yasuda, S. 1956. Genetic studies of spring and winter habit of growth in barley. Ber. Ohara Inst. landw. Biol. Okayama Univ., 10: 245-308.
Takeda, K. 1996. Inheritance of sensitivity to the insecticide diazinon in barley and the geographical distribution of sensitive varieties. Euphytica, 89: 297-304.
武田和義. 2003. イネとオオムギにおける脱粒性の基本的な遺伝機構は共通か？ 育種学研究, 5：117-120.
武田和義. 2005. 東アジア特有の半矮性オオムギ '渦' の話. 育種学研究, 7：205-211.
Takeda, K. and Chang, C. L. 1996. Inheritance and geographical distribution of phenol reaction-less varieties of barley. Euphytica, 90: 217-221.
Takeda, K. and Hori, K. 2007. Geographical differentiation and diallel analysis of seed dormancy in barley. Euphytica, 153: 249-256.
Taketa, S., Amano, S., Tsujino, Y., Sato, T., Saisho, D., Kakeda, K., Nomura, M., Suzuki, T., Matsumoto, T., Sato, K., Kanamori, H., Kawasaki, S. and Takeda, K. 2008. Barley grain with adhering hulls is controlled by an ERF family transcription factor gene regulating a lipid biosynthesis pathway. Proc. Natl. Acad. Sci. USA, 105: 4062-4067.
Tanno, K. and Takeda, K. 2004. On the origin of six-rowed barley with brittle rachis, agriocrithon (*Hordeum vulgare* ssp. *vulgare* f. *agriocrithon* (Aberg) Bowd.) based on a DNA marker closely linked to the *vrs1* (six-row gene) locus. Theol. Appl. Genet., 110: 145-150.
Yan, L., Fu, D., Li, C., Blechl, A., Tranquilli, G., Bonafede, M., Sanchez, A., Valarik, M., Yasuda, S. and Dubcovsky, J. 2006. The wheat and barley vernalization gene *ARN3* is an orthologue of FT. Proc. Natl. Acad. Sci. USA, 103: 19581-19586.
安田昭三. 1978. 栽培オオムギの分化. 育種学最近の進歩, 19：32-43.

[コムギ畑の随伴雑草ライムギの進化]
Helbaek, H. 1971. The origin and migration of rye, *Secale cereale* L.: A palaeo-

ethnological study. In "Plant Life of South-west Asia" (eds. Dais, P. H., Harper, P. C. and Hedge, I. C.), pp. 265-280. Bot. Soc., Edinburgh.
Khush, G. S. 1962. Cytogenetic and evolutionary studies in Secale. II. Interrelationship of the wild species. Evolution, 26: 484-496.
岩崎理恵・藤沢薫・大田正次. 2005. 福井県および石川県の砂丘畑におけるライムギの栽培と利用. 雑穀研究, 21：6-14.
Koller, D. H. and Zeller, F. J. 1976. The homoeologous relationship of rye chromosome 4R and 7R with wheat chromosome. Genet. Res. Camb., 28: 177-188.
Kranz, A. R. 1973. Wildarten und Primitivformen des Roggens (*Secale* L.) Cytogenetik, Genökologie, Evolution und zuchterische Bedeutung. pp. 60. Adv. Plant Breed., Sppl. 3, J. Pl. Breed.
Münzing, A. 1954. Cyto-genetics of accessory chromosomes (B-chromosomes). Caryologia, Suppl., 6: 282-301.
Niwa, K. and Sakamoto, S. 1996. Detection of B-chromosome in rye collected from Pakistan and China. Hereditas, 124: 211-215.
Riley, R. and Chapman, V. 1967. The inheritance in wheat of crossability with rye. Genet. Res. Camb., 9: 259-267.
阪本寧男. 1996. ムギの民族植物誌—フィールド調査から. 200pp. 学会出版センター.
阪本寧男・河原太八. 1979. アフガニスタンの灌漑ムギ畑の雑草ライムギと雑草エンバクについて. 雑草研究, 24：36-40.
佐々木宏. 1989. ライムギ. 植物遺伝資源集成　第 2 巻(松尾孝嶺監修), pp. 430-431. 講談社サイエンティフィックス.
Vavilov, N. I. 1917. On the origin of cultivated rye. Bull. Appl. Bot., 10: 561-590.
Vavilov, N. I. 1926. Studies on the origin of cultivated plants. Bull. Appl. Bot., 16: 1-248.
顔済・楊俊良. 2004. 小麦族生物系統学(第 2 巻). 454pp. 中国農業出版社.

[エンバクの来た道]

Atiyya, H. S. and Williams, W. 1976. Genetic control of the nuda character complex in the genus *Avena*. Jounal of Agriculture Science, Cambridge, 86: 329-334.
Baum, B. R. 1977. Oats: Wild and cultivated. A monograph of the genus *Avena* L. (Poaceae). Monogr. 14. Canada Dep. of Agric. Supply and Services Canada, Ottawa, ON.
Drossou, A., Katsiotis, A., Leggett, J. M., Loukas, M. and Tasakas, S. 2004. Genome and species relationships in genus *Avena* based on RAPD and AFLP molecular markers. Theor. Apple. Genet, 109: 48-54.
Flower, P. J. 1983. The Farming of Prehistoric Britain. 159pp. Cambridge University Press. Cambridge.
Furuta, Y. S. and Ohta, S. (eds.). 1996. A preliminary report of 'The Gifu University Scientific Exploration in the Mediterranean Region in 1995 (GSEM95)'. Fac. of Agric., Gifu Univ., 69pp.
Gerard, J. 1597. The Herbal or General History of Plantes., London.
ハーラン, J. R. 1984. 作物の進化と農業・食糧(熊田恭一・前田英三訳). 210pp. 学会出版センター.
Hayasaki, M., Morikawa, T. and Tarumoto, I. 2000. Intergenomic translocations of polyploid oats (genus *Avena*) revealed by genomic *in situ* hybridization. Genes Genet. Syst., 75: 167-171.

Jones, I. T. 1956. The origin of breeding and selection of oats. Agric. Rev., 2: 20-28.
Leggett, J. M. 1982. Naked oats. Annual Report of the Welsh Plant Breeding Station for 1981, p. 117.
Leggett, J. M. 1983. Naked oats at the diploid level. Annual Report of the Welsh Plant Breeding Station for 1982, pp. 146-148.
Leggett, J. M. 1992. Classification and speciation in *Avena*. In "Oat Science and Technology." (eds. Marshall, H. G. and sorrells, M. E.), pp. 29-52. Monogr. No. 33. USA Maddison, WI.
Leggett, J. M., Ladizinsky, G., Hagberg, P. and Obanni, M. 1992. The distribution of nine *Avena* species in Spain and Morocco. Can. J. Bot., 70(2): 240-244.
Linaeus, C. 1753. Species plantarum, exibentes plantas rite congnitas, ad genera relatas, cum differentiis specificis, nominibus tryvialibus synonymis selects, locis natalibus secundum systema sexual digestas. 2 vol holimiae.
Malzew, A. I. 1930. Wild and cultivated oats, section Euavena Griesbach. Bull. Appl. Bot. Gen. and Plant Breed. Supple., 38th, 522pp.
Morikawa, T. and Nishihara, M. 2009. Genomic and polyploidy evolution in genus *Avena* as revealed by RFLPs of repeated DNA sequences. Genes Genet. Syst., 84(3): 199-208.
中尾佐助. 1950. 莜麦文化圏：穀類の品種群から見た東北アジアに於ける新しい一つの文化類型. 自然と文化, 1：163-186(農耕の起源と栽培植物(中尾佐助著作集 第1巻), pp. 5-26. 北海道大学図書刊行会. 2004 に再掲載.).
Nakao, S. 1950. On the Mongolian naked oats, with special reference to their origins. Sci. Rep. Fac. Agri. Naniwa Univ., 1: 7-24.
Nakao, S. 1955. Transmittance of cultivated plants through the Sino-Himalaya route. Pepoples of Nepal Himalaya. Scientific Results of the Japanese Expeditions to Nepal Himalaya, 3: 397-420.
中尾佐助. 1966. 栽培植物と農耕の起源, 196pp. 岩波新書.
中尾佐助. 1969. ニジェールからナイルへ—農耕起源の旅. 200pp. 講談社.
Nishiyama, I. 1929. The genetics and cytology of certain cereals. I. Morphological and cytological studies on triploid, pentaploid and hexaploid *Avena* hybrids. Japan. J. Genetics, 5: 1-48.
Rajhathy, T. and Morrison, J. W. 1960. Genome homology in the genus *Avena*. Can. J. Genet. Cytol., 2: 278-285.
Rajhathy, T. and Thomas, H. 1974. Cytogenetics of oats (*Avena* L.). Misc. Publ. Genet. Soc., Canada, 2: 1-90.
ラディジンスキー, G. 2000. 栽培植物の進化(藤巻宏訳). 298pp. 農文協.
Simons, M. O., Martens, J. W., McKenzie, R. H., Nishiyama, I., Sadanaga, K., Sebesta, J. and Thomas, H. 1978. Oats: A Standardized System of Nomenclature for Genes Governing Character. USDA Agriculture Hand Book no. 509. 40pp.
Stanton, T. R. 1961 "Classification of *Avena*" in Oats and oat improvement. In "American Society of Agronomy" (ed. Coffman), pp. 75-111. Mdison, WI.
Thomas, H. 1995. Oats. In "Evolution of Crop Plants" (ed. Smartt, J. and Simmonds, N. W.), pp. 132-137. Longman Scientific & Technical.
Valentine, J. 1995. Naked oats. In "The Oat Crop: Production and Utilization" (ed. Welch), pp. 505-531. Chapman & Hall, London.
Vavilov, N. I. 1926. Studies on the origin of cultivated plants. Bulletin of Applied Botany and Plant Breeding, 16: 1-248.

Vavilov, N. I. 1951. The origin, variation, immunity and breeding of cultivated crops. Chronica Botanica, Waltham Massachusetts, 13: 1-364.
山口裕文. 1976. 東アジアの雑草燕麦―その民族植物学的考察. 季刊人類学 7, (1)：86-103.

[ムギと共に伝わったドクムギ]
Barrett, S. C. H. 1983. Crop mimicry in weeds. Eco. Bot., 37: 255-282.
Ethiopian Mapping Authority. 1988. National Atlas of Ethiopia. 81pp.
藤本武. 1997. 品種分類に映し出される人びとと植物との関わり―エチオピア西南部の農耕民マロの事例から. アフリカ研究, 51：29-50.
Ghimire, S. K., Akashi, Y., Maitani, C., Nakanishi, M. and Kato, K. 2005. Genetic diversity and geographical differentiation in Asian common wheat (*Triticum aestivum* L.) revealed by the analysis of peroxdase and esterase isozymes. Breed Sci., 55: 175-185.
Hammer, K. 1984. The domestication syndrome. Kulturpflanze, 32: 11-34.
半澤洵. 1910. 雑草學. 304pp. 六盟館.
Harlan, J. R. and de Wet, J. M. J. 1965. Some thoughts about weeds. Eco. Bot., 19: 16-24.
Holm, L. G., Plucknett, D. L., Pancho, J. V. and Herberger, J. P. 1977. *Lolium temulentum* L. In "The World's Worst Weeds, Distribution and Biology" (eds. Holm, L. G., Plucknett, D. L., Pancho, J. V. and Herberger, J. P.), pp. 314-319. University Press of Hawaii, Honolulu.
小林央往・阪本寧男. 1985. ドクムギ(*Lolium temulentum* L.)の有芒および無芒の穀類随伴性について. 雑草研究, 30(別)：89-90.
McCreery, D. W. 1979. Flotation of the Bab edh-Dhra and Numeira Plant Remains. Ann. Amer. School Orient Res., 46: 165-169.
阪本寧男. 1995. 半栽培をめぐる植物と人間の共生関係. 自然と人間の共生(福井勝義編), pp. 17-36. 雄山閣出版.
阪本寧男. 1996. ムギの民族植物誌. 200pp. 学会出版センター.
阪庭清一郎. 1907. 雑草. 85pp. 松栄堂.
Senda, T., Saito, M., Osako, T. and Tominaga, T. 2005. Analysis of *Lolium temulentum* geographical differentiation by microsatellite and AFLP markers. Weed Res., 45: 18-26.
Täckholm, V. and Täckholm, G. 1941. Flora of Egypt, pp. 307-311. Fouad I University, Cairo.
冨永達. 2003. エチオピアにおけるドクムギのムギ農耕への随伴様式と多様性の進化. 熱帯農業, 47：311-316.
冨永達. 2008. 雑草のしたたかな生き残り戦略. 植物を守る(佐久間正幸編), pp. 243-278. 京都大学学術出版会.
Tominaga, T. and Fujimoto, T. 2004. Awn of darnel (*Lolium temulentum* L.) as an anthropogenic dispersal organ. Weed Biol. Manag., 4: 218-221.
Tominaga, T. and Yamasue, Y. 2004. Crop-associated weeds. In "Weed Biology and Management" (ed. Inderjit), pp. 47-63. Kluwer Academic Publishers, Dordrecht.
Wilson, P. and King, M. 2003. Arable Plants. 312pp. Wild Guides Ltd.
Yamasue, Y. 2001. Strategy of *Echinochloa oryzicola* Vasing. for survival in flooded rice. Weed Biol Manag, 1: 28-36.

[フィールドからみた世界のパン]
阿久津正蔵. 1944. パン科学, pp. 88-89. 生活社.
越後和義. 1976. パン研究―文化史から製法まで(阿久津正蔵監修), p. 24. 柴田書店.
福岡県. 生活情報誌　暮しっく福岡, 64. (現在絶版)
舟田詠子. 1983. 世界の食べもの②　ムギ文化. 週間朝日百科：13-50.
舟田詠子. 1998. パンの文化史(朝日選書 592). 314pp. 朝日新聞社.
堀光代・長野宏子. 2005. タデ科植物の中国伝統食品への利用. 日本調理科学会誌, 38：51-57.
井上好文. 2006. 日本のパン産業の発展(戦後―現在). 食文化史ヴェスタ, AUTUMN No. 64：8-12.
Kimoto, M., Yoshikawa, M., Takahashi, K., Bando, N., Okita, M. and Tsuji, H. 1998. Identification of allergens in cereals and their hypoallergenization. I. screening of allergens in wheat and ientification of an allergen, Tri a Ba 17K.
小山修三. 1999. 美と楽と縄文人. 249pp. 扶桑社.
Legras, J. L., Merdinoglu, D., Cornuet, J. M. and Karst, F. 2007. Bread, beer and wine: saccharomyces cerevisiae diversity reflects human history. Molecular Ecology, 16: 2091-2102.
宮崎玲子. 1988. 世界の台所博物館. 102pp. 柏書房.
長野宏子・大森正司・庄司善哉. 1987. リンゴ浸漬水より分離した饅頭発酵性細菌(*Enterobacter cloacae*)の同定について. 日本農芸化学会誌, 61：357-359.
長野宏子・説田佑子・粕谷志郎. 2003. 伝統的な小麦粉発酵食品中の微生物とその働き. 日本家政学会誌, 54：713-721.
中尾佐助. 1996. 料理の起源(NHK ブックス 173), p. 54; p. 74. 日本放送出版協会.
西川浩三・長尾精一. 1977. 小麦の話(味覚選書 21). 274pp. 柴田書店.
水谷令子・清水陽子. 2005. 女たちが究めたシルクロード―その国々の生活文化誌. 150pp. 東洋書店.
岡田哲(編). 2001. コムギの食文化を知る事典, p. 74. 東京堂出版.
渋川祥子. 2006. 調理における加熱の基本. 日本食生活学会誌, 17：89-93.
東京国立博物館・日本中国文化交流協会・読売新聞社. 1979. 加彩労働女子泥俑群. 1972年吐魯番阿斯塔那出土. 新彊維吾爾自治博物館蔵. 中華人民共和国『シルクロード文物展』図録. 1979. 3. 20-5. 13. No. 102. 読売新聞社.
吉村作治. 1998. 貴族の墓のミイラたち(平凡社ライブラリー 950), pp. 157-212. 平凡社.

[コラム・日本での麺類の起源と歴史]
安達巌. 1982. 日本食物文化の起源, 470pp. 自由国民社.
安達巌. 1985. パン食文化と日本人―オリエントからジパングへの道. 259pp. 新泉社.
石毛直道. 1995. 文化麺類学ことはじめ. 394pp. 講談社.
岡田哲. 1993. 小麦粉の食文化史. 246pp. 朝倉書店.
木村茂光. 2006. 日本古代の索餅について　雑穀Ⅱ 粉食文化論の可能性. 木村茂光(編), pp. 19-35. 青木書店.
盛本昌広. 2006. 日本中世の粉食　雑穀Ⅱ 粉食文化論の可能性. 木村茂光(編), pp. 71-94. 青木書店.
渡辺実. 1981. 日本食生活史. 316pp. 吉川弘文館.

[日常の生活が育んだ在来コムギの品種多様性]
Borojević, S. 1956. A note about the "New dates for recent cultivation of *Triticum monococcum* and *Triticum dicoccum* in Yugoslavia". Wheat Inform. Serv., 4: 1.

Deportes, F. 1987. Le pain au moyen âge. Olivier Orban, Paris.(見崎恵子訳. 1992. 中世のパン. 230pp. 白水社).
福井勝義. 1971. エチオピアの栽培植物の呼称の分類とその史的考察—雑穀類をめぐって. 季刊人類学, 2：3-86.
舟田詠子. 1998. パンの文化史(朝日選書 592). 291pp. 朝日新聞社.
Karagöz, A. 1996. Agronomic practices and socioeconomic aspects of emmer and einkorn cultivation in Turkey. In "Hulled wheats" (eds. Padulosi, S., Hammer, K. and Heller, J.), pp. 172-177. IPGRI, Rome.
Ohta, S. 1987. Genetic variation of cultivated wheats and their adaptation to the climates of Greece and Turkey. In "Domesticated plants and animals of the southwest Eurasian agro-pastoral culture complex. I. Cereals" (ed. Sakamoto, S.), pp. 71-86. Research Institute for Humanistic Studies, Kyoto University.
Ohta, S. 2002. Cultivation and utilization of emmer wheat and naked barley in Nilgiri Hills. In "A preliminary report of 'The Gifu University Scientific Exploration in India in 2001 (GSEE01)'" (eds. Furuta, Y. and Ohta, S.), pp. 1-9. Faculty of Agriculture, Gifu University.
Ohta, S. and Furuta, Y. 1993. A report of the wheat field research in Yugoslavia. Wheat Inform. Serv., 76: 39-42.
Percival, J. 1921. The wheat plant. 463pp. Duckworth, London.
Perrino, P. and Hammer, K. 1982. *Triticum monococcum* L. and *T. dicoccum* Schubler (Syn. of *T. dicoccon* Schrank) are still cultivated in Italy. Genet. Agr., 36: 343-352.
Sakamoto, S. 1987a. Origin and phylogenetic differentiation of cereals in southwest Eurasia. In "Domesticated plants and animals of the southwest Eurasian agro-pastoral culture complex. I. Cereals" (ed. Sakamoto, S.), pp. 1-45. Research Institute for Humanistic Studies, Kyoto University.
Sakamoto, S. 1987b. A Preliminary Report of the Studies on Millet Cultivation and Its Agro-pastoral Culture Complex in the Indian Subcontinent (1985). 139pp. Research Team for the Studies on Millet Cultivation and its Agro-pastoral Culture Complex in the Indian Subcontinent, Kyoto University.
阪本寧男. 1993. スペルタコムギの収穫法をめぐって. 農耕の技術と文化(佐々木高明編), pp. 100-117. 集英社.
阪本寧男. 1996. ムギの民族植物誌—フィールド調査から. 200pp. 学会出版センター.
Sakamoto, S. and Fukui, K. 1972. Collection and preliminary observation of cultivated cereals and legumes in Ethiopia. Kyoto Univ. Afric. Stud., 7: 181-225.
Sakamoto, S. and Kobayashi, H. 1982. Variation and geographical distribution of cultivated plants, their wild relatives and weeds native to Turkey, Greece and Romania. In "Preliminary Report of Comparative Studies of the Agrico-pastoral Peoples in Southwestern Eurasia. II. 1980" (ed. Tani, Y.), pp. 41-104. Research Institute for the Humanistic Studies, Kyoto University.
Schiemann, E. 1956. New dates for recent cultivation of *Triticum monococcum* and *Triticum dicoccum* in Jugoslavia. Wheat Inform. Serv., 3: 1-3.
Yamashita, K. and Tanaka, M. 1960. Some aspects regarding the collected materials of *Triticum* and *Aegilops* from the Eastern Mediterranean Countries. I. Wheat Inform. Serv., 11: 24-31.
Zohary, D. and Hopf, M. 2000. Domestication of Plants in the Old World (3rd ed.). 316pp. Oxford University Press, Oxford.

[麦の多様性と遺伝資源]

Bennett, E. 1971. The origin and importance of agroecotypes in South-West Asia. In "Plant Life of South-West Asia" (eds. Davis, P. H., Harper, P. C. and Hedge, I. C.), pp. 219-234. The Botanical Society of Edinburgh, Edinburgh.

Borlaug. N. E. 1981. Breeding methods employed and the contributions of Norin 10 delivertives to the development of the high yielding broadly adapted Mexican wheat varieties. 育種学最近の進歩, 22：82-102.

Clayton, W. D. and Renvoize, S. A. 1986. Genera graminum, grasses of the World. 389pp. Royal Botanic Gaedens, Kew.

Desmond, R. 1995. Kew: The history of the Royal Botanic Gardens. 468pp. The Harvill Press, London.

Harlan, J. R. and de Wet, J. M. J. 1971. Toward a rational classification of cultivated Plants. Taxon, 20: 509-517.

Kawahara, T., Nevo, E., Yamada, T. and Zohary, D. 1996. Collection of wild *Aegilops* species in Israel. Wheat Information Service, 82: 36-45.

木原均(編著). 1954. 改著 コムギの研究. 753pp. 養賢堂.

木原均. 1985. 一粒舎主人寫眞譜. 256pp. 財団法人木原生物学研究所.

坂崎潮. 1997. ウイルス抵抗性ペチュニア. 世界を制覇した植物たち―神が与えたスーパーファミリーソラナム(大山・天知・坂崎編), pp. 280-294. 学会出版センター.

Salaman, R. N. 1985. The history and social influence of the potato. 685pp. Cambridge University Press, Cambridge (reprinted ed.).

van Slageren, M. W. 1994. Wild Wheats: A Monograph of *Aegilops* L. and *Amblyopyrum* (Jaub. & Spach) Eig. 513pp. Agricultural University, Wageningen, & ICARDA, Aleppo.

渡辺好郎. 1982. 育種における細胞遺伝学. 234pp. 養賢堂.

[自生地保全の試み]

相澤義春・藤田千絵子・宍戸理恵子・野村和成・秋本正博・石井尊生・佐藤雅志・U. T. Sein・Htut, U. T. 2007. ミャンマーに自生する野生イネ集団の遺伝的多様性評価. 育種学研究第9巻別冊2号. 243pp.

本間照久・永井啓祐・石川隆二・佐藤洋一郎・佐藤雅志・中村郁郎・Hout, L. L.・Hak, K. L.・Sophany, S.・Sarom, M. 2007. カンボジアのイネ遺伝資源調査. 育種学研究第9巻別冊1号. 195pp.

環境庁自然保護局野生生物課. 2000. 改訂・日本の絶滅のおそれのある野生生物―レッドデータブック 8 植物Ⅰ(維管束植物). 577pp. 財団法人自然環境研究センター.

木原均. 1985. 一粒舎主人寫振譜, pp. 175-177. 財団法人木原生物学研究所.

木俣美樹男. 1992. ミズタカモジグサ. 滅びゆく日本の植物50種(岩槻邦男編), pp. 62-64. 築地書館.

Luo, M. C., Yang, Z. L., You, F. M., Kawahara, T., Waines, J. G. and Dvorak, J. 2007. The structure of wild and domesticated emmer wheat populations, gene flow between them, and the site of emmer domestication. Theor. Appl. Genet., 114: 947-959.

村松幹生. 1995. カモジグサ類―日本列島に固有の, 身近で大切な"野生のコムギ"―研究小誌〔Ⅰ〕 カモジグサとミズタカモジグサ, オオタチカモジ, タリホノオオタチカモジ(1). しぜんしくらしき, 13：10-13.

大井次三郎・阪本寧男. 1964. ミズタカモジの分類と生態. 植物研究雑誌, 39：109-114.

長田正武. 1993. 増補日本イネ科植物図譜, pp. 400-459 平凡社.

笹沼恒男. 2004. コムギ近縁野生種の進化と多様性. 遺伝, 58(5)：45-50.
Sasanuma, T., Endo, T. R. and Ban, T. 2002. Genetic diversity of three *Elymus* species indigeneous to Japan and East Asia (*E. tsukushiensis*, *E. humidus* and *E. dahuricus*) detected by AFLP. Genes Genet. Syst., 77: 429-438.
Sasanuma, T., Kamel, C., Endo, T. R. and Valkoun, J. 2004. Characterization of genetic variation in and phylogenetic relationships among diploid *Aegilops* species by AFLP: incongruity of chloroplast and nuclear data. Theor. Appl. Genet., 108: 612-618.
Terasawa, Y., Takata, K., Kawahara, T., Ban, T., Sasakuma, T. and Sasanuma, T. 2008. Genetic variation of wheat landraces in Afghanistan. In: "Proceedings of the 11th International Wheat Genetics Symposium, Brisbane, Australia" (ed. Appels, R.), P052. The 11th IWGS Local Organising Committee.
Yamashita, K 1965. Results of the Kyoto University Scientific Expedition to the Karakoram and Hindukush, 1955, vol. I. Cultivated Plants and Their Relatives. 299pp. The Committee of the Kyoto University Scientific Expedition to the Karakoram and Hindukush, Kyoto University.

おわりに

　日本人にとって麦は米についで大事な穀物である。とくに小麦はそうである。小麦というとパン，麺などが思い出されるが，日本人の嗜好は最近ずいぶん麺に向くようになった。「うどん」は，それをテーマにした映画がヒットするほど消費が増えている。「西のうどん東の蕎麦」いわれた東京でも，昼食時に行列のできるうどん屋があるという。ラーメンも「ラーメン文化」「B級グルメの王者」と呼ばれるまでに人気を博している。関西ではさらに「粉モノ」という発想がこれに加わる。たこ焼き，お好み焼きなどがそれにあたる。大麦(二条大麦)もビールの原料として欠かせない。経済的理由などから発泡酒を飲む人でも，出来ることならビールを飲みたいと思うだろう。他の麦類は，両者ほどではないが，それぞれ固有の使われ方をしてきた。

　麦はこれほど日本人の生活に不可欠なのに，学術の世界ではまともにとりあげられてこなかった。稲や米の本がたくさん出版されているのに，麦の本は驚くほど少ない。そればかりが原因でもないだろうが，日本人で，大麦と小麦の区別のつく人が，農学や生物学を修めた人たちのなかでもどれだけいるだろうか。もっとも，そうなった責任の一端は，麦というものを伝えようとしてこなかった私たち専門家の側にもある。

　本書は，こうした反省にたち，麦というものを知ってもらいたいという専門家たちの切なる願いを込めたものである。麦というものをもっと知ってもらいたい。麦の文化を，もっと知ってもらいたい。しかも，地球環境問題が深刻化する今，麦というものをどう考え，生産し続ければよいか。日々こうした問題と格闘してきたその思いを，多くの読者に伝えたい。その思いが伝わり，一人でも多くの読者が本書を手にとってくださることを切に望みたいと思う。

　　2010年1月20日

　　　　　　　　　　　　　　　　　　編者を代表して　佐藤洋一郎

事項索引

【ア行】

アイソザイム 126,175
青空市場 237
秋播型 120,130,172
秋播き栽培 121,130
揚げパン 276
アブ・フレイラ遺跡 75
アミロース 165
アミロペクチン 165
遺丘 90
イギリスパン 276
育種母本 211
石臼 279
石窯 276
異質倍数性 205
異常気象 113
イスラム文化 218
易脱穀性 58,235,281
一次作物 182
一次的多様性中心 212
遺伝子供給源分類 316
遺伝資源 126,132,339
遺伝資源条約 328
遺伝資源ナショナリズム 126
遺伝資源の消失 353
遺伝資源保全 306
遺伝資源保存センター 349
遺伝子交流 348
遺伝子座 154
遺伝子資源 306
遺伝子中心説 183
遺伝的侵食 219
遺伝的多様性 322
遺伝的類縁関係 231
稲作農耕 107

イネゲノムプロジェクト 314
イネ農耕 20
遺物 226
芋名月 26
炒り粉 277
イワイノダイチ 121
インド・ヨーロッパ語族 107
牛 19
牛の毛皮 141,145
渦 164,321
うどん 115
ウルチ 166
穎 57
穎果 197,255,257,258
液種生地法 272
エゾコムギ 118
塩害 59,351
円錐花序 197
袁庭棟 34
エンドファイト 222
オアシス灌漑農業 137
扇上げ 231
晩生 118
オハローⅡ遺跡 71
オーブン 276
オンファーム保全 343

【カ行】

改良品種 237
化学膨化剤 263
角型食パン 276
攪乱 222
過酸化水素水 173
型焼きパン 276
ガード植物 198

事項索引

過放牧　219
鎌刃　93
可溶性繊維質　209
唐菓子　279
カラコルム・ヒンズークシ学術探検隊　324,352
カレーズ　137
皮(クラフト)　276
皮性　162,209
環境保全　343
感光性　120
完熟型　314
稈節毛　206
乾熱加熱　270
機械選別　229
聞き取り調査　235
気候区分　4
気候変動説　81
生地　262
生地の粘弾性　121,355
擬態　186,223,224
木原(均)　44,65,69,324,352
基本染色体数　45
旧石器時代　89
休眠性　52,76,121,173,203,225
キュー王立植物園　328
共種分化　233
共生菌　222
許慎　27
切り麺　279,280
ギルガル遺跡　75
近縁種　322
近代農業　313
近代品種　313,344
草編みの籠　143
草型　197,226
草丈　353
グラハムブレッド　276
クラフト(皮)　276
グリアジン　258
グルテニン　258

グルテン　258
黒パン　179
系統進化　154
系統保存　341
ゲノム　44,69
ゲノム式　204
ゲノム分析　69
減数分裂　45,49
減反政策　115
麹　30
『広雅』　30
考古学的遺跡　55
考古植物学　71
甲骨文字　27
交雑親和性　126,127
交雑不和合性遺伝子　192
麹　263
硬質小麦　264
后稷　34
合成コムギ　195
合成膨張剤　263
高分子グルテニン　353
酵母 *Saccharomyces cerevisiae*　265,268
酵母生麺発酵　264
国際イネ研究所　321
国際乾燥地域農業研究センター　346
国際植物遺伝資源委員会　298,326
国際植物遺伝資源研究所　326
国際トウモロコシ・コムギ改良センター　122,321
国産麦　115
穀皮　162
極早生　121
五穀　31
コシヒカリ　315
古代のコムギ種子　147
輪金　259
コムギの近縁野生種　331
固有種　212
胡楊　145

昆明植物研究所　131

【サ行】
栽培化　50,76
栽培化シンドローム　225
栽培種　51,143,198
栽培植物　48
栽培植物の発祥地　325
細胞　41
細胞遺伝学　215
細胞質　41
在来品種　122,133,178,207,235,313,315,344
サクシュコトニ川遺跡　118
作付面積　113,121
雑種花粉不稔　126
雑種矮性　126
雑草種　198
雑草性　6,319
擦文オオムギ　118
里　51
里山の保全　343,358
サドルカーン　101
砂漠化現象　219
砂漠型　201
サビ病　218
さまよえる湖　139
サワー・ドウ法　272
サワー種　180
三叉芒　135,161
三八豪雪　113,115
サンプリング　333
直捏ね生地法　272,273
自家受粉　179
直焼きパン　276
『史記』　139
自給自足的農業　313
自給率　113,115
『詩経』　28
枝梗　209
自生地保存　342

自然雑種　348
自然生態系　222
自然農法　301
自然発酵　264
持続可能な農業　351
視認　226,242
シベリアルート　123,132
ジベレリン水溶液　173
『四民月令』　30
ジャガイモ飢饉　11
修飾遺伝子　211
集団の遺伝的多様性　342
自由焼き　276
宿麥　30
種子選別　223
『周礼』　31
狩猟採集　50,71
主列　160
春化　119,172
春化要求性　172
春化要求度　120
準硬質小麦　264
小花　160,200
小河墓遺跡　6,130,139
小河墓の美女　143
小穂　51,57,79,160
小穂脱落性　8,157,181
条性　160
醸造原料　174
縄文時代　115,279
初期農耕遺跡　71
食の多様化　351
植物遺存体　80
植物園　328
植物誌　230
植物としての遺存　306
植物防疫　331
食用作物　198
女子泥俑群　261
除草回避戦略　223
除草作業　223

事項索引

飼料作物　197
シルクロード　123, 129, 170
白達磨　321
新疆ウイグル自治区　123, 128, 137
新石器時代　50, 71, 89
浸透度　210
ジーンバンク　327, 340
新約聖書　226
水牛　20
随伴関係　242
随伴雑草　188, 208, 221, 287
随伴様式　223
スターター　264
ステップ　73
ストレート法　272
西域型　157
制限酵素　57
生殖細胞　45
生殖的隔離　151, 192
生態種　202, 212
青銅器時代　58
製パン法　272
生物多様性　326
生物多様性条約　126, 328
西洋野菜　15
石磨　30
絶滅危惧種　358
節毛　206
『説文』　28
『説文解字』(『説文』)　27
セミハード小麦　264
セモリーナ　255
ゼンコウジコムギ　121
染色体対合　44
染色体倍加　52
選択圧　186
センターピボット　215
線虫　198
千年期種子銀行計画　327
旋麥　30
選抜　117, 121, 129, 131

全粒粉パン　276
相同性　204
相同染色体　44
属間交雑　200
側列　160
祖先野生種　53
ソフト小麦　264
ソフトパン　276
疎林　73

【タ行】

耐湿性遺伝資源　357
耐病性品種　315
対流伝熱　273
他家受精　179, 186
タクラマカン砂漠　137
多型性　157
タコ・ボア　269
脱穀橇　97
脱粒性　76, 157, 203
タヌール　270
種　264
多年生　199
タリム盆地　137
炭化　143, 145, 148
炭化材　80
炭化種子　80, 118
段玉裁　29
タンドール　270, 276
地球環境の推定　146
地中海性気候　53, 73, 121, 319
地中海農業文化圏　219
チベット族　152
チベットルート　123, 129, 132
地方集団　177
地方品種　155, 218
長日植物　120
調理器具　253
調理法　253
地理的起源　249
地理的分布　178

地理的変異　166
青稞酒　172
ツァンパ　33, 135, 152, 255, 277
搗き臼　99
低アミロ小麦　121
低温要求性　172
定住生活　75
デオキシリボ核酸　41
適応　130
適応戦略　119
適応的に中立な遺伝子　123
手取り除草　224
手延べ麺　279
テル・アスワド遺跡　79
伝統的農業　343, 350
伝導伝熱　273
伝統発酵食品　253
天然酵母　267
伝播　123, 129
伝播ルート　123, 126, 129
天板焼きパン　276
デンプン　121, 165
ドウ　262
東亜型　157
同位酵素　126
同質倍数性　205
銅石器時代　84
同祖群染色体　46
倒伏　122
同名異種　118
ドメスティケーション　76
トランスコーカサス　64, 304

【ナ行】
ナヴィフォーム型　77
中種生地法　272, 273
ナショナル・バイオリソース・プロジェクト　340
夏作物　134
ナトゥーフ期　75
ナトゥーフ文化　88

ナン　138, 355
軟質小麦　264
難脱穀性　57, 235, 281
二価染色体　49
二元的起源　187
二次作物　182, 203
日長反応性　120
二年生　119, 200
二麥一条　28
日本晴　314
二毛作　116, 279
乳酸菌　11
ネヴァル・チョリ遺跡　78
ネクローシス　123, 125
ネマトーダ　198
農業形質　146, 150
農業生態系　222
農業の近代化　358
農業復興　355
農地改良　358
農林10号　122, 134, 321
農林61号　121
芒　161, 199, 233, 255

【ハ行】
バイオマス　203
配偶子致死抑制遺伝子　126
倍数系列　317
倍数性進化　155, 205
倍数体　45, 69
胚乳　258
灰焼きパン　269
麦芽　174
麦芽糖　174
麦秋　26
バザルト土壌　60
裸性　8, 162, 209, 257, 295
裸性遺伝子　211
発酵パン　261, 262
バッター　262, 264
はったい粉　152

発麺　264
ハード小麦　264
ハードパン　276
花芽分化　119
耙耙　259
バビロフ　181, 323
バルボサム法　156
春播型　120, 130, 207
春播き栽培　121, 129
春播性　172
春播性遺伝子　120, 150
春よ恋　115, 117, 121
パン窯　270
繁殖戦略　186, 188
半数体　200
パンの定義　258
半モチ　166
パン焼き窯　270, 271
半矮性　121, 134
半矮性遺伝子　150, 164
半矮性品種　320
ヒエ抜き　224
ビオトープ　361
比較遺伝子分析　67
非還元性配偶子　49
挽き臼　101
非脱粒化　157
非脱粒性　225
ビチュメン　91
棺　141, 145
標本　227
肥沃な三日月地帯　5, 54, 72, 151, 185
平焼き　262
びん首効果　124, 177
品種改良　115, 122, 314
麩　10
ファウンダー・クロップ　77
フィールド調査　253
風選　226
風土　1
フェノール反応　170

不感光性　120
付随染色体　215
不斉条　162
フブス　349
部分異質同質倍数性　205
ブラシノライド　164
プラント・ハンター　323
篩選　226
ブルゴル　351
文化的資源　306
粉食　30, 279
分布拡大　223
ベーキングパウダー　263
変種　40
麩　29
包頴　199
放射伝熱　273
焙烙　269
ホクシン　115, 121
母系　62
穂軸　57, 83
母性遺伝　61
補足遺伝子　125, 157, 202
穂の巨頭性　353
穂発芽　113, 116, 121, 173, 226
穂密度　161
ホラニ　349

【マ行】
マイクロサテライト配列　61, 231, 357
播性　120, 130
マーケット　237
豆名月　26
箕　259
ミイラ　141, 144
水あめ　174
ミトコンドリアDNA　61, 146
緑の革命　122, 164, 321, 351
ミャンマー・雲南ルート　123, 129, 136
民俗種　235

麥　29
麦焦がし　255
麦農耕　20,52,108,281
麦踏み　119
蒸籠　269
蒸し器　269
蒸しパン　276
無発酵パン　134,261,262
無芒型　233
無葉耳遺伝子　171
紫粒　143
モチ　165
モチ性　8
モーニングシリアル　211
モンスーン地帯　153

【ヤ行】
焼畑農業　207
野生イネの自生地保全　347
野生種　51,198
山形食パン　276
弥生時代　116,118
有機リン剤　168
優性遺伝子　210
優占種　213
遊動生活　75
有芒型　233
湯捏法　273
湯種法　273
ユーマイ文化圏　207
葉緑体DNA　61
四倍性　3

【ラ行】
來　28
『礼記』　33
ライト染色　265
來麰　29
ライムギ粉　180,189
離層　79
立性　226

李裕　31
粒食　235
梁　31
裂莢性　81
劣性遺伝子　202
レッドデータブック　357
老化耐性ビール　177
老麺　265
老麺法　264
楼蘭王国　139
楼蘭美人　143
六倍性　5
ローマ文化　218
盧良恕　33

【ワ行】
ワシントン条約　328
早生　118,120,121

【記号】
α-アミラーゼ　66,121

【A】
A染色体　192
AFLP　56,204,231,341
ASW　115

【B】
B染色体　192
biodiversity　326

【C】
chekalia　290
CIMMYT　122,321
convariety　40

【D】
Dゲノム　149
darnel　222
demic diffusion　108
Dinkel　301

DNA 鑑定　146
DNA 指紋　61
DNA 分析　147

【E】
E 型　8, 159
épeautre　291
escanda　298
ex situ conservation　327, 342

【F】
F_1 雑種　210
Farming/language dispersal hypothesis　107
farro　289
folk species　235

【G】
gene pool classification　316
genetic erosion　313
genetic resources　314
GISH　205
Grünkern　301

【H】
homoeologous chromosome　46
homoeologous genome　46

【I】
IBPGR　298, 326
ICARDA　346
in situ conservation　327, 342
in vitro conservation　327
IPGRI　326
IRRI　321

【J】
ječma　286

【K】
kaplica　284

koozali　297
Korn　303
kremenka　290

【M】
Millenium Seed Bank Project　327
mother-sponge　265

【N】
NBRP　340

【O】
on farm conservation　343

【P】
parasht　294
PCR-RFLP　204
PCR 法　147
petit épeautre　291
Ph 遺伝子　68
pir　287
Pos-ID　150

【Q】
Q 遺伝子　67

【R】
RAPD　204
rDNA-ITS　149

【S】
samba-godi　294
Sears(E. R.)　47, 65, 335

【T】
tares　226
The Great Famine　315
trigo　298
tsampa　255

【W】

W型　8, 159

Weizen　301

作物(植物)名索引

【ア行】

赤エンバク　*Avena byzantina*　201
アビシニアオート　*Avena abyssinica*　200
アビシニアコムギ　*Triticum aethiopicum*　38
アマ　224
アマナズナ　224
アーモンド　75
アルメニアコムギ　*Triticum araraticum*　39, 49, 62
アワ　22
イチゴツナギ亜科　Pooideae　37
一粒系コムギ　5, 41, 45, 69
イネ　17
イネ科　Poaceae　37
インディカ　7
インド矮性コムギ　*Triticum sphaerococcum*　39, 118
ウラルツコムギ　*Triticum urartu*　38, 49
ウリ　15
エギロプス属　*Aegilops*　37, 317, 341, 344
エゾムギ属　*Elymus*　320, 355
エンバク　*Avena sativa*　2, 134, 135, 197, 225, 255
エンマーコムギ　*Triticum dicoccum*　38, 52, 235
エンマーコムギ　*Triticum turgidum* subsp. *dicoccum*　57, 281, 282
オオムギ属　*Hordeum*　37
陸稲　19
オニカラスムギ　*Avena sterilis*　203
オリエントコムギ　*Triticum turanicum*　38

【カ行】

カボチャ　20
カモジグサ　*Elymus tsukushiensis*　356
カラスノチャヒキ　*Bromus secalinus*　287
カラスムギ　*Avena fatua*　203
キビ　22
キュウリ　15
クサビコムギ　*Aegilops speltoides*　49
クラブコムギ　*Triticum compactum*　39
グルジアコムギ　*Triticum paleocolchicum*　38, 64
グルジアコムギ　*Triticum turgidum* subsp. *georgicum*　305
黒麦(ライムギ)　*Secale cereale*　180, 189
コムギ属　*Triticum*　37, 316
コムギ連　Triticeae　37, 53, 179

【サ行】

栽培一粒系コムギ　*Triticum monococcum*　38, 56
栽培一粒系コムギ　*Triticum monococcum* subsp. *monococcum*　281, 282
栽培ライムギ　181
雑草エンバク　186
雑草ライムギ　181
サツマイモ　16
サトイモ　16

サトウキビ 23
サンドオート *Avena strigosa* 200
シトプシス節 Section Sitopsis 50
ジャガイモ 17
ジャポニカ 7
ジュコブスキーコムギ *Triticum zhukovskyi* 39,64
ジュズダマ 24
シロウリ 16
スイカ 15
水稲 19,134,224
ズッキーニ 21
スペルタコムギ *Triticum spelta* 39,67,245
スペルタコムギ *Triticum aestivum* subsp. *spelta* 255,281,297
スレンダーオート *Avena barbata* 202
ソバ 23
ソラマメ 298

【タ行】
ダイコン 315
タイヌビエ 224
ダッタンソバ 134
多年生オオムギ 216
タルホコムギ *Aegilops tauschii* 52,65,69,195,317
チモフェービ系コムギ 41,45
チモフェービコムギ *Triticum timopheevi* 39,62
青稞 33,133,134,135,152
ツツホコムギ *Aegilops cylindrica* 65
トウモロコシ 23,134,135
ドクムギ *Lolium temulentum* 287
トマト 314
トリティカーレ Triticale 193

【ナ行】
ナツメヤシ 217

二条オオムギ 160
二粒系コムギ 5,41,45,69,144,149,295
ノビエ 224

【ハ行】
裸麦 19
ハトムギ 24
バビロフコムギ *Triticum vavilovii* 39,64
パレスチナコムギ *Triticum dicoccoides* 38,49,343,347
パレスチナコムギ *Triticum turgidum* subsp. *dicoccoides* 57
パンコムギ *Triticum aestivum* 39,194,255
パンコムギ *Triticum aestivum* subsp. *aestivum* 281,316
ヒエ 22,134
ピスタチオ属 75
日向エンバク 207
ヒヨコマメ 78
ビール麦 19,154
普通エンバク *Avena sativa* 200
普通系コムギ 41,45,69,144,149,281
ベッチ 203
ペルシアコムギ *Triticum carthlicum* 38,64
ポーランドコムギ *Triticum polonicum* 38

【マ行】
マカロニコムギ *Triticum durum* 3,38,58,194,255,347,349
マカロニコムギ *Triticum turgidum* subsp. *turgidum* conv. *durum* 281,316
マクワウリ 16
マッハコムギ *Triticum macha* 39,64
マッハコムギ *Triticum aestivum*

subsp. *macha*　304
ミズタカモジ　*Elymus humidus*
　　357
ムギセンノウ　*Agrostemma githago*
　　287
モロコシ　23

【ヤ行】

野生一粒系コムギ　*Triticum
　　boeoticum*　38
ヤマイモ　16
ヤリホコムギ　*Aegilops caudata*　65
ユーマイ　134, 206
洋麦(ライムギ)　*Secale cereale*　189

【ラ行】

ライコムギ　Triticale　6, 193, 194
ライムギ　*Secale cereale*　2, 179,
　　194, 225, 255
ライムギ属　*Secale*　37, 179
リベットコムギ　*Triticum turgidum*
　　38, 58
リベットコムギ　*Triticum turgidum*
　　subsp. *turgidum* conv. *turgidum*
　　289
レンズマメ　203
六条オオムギ　160, 186, 255
六倍性ライコムギ　193

学名索引

【A】
Aegilops エギロプス属　37
Aegilops caudata ヤリホコムギ　65
Aegilops cylindrica ツツホコムギ　65
Aegilops speltoides クサビコムギ　49
Aegilops tauschii タルホコムギ　52
Agrostemma githago ムギセンノウ　289
Avena abyssinica アビシニアオート　200
Avena barbata スレンダーオート　202
Avena byzantina 赤エンバク　201
Avena fatua カラスムギ　203
Avena sativa 普通エンバク　200
Avena sterilis オニカラスムギ　203
Avena strigosa サンドオート　200

【B】
Bromus secalinus カラスノチャヒキ　289

【E】
Elymus カモジグサ類　355
Elymus humidus ミズタカモジ　357
Elymus tsukushiensis カモジグサ　356

【H】
Hordeum オオムギ属　37

【L】
Lolium ドクムギ属　221
Lolium persicum　231, 244
Lolium temulentum ドクムギ　289

【P】
Poaceae イネ科　37
Pooideae イチゴツナギ亜科　37

【S】
Saccharomyces cerevisiae 酵母　265, 268
Secale ライムギ属　37
Secale cereale ライムギ　179
Secale montanum　182
Section Sitopsis シトプシス節　50

【T】
Triticeae コムギ連　37, 179
Triticum コムギ属　37
Triticum aestivum パンコムギ　39, 281
Triticum aestivum subsp. *aestivum* → *Triticum aestivum*
Triticum aestivum subsp. *macha* → *Triticum macha*
Triticum aestivum subsp. *spelta* → *Triticum spelta*
Triticum aethiopicum アビシニアコムギ　38
Triticum araraticum アルメニアコムギ　39
Triticum boeoticum 野生一粒系コムギ　38

Triticum carthlicum ペルシアコムギ 38

Triticum compactum クラブコムギ 39

Triticum dicoccoides パレスチナコムギ 38, 57

Triticum dicoccum エンマーコムギ 38, 281

Triticum durum マカロニコムギ 38, 281

Triticum macha マッハコムギ 39, 304

Triticum monococcum 栽培一粒系コムギ 38, 281

Triticum monococcum subsp. *monococcum* → *Triticum monococcum*

Triticum paleocolchicum グルジアコムギ 38, 305

Triticum polonicum ポーランドコムギ 38

Triticum spelta スペルタコムギ 39, 281

Triticum sphaerococcum インド矮性コムギ 39

Triticum timopheevi チモフェービコムギ 39

Triticum timopheevi subsp. *armeniacum* → *Triticum araraticum*

Triticum turanicum オリエントコムギ 38

Triticum turgidum リベットコムギ 38, 289

Triticum turgidum subsp. *dicoccoides* → *Triticum dicoccoides*

Triticum turgidum subsp. *dicoccum* → *Triticum dicoccum*

Triticum turgidum subsp. *georgicum* → *Triticum paleocolchicum*

Triticum turgidum subsp. *turgidum* conv. *durum* → *Triticum durum*

Triticum turgidum subsp. *turgidum* conv. *turgidum* → *Triticum turgidum*

Triticum urartu ウラルツコムギ 38, 49

Triticum vavilovii バビロフコムギ 39

Triticum zhukovskyi ジュコブスキーコムギ 39

執筆者紹介

有村　　誠(ありむら　まこと)
　　1972年生まれ
　　リヨン第2大学大学院古代世界の言語・歴史・文明研究科博士課程修了
　　東京文化財研究所文化遺産国際協力センター特別研究員　Ph.D
　　第5章執筆

大田　正次(おおた　しょうじ)
　　1954年生まれ
　　京都大学大学院農学研究科博士課程単位取得退学
　　福井県立大学生物資源学部教授　京都大学農学博士
　　第13章執筆

河原　太八(かわはら　たいはち)
　　1951年生まれ
　　京都大学大学院農学研究科博士課程中退
　　京都大学大学院農学研究科准教授　博士(農学)
　　第1章・第14章・コラム②「農耕/ヒト/コトバ」執筆

加藤　鎌司(かとう　けんじ)
　　別　記

笹沼　恒男(ささぬま　つねお)
　　1971年生まれ
　　京都大学大学院農学研究科博士課程修了
　　山形大学農学部准教授　博士(農学)
　　第15章執筆

佐藤洋一郎(さとう　よういちろう)
　　別　記

武田　和義(たけだ　かずよし)
　　1943年生まれ
　　北海道大学大学院農学研究科博士課程修了
　　岡山大学名誉教授　農学博士
　　第8章執筆

丹野　研一(たんの　けんいち)
　　1971年生まれ
　　筑波大学大学院農学研究科博士課程単位取得退学
　　山口大学農学部助教　博士(農学)
　　第4章執筆

辻本　　壽(つじもと　ひさし)
　　1958年生まれ
　　京都大学大学院農学研究科博士課程修了
　　鳥取大学農学部教授　農学博士
　　第9章・コラム①「ゲノム分析」執筆

冨永　　達(とみなが　とおる)
　　1955年生まれ
　　京都大学大学院農学研究科修士課程修了
　　京都大学大学院農学研究科教授　農学博士
　　第11章執筆

長野　宏子(ながの　ひろこ)
　　1947年生まれ
　　大妻女子大学家政学研究科食物学専攻修士課程修了
　　岐阜大学教育学部教授　大阪府立大学博士(農学)
　　第12章執筆

西田　英隆(にしだ　ひでたか)
　　1972年生まれ
　　京都大学大学院農学研究科博士課程修了
　　岡山大学大学院自然科学研究科助教　博士(農学)
　　第7章執筆

森　　直樹(もり　なおき)
　　1961年生まれ
　　京都大学大学院農学研究科博士課程単位取得退学
　　神戸大学大学院農学研究科准教授　博士(農学)
　　第3章執筆

森川　利信(もりかわ　としのぶ)
　　1950年生まれ
　　大阪府立大学大学院農学研究科博士課程単位取得退学
　　大阪府立大学大学院生命環境科学研究科准教授　農学博士
　　第10章執筆

吉村　作治(よしむら　さくじ)
　　1943年生まれ
　　早稲田大学第一文学部文学科美術専修
　　サイバー大学学長　早稲田大学工学博士
　　コラム④「エジプトビールの原風景」執筆

渡部　　武(わたべ　たけし)
　　1943年生まれ
　　早稲田大学大学院文学研究科博士課程単位取得退学
　　東海大学文学部特任教授
　　第2章執筆

佐藤洋一郎(さとう　よういちろう)
　1952年生まれ
　京都大学大学院農学研究科修士課程修了
　総合地球環境学研究所副所長・教授　農学博士
　序章執筆
　主　著　塩の文明誌(共著，NHKブックス，2009)，イネの歴史
　　　　　(学術選書，2008)，よみがえる緑のシルクロード(岩波
　　　　　ジュニア新書，2006)，稲の日本史(角川選書，2002)など

加藤　鎌司(かとう　けんじ)
　1958年生まれ
　京都大学大学院農学研究科修士課程修了
　岡山大学大学院自然科学研究科(農学系)教授　農学博士
　第6章・コラム③「日本での麵類の起源と歴史」執筆

麦の自然史──人と自然が育んだムギ農耕
2010年3月31日　第1刷発行

　　　　　編 著 者　佐藤洋一郎・加藤　鎌司
　　　　　発 行 者　吉田克己
　　　　─────────────────────────
　　　　　　　発行所　北海道大学出版会
　　　札幌市北区北9条西8丁目　北海道大学構内(〒060-0809)
　　　Tel. 011(747)2308・Fax. 011(736)8605・http://www.hup.gr.jp/

㈱アイワード　　　　　　　　　　© 2010　佐藤洋一郎・加藤　鎌司

ISBN978-4-8329-8190-4

野生イネの自然史 ―実りの進化生態学―	森島啓子編著	A5・228頁 価格3000円
雑穀の自然史 ―その起源と文化を求めて―	山口裕文 河瀨眞琴 編著	A5・262頁 価格3000円
栽培植物の自然史 ―野生植物と人類の共進化―	山口裕文 島本義也 編著	A5・256頁 価格3000円
攪乱と遷移の自然史 ―「空き地」の植物生態学―	重定南奈子 露崎史朗 編著	A5・270頁 価格3000円
雑草の自然史 ―たくましさの生態学―	山口裕文編著	A5・248頁 価格3000円
花の自然史 ―美しさの進化学―	大原　雅編著	A5・278頁 価格3000円
植物の自然史 ―多様性の進化学―	岡田　博 植田邦彦 編著 角野康郎	A5・280頁 価格3000円
高山植物の自然史 ―お花畑の生態学―	工藤　岳編著	A5・238頁 価格3000円
森の自然史 ―複雑系の生態学―	菊沢喜八郎 甲山隆司 編	A5・250頁 価格3000円
北海道山菜誌	山本　正 高畑　滋著 森田　弘彦	四六・276頁 価格1600円
被子植物の起源と初期進化	髙橋　正道著	A5・526頁 価格8500円
春の植物　No.1 植物生活史図鑑Ⅰ	河野昭一監修	A4・122頁 価格3000円
春の植物　No.2 植物生活史図鑑Ⅱ	河野昭一監修	A4・120頁 価格3000円
夏の植物　No.1 植物生活史図鑑Ⅲ	河野昭一監修	A4・124頁 価格3000円
近世蝦夷地農作物誌	山本　正著	A5・328頁 価格3600円
近世蝦夷地農作物地名別集成	山本　正編	A5・252頁 価格3200円
近世蝦夷地農作物年表	山本　正編	A5・146頁 価格2800円
札幌の植物 ―目録と分布表―	原　松次編著	B5・170頁 価格3800円
北海道高山植生誌	佐藤　謙著	B5・708頁 価格20000円
日本海草図譜	大場達之 宮田昌彦 著	A3・128頁 価格24000円

北海道大学出版会

価格は税別